普通高等教育"十三五"规划教材

工程流体力学 泵与风机

第二版
Second Edition

◉ 伍悦滨 王 芳 主编

U0194476

化学工业出版社

·北京·

本教材内容覆盖了全国注册公用设备工程师（暖通空调）执业资格考试基础考试大纲中对流体力学部分的内容要求。全书详细介绍了流体静力学、流体运动学、流体动力学基础、量纲分析和相似原理、流动阻力和能量损失、边界层和绕流运动、不可压缩流体的管道流动、明渠均匀流、渗流、气体紊流射流、一元气体动力学基础、流动要素量测、泵与风机的理论基础、泵与风机的工作分析。每章均附有思考题和习题，附录有各章主要专业术语的中英文对照。

　　本书可作为高等学校建筑环境与能源应用工程专业流体力学课程的本科教材，也可作为全国注册公用设备工程师（暖通空调）流体力学考试的首选参考书，同时可供其他专业及相关科技人员参考。

图书在版编目（CIP）数据

工程流体力学泵与风机/伍悦滨，王芳主编．—2版．
北京：化学工业出版社，2016.5（2024.9重印）
普通高等教育"十三五"规划教材
ISBN 978-7-122-26546-3

Ⅰ．①工…　Ⅱ．①伍…②王…　Ⅲ．①工程力学-流
体力学-高等学校-教材②泵-高等学校-教材③鼓风机-高
等学校-教材　Ⅳ．①TB126②TH3

中国版本图书馆 CIP 数据核字（2016）第 052946 号

责任编辑：满悦芝　　　　　　　　　　　　　　装帧设计：韩　飞
责任校对：宋　夏

出版发行：化学工业出版社（北京市东城区青年湖南街 13 号　邮政编码 100011）
印　　装：北京机工印刷厂有限公司
787mm×1092mm　1/16　印张 20　字数 498 千字　　2024 年 9 月北京第 2 版第 8 次印刷

购书咨询：010-64518888（传真：010-64519686）　　售后服务：010-64518899
网　　址：http://www.cip.com.cn
凡购买本书，如有缺损质量问题，本社销售中心负责调换。

定　　价：48.00 元

前　言

　　《工程流体力学泵与风机》第一版自 2006 年出版以来，得到各高等院校师生和工程技术人员的广泛应用并提出宝贵意见，经过 10 年的积淀，编者开始着手教材的修订工作。

　　在本书修订时，编者对第一版内容进行了删旧增新，但仍维持第一版结构体系和主要内容不变。为提高教材的质量，编者全面更正了《工程流体力学泵与风机》（第一版）的文字和公式疏漏；为方便广大读者自学及复习，编者精简部分课后习题，并在书后提供习题参考答案。

　　本书共 15 章，主编伍悦滨，王芳。具体编写分工是，第 1、第 7、第 9、第 10、第 13 章由伍悦滨编写；第 2、第 5、第 11 章由朱蒙生编写；第 3、第 4、第 6、第 8 章由曹慧哲编写；第 12、第 14、第 15 章由王芳编写。王芳、曹慧哲负责再版修订统稿及习题答案提供。

　　全体编者本着对读者负责和精益求精的精神，对原书通篇进行字斟句酌地思考、研究，力求防止和消除一切瑕疵和错误。但由于水平所限，书中难免还会出现疏漏，敬请读者不吝指正。同时借此机会，向使用本教材的广大师生致以由衷的感谢。

编　者
2016 年 4 月

前　言

第一版前言

本书是为高等学校建筑环境与设备工程专业流体力学课程编写的教材，也可作为工业与民用建筑、道路桥梁与交通、市政、环境等专业的流体力学教学参考用书。同时，由于本书内容覆盖了全国注册公用设备工程师（暖通空调）执业资格考试基础考试大纲中对流体力学部分的内容要求，所以还可作为注册公用设备工程师（暖通空调）流体力学复习考试的首选参考书。

本书的编写广泛吸收了国内各类优秀流体力学教材的精华，力求有所发展和提高。为适应建筑环境与设备工程专业发展和培养目标的需要，加强了必要的理论基础并做到与专业密切结合；根据注册公用设备工程师（暖通空调）执业资格基础考试大纲的要求，精心设计了全书的知识体系和内容；为培养学生科学思维、提高分析和解决工程问题的能力，各章均精心选编和设计了思考题和习题。

本书共15章，主编伍悦滨、朱蒙生。具体编写分工如下：第1章、第7章、第9章、第10章、第13章由伍悦滨编写，第2章、第5章、第11章、第12章由朱蒙生编写，第3章、第4章、第6章、第8章由曹慧哲编写，第14章、第15章由王芳编写。

鉴于编者水平有限，书中疏漏和不妥之处在所难免，恳请专家、读者批评指正。

编　者
2005 年 7 月

目　　录

第1章 绪 论

1.1 流体力学及其发展史

1.1.1 流体力学的研究对象

液体与气体统称为流体。

流体力学是研究流体机械运动规律及其应用的科学。

工程流体力学则包括流体力学的基本原理及其在工程中的应用。

流体区别于固体的最基本力学特征就是具有流动性。观察流动现象，诸如微风吹过平静的水面，水面因受气流的摩擦力（沿水面作用的切力）而流动；斜坡上的水因受重力沿坡面方向的切向分力而流动。这些现象表明，流体静止时不能承受切力，或者说任何微小切力的作用，都会使流体流动，直到切力消失，流动才会停止，这就是流动性的力学解释。此外，流体无论静止或运动都几乎不能承受拉力。

流体力学研究的内容是机械运动规律。流体运动遵循机械运动的普遍规律，如质量守恒定律、牛顿运动定律、能量转化和守恒定律等，并以这些普遍规律作为建立流体力学理论的基础。

1.1.2 连续介质模型

流体力学研究的对象是流体，从微观角度来看，流体是由大量的分子构成的，这些分子都在作无规则的热运动。由于分子之间存在空隙，描述流体的诸物理量（如密度、压强和流速等）在空间的分布是不连续的。同时，由于分子随机运动，导致空间任一点上流体物理量在时间上的变化也是不连续的。显然，以分子为对象来研究流体的运动，将极为困难。现代物理研究表明，在标准状况下，$1cm^3$ 的水中约有 3.3×10^{22} 个水分子，分子间的距离约为 $3\times10^{-8}cm$；$1cm^3$ 气体约有 2.7×10^{19} 个分子，分子间的距离约为 $3\times10^{-7}cm$。可见分子间距离之微小，即使在很小的体积中也含有大量的分子，足以得到与分子数目无关的各项统计平均特性。

流体力学的研究目的是流体的宏观机械运动规律，而这一规律恰恰是研究对象中所有分子微观运动的宏观表现。1755 年瑞士数学家和力学家欧拉（L. Euler, 1707—1783）首先提出把流体当做是由密集质点构成的、内部无空隙的连续体来研究，这就是连续介质模型。所谓质点，是指含有大量分子的、与一切流动空间相比体积可忽略不计的又具有一定质量的流体微团。建立连续介质模型，是为了避开分子运动的复杂性，对流体物质的结构进行简化。建立连续介质模型后，流体运动中的物理量都可视为空间坐标和时间变量的连续函数，这样就可用数学分析方法来研究流体运动。

连续介质模型对于学过固体力学的读者并不陌生。在材料力学和弹塑性力学中，都是把受力构件当做连续介质，来研究应力和变形的规律。可以说连续介质模型是固体力学和流体力学等许多分支学科共同的理论基础。

1.1.3 流体力学的研究方法

流体力学的研究方法主要为理论分析、数值计算和实验研究三种。

理论分析是通过对流体性质及流动特性的科学抽象，提出合理的理论模型，应用已有的普遍规律，建立控制流体运动的闭合方程组，将实际的流动问题转化为数学问题，在相应的边界条件和初始条件下求解。理论分析的研究方法由欧拉首先创立，并逐步完善，迄今已发展成流体力学的一个分支——理论流体力学，成为流体力学的主要组成部分。但由于数学上的困难，许多实际流动问题还难以精确求解。

数值计算是在应用计算机的基础上，采用各种离散化方法（有限差分法、有限元法等），建立各种数值模型，通过计算机进行大规模数值计算和数值实验，得到在时间和空间上许多由数字组成的集合体，最终获得定量描述流场的数值解。近年来，这一方法得到很大发展，也已形成流体力学的一个分支——计算流体力学。

实验研究则是通过对具体流动的观察与测量来认识流动的规律。理论上的分析结果需要经过实验验证，实验又需用理论来指导。流体力学的实验研究包括原型观测和模型实验，通常以模型实验为主。

上述三种方法互相结合，为发展流体力学理论、解决复杂的工程技术问题奠定了基础。

1.1.4　流体力学的发展史

流体力学形成和发展的历史可分为四个阶段。

第一阶段　流体力学形成的萌芽阶段（16世纪以前的时期）。

最早的流体力学理论是公元前250年左右由希腊哲学家阿基米德（Archimedes，B. C. 287—212）提出的《论浮体》，它至今仍是流体静力学的一个重要的组成部分。但此后长达1700多年，流体力学未见有重大的进展。直到15世纪后期，在由意大利开始的文艺复兴时期，流体力学发展的停滞局面才被打破。公元1500年意大利物理学家和艺术家达·芬奇（Da Vinci，1452—1519）提出了《论水的运动和水的测量》一文，并导出了不可压缩流体的质量守恒方程。但他的著作直到19～20世纪才被发现。

总的看来，在16世纪以前，近代的自然科学还未形成。人类对自然界的认识，还只是一些直观的轮廓以及和哲学混在一起的观念。流体力学还没有具备发展成一门独立科学的条件。但是人类在长期生产实践中积累的丰富经验，为流体力学的发展打下了感性认识的基础。

第二阶段　流体力学奠定了作为一门独立科学的基础阶段（16世纪中叶～18世纪中叶）。

由16世纪末到17世纪中叶是这一阶段的前期。此时由于人们还未找到力和运动之间的普遍联系，尚未发现数学分析的方法，所以当时的一些成就都偏重于流体静力学方面。

由17世纪中叶到18世纪中叶是这一阶段的后期。1687年牛顿（I. Newton，1642—1727）提出了著名的力学定律，奠定了物质机械运动的理论基础。大致同时创立的微积分原理，也为流体力学的发展提供了必要的条件，1738年瑞士物理学家伯努利（D. Bernoulli，1700—1782）在他写的《水动力学》一书中首次系统地阐明了水动力学的一些基本概念，并用能量原理解决了一些流动问题。1755年瑞士数学家欧拉在他的著作《流体运动的一般原理》中建立了理想流体运动微分方程式。他首先应用数学分析方法研究流体力学问题，为理论流体力学的发展开辟了新的道路。这些成就为流体动力学奠定了基础。

第三阶段　流体力学沿着古典流体力学和水力学两条道路发展的阶段（18世纪中叶～19世纪末）。

欧拉提出的不考虑流体内部摩擦阻力的理想流体，是一种经过简化的抽象的流体。只有在摩擦阻力很小的流动中，由这个方程得到的解答才能较好地符合实际。否则，理论得到的结果甚至可能是荒谬的。到 19 世纪，急剧发展的工程技术又向流体力学提出了许多用理想流体无法解决的问题。在这种情况下，1826 年法国工程师纳维（L. M. H. Navier，1785—1836）首先提出了考虑流体内部摩擦阻力的黏性流体运动微分方程。此后，很多人致力于研究该微分方程的数学解答。这些研究大大丰富了流体力学的内容，逐渐形成了现在的所谓古典流体力学。

黏性流体运动微分方程虽然考虑了摩擦阻力，但它的形式比较复杂，只有在极简单的情况下才能求解。但是，当时迅速发展的生产又向流体力学提出了一系列问题，要求解决。于是人们不得不求助于实验，以便根据工程总结与模型试验来解决工程技术问题。水力学就是这样逐渐形成的。水力学是在伯努利成就的基础上，利用大量的实验资料来解决那些在古典流体力学中无法解决的问题。

第四阶段　发展成为近代流体力学的阶段（由 19 世纪末至今）。

从 19 世纪后期开始，流体力学以空前的速度蓬勃发展起来。流体力学在这一阶段的发展有以下两个特点。

（1）理论与实验密切结合，大大促进了流体力学的发展速度。英国人雷诺（O. Reynolds，1842—1912）于 1882 年首先阐明的相似原理大大提高了对实测资料进行理论概括的能力，从而加速了理论与实验的结合。雷诺以后，实验技术有了很大提高，实验作用也有所扩大。研究流体运动的实验室（水力学实验室和空气动力学实验室）陆续建立。水力学实验由以现场进行的实物观测为主，逐渐发展为实物观测与模型试验并重。试验的目的也不像先前那样局限于解决工程具体问题，同时还加强了对基本理论的验证和基本规律的寻求。理论与实验的密切结合，是近代流体力学迅速发展的重要因素。

（2）理论与生产实践的密切联系，使流体力学的研究领域不断扩大，出现了很多新的分支。这一阶段的最重要特点还在于理论与生产实践的紧密联系。流体力学逐渐广泛地应用于生产实践。在生产实践的推动下，大大丰富了流体力学的内容。流体力学的研究领域不断扩大，出现了许多新的分支。

近代流体力学的发展，首先是和 20 世纪航空事业的蓬勃兴起分不开的。例如平面势流理论、机翼理论、螺旋桨理论和边界层理论等，都是在航空事业的推动下发展起来的。其中德国人普朗特（L. Prandtl，1875—1953）于 1904 年首先提出边界层理论，对进一步推动流体力学与生产实践的联系起了重大作用。其他如与多方面问题有关的紊流理论，与高速飞行和涡轮机制造有关的气体动力学理论等，20 世纪以来都获得了巨大的成就。20 世纪 40 年代以来，由于超高速飞行、火箭技术、原子能利用、电子计算机等尖端技术以及其他新兴工业的发展，给流体力学提供了许多新的课题，大大开拓了流体力学的研究领域，促使一些流体力学新分支的诞生，如电磁流体力学、化学流体力学、计算流体力学、非牛顿流体力学、多相流体力学等，这些新分支一般都具有边缘科学的性质。流体力学正越来越多地和其他有关的科学结合，这正是人们的认识由简单到复杂，逐渐认识到物质的不同运动形式之间的相互联系和转化关系的结果。

我国在防治水害和运用水利方面有着悠久的历史。在中国古代的典籍中，就有相传4000 多年前大禹治水"疏壅导滞"，使滔滔洪水各归于河的记载。先秦时期（B. C. 256～251）在岷江中游建都江堰，从此成都平原"水旱从人，食无饥馑，无凶年"。东汉初杜诗制造了水排，就是利用山溪水流驱动鼓风机用于炼铁，这可以说是近代水力机械的先驱。古时计时工具——铜壶滴漏的出现，说明当时对孔口出流的规律已有了定量的认识。只是近代中国长期处在封建统治之下，科学技术严重滞后，致使我国在流体力学发展成为一门严密学科的关键时期，未能做出应有的贡献。

中华人民共和国成立以来，随着工农业发展的需要，人们对流体力学进行了大量的理论和实验研究，获得了很多重要的成果。我国著名科学家钱学森、周培源、郭永怀等在流体力学方面都有卓越的成就和巨大的贡献。特别是改革开放以来，我国在与流体力学有关的工农业生产、工程以及国防建设工程等方面都取得了很大的进步和成就。1992年开始兴建的长江三峡工程已经如期实现水库初期蓄水、永久船闸通航和首批机组并网发电三大目标。南水北调世纪工程分西、东、中三条调水方案，其中东线、中线工程已顺利通水。同时在建筑环境与能源应用工程专业，流体力学应用得非常广泛。热的供应、空气的调节、燃气的输配、排湿排毒和除尘降温等，都是以流体作为工作介质，通过流体的各种物理作用，对流体的流动有效地加以组织来实现的。学好流体力学才能对专业范围内的流体力学现象做出合乎实际的定性判断，进行足够精确的定量估计，正确地解决专业范围内的与流体力学相关的设计和计算问题。

1.2 作用在流体上的力

力是造成机械运动的原因，因此研究流体机械运动的规律，就要从分析作用于流体上的力入手。作用在流体上的力，按作用方式可分为两类。

1.2.1 表面力

表面力是通过直接接触，施加在接触表面上的力。

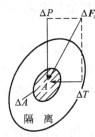

图 1.1 表面力

在流体中取隔离体为研究对象，如图 1.1 所示，周围流体对隔离体的作用以分布的表面力代替。表面力的大小用应力来表示。设 A 为隔离体表面上的一点，包含 A 点取微小面积 ΔA，若作用在 ΔA 上的总表面力为 ΔF_s，将其分解为法向分力（压力）ΔP 和切向分力 ΔT，则 $\bar{p} = \dfrac{\Delta P}{\Delta A}$ 为 ΔA 上的平均压应力，取极限 $p_A = \lim\limits_{\Delta A \to 0} \dfrac{\Delta P}{\Delta A} = \dfrac{\mathrm{d}P}{\mathrm{d}A}$ 为 A 点的压应力，又称为 A 点的压强；$\tau_A = \lim\limits_{\Delta A \to 0} \dfrac{\Delta T}{\Delta A} = \dfrac{\mathrm{d}T}{\mathrm{d}A}$ 为 A 点的切应力。

应力的单位是帕斯卡（Pascal），简称帕，以符号 Pa 表示，$1\mathrm{Pa} = 1\mathrm{N/m}^2$。

1.2.2 质量力

质量力是指施加在隔离体每个质点上的力，重力是最常见的质量力。此外，若所取坐标系为非惯性系，建立力的平衡方程时，其中的惯性力如离心力、科里奥利（Coriolis）力也归为质量力。

质量力大小用单位质量力表示。设均质流体的质量为 m，所受质量力为 F_B，则单位质量力为

$$f_B = \frac{F_B}{m}$$

单位质量力在各坐标轴上分量为

$$X = \frac{F_{BX}}{m}, Y = \frac{F_{BY}}{m}, Z = \frac{F_{BZ}}{m}$$

$$f_B = Xi + Yj + Zk$$

若作用在流体上的质量力只有重力（见图 1.2），则

$$F_{BX} = 0, \ F_{BY} = 0, \ F_{BZ} = -mg$$

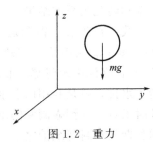

图 1.2 重力

单位质量力则分别为 $X=0$，$Y=0$，$Z=\dfrac{-mg}{m}=-g$。单位质量力的单位为 m/s²，与加速度单位相同。

1.3　流体的主要物理性质

流体的物理性质是决定流动状态的内在因素，同流体运动有关的主要物理性质有惯性、黏滞性和压缩性。

1.3.1　惯性

惯性是物体保持原有运动状态的性质，要改变物体的运动状态，就必须克服惯性的作用。

质量是惯性大小的度量，单位体积的质量称为密度，以符号 ρ 表示。若均质流体的体积为 V，质量为 m，则其密度为

$$\rho=\frac{m}{V} \tag{1.1}$$

密度的单位是 kg/m³。

液体的密度随压强和温度的变化量很小，一般可视为常数。通常情况下，水的密度为 1000kg/m³，水银的密度为 13600kg/m³。气体的密度随压强和温度变化，一个标准大气压下，0℃空气的密度为 1.29kg/m³。在一个标准大气压条件下，水的密度见表 1.1，其他几种常见流体的密度见表 1.2。

表 1.1　水的密度

温度/℃	0	4	10	20	30	40	60	100
密度/(kg/m³)	999.87	1000.0	999.73	998.23	995.67	992.24	983.24	958.38

表 1.2　几种常见流体的密度

流体名称	空　气	酒　精	四氯化碳	水　银	汽　油	海　水
温度/℃	20	20	20	20	15	15
密度/(kg/m³)	1.20	799	1590	13550	700~750	1020~1030

1.3.2　黏滞性

黏滞性是流体固有的物理性质。

（1）黏滞性　图 1.3 所示的两个平行平板间充满静止流体，两平板间距离为 h，以 y 方向为法线方向。保持下平板固定不动，使上平板沿所在平面以速度 U 运动。与上平板表面相邻的一层流体，随平板以速度 U 运动，并逐层向内影响，各层相继流动，直至与下平面相邻的速度为零的流层。在 U 和 h 都较小的情况下，各流层的速度沿法线方向呈直线分布。

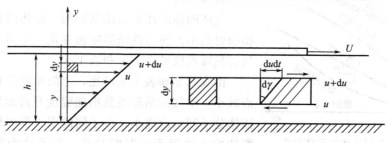

图 1.3　黏滞性实验

上平板带动与其相邻的流层运动，而能影响到内部各流层运动，说明内部各流层间存在切向力，即内摩擦力，这就是黏滞性的宏观表象。也就是说，黏滞性就是流体的内摩擦特性。

（2）牛顿内摩擦定律 通过大量的实验，牛顿（Newton）在 1687 年提出：流体的内摩擦力（切力）T 与流速梯度 $\dfrac{\mathrm{d}u}{\mathrm{d}y}$ 成比例；与流层的接触面积 A 成比例；与流体的性质有关；与接触面上的压力无关，即

$$T = \mu A \frac{\mathrm{d}u}{\mathrm{d}y} \tag{1.2}$$

以应力表示

$$\tau = \mu \frac{\mathrm{d}u}{\mathrm{d}y} \tag{1.3}$$

式（1.3）称为牛顿内摩擦定律，式中 $\dfrac{\mathrm{d}u}{\mathrm{d}y}$ 为流速在法线方向的变化率，称为速度梯度。为进一步说明该项的物理意义，在厚度为 $\mathrm{d}y$ 的上、下两流层间取矩形流体微团（见图 1.3）。因上、下层的流速相差 $\mathrm{d}u$，经 $\mathrm{d}t$ 时间，微团除位移外，还发生剪切变形 $\mathrm{d}\gamma$，即

$$\mathrm{d}\gamma \approx \tan(\mathrm{d}\gamma) = \frac{\mathrm{d}u\,\mathrm{d}t}{\mathrm{d}y}$$

$$\frac{\mathrm{d}u}{\mathrm{d}y} = \frac{\mathrm{d}\gamma}{\mathrm{d}t}$$

可知速度梯度 $\dfrac{\mathrm{d}u}{\mathrm{d}y}$ 实为流体微团的剪切变形速率 $\dfrac{\mathrm{d}\gamma}{\mathrm{d}t}$，故牛顿内摩擦定律又可表示为

$$\tau = \mu \frac{\mathrm{d}\gamma}{\mathrm{d}t} \tag{1.4}$$

上式表明流体因黏滞性产生的内摩擦力与微团的剪切变形速率成正比，所以黏滞性的定义又可表示为流体阻抗剪切变形的特性。

凡符合牛顿内摩擦定律的流体，称为牛顿流体，如水、空气、汽油、煤油、乙醇等；凡不符合的流体，称为非牛顿流体，如聚合物液体、泥浆、血浆等。牛顿流体和非牛顿流体的区别可用图 1.4 表示，τ_0 为初始（屈服）切应力。本书只讨论牛顿流体。

μ 是比例系数，称为动力黏滞系数（动力黏度），单位是 Pa·s。动力黏滞系数是流体黏滞性大小的度量，μ 值越大，流体越黏，流动性越差。

在分析黏性流体运动规律时，动力黏滞系数 μ 和密度 ρ 经常以比的形式出现，将其定义为流体的运动黏滞系数（运动黏度）

$$\nu = \frac{\mu}{\rho} \tag{1.5}$$

单位为 $\mathrm{m^2/s}$。

气体的黏滞性不受压强影响，液体的黏滞性受压强影响也很小。黏滞性随温度而变化，不同温度下水和空气的黏滞系数见表 1.3 和表 1.4。

由表 1.3 和表 1.4 可见，水的黏滞系数随温度升高而减小，空气的黏滞系数则随温度升高而增大。原因是液体分子间的距离小，分子间的引力即内聚力是构成黏滞性的主要因素，温度升高，分子动能增大，间距增

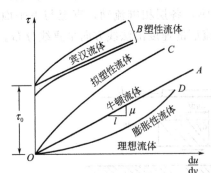

图 1.4　非牛顿流体的流动曲线

大，内聚力减小，动力黏滞系数随之减小；气体分子间的距离远大于液体，分子热运动引起的动量交换是形成黏滞性的主要因素，温度升高，分子热运动加剧，动量交换加大，动力黏滞系数随之增大。

表1.3 不同温度下水的黏滞系数

$t/℃$	$\mu/(10^{-3}\mathrm{Pa \cdot s})$	$\nu/(10^{-6}\mathrm{m^2/s})$	$t/℃$	$\mu/(10^{-3}\mathrm{Pa \cdot s})$	$\nu/(10^{-6}\mathrm{m^2/s})$
0	1.792	1.792	40	0.654	0.659
5	1.519	1.519	45	0.597	0.603
10	1.310	1.310	50	0.549	0.556
15	1.145	1.146	60	0.469	0.478
20	1.009	1.011	70	0.406	0.415
25	0.895	0.897	80	0.357	0.367
30	0.800	0.803	90	0.317	0.328
35	0.721	0.725	100	0.284	0.296

表1.4 不同温度下空气的黏滞系数

$t/℃$	$\mu/(10^{-5}\mathrm{Pa \cdot s})$	$\nu/(10^{-6}\mathrm{m^2/s})$	$t/℃$	$\mu/(10^{-5}\mathrm{Pa \cdot s})$	$\nu/(10^{-6}\mathrm{m^2/s})$
0	1.72	13.7	90	2.16	22.9
10	1.78	14.7	100	2.18	23.6
20	1.83	15.7	120	2.28	26.2
30	1.87	16.6	140	2.36	28.5
40	1.92	17.6	160	2.42	30.6
50	1.96	18.6	180	2.51	33.2
60	2.01	19.6	200	2.59	35.8
70	2.04	20.5	250	2.80	42.8
80	2.10	21.7	300	2.98	49.9

（3）理想流体　流体黏滞性的存在，往往给流体运动规律的研究带来极大困难。为了简化理论分析，特引入理想流体概念，即所谓无黏性的流体（$\mu = 0$）。理想流体实际上是不存在的，它只是一种对物性简化的力学模型。

由于理想流体不考虑黏滞性，使得对流动的分析大为简化，从而容易得出理论分析的结果，该结果对某些黏滞性影响很小的流动，能够较好地符合实际；对黏滞性影响不能忽略的流动，则可通过实验加以修正，从而能比较容易地解决许多实际流动问题。这是处理黏性流体运动问题的一种有效方法。

【例1.1】旋转圆筒黏度计，外筒固定，内筒由同步电机带动旋转。内外筒间充入实验液体（见图1.5）。已知内筒半径 $r_1 = 1.93\mathrm{cm}$，外筒半径 $r_2 = 2\mathrm{cm}$，内筒高 $h = 7\mathrm{cm}$。实验测得内筒转速 $n = 10\mathrm{r/min}$，转轴上转矩 $M = 0.0045\mathrm{N \cdot m}$。试求该实验液体的黏滞系数。

【解】充入内外筒间隙的实验液体，在内筒带动下作圆周运动。因间隙很小，速度近似直线分布，不计内筒端面的影响，内筒壁的切应力为

$$\tau = \mu \frac{\mathrm{d}u}{\mathrm{d}y} = \mu \frac{\omega r_1}{\delta}$$

式中　　　　　$$\omega = \frac{2\pi n}{60}, \delta = r_2 - r_1$$

转矩　　　　　$$M = \tau A r_1 = \tau \times 2\pi r_1 h \times r_1$$

解得　　　　　$$\mu = \frac{15M\delta}{\pi^2 r_1^3 hn} = 0.952\mathrm{Pa \cdot s}$$

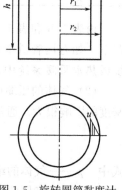

图1.5　旋转圆筒黏度计

7

1.3.3 压缩性和热胀性

压缩性是流体因压强增大，分子间距离减小，体积缩小，密度增大的性质。热胀性是温度升高，分子间距离增大，体积膨胀，密度减小的性质。

(1) 液体的压缩性和热胀性 液体的压缩性用压缩系数 κ 表示。若在一定温度下，液体的体积为 V，压强增加 $\mathrm{d}p$ 后，体积减小 $\mathrm{d}V$，则压缩系数为

$$\kappa = -\frac{\mathrm{d}V/V}{\mathrm{d}p} \tag{1.6}$$

单位为 m^2/N。根据液体压缩前后质量不变可得

$$\mathrm{d}m = \mathrm{d}(\rho V) = \rho \mathrm{d}V + V \mathrm{d}\rho = 0$$

$$-\frac{\mathrm{d}V}{V} = \frac{\mathrm{d}\rho}{\rho}$$

则

$$\kappa = \frac{\mathrm{d}\rho/\rho}{\mathrm{d}p} \tag{1.7}$$

液体的压缩系数随温度和压强变化，水在 0℃，不同压强下的压缩系数见表 1.5。表中符号 at 表示工程大气压，1at＝98000Pa。

表 1.5 水的压缩系数

压强/at	5	10	20	40	80
压缩系数/(m^2/N)	0.538×10^{-9}	0.536×10^{-9}	0.531×10^{-9}	0.528×10^{-9}	0.515×10^{-9}

压缩系数的倒数是体积模量，即

$$K = \frac{1}{\kappa} = -V\frac{\mathrm{d}p}{\mathrm{d}V} = \rho\frac{\mathrm{d}p}{\mathrm{d}\rho} \tag{1.8}$$

K 的单位是 N/m^2。进行水击计算时，水的体积模量可取 $K = 2.1 \times 10^9 \mathrm{N}/\mathrm{m}^2$。

液体的热胀性用热胀系数 α_V 表示，若在一定压强下，液体的体积为 V，温度升高 $\mathrm{d}T$ 后，体积增加 $\mathrm{d}V$，则

$$\alpha_V = \frac{\mathrm{d}V/V}{\mathrm{d}T} = -\frac{\mathrm{d}\rho/\rho}{\mathrm{d}T} \tag{1.9}$$

α_V 的单位是温度的倒数，为 1/℃ 或 1/K。液体的热胀系数随压强和温度而变化，水在 1 标准大气压下，不同温度时的热胀系数见表 1.6。

表 1.6 水的热胀系数

温度/℃	10～20	40～50	60～70	90～100
热胀系数/(1/K)	1.5×10^{-4}	4.2×10^{-4}	5.5×10^{-4}	7.2×10^{-4}

由表 1.5 和表 1.6 可见，水的压缩性和热胀性都很小，一般均可忽略不计。但在特殊情况下，如有压管道中的水击，水中爆炸波的传播等，就必须考虑水的压缩性；在液压封闭系统或热水采暖系统中，要考虑当工作温度变化较大时体积膨胀对系统造成的影响。

(2) 气体的压缩性和热胀性 气体具有显著的压缩性和热胀性。压强与温度的变化对气体密度的影响很大。通常情况下，气体密度、压强与温度之间的关系满足理想气体状态方程

$$\frac{p}{\rho} = RT \tag{1.10}$$

式中　p——气体的绝对压强，Pa；

　　　T——气体的热力学温度，K；

ρ——气体的密度，kg/m^3；

R——气体常数，$J/kg \cdot K$。

对于空气，$R = 287 J/kg \cdot K$；对于其他气体，在标准状况下，$R = \dfrac{8314}{n}$，n 为气体的分子量。

（3）不可压缩流体　实际流体都是可压缩的，然而有些流体在流动过程中，密度变化很小，可以忽略，由此引出不可压缩流体的概念。所谓不可压缩流体，是指每个质点在运动全过程中，密度不变的流体。对于均质的不可压缩流体，密度时时处处都不变化，即 ρ 为常数。不可压缩流体是又一理想化的力学模型。

液体的压缩系数很小（体积模量很大），在一定的压强变化范围内，密度几乎不变。一般的液体平衡和运动问题，都可按不可压缩流体进行理论分析。

气体的压缩性远大于液体，是可压缩流体。但在气流的速度不大，远小于声速（约 340m/s），管道也不很长的气体流动过程中，诸如建筑工程中的通风管道、低温烟道等，密度没有明显变化，也可作为不可压缩流体处理。

1.3.4　表面张力特性

在液体自由表面的分子作用半径范围内，由于分子引力大于斥力，在表层沿表面方向产生张力，这种张力称表面张力。它不仅在液体与气体接触的周界面上发生，而且还会在液面与固体或一种液体与另一种液体相接触的周界面上发生。表面张力的大小可用表面张力（系数）σ 来度量。σ 是自由表面上单位长度上所受的张力，单位为 N/m。σ 值随液体的种类和温度而变化。水的 σ 值列于表 1.7。

表 1.7　水的表面张力

温度 $T/{}^{\circ}\!C$	0	5	10	15	20	25	30	40	50	60	70	80	90	100
表面张力 $\sigma/(N/m)$	0.0756	0.0749	0.0742	0.0735	0.0728	0.0720	0.0712	0.0696	0.0679	0.0662	0.0644	0.0626	0.0608	0.0589

由于表面张力的作用，如果把细管竖立在液体中，液体就会在细管中上升（如水）或下降（如水银），分别如图 1.6（a）、（b）所示，这种现象称为毛细现象。因为表面张力很小，一般不考虑它的影响。在某些情况，如用细管做测压管或液体在地下流动等，需考虑毛细现象。

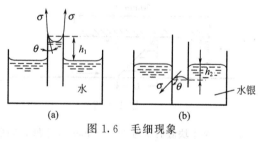

图 1.6　毛细现象

1.3.5　汽化压强

液体分子逸出液面向空间扩散的过程称为汽化，液体汽化为蒸气。汽化的逆过程称为凝结，蒸气凝结为液体。在液体中，汽化与凝结同时存在，当这两个过程达到动平衡时，宏观的汽化现象停止。此时该液体的蒸气称为饱和蒸气，饱和蒸气所产生的压强称为饱和蒸气压，或汽化压强。液体的汽化压强与温度有关，水的汽化压强见表 1.8。

表 1.8　水的汽化压强

水温/${}^{\circ}\!C$	0	5	10	15	20	40	50	60	70	90	100
汽化压强/kPa	0.61	0.87	1.23	1.70	2.34	7.38	12.3	19.9	31.2	70.1	101.33

当水流某处的压强低于其汽化压强时，该处会汽化，形成空化现象，对水流和相邻的固体壁面将产生不良影响，出现汽蚀。

思 考 题

1.1 试从力学分析的角度，比较流体与固体对外力抵抗能力的差别。

1.2 何谓连续介质模型？为了研究流体机械运动的规律，说明引用连续介质模型的必要性和可能性。

1.3 按作用方式的不同，以下作用力：压力、重力、引力、摩擦力、惯性力，哪些是表面力？哪些是质量力？

1.4 为什么说流体运动的摩擦阻力是内摩擦阻力？它与固体运动的摩擦力有何不同？

1.5 什么是流体的黏滞性？它对流体流动有什么作用？动力黏滞系数 μ 和运动黏滞系数 ν 有何区别及联系？

1.6 液体和气体的黏度随着温度变化的趋向是否相同？为什么？

1.7 液体和气体在压缩性和热胀性方面有何不同？它们对密度有何影响？

1.8 理想流体、不可压缩流体的特点是什么？

1.9 非牛顿流体有哪些？它们与牛顿流体的区别是什么？

习 题

1.1 水的密度为 1000kg/m^3，2L 水的质量和重量各是多少？

1.2 体积为 0.5m^3 的油料，重量为 4410N，试求该油料的密度是多少？

1.3 当空气的温度从 $0℃$ 增加到 $20℃$ 时，运动黏滞系数 ν 值增加 15%，密度减少 10%，问此时动力黏滞系数 μ 值增加多少？

1.4 如题 1.4 图所示，为了进行绝缘处理，将导线从充满绝缘涂料的模具中间拉过。已知导线直径为 0.8mm，涂料的动力黏滞系数 $\mu=0.02\text{Pa} \cdot \text{s}$，模具的直径为 0.9mm，长度为 20mm，导线的牵拉速度为 50m/s。试求所需牵拉力？

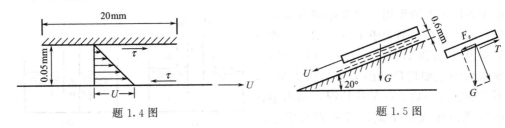

题 1.4 图　　　　　　　　题 1.5 图

1.5 某木块底面积为 60cm×40cm（见题 1.5 图），质量 5kg，沿着一与水平面成 $20°$ 的涂有润滑油的斜面下滑。油层厚度为 0.6mm，如以等速 $U=0.84\text{m/s}$ 下滑时，求油的动力黏滞系数 μ。

1.6 温度为 $20℃$ 的空气，在直径为 2.5cm 的管中流动，距管壁上 1mm 处的空气速度为 3cm/s。求作用于单位长度管壁上的黏滞切力为多少？

1.7 如题 1.7 图所示，一圆锥体绕其铅直中心轴等速旋转，锥体与固定壁面间的距离 $\delta=1\text{mm}$，用 $\mu=0.1\text{Pa} \cdot \text{s}$ 的润滑油充满间隙。当旋转角速度 $\omega=16\text{s}^{-1}$，锥体底部半径 $R=0.3\text{m}$、高 $H=0.5\text{m}$ 时，求作用于圆锥的阻力矩。

1.8 水在常温下，压强由 5at 增加到 10at 时，密度改变多少？

1.9 体积为 5m^3 的水，在温度不变的情况下，当压强从 1at 增加到 5at 时，体积减少 1L，求水的压缩系数和体积模量。

1.10 题 1.10 图所示的采暖系统，由于水温升高引起水的体积膨胀，为了防止管道及暖气片胀裂，特在系统顶部设置一膨胀水箱，使水的体积有自由膨胀的余地。若系统内水的总体积 $V=8\text{m}^3$，加热后温

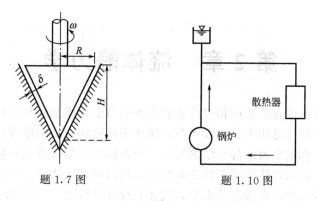

题 1.7 图   题 1.10 图

差 50℃，水的热胀系数为 0.0005℃$^{-1}$，求膨胀水箱的最小容积。

1.11 钢贮罐内装满 10℃ 的水，密封加热到 75℃，在加热增压的温度和压强范围内，水的热胀系数为 4.1×10^{-4}℃$^{-1}$，体积模量为 2×10^9 Pa，罐体坚固，假设容积不变，试估算加热后管壁所增加的压强。

1.12 汽车上路时，轮胎内空气的温度为 20℃，绝对压强 395kPa，行驶后轮胎内空气的温度上升到 50℃，试求此时的压强。

第 2 章　流体静力学

流体静力学研究流体在静止或相对静止状态下的力学规律及其在工程技术中的应用，例如计算压力容器所受静水总压力、浸没于静止流体中的物体所受的浮力以及静止大气中不同高度的压强分布等，都需要流体静力学的知识。当流体处于静止或相对静止时，各质点之间均不产生相对运动，因而流体的黏滞性不起作用，所以研究流体静力学必然用理想流体的力学模型。根据流动性可知，在静止状态下，流体只存在压应力——压强。

2.1　静止流体中压强的特性

静止流体中的压强，简称静压强，具有以下两个特性。

特性一：静压强的方向和作用面的内法线方向一致。

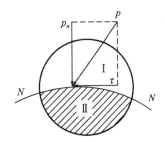

图 2.1　静止流体中压强的方向

为了论证这一特性，在静止流体中任取截面 $N—N$，将其分为 I、II 两部分。取 II 为隔离体，I 对 II 的作用由 $N—N$ 面上连续分布的应力代替，如图 2.1 所示。若 $N—N$ 面上，任一点应力 p 的方向不是作用面的法线方向，则 p 可分解为法向应力 p_n 和切向应力 τ。而静止流体不能承受切力，以上情况在静止流体中不可能存在。又因为流体不能承受拉力，故 p 的方向只能和作用面的内法线方向一致，即静止流体中只存在压应力——压强。

特性二：静压强的大小与作用面方位无关。

设在静止流体中任取一点 O，围绕 O 点作微元直角四面体 $OABC$，并以此为隔离体，正交的三个边长分别为 dx、dy、dz。以 O 为原点，沿四面体的三个正交边作坐标轴，如图 2.2 所示。分析作用在四面体上的力，包括

表面力：压力 ΔP_x、ΔP_y、ΔP_z、ΔP_n

质量力：$\Delta F_{BX} = X\rho \dfrac{1}{6} dx\, dy\, dz$

$$\Delta F_{BY} = Y\rho \frac{1}{6} dx\, dy\, dz$$

$$\Delta F_{BZ} = Z\rho \frac{1}{6} dx\, dy\, dz$$

四面体静止，各方向作用力平衡

$$\sum F_x = 0, \sum F_y = 0, \sum F_z = 0$$

由 $\sum F_x = 0$，有 $\Delta P_x - \Delta P_n \cos(n,x) + \Delta F_{BX} = 0$

式中 (n,x) 为倾斜平面 ABC（面积 ΔA_n）的外法线方向与 x 轴夹角。以三角形 BOC 的面积 $\Delta A_x = \Delta A_n \cos(n,x)$ $= \dfrac{1}{2} dy\, dz$ 除上式，得

$$\frac{\Delta P_x}{\Delta A_x} - \frac{\Delta P_n}{\Delta A_n} + \frac{1}{3}\rho X\, dx = 0$$

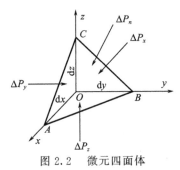

图 2.2　微元四面体

令四面体向 O 点收缩，对上式取极限，其中

$$\lim_{\Delta A_x \to 0} \frac{\Delta P_x}{\Delta A_x} = p_x, \quad \lim_{\Delta A_n \to 0} \frac{\Delta P_n}{\Delta A_n} = p_n, \quad \lim_{dx \to 0}\left(\frac{1}{3}\rho X dx\right) = 0$$

于是

$$p_x - p_n = 0, \quad 即 \quad p_x = p_n$$

同理，由 $\sum F_y = 0$，$\sum F_z = 0$，可得

$$p_y = p_n, \quad p_z = p_n$$

由此可得

$$p_x = p_y = p_z = p_n$$

因为 O 点和 n 的方向都是任选的，故静止流体内任一点上，压强的大小与作用面方位无关，各个方向的压强可用同一个符号 p 表示，p 只是该点坐标的连续函数，即

$$p = p(x, y, z) \tag{2.1}$$

2.2 流体平衡微分方程

在已知静止流体中应力特性的基础上，根据力的平衡原理，推求流体静压强的分布规律。

2.2.1 流体平衡微分方程

在静止流体内，任取一点 $O'(x, y, z)$，该点压强 $p = p(x, y, z)$，以 O' 为中心作微元直角六面体，正交的三个边分别与坐标轴平行，长度为 dx、dy、dz，如图 2.3 所示。微元六面体静止，各方向的作用力相平衡，以 x 方向为例作受力分析。

表面力只有作用在 $abcd$ 和 $a'b'c'd'$ 面上的压力。两个受压面中心点 M、N 的压强可取泰勒（Taylor）级数展开式的前两项表示

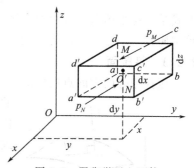

图 2.3 平衡微元六面体

$$p_M = p\left(x - \frac{dx}{2}, y, z\right) = p - \frac{1}{2}\frac{\partial p}{\partial x}dx$$

$$p_N = p\left(x + \frac{dx}{2}, y, z\right) = p + \frac{1}{2}\frac{\partial p}{\partial x}dx$$

因为受压面为微小平面，p_M、p_N 可作为所在面的平均压强，故 $abcd$ 和 $a'b'c'd'$ 面上的压力为

$$P_M = \left(p - \frac{1}{2}\frac{\partial p}{\partial x}dx\right)dy dz$$

$$P_N = \left(p + \frac{1}{2}\frac{\partial p}{\partial x}dx\right)dy dz$$

质量力 $F_{BX} = X\rho dx dy dz$，则列 x 方向平衡方程 $\sum F_x = 0$ 得

$$\left(p - \frac{1}{2}\frac{\partial p}{\partial x}dx\right)dy dz - \left(p + \frac{1}{2}\frac{\partial p}{\partial x}dx\right)dy dz + X\rho dx dy dz = 0$$

化简得

同理 y、z 方向可得

$$\left. \begin{array}{l} X - \dfrac{1}{\rho}\dfrac{\partial p}{\partial x} = 0 \\[2mm] Y - \dfrac{1}{\rho}\dfrac{\partial p}{\partial y} = 0 \\[2mm] Z - \dfrac{1}{\rho}\dfrac{\partial p}{\partial z} = 0 \end{array} \right\} \tag{2.2}$$

式（2.2）表示成向量方程的形式为

$$f-\frac{1}{\rho}\nabla p=0 \qquad (2.3)$$

式中，符号∇为矢性微分算子，称为哈密尔顿（Hamilton）算子

$$\nabla=i\frac{\partial}{\partial x}+j\frac{\partial}{\partial y}+k\frac{\partial}{\partial z} \qquad (2.4)$$

式（2.2）和式（2.3）为流体平衡微分方程，由瑞士数学家和力学家欧拉（Euler）于1755年导出，又称欧拉平衡微分方程。方程表明，在静止流体中各点单位质量流体所受表面力和质量力相平衡。

2.2.2 平衡微分方程的全微分式

将各分式分别乘以 dx、dy、dz，然后相加，对式（2.2）进行积分得

$$\frac{\partial p}{\partial x}dx+\frac{\partial p}{\partial y}dy+\frac{\partial p}{\partial z}dz=\rho(Xdx+Ydy+Zdz) \qquad (2.5)$$

压强 $p=p(x,y,z)$ 是坐标的连续函数，由全微分定理知，等号左边是压强 p 的全微分，即

$$dp=\rho(Xdx+Ydy+Zdz) \qquad (2.6)$$

上式是欧拉平衡微分方程的全微分表达式，也称平衡微分方程的综合式。通常作用于流体的单位质量力是已知的，将其代入式（2.6）积分，便可求得流体静压强的分布规律。

2.2.3 等压面

压强相等的空间点构成的面（平面或曲面）称为等压面，例如液体的自由表面。等压面的一个重要性质是，等压面与质量力正交，证明如下。设等压面如图2.4所示，面上各点的压强相等，故 $dp=0$，代入式（2.6）得

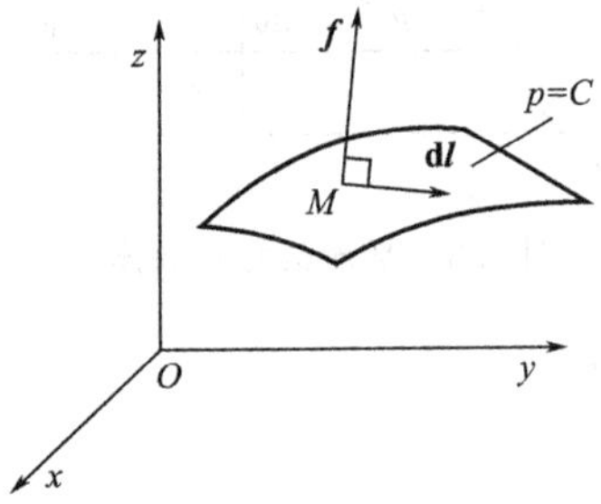

$$dp=\rho(Xdx+Ydy+Zdz)=0$$

式中 $\rho\neq0$，则等压面方程为

$$Xdx+Ydy+Zdz=0 \qquad (2.7)$$

等压面上某点 M 的单位质量力 f 在坐标 x、y、z 方向的投影为 X、Y、Z，dx、dy、dz 为该点处微小有向线段 dl 在坐标 x、y、z 方向的投影，于是有

$$Xdx+Ydy+Zdz=f\cdot dl=0$$

图 2.4 等压面

即 f 和 dl 正交。这里 dl 在等压面上有任意方向，由此证明，等压面与质量力正交。

由等压面的这一性质，便可根据质量力的方向来判断等压面的形状。例如，质量力只有重力时，因重力的方向铅垂向下，可知等压面是水平面。若除重力之外还有其他质量力的作用，则等压面是与各质量力的合力正交的非水平面。

2.3 重力场中流体静压强的分布规律

工程中最常见的质量力是重力。因此，在流体平衡一般规律的基础上，研究重力作用下静止液体中压强的分布规律，更有实用意义。

2.3.1 液体静力学基本方程

设重力作用下的静止液体，选直角坐标系 $Oxyz$，如图2.5所示，自由液面的位置高度为 z_0，压强为 p_0。液体中任一点的压强由式（2.6）得

$$dp = \rho(Xdx + Ydy + Zdz)$$

其中质量力只有重力，$X = Y = 0$，$Z = -g$，代入上式得

$$dp = -\rho g dz$$

考虑均质液体密度 ρ 是常数，积分上式得

$$p = -\rho g z + c' \qquad (2.8)$$

由边界条件 $z = z_0$，$p = p_0$，定出积分常数为

$$c' = p_0 + \rho g z_0$$

代入式（2.8），得 $p = p_0 + \rho g (z_0 - z)$

$$p = p_0 + \rho g h \qquad (2.9)$$

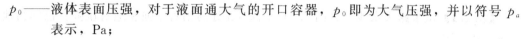

图 2.5 静止液体

式中
p——静止液体内某点的压强，Pa；

p_0——液体表面压强，对于液面通大气的开口容器，p_0 即为大气压强，并以符号 p_a 表示，Pa；

h——该点到液面的距离，称淹没深度，m；

z——该点在水平坐标面以上的高度，m。

式（2.9）表示了重力作用下液体静压强的分布规律，称液体静力学基本方程式。

2.3.2 气体静压强的计算

式（2.9）是针对液体得出的，在不考虑压缩性时，该式也适用于气体。但由于气体的密度很小，在高差不大时，气柱所产生的压强很小，可忽略不计。则式（2.9）可简化为

$$p = p_0 \qquad (2.10)$$

表示气体空间各点的压强都相等。

2.3.3 压强的度量

压强值的大小，可从不同的基准算起。由于起算基准不同，同一点的压强可用不同的值来描述。

（1）绝对压强与相对压强　绝对压强是以无气体分子存在的完全真空为基准起算的压强，以符号 p_{abs} 表示。

相对压强是以当地大气压为基准起算的压强，以符号 p 表示。绝对压强和相对压强之间相差一个当地大气压强 p_a，如图 2.6 所示。

$$p = p_{abs} - p_a \qquad (2.11)$$

普通工程结构、工业设备都处在当地大气压的作用下，采用相对压强往往能使计算简化。例如，在确定压力容器壁面所受压力时，若采用绝对压强计算，还需减去外面大气压对壁面的压力；用相对压强计算，则不必再考虑外面大气压的作用。图 2.7 所示开口容器中液面下某点的相对压强可简化为

$$p = \rho g h \qquad (2.12)$$

工程中使用的一种压强测量仪表——压力表，因测量元件处于大气压作用之下，测得的压强值是该点的绝对压强超过大气压强的部分，即相对压强。故相对压强又称为表压强。

本书中有关压强的文字和计算，如不特别指明，均为相对压强。

（2）真空压强　当绝对压强小于当地大气压时，相对压强出现负值，这种状态称为真空。真空的大小用真空压强或真空值来度量。真空压强是绝对压强不足于当地大气压的差值，以符号 p_v 表示，如图 2.6 所示。

$$p_v = p_a - p_{abs} \qquad (2.13)$$

或 $$p_v = -(p_{abs} - p_a) = -p \qquad (2.14)$$

真空压强又可表示为相对压强的负值，故又称负压。

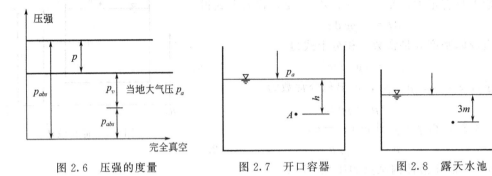

图 2.6　压强的度量　　　　图 2.7　开口容器　　　　图 2.8　露天水池

【例 2.1】试求露天水池（见图 2.8）水深 3m 处的相对压强和绝对压强。已知当地大气压为 101325Pa。

【解】由式（2.12）得该点的相对压强为

$$p = \rho g h = 1000 \times 9.8 \times 3 = 29400 \text{Pa}$$

由式（2.11）得该点的绝对压强

$$p_{abs} = p_a + p = 101325 + 29400 = 130725 \text{Pa}$$

【例 2.2】某点的真空值 $p_v = 70000$Pa。试求该点的绝对压强和相对压强，已知当地大气压为 100000Pa。

【解】由式（2.13）得

$$p_{abs} = p_a - p_v = 100000 - 70000 = 30000 \text{Pa}$$

$$p = -p_v = -70000 \text{Pa}$$

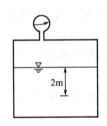

图 2.9　密闭盛水容器

【例 2.3】密闭盛水容器（见图 2.9），水面上压力表读值为 10000Pa，当地大气压强为 98000Pa。试求水面下 2m 处的压强。

【解】$p = p_0 + \rho g h = 10000 + 9800 \times 2 = 29600$Pa

因压力表示值是相对压强，所以上面的计算值也是相对压强，其绝对压强为

$$p_{abs} = p_a + p = 98000 + 29600 = 127600 \text{Pa}$$

2.3.4　水头、液柱高度和能量守恒

（1）测压管高度与测压管水头　以单位体积液体的重量 ρg 除流体静力学式（2.8）中各项，得液体静力学基本方程式的另一种形式

$$z + \frac{p}{\rho g} = c \qquad (2.15)$$

下面结合图 2.10，说明上式中各项的意义。

z 为某点（如 A 点）在基准面以上的高度，可直接量测，称为位置高度或位置水头。它的物理意义是单位重量液体具有的相对于基准面的位置势能，简称位能。

$\dfrac{p}{\rho g}$ 是可以直接测量的高度。测量的方法是，当该点的绝对压强大于大气压时，在该点接一根竖直向上的开口玻璃管，即测压管。液体在压强 p 的作用下沿测压管上升高度 h_p，按式（2.12）可求得

$$h_p = \frac{p}{\rho g} \qquad (2.16)$$

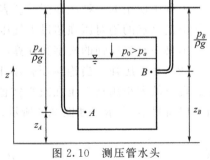

图 2.10　测压管水头

h_p 称为测压管高度或压强水头。其物理意义是单位重量液体具有的压强势能，简称压能。

$z + \dfrac{p}{\rho g}$ 则称为测压管水头，是单位重量液体具有的总势能。$z + \dfrac{p}{\rho g} = c$ 表示静止液体中各点的测压管水头相等，各点测压管水头的连线即测压管水头线是水平线。其物理意义是静止液体中各点单位重量液体具有的总势能相等。

（2）真空度　当某点的绝对压强小于当地大气压，即处于真空状态时，$\dfrac{p_v}{\rho g}$ 也是可以直接量测的高度。方法是在该点接一根竖直向下插入液槽内的玻璃管，如图 2.11 所示，槽内的液体在管内外压强差 $p_a - p_1$ 的作用下沿玻璃管上升了 h_v 的高度。因玻璃管内液面的压强等于被测点的压强，故根据液体静力学基本方程式有

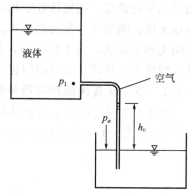

图 2.11　真空高度

$$p_a = p_1 + \rho g h_v$$

$$h_v = \frac{p_a - p_1}{\rho g} = \frac{p_v}{\rho g} \qquad (2.17)$$

h_v 称为真空高度，简称真空度。

2.3.5　压强的计量单位

应力单位是压强的定义单位，它的国际单位制（SI）单位是帕（Pa），$1Pa = 1N/m^2$。当压强很高时，常采用千帕（kPa 或 10^3 Pa）或兆帕（MPa 或 10^6 Pa）。

工程中曾习惯用大气压强的倍数来表示压强的大小。以海平面的大气压强作为大气压的基本单位，称为标准大气压，记为 atm，$1atm = 101325Pa$。工程中为了简化计算，一般采用工程大气压，记为 at，$1at = 98000Pa$ 或 $1at = 0.1MPa$。

压强的大小还可用液柱高度表示。常用的有米水柱（mH_2O），毫米水柱（mmH_2O❶）或毫米汞柱（$mmHg$❷）。根据测压管高度和真空高度的定义，相对压强为 p 时可维持的液柱高为 $h = \dfrac{p}{\rho g}$，真空压强为 p_v 时可维持的液柱高为 $h_v = \dfrac{p_v}{\rho g}$。例如 1 标准大气压可维持的水柱高为

$$h = \frac{p}{\rho g} = \frac{101325}{1000 \times 9.8} = 10.33 mH_2O$$

1 工程大气压可维持的水柱高为

$$h = \frac{p}{\rho g} = \frac{98000}{1000 \times 9.8} = 10 mH_2O$$

以上三种压强计量单位的换算关系见表 2.1。

表 2.1　压强单位换算表

压强单位	Pa	mmH_2O	mH_2O	mmHg	at	atm
换算关系	9.8	1	0.001	0.0735	10^{-4}	9.67×10^{-5}
	9800	1000	1	73.5	0.1	0.0967
	133.33	13.6	0.0136	1	0.00136	0.0132
	98000	10000	10	735	1	0.967
	101325	10332	10.332	760	1.033	1

❶ $1mmH_2O = 0.01mH_2O = 9.80665Pa$。

❷ $1mmHg = 133.322Pa$。

2.4　流体的相对平衡

前面导出了惯性坐标系中，流体的平衡微分方程式（2.2）及其综合式（2.6）。在工程实践中，还会遇到液体相对于地球运动，而流体和容器之间，以及液体各部分质点之间没有相对运动的情况，则流体处于相对平衡状态。例如水车沿直线等加速行驶，水箱内的水相对地球来说，随水车一起运动，水、水箱以及各部分水质点之间没有相对运动，此时流体质点之间无相对运动，也无切应力，只有压强。根据达朗伯（d'Alembert）原理，在质量力中计入惯性力，使流体运动的问题，形式上转化为静力平衡问题，就可直接用式（2.6）求解。

2.4.1　等加速直线运动容器中流体的平衡

盛水容器（如水车），静止时水深 H，该容器以加速度 a 作直线运动，液面形成倾斜平面。选坐标系（非惯性坐标系）$Oxyz$，O 点置于容器底面中心点，Oz 轴向上，如图2.12所示。

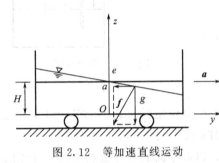

图 2.12　等加速直线运动

（1）压强分布规律
$$\mathrm{d}p = \rho(X\,\mathrm{d}x + Y\,\mathrm{d}y + Z\,\mathrm{d}z)$$
质量力除重力外还计入惯性力，惯性力的方向与加速度的方向相反，即
$$X=0, Y=-a, Z=-g$$
$$\mathrm{d}p = \rho(-a\,\mathrm{d}y - g\,\mathrm{d}z)$$
$$p = \rho g\left(-\frac{a}{g}y - z\right) + c \qquad (2.18)$$

由边界条件，因为液面倾斜前后液体体积不变，故 e 点位置不变，$y=0$，$z=H$，$p=p_0$。确定积分常数 $c = p_0 + \rho g H$，则
$$p = p_0 + \rho g\left(H - z - \frac{a}{g}y\right) = p_0 + \rho g h \qquad (2.19)$$
公式（2.19）表明，铅垂方向压强分布规律与静止液体相同，这是因为惯性力为水平方向，铅垂方向仍只有重力作用的结果。

对于开口容器 $p_0 = p_a$，以相对压强计算，则上式化简为 $p = \rho g h$，式中 h 是该点在液面下的淹没深度。

（2）等压面　在式（2.18）中，令 $p=$ 常数，得等压面方程
$$z = -\frac{a}{g}y + c$$

等压面是一簇平行的倾斜平面，其斜率 $k_1 = -\dfrac{a}{g}$，而质量力作用线的斜率 $k_2 = \dfrac{g}{a}$，两者的乘积 $k_1 k_2 = -1$，证明等压面与质量力正交。在式（2.19）中，令 $p = p_0$，得自由液面方程
$$z_s = H - \frac{a}{g}y_s \qquad (2.20)$$
式中，z_s、y_s 均为自由液面上点的坐标。

（3）测压管水头　由式（2.18）得
$$z + \frac{p}{\rho g} = c - \frac{a}{g}y$$
可见，在同一个横断面（坐标 y 一定）上，各点的测压管水头相等，即
$$z + \frac{p}{\rho g} = c'$$

2.4.2 等角速度旋转容器中液体的平衡

盛有流体的圆柱形容器，静止时液体深度为 H，该容器绕铅垂轴以角速度 ω 旋转。由于液体的黏滞作用，经过一段时间后，容器内液体质点以同样角速度旋转，液体与容器以及液体质点之间无相对运动，液面形成抛物面。

选动坐标系（非惯性坐标系）$Oxyz$，O 点置于容器底面中心点，Oz 轴与旋转轴重合，如图 2.13 所示。

（1）压强分布规律 质量力除重力外还计入惯性力，惯性力的方向与加速度的方向相反，为离心方向，即
$$X = \omega^2 x, \quad Y = \omega^2 y, \quad Z = -g$$
由式（2.6）得 $\mathrm{d}p = \rho(\omega^2 x \, \mathrm{d}x + \omega^2 y \, \mathrm{d}y - g \, \mathrm{d}z)$

$$p = \rho g \left[\frac{\omega^2(x^2+y^2)}{2g} - z\right] + c = \rho g \left(\frac{\omega^2 r^2}{2g} - z\right) + c \quad (2.21)$$

由边界条件 $r=0$，$z=z_0$，$p=p_0$，确定积分常数 $c = p_0 + \rho g z_0$，则

$$p = p_0 + \rho g \left(z_0 - z + \frac{\omega^2 r^2}{2g}\right) \quad (2.22)$$

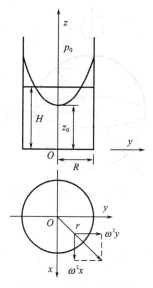

图 2.13 等角速度旋转

（2）等压面 在式（2.21）中，令 $p=$ 常数，得等压面方程为

$$z = \frac{\omega^2 r^2}{2g} + c$$

等压面是一簇旋转抛物面。

在式（2.22）中，令 $p=p_0$，得自由液面方程为

$$z_s = z_0 + \frac{\omega^2 r^2}{2g} \quad (2.23)$$

将 $\dfrac{\omega^2 r^2}{2g} = z_s - z_0$ 代入式（2.22），得

$$p = p_0 + \rho g \left[(z_0 - z) + (z_s - z_0)\right] = p_0 + \rho g(z_s - z) = p_0 + \rho g h \quad (2.24)$$

公式（2.24）表明，铅垂方向压强分布规律与静止液体相同。对于开口容器 $p_0 = p_a$，以相对压强计，上式化简为式（2.12）。

（3）测压管水头 由式（2.21），得

$$z + \frac{p}{\rho g} = c + \frac{\omega^2 r^2}{2g}$$

在同一个圆柱面（r 一定）上，测压管水头相等，有

$$z + \frac{p}{\rho g} = c'$$

【例 2.4】水车沿直线等加速度行驶，长 3m、宽 1.5m、高 1.8m、盛水深 1.2m（见图 2.14）。试问：为使水不溢出，加速度 a 的允许值是多少？

【解】计算 $y_s = -1.5\text{m}$、$z_s = 1.8\text{m}$ 时，a 的允许值。由式（2.20）得

$$a = \frac{g}{y_s}(H - z_s) = \frac{9.8}{-1.5}(1.2 - 1.8) = 3.92\text{m/s}^2$$

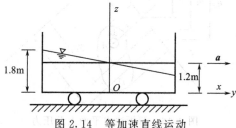

图 2.14 等加速直线运动

【例 2.5】半径为 R 的密闭球形容器，内装密

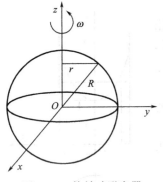

图 2.15 旋转球形容器

度为 ρ 的液体，该容器绕铅垂轴以角速度 ω 旋转（见图 2.15），试求最大压强作用点的 z 坐标。

【解】设球心压强为 p_0，且 $x=y=z=0$，由式（2.21）得 $c=p_0$。又球壁上 $r^2=R^2-z^2$，代入式（2.21）得

$$p=p_0+\rho\left[\frac{\omega^2(R^2-z^2)}{2}-gz\right]$$

令 $\dfrac{\mathrm{d}p}{\mathrm{d}z}=0$ 得

$$\frac{\omega^2}{2}(-2z)-g=0$$

$$z=-\frac{g}{\omega^2}$$

$$r=\sqrt{R^2-\left(\frac{g}{\omega^2}\right)^2}$$

即最大压强作用点在 $z=-\dfrac{g}{\omega^2}$，$r=\sqrt{R^2-\left(\dfrac{g}{\omega^2}\right)^2}$ 的圆周线上。

2.5 液体作用在平面上的总压力

工程中除了要确定点压强之外，还需确定静止流体作用在受压面上的总压力。对于气体，由于各点压强相等，因此总压力的大小就等于压强与受压面面积的乘积。对于液体，因不同高度压强不等而无法直接求出总压力的大小，而必须考虑液体静压强的分布规律。求解液体总压力的实质是求受压面上分布力的合力，其计算方法有解析法和图算法两种。

2.5.1 解析法

（1）总压力的大小和方向　设任意形状平面，面积为 A，与水平面夹角为 α，见图 2.16。选坐标系，以平面的延伸面与液面的交线为 Ox 轴，Oy 轴垂直于 Ox 轴向下。将平面所在坐标面绕 Oy 轴旋转 $90°$，展现受压平面，如图 2.16 所示。在受压面上，围绕任一点 (h,y) 取微元面积 $\mathrm{d}A$，液体作用在 $\mathrm{d}A$ 上的微元压力

$$\mathrm{d}P=\rho g h\,\mathrm{d}A=\rho g y\sin\alpha\,\mathrm{d}A$$

作用在平面上的总压力是平行力系的合力

$$P=\int\mathrm{d}P=\rho g\sin\alpha\int_A y\,\mathrm{d}A$$

积分 $\displaystyle\int_A y\,\mathrm{d}A=y_C A$ 是受压面 A 对 Ox 轴的静矩，将其代入上式得

$$P=\rho g\sin\alpha y_C A=\rho g h_C A=p_C A \tag{2.25}$$

式中　P——平面上静水总压力；

$\quad\quad y_C$——受压面形心点到 Ox 轴的距离；

$\quad\quad h_C$——受压面形心点的淹没深度；

$\quad\quad p_C$——受压面形心点的压强。

式（2.25）表明，任意形状平面上，静水总压力的大小等于受压面面积与其形心点压强的乘积，总压力的方向沿受压面的内法线方向。

（2）总压力的作用点　设总压力作用点（压力中心）D 到 Ox 轴的距离为 y_D。根据合力矩定理得

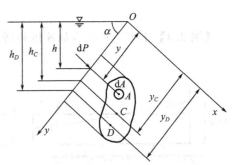

图 2.16　解析法求平面上总压力

$$Py_D = \int y\, dP = \rho g \sin\alpha \int_A y^2\, dA$$

积分 $\int_A y^2\, dA = I_x$ 是受压面 A 对 Ox 轴的惯性矩，代入上式得

$$Py_D = \rho g \sin\alpha_x I_x$$

将 $P = \rho g \sin\alpha y_C A$ 代入上式化简得

$$y_D = \frac{I_x}{y_C A}$$

由惯性矩的平行移轴定理 $I_x = I_C + y_C^2 A$，代入上式得

$$y_D = y_C + \frac{I_C}{y_C A} \tag{2.26}$$

式中　y_D——总压力作用点到 Ox 轴的距离；

　　　y_C——受压面形心到 Ox 轴的距离；

　　　I_C——受压面对平行于 Ox 轴的形心轴的惯性矩，其中宽为 b、高为 h 的底边平行于

　　　　　　　Ox 轴的矩形的惯性矩 $I_C = \frac{1}{12}bh^3$，直径为 D 的圆的惯性矩 $I_C = \frac{1}{64}\pi D^4$；

　　　A——受压面的面积。

式 (2.26) 中 $\frac{I_C}{y_C A} > 0$，故 $y_D > y_C$，即总压力作用点 D 一般在受压面形心 C 之下，这是由于压强沿水深增加的结果。随着受压面淹没深度的增加，y_C 增大，$\frac{I_C}{y_C A}$ 减小，总压力作用点则靠近受压面形心。

在实际工程中，受压面多是有纵向对称轴（与 Oy 轴平行）的平面，总压力的作用点 D 必在对称轴上。这种情况只需算出 y_D，作用点的位置便可完全确定，不需计算 x_D。

【例 2.6】矩形平板一侧挡水，与水平面夹角 $\alpha = 30°$，平板上边与水面齐平，水深 $h = 3\text{m}$，平板宽 $b = 5\text{m}$，如图 2.17 所示。试求作用在平板上的静水总压力。

【解】总压力的大小由式 (2.25) 得

$$P = p_C A = \rho g h_C A = \rho g \frac{h}{2} b \frac{h}{\sin 30°} = 441\text{kN}$$

方向为受压面内法线方向。作用点由式 (2.26) 得

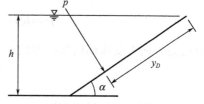

图 2.17　解析法求解平面总压力

$$y_D = y_C + \frac{I_C}{y_C A} = \frac{l}{2} + \frac{\frac{bl^3}{12}}{\frac{l}{2} \times bl} = \frac{2}{3} \times \frac{h}{\sin 30°} = 4\text{m}$$

2.5.2　图算法

(1) 压强分布图　压强分布图是在受压面承压的一侧，根据压强的特性，以一定比例尺的矢量线段表示压强大小和方向的图形，是液体静压强分布规律的几何图示。对于通大气的开敞容器，液体的相对压强 $p = \rho g h$，沿水深直线分布，只要把上下两点的压强用线段绘出，中间用直线相连，就得到相对压强分布图，如图 2.18 所示。

(2) 图算法　设底边平行于液面的矩形平面 AB，与水平面夹角为 α，平面宽度 b，上、下底边的淹没深度为 h_1、h_2，如图 2.19 所示。

图算法的步骤是：先绘出压强分布图，总压力的大小等于压强分布图的面积 S 乘

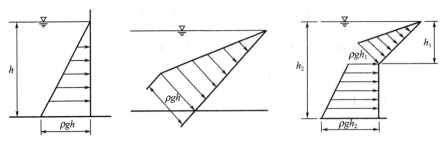

图 2.18　相对压强分布图

以受压面的宽度 b，即

$$P = bS \tag{2.27}$$

同时总压力的作用线过压强分布图的形心，作用线与受压面的交点就是总压力的作用点。对于底边平行于液面的矩形平面，应用图算法计算静水总压力及作用点，更为便捷和形象化。

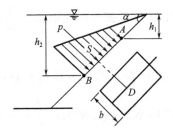

图 2.19　图算法求解平面总压力图

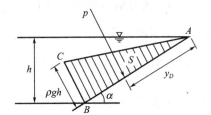

图 2.20　图算法求解例题

【**例 2.7**】题同【例 2.6】，用图算法计算。

【**解**】绘出压强分布图 ABC，如图 2.20 所示，由式（2.27）求出总压力的大小为

$$P = bS = b \frac{1}{2} \rho g h \frac{h}{\sin 30°} = b \rho g h^2 = 441 \text{kN}$$

总压力方向为受压面内法线方向，总压力作用线过压强分布图的形心，即

$$y_D = \frac{2}{3} \times \frac{h}{\sin 30°} = 4 \text{m}$$

两种方法所得计算结果相同。

2.6　液体作用在曲面上的总压力

实际工程中存在着大量的曲面壁面，如圆形贮水池池壁、圆管管壁、弧形闸门以及球形容器器壁等。与平面相比，作用在曲面壁上的压强不仅大小随位置而变，方向也因位置的不同而不同。本节从二向曲面入手，求出作用在其上的静水总压力，然后推广到三向曲面上。

2.6.1　曲面上的总压力

设二向曲面 AB（柱面），母线垂直于图面，曲面面积为 A，一侧承压。选坐标系，令 xOy 平面与液面重合，Oz 轴向下，如图 2.21 所示。

在曲面上沿母线方向任取条形微元面 EF，因各微元面上的压力 dP 方向不同，而不能直接积分求作用在曲面上的总压力。为此将 dP 分解为水平分力和铅垂分力，即

$$dP_x = dP\cos\alpha = \rho gh\, dA\cos\alpha = \rho gh\, dA_x$$
$$dP_z = dP\sin\alpha = \rho gh\, dA\sin\alpha = \rho gh\, dA_z$$

式中　dA_x——EF 在铅垂投影面上的投影；

　　　dA_z——EF 在水平投影面上的投影。

总压力的水平分力为

$$P_x = \int dP_x = \rho g \int_{A_x} h\, dA_x$$

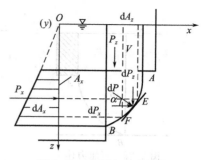

图 2.21　曲面上的总压力

积分 $\int_{A_x} h\, dA_x$ 是曲面的铅垂投影面 A_x 对 Oy 轴的静矩，

将 $\int_{A_x} h\, dA_x = h_C A_x$ 代入上式得

$$P_x = \rho g h_C A_x = p_C A_x \tag{2.28}$$

式中　P_x——曲面上总压力的水平分力；

　　　A_x——曲面的铅垂投影面积；

　　　h_C——投影面 A_x 形心点的淹没深度；

　　　p_C——投影面 A_x 形心点的压强。

式（2.28）表明，液体作用在曲面上总压力的水平分力，等于作用在该曲面的铅垂投影面上的压力。

总压力的铅垂分力

$$p_z = \int dP_z = \rho g \int_{A_z} h\, dA_z = \rho g V \tag{2.29}$$

积分 $\int_{A_z} h\, dA_z = V$ 是曲面到自由液面（或自由液面的延伸面）之间的铅垂柱体——压力体的体积。式（2.29）表明，液体作用在曲面上总压力的铅垂分力，等于压力体内液体的重量。

液体作用在二向曲面上的总压力是平面汇交力系的合力

$$P = \sqrt{P_x^2 + P_z^2} \tag{2.30}$$

总压力作用线与水平面夹角

$$\alpha = \arctan\frac{P_z}{P_x} \tag{2.31}$$

过 P_x 作用线（通过 A_x 压强分布图形心）和 P_z 作用线（通过压力体的形心）的交点，作与水平面成 α 角的直线就是总压力作用线，该线与曲面的交点即为总压力作用点。

2.6.2　压力体

式（2.29）中，积分 $\int_{A_z} h\, dA_z = V$ 表示的几何体称为压力体。压力体的界定方法是，设想取铅垂线沿曲面边缘平行移动一周，割出的以自由液面（或其延伸面）为上底，曲面本身为下底的柱体就是压力体。

因为曲面承压位置不同，压力体有三种界定情况。

（1）实压力体　压力体和液体在曲面 AB 的同侧，如同压力体内实有液体，习惯上称为实压力体。P_z 方向向下，如图 2.22 所示。

（2）虚压力体　压力体和液体在曲面 AB 的异侧，其上底面为自由液面的延伸面，压力体内虚空，习惯上称为虚压力体，P_z 方向向上，如图 2.23 所示。

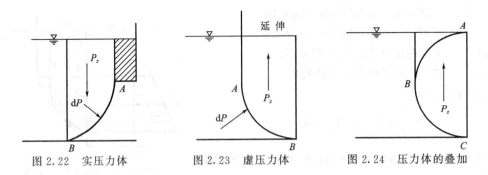

| 图 2.22 实压力体 | 图 2.23 虚压力体 | 图 2.24 压力体的叠加 |

（3）压力体叠加　对于水平投影重叠的曲面，分开界定压力体，然后相叠加。例如半圆柱面 ABC 的压力体，如图 2.24 所示，分别按曲面 AB、BC 确定，叠加后得到虚压力体 ABC，P_z 方向向上。

2.6.3　液体作用在潜体和浮体上的总压力

全部浸入液体中的物体，称为潜体。潜体表面是封闭曲面。选坐标系，令 xOy 平面与自由液面重合，Oz 轴向下，如图 2.25 所示。

（1）水平分力　取平行 Ox 轴的水平线，沿潜体表面移动一周，切点轨迹 ac 分封闭曲面为左右两半，由式（2.28）得

$$P_{x1}=\rho g h_C A_x \qquad P_{x2}=\rho g h_C A_x$$
$$P_x=P_{x1}-P_{x2}=0$$

坐标 x 方向是任意选定的，所以液体作用在潜体上总压力的水平分力为零。

（2）铅垂分力　取平行于 Oz 轴的铅垂线，沿潜体表面平行移动一周，切点轨迹 bd 分封闭曲面为上下两半，由式（2.29）得

$$P_{z1}=\rho g V_{bb'd'dc} \qquad 方向向下$$
$$P_{z2}=\rho g V_{bb'd'da} \qquad 方向向上$$
$$P_z=P_{z1}-P_{z2}=-\rho g V \tag{2.32}$$

负号表示 P_z 方向与坐标轴 Oz 方向相反，即浮力。

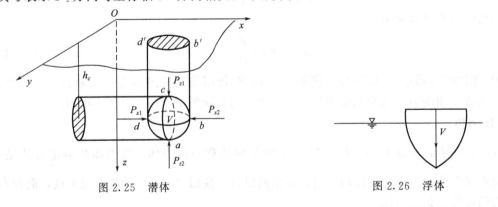

| 图 2.25 潜体 | 图 2.26 浮体 |

部分浸入液体中的物体称浮体，如图 2.26 所示。可将液面以下部分看成与潜体一样的封闭曲面，于是有

$$P_x=0, \quad P_z=-\rho g V$$

综上所述，液体作用于潜体（或浮体）上的总压力，只有铅垂向上的浮力，大小等于所排开的液体重量，作用线通过潜体的几何中心。这就是公元前 250 年左右人类发现的水力学

规律——阿基米德（Archimedes）原理。

【例 2.8】圆柱形压力水罐（见图 2.27），半径 $R=0.5$m，长 $l=2$m，压力表读值 $P_M=23.72$kPa。试求：

（1）端部平面盖板所受水压力。

（2）上、下半圆筒所受水压力。

（3）连接螺栓所受总拉力。

【解】（1）端盖板所受水压力受压面为圆形平面，则

$$P=p_c A=(p_M+\rho g R)\pi R^2=(23.72+1.0\times9.8\times0.5)\times3.14\times0.5^2=22.47\text{kN}$$

（2）上、下半圆筒所受水压力　上、下半圆筒所受水压力只有铅垂分力，上半圆筒压力体如图 2.28 所示。

$$P_{z上}=\rho g V_上=\rho g\left[\left(\frac{p_M}{\rho g}+R\right)2R-\frac{1}{2}\pi R^2\right]l$$

$$=1.0\times9.8\times\left[\left(\frac{23.72}{1.0\times9.8}+0.5\right)\times2\times0.5-\frac{1}{2}\times3.14\times0.5^2\right]\times2$$

$$=49.54\text{kN}$$

下半圆筒所受铅垂分力为

$$P_{z下}=\rho g V_下=\rho g\left[\left(\frac{p_M}{\rho g}+R\right)2R+\frac{1}{2}\pi R^2\right]l$$

$$=1.0\times9.8\times\left[\left(\frac{23.72}{1.0\times9.8}+0.5\right)\times2\times0.5+\frac{1}{2}\times3.14\times0.5^2\right]\times2$$

$$=64.93\text{kN}$$

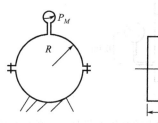

图 2.27　圆柱形压力水罐

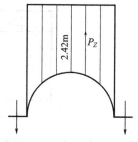

图 2.28　上半圆筒压力体

（3）连接螺栓所受总拉力　由上半圆筒计算得

$$T=P_{z上}=49.54\text{kN}$$

或由下半圆筒计算得

$$T=P_{z下}-N=P_{z下}-\rho g\pi R^2 l=64.93-1.0\times9.8\times3.14\times0.5^2\times2=49.54\text{kN}$$

式中 N 为支座反力。

【例 2.9】压力管道（见图 2.29）直径 $D=200$mm，管壁的允许应力 $[\sigma]=25$kN/mm^2。管壁厚 $\delta=10.5$mm，试求管道内液体的最大允许压强。

【解】取 1m 长管段，沿直径平面剖分为两半，以其中一半为隔离体。不计管内液体重量对压强的影响，液体的总压力

$$P=p_c A_x=pD\times1$$

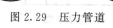

图 2.29　压力管道

总压力 P 等于两个管壁断面的张力，即 $P=2T$。计算壁面张力所引起的应力，考虑制造缺陷及锈蚀影响，壁厚按规范留一定安全余量，本题取 $e=4\text{mm}$，则

$$pD\times1=2[\sigma](\delta-e)\times1$$

$$p_{\max}=\frac{2[\sigma](\delta-e)}{D}=\frac{2\times25\times10^9\times(10.5-4)\times10^{-3}}{0.2}$$

$$=1625\text{MPa}$$

思　考　题

2.1　试述静力学基本方程 $z+\dfrac{p}{\rho g}=C$ 的物理意义与几何意义？

2.2　绝对压强、相对压强、真空度的定义是什么？如何换算？

2.3　流体静压强有何特性？

2.4　何谓压力体？虚、实压力体如何界定？

2.5　液体表面压强不为零时，平面或曲面上的静水总压力如何计算？

2.6　处于相对平衡的流体的等压面是否为水平面？为什么？什么条件下的等压面是水平面？

习　　题

2.1　密闭容器（题2.1图），测压管液面高于容器内液面 $h=1.8\text{m}$，液体的密度为 850kg/m^3。求液面压强。

2.2　密闭水箱（题2.2图），压力表测得压强为 4900N/m^2，压力表中心比 A 点高 0.4m，A 点在液面下 1.5m。求水面压强。

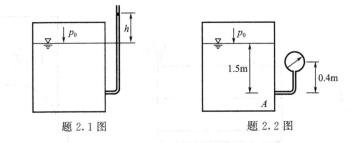

题2.1图　　　　　　　　　题2.2图

2.3　水箱形状如题2.3图所示，底部有4个支座。试求水箱底面上的总压力和四个支座的支座反力，并讨论总压力与支座反力不相等的原因。

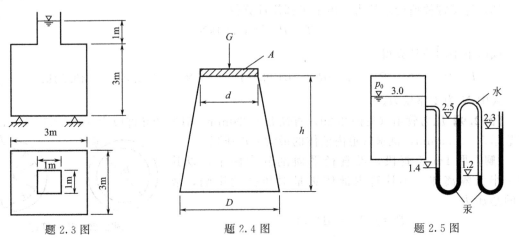

题2.3图　　　　　　题2.4图　　　　　　题2.5图

2.4　盛满水的容器（题2.4图），顶口装有活塞A，直径$d=0.4$m，容器底的直径$D=1.0$m，高$h=$1.8m。如活塞上加力2520N（包括活塞自重）。求容器底的压强和总压力。

2.5　多管水银测压计用来测水箱中的表面压强。题2.5图中高程的单位为m，试求水面的相对压强p_{0abs}。

2.6　水管A、B两点高差$h_1=0.2$m，U形管压差计中水银液面高差$h_2=0.2$m（题2.6图）。试求A、B两点的压强差。

2.7　盛有水的密闭容器（题2.7图），水面压强为p_0，当容器自由下落时，求容器内水的压强分布规律。

2.8　已知U形管（题2.8图）水平段长$l=30$cm，当它沿水平方向作等加速运动时，液面高差$h=$5cm。试求它的加速度a。

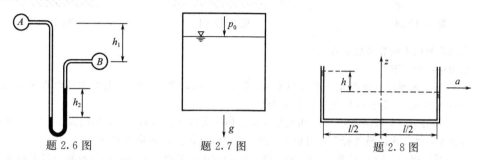

题2.6图　　　　　　　　　　题2.7图　　　　　　　　　题2.8图

2.9　圆柱形容器（题2.9图）的半径$R=15$cm，高$H=50$cm，盛水深$h=30$cm。若容器以等角速度ω绕z轴旋转，试求ω最大为多少时不致使水从容器中溢出？

2.10　装满油的圆柱形容器（题2.10图），直径$D=80$cm，油的密度$\rho=801$kg/m^3，顶盖中心点装有真空表，读值为4900Pa。试求：

（1）容器静止时作用于该容器顶盖上总压力的大小和方向。

（2）当容器以等角速度$\omega=20$rad/s旋转时，真空表的读值不变，作用于顶盖上总压力的大小和方向。

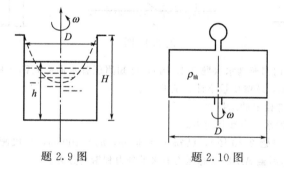

题2.9图　　　　　　　　题2.10图

2.11　绘制题2.11图中AB面上的压强分布图。

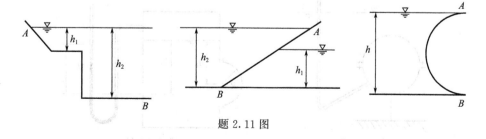

题2.11图

2.12　矩形平板闸门AB一侧挡水（题2.12图），已知长$l=2$m，宽$b=1$m，形心点水深$h_C=2$m，倾角$\alpha=45°$，闸门上缘A处设有转轴，忽略闸门自重及门轴摩擦力。试求开启闸门所需拉力T。

2.13　已知矩形闸门高$h=3$m，宽$b=2$m，上游水深$h_1=6$m，下游水深$h_2=4.5$m（题2.13图）。试求：

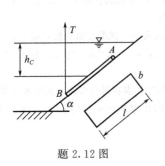

题 2.12 图

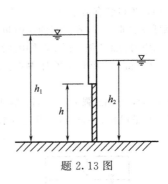

题 2.13 图

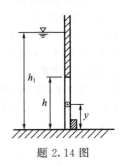

题 2.14 图

（1）作用在闸门上的静水总压力。

（2）压力中心的位置。

2.14 矩形平板闸门一侧挡水（题 2.14 图），宽 $b=0.8m$，高 $h=1m$，若要求箱中水深 h_1 超过 2m 时，闸门即可自动开启，铰链的位置 y 应是多少？

2.15 金属的矩形平板闸门宽 1m，由两根工字钢横梁支撑（题 2.15 图）。闸门高 $h=3m$，容器中水面与闸门顶齐平，如果要求两横梁所受的力相等，两工字钢的位置 y_1、y_2 应为多少？

2.16 一弧形闸门（题 2.16 图），宽 2m，圆心角 $\alpha=30°$，半径 $r=3m$，闸门转轴与水平面齐平，求作用在闸门上静水总压力的大小与方向（即合力与水平面的夹角）。

2.17 挡水建筑物一侧挡水（题 2.17 图），该建筑物为二向曲面（柱面）；$z=ax^2$，a 为常数。试求单位宽度挡水建筑物上静水总压力的水平分力 P_x 和铅垂分力 P_z。

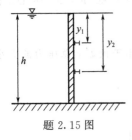

题 2.15 图

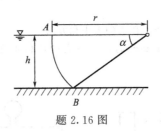

题 2.16 图

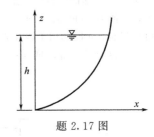

题 2.17 图

2.18 球形密闭容器内部充满水（题 2.18 图），已知测压管水面标高 $\nabla_1=8.5m$，球外自由水面标高 $\nabla_2=3.5m$。球直径 $D=2m$，球壁质量不计。试求：

（1）作用于半球连接螺栓上的总拉力。

（2）作用于垂直柱上的水平力和竖向力。

2.19 密闭盛水容器（题 2.19 图），已知 $h_1=60cm$，$h_2=100cm$，水银测压计读值 $\Delta h=25cm$。试求：半径 $R=0.5m$ 的半球形盖 AB 所受总压力的水平分力和铅垂分力。

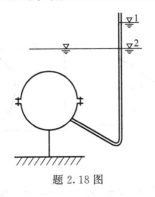

题 2.18 图

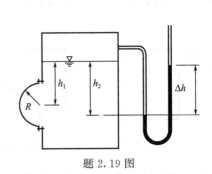

题 2.19 图

2.20 极地附近的海面上露出冰山的一角，已知冰山的密度为 $920kg/m^3$，海水的密度为 $1025kg/m^3$，试求露出海面的冰山的体积和海面下的体积之比。

第 3 章　流体运动学

流体运动学从流体的连续介质模型出发来研究流体的运动规律，而不去探求运动产生和变化的原因，不会涉及力、质量等与动力学有关的物理量。本章将给出描述流体运动的方法，质点流速、加速度的变化和所遵循的规律，及其在工程中的应用等。

3.1　流体运动的描述方法

流体流动一般是在固体壁面所限制的空间内外进行的，例如：空气在室内流动，水在管内流动，风绕建筑物流动等。这些流动都是在房间墙壁、水管管壁和建筑物外墙等固体壁面所限定的空间内外进行。我们把流体流动所占据的空间称为流场，流体力学的主要任务就是研究流场中的流动。

与固体不同，流体是一种具有流动性的连续介质，在流动的过程中，各质点间存在着与时间和空间均有关的相对运动。因此，如何用数学物理的方法来描述流体的运动是从理论上研究流体运动规律的首要问题。描述流体运动的方法通常有拉格朗日（Lagrange）法和欧拉（Euler）法两种。

3.1.1　拉格朗日法

拉格朗日法把流体的运动看做是无数个质点运动的总和，以流场中个别质点的运动作为研究的出发点加以描述，并将各个质点的运动汇总起来就得到整个流动。

由于流体质点是连续分布的，要研究某个确定质点的运动，首先必须有表征该质点的办法，以便识别、区分不同的流体质点。因为在每一时刻，每一质点都占有唯一确定的空间位置，拉格朗日法便用起始时刻各质点的空间坐标 (a,b,c) 来表征各质点。随着时间的推移，质点将改变位置，设 (x,y,z) 表示 t 时刻质点 (a,b,c) 的坐标，那么各质点在任意时刻的空间位置，将是 x、y、z 这三个量的函数，即

$$\left.\begin{array}{l} x=x(a,b,c,t) \\ y=y(a,b,c,t) \\ z=z(a,b,c,t) \end{array}\right\} \tag{3.1}$$

式中的自变量 a、b、c、t 称为拉格朗日变数。当 a、b、c 为定值时，式（3.1）代表确定的某个质点的运动轨迹；当 t 为定值时，上式代表 t 时刻各个质点所处的位置。因此上式可以描述所有质点的运动，将其对时间求一阶和二阶偏导数，便得该质点的流速和加速度

$$\left.\begin{array}{l} u_x=\dfrac{\partial x}{\partial t}=\dfrac{\partial x(a,b,c,t)}{\partial t} \\[2mm] u_y=\dfrac{\partial y}{\partial t}=\dfrac{\partial y(a,b,c,t)}{\partial t} \\[2mm] u_z=\dfrac{\partial z}{\partial t}=\dfrac{\partial z(a,b,c,t)}{\partial t} \end{array}\right\} \tag{3.2}$$

式中，u_x、u_y、u_z 为质点流速在 x、y、z 方向的分量。

$$a_x = \frac{\partial u_x}{\partial t} = \frac{\partial^2 x}{\partial t^2}$$

$$a_y = \frac{\partial u_y}{\partial t} = \frac{\partial^2 y}{\partial t^2}$$

$$a_z = \frac{\partial u_z}{\partial t} = \frac{\partial^2 z}{\partial t^2}$$

(3.3)

式中 a_x、a_y、a_z 为质点加速度在 x、y、z 方向的分量。

拉格朗日法承袭固体力学，是质点系力学研究方法的自然延续，物理概念清晰。但由于流体质点的运动轨迹极其复杂，应用这种方法描述流体的运动在数学上存在困难，而绝大多数的工程问题并不需要了解质点运动的全过程，即不探求水或空气中各个质点的来龙去脉，而只是着眼于流场中的某些固定点、固定断面或固定空间的流动。例如：扭开水龙头，水从管中流出；打开门窗，风从门窗流入；开动风机，将风从工作区抽出等。对于上述几个现象，工程中所关心的是水以怎样的流速从管中流出，风以多大的流速从门窗流入室内，风机抽风时工作区间的风速分布如何等，即只要知道一定地点（水龙头处）、一定断面（门窗洞口断面）或一定空间（工作区间）的流动状况，而不需要知道流体质点运动的轨迹及其沿轨迹的流速等物理量的变化；另外测量流体运动要素时，要跟着流体质点移动测量，测出不同瞬时的数值，这种测量方法较难，不易做到。因此除了在分析流体力学中某些流体运动（如波浪运动）和计算流体力学的某些问题中采用拉格朗日法外，绝大多数流体力学问题均采用下述较简单的欧拉法来描述。

3.1.2　欧拉法

欧拉法以流场作为出发点，着眼于流体经过流场中各固定点时的运动情况，而不过问这些流体运动情况是哪些流体质点表现出来的，也不管那些质点的运动历程。综合流场中足够多的空间点上所观测到的运动参数，如流速、压强、密度等，将其汇总起来就形成了对整个流动的描述，故欧拉法又称为空间点法或流场法。流场中某一空间点的运动情况，既与该点的位置［空间坐标为 (x,y,z)］有关，又与时间 t 有关，该点流速、压强、密度分别表示为

$$u_x = u_x(x,y,z,t)$$
$$u_y = u_y(x,y,z,t)$$
$$u_z = u_z(x,y,z,t)$$

(3.4)

$$p = p(x,y,z,t)$$

(3.5)

$$\rho = \rho(x,y,z,t)$$

(3.6)

上述三组公式中的自变量为 x、y、z、t，称为欧拉变数；其中式（3.4）中的 x、y、z 是流体质点在 t 时刻的运动坐标，对同一质点来说并非常数，而是时间 t 的函数。因此加速度需按复合函数求导法则得到，即欧拉法描述流体运动时的质点加速度表达式为

$$
\begin{aligned}
a_x &= \frac{\mathrm{d}u_x}{\mathrm{d}t} = \frac{\partial u_x}{\partial t} + \frac{\partial u_x}{\partial x} \times \frac{\mathrm{d}x}{\mathrm{d}t} + \frac{\partial u_x}{\partial y} \times \frac{\mathrm{d}y}{\mathrm{d}t} + \frac{\partial u_x}{\partial z} \times \frac{\mathrm{d}z}{\mathrm{d}t} \\
&= \frac{\partial u_x}{\partial t} + u_x \frac{\partial u_x}{\partial x} + u_y \frac{\partial u_x}{\partial y} + u_z \frac{\partial u_x}{\partial z} \\
a_y &= \frac{\mathrm{d}u_y}{\mathrm{d}t} = \frac{\partial u_y}{\partial t} + u_x \frac{\partial u_y}{\partial x} + u_y \frac{\partial u_y}{\partial y} + u_z \frac{\partial u_y}{\partial z} \\
a_z &= \frac{\mathrm{d}u_z}{\mathrm{d}t} = \frac{\partial u_z}{\partial t} + u_x \frac{\partial u_z}{\partial x} + u_y \frac{\partial u_z}{\partial y} + u_z \frac{\partial u_z}{\partial z}
\end{aligned}
$$

(3.7)

上式也可表示为如下形式

$$a = \frac{\mathrm{d}\boldsymbol{u}}{\mathrm{d}t} = \frac{\partial \boldsymbol{u}}{\partial t} + (\boldsymbol{u} \cdot \nabla)\boldsymbol{u} \tag{3.8}$$

式（3.7）和式（3.8）均由两部分组成：第一部分 $\frac{\partial \boldsymbol{u}}{\partial t}$ 称为时变加速度或当地加速度，它表示在通过某固定空间点处，流体质点的流速随时间的变化率；第二部分（$\boldsymbol{u} \cdot \nabla$）$\boldsymbol{u}$ 称为位变加速度或迁移加速度，它表示在同一时刻，流体质点的流速随空间点位置变化所引起的加速度。

例如图 3.1 中水箱里的水经收缩管流出时，若水箱无来水补充，水位 H 逐渐降低，管轴线上某点的流速随时间减小，时变加速度 $\frac{\partial u_x}{\partial t}$ 为负值；同时管道收缩，流速随质点的迁移而增大，位变加速度 $u_x \frac{\partial u_x}{\partial x}$ 为正值，该点的加速度 $a_x = \frac{\partial u_x}{\partial t} + u_x \frac{\partial u_x}{\partial x}$；若此时水箱有来水补充，水位 H 保持不变，该点的流速不随时间变化，时变加速度为零，但仍有位变加速度，即 $a_x = u_x \frac{\partial u_x}{\partial x}$。若出水管是等径的直管，且水位 H 保持不变，如图 3.2 所示，则管内的流体质点，既无时变加速度，也无位变加速度，即 $a_x = 0$。上述欧拉法对质点加速度的分析方法，也适用于其他运动要素。

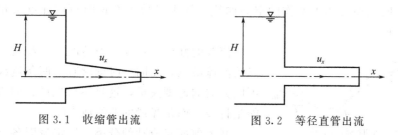

图 3.1 收缩管出流　　　　　　图 3.2 等径直管出流

应该指出，拉格朗日法和欧拉法在研究流体运动时，只是着眼点不同，并无本质上的差别，对于同一个问题，用两种方法描述的结果是一致的，而且两种方法也是可以相互转换的。为了方便研究，本书均采用欧拉法来描述流体运动。

3.2 欧拉法的基本概念

当用欧拉法描述流体运动时，常涉及下述基本概念。

3.2.1 流动的分类

为便于分析和研究，常根据流体流动的性质和特点，将流体的运动进行分类。

（1）恒定流和非恒定流　流场中各空间点上的运动要素（流速、压强、密度等）皆不随时间变化的流动是恒定流，反之是非恒定流。对于恒定流，诸运动要素只是空间坐标的函数，即

$$\left. \begin{array}{l} u_x = u_x(x, y, z) \\ u_y = u_y(x, y, z) \\ u_z = u_z(x, y, z) \end{array} \right\} \tag{3.9}$$

$$p = p(x, y, z) \tag{3.10}$$

$$\rho = \rho(x, y, z) \tag{3.11}$$

比较恒定流与非恒定流，前者欧拉变数中少了时间变量 t，使得问题的求解大为简化。实际工程中，多数系统正常运行时是恒定流，或虽为非恒定流，但运动参数随时间的变化缓慢，近似按恒定流处理就可满足工程需要。在上一节列举的水箱出流的例子中，当水位 H

保持不变时为恒定流,水位 H 随时间变化的是非恒定流。

(2) 一元流动、二元流动和三元流动　所谓元是指影响运动参数的空间坐标分量。若空间点上的运动参数(主要是流速)是空间坐标的三个分量和时间变量的函数,流动是三元流动;若运动参数只与空间坐标的一个分量以及时间有关,流动则是一元的。严格地讲,实际工程问题中的流体运动一般都是三元流,但当运动要素在空间三个坐标方向都变化时,会使分析和研究变得复杂困难,只有一些边界条件比较简单的实际问题才能求得准确解,因此工程中常设法将三元流简化为一元流或二元流来处理。

(3) 均匀流和非均匀流　在给定的某一时刻,若流体中各点迁移加速度为零,即

$$(\boldsymbol{u} \cdot \nabla)\boldsymbol{u} = 0 \tag{3.12}$$

流体是均匀流,反之则是非均匀流。均匀流各点流速都不随位置而变化,流体作均匀直线运动。在上一节列举的水箱出流的例子中,等直径直管内的流动是均匀流,如图 3.2 所示;变直径管道内的流动是非均匀流,如图 3.1 所示;水位 H 保持不变时,图 3.2 等直径直管内的流动是恒定均匀流。

3.2.2 流线

(1) 流线的概念　为了将流动的数学描述转换成流动图像,特引入流线的概念。所谓流线是某一确定时刻在流场中所作的空间曲线,线上各质点在该时刻的速度矢量,都与之相切,如图 3.3 所示。

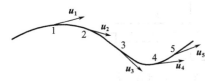

图 3.3 某时刻流线图

流线的性质是:在一般情况下不相交,否则位于交点的流体质点,在同一时刻就有与两条流线相切的两个不同方向的速度矢量,这是不可能的;同理,流线也不能是折线,而是光滑的曲线或直线。

联系前面对流动的分类,恒定流因各空间点上速度矢量不随时间变化,所以流线的形状和位置也不随时间变化,一般来说,非恒定流流线随时间变化。均匀流质点的迁移加速度为零,速度矢量不随位移变化,在这样的流场中,流线是相互平行的直线,因此从流线图上看,流线为平行直线的流动是均匀流。

(2) 流线方程　根据流线的定义,可直接得出流线的微分方程。设 t 时刻,在流线上某点附近取微元线段矢量 $\mathrm{d}\boldsymbol{r}$,$\boldsymbol{u}$ 为该点的速度矢量,两者方向一致

$$\mathrm{d}\boldsymbol{r} \times \boldsymbol{u} = 0 \tag{3.13}$$

在直角坐标系中,流线微分方程可写为

$$\frac{\mathrm{d}x}{u_x} = \frac{\mathrm{d}y}{u_y} = \frac{\mathrm{d}z}{u_z} \tag{3.14}$$

式 (3.14) 包括两个独立方程,式中 u_x、u_y、u_z 是空间坐标 x、y、z 和时间 t 的函数。因为流线总是针对某一瞬时的流场绘制的,所以微分方程中的时间 t 是参变量,当积分求流线方程时,作为常数处理。

由于通过流场中的每一点都可以绘一条流线,所以流线将布满整个流场。在流场中绘出流线簇后,流体的运动状况就一目了然了。某点流速的方向便是流线在该点的切线方向。流速的大小可由流线的疏密程度反映出来。流线越密处,流速越大;流线越稀疏处,流速越小。

(3) 迹线　流体质点在某一时段的运动轨迹称为迹线。由运动方程有

$$\left. \begin{array}{l} \mathrm{d}x = u_x\, \mathrm{d}t \\ \mathrm{d}y = u_y\, \mathrm{d}t \\ \mathrm{d}z = u_z\, \mathrm{d}t \end{array} \right\} \tag{3.15}$$

便可得到迹线的微分方程

$$\frac{\mathrm{d}x}{u_x} = \frac{\mathrm{d}y}{u_y} = \frac{\mathrm{d}z}{u_z} = \mathrm{d}t \tag{3.16}$$

式中，时间 t 是自变量；x、y、z 是 t 的因变量。

流线和迹线是两个不同的概念，要注意区别。流线是同一时刻连续流体质点的流动方向，而迹线是同一质点在连续时间内的流动轨迹线。流线是欧拉法对流动的描述，迹线是拉格朗日法对流动的描述。在恒定流中，流线不随时间变化，流线上的质点继续沿流线运动，此时流线和迹线在几何上是一致的，两者完全重合。在非恒定流中，流线和迹线不重合。由于流体力学中的大多数问题都采用欧拉法研究流体运动，因此本书将侧重于研究流线。

【例 3.1】已知流速场 $u_x = a$、$u_y = bt$、$u_z = 0$。试求：

（1）流线方程及 $t=0$、$t=1$ 和 $t=2$ 时刻的流线图。

（2）迹线方程及 $t=0$ 时过（0,0）点的迹线。

【解】（1）由流线的微分方程式（3.14）得

$$\frac{\mathrm{d}x}{a} = \frac{\mathrm{d}y}{bt}$$

其中 t 是参变量，积分得

$$ay = btx + C_0$$

$$y = \frac{bt}{a}x + C$$

所得流线方程是直线方程，不同时刻（$t=0$、$t=1$、$t=2$）的流线图是三组不同斜率的直线簇，如图 3.4 所示。

（2）由迹线的微分方程式（3.16）得

$$\frac{\mathrm{d}x}{a} = \frac{\mathrm{d}y}{bt} = \mathrm{d}t$$

即

$$\begin{cases} \mathrm{d}x = a\, \mathrm{d}t \\ \mathrm{d}y = bt\, \mathrm{d}t \end{cases}$$

式中 t 是自变量，积分得

$$\begin{cases} x = at + C_1 \\ y = \dfrac{b}{2}t^2 + C_2 \end{cases}$$

由 $t=0$、$x=0$、$y=0$，确定积分常数 $C_1=0$、$C_2=0$。消去时间变量 t，得 $t=0$ 时过点（0,0）的迹线方程为

$$y = \frac{b}{2a^2}x^2$$

此迹线是抛物线。

本题 u_y 是时间 t 的函数，流动是非恒定流，流线和迹线不重合，如图 3.4 所示。

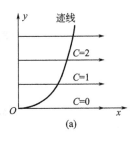 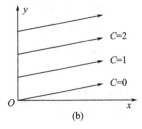 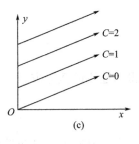

图 3.4　流线和迹线

【例 3.2】已知流速场 $u_x=ax$，$u_y=-ay$，$u_z=0$。式中 $y\geq0$，a 为常数。试求：

（1）流线方程。

（2）迹线方程。

【解】由 $u_z=0$ 及 $y\geq0$，可知流动限于平面 Oxy 的上半平面。

（1）由流线的微分方程式（3.14）得

$$\frac{\mathrm{d}x}{ax}=\frac{\mathrm{d}y}{-ay}$$

积分得

$$\ln x=-\ln y+C_0$$

$$xy=C$$

流线是一簇等角双曲线，如图 3.5 所示。

（2）由迹线的微分方程式（3.16）得

$$\frac{\mathrm{d}x}{ax}=-\frac{\mathrm{d}y}{ay}=\mathrm{d}t$$

积分得迹线方程

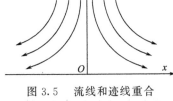

图 3.5　流线和迹线重合

$$\begin{cases} x=C_1\mathrm{e}^{at} \\ y=C_2\mathrm{e}^{-at} \end{cases}$$

消去时间变量 t 得

$$xy=C_1C_2\mathrm{e}^{at-at}=C_1C_2=C$$

迹线方程与流线方程相同，表明恒定流动流线和迹线在几何上一致，两者相重合。

3.2.3　元流和总流

（1）流管与流束　在流场中垂直于流动方向的平面上，任取一非流线的封闭曲线，经此曲线上全部点作流线，这些流线所构成的管状表面称为流管。充满流体的流管称为流束，如图 3.6 所示。

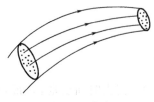

图 3.6　流束

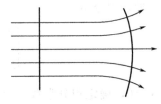

图 3.7　过流断面

因为流线不能相交，所以流体不能由流管壁出入。恒定流中流线的形状不随时间变化，于是恒定流流管、流束的形状也不随时间变化。

（2）过流断面　流束上与流线正交的横断面是过流断面。过流断面不都是平面，只有在流线相互平行的均匀流段，过流断面才是平面；流线相互不平行的非均匀流段上，过流断面为曲面，如图 3.7 所示。

（3）元流和总流 元流是过流断面无限小的流束，几何特征与流线相同。由于元流的过流断面无限小，断面上各点的运动参数，如 z（位置高度）、u（流速）、p（压强）等就可认为是均匀分布，任一点的运动参数代表了全部断面的相应值。

总流是过流断面为有限大小的流束，是由无数元流构成的，断面上各点的运动参数一般情况下不相同。

3.2.4 流量和断面平均流速

（1）流量 单位时间内通过某一过流断面流体的体积称为体积流量，简称流量，单位为 m^3/s，工程中还常使用升每秒（L/s）的单位。若以 dA 表示过流断面的微元面积，u 表示通过微元过流断面的流速，则总流的流量表示为

$$Q = \int_A u \, dA \tag{3.17}$$

有时，总流的流量用单位时间内通过某一过流断面流体的质量，即质量流量来表示

$$Q_m = \int_A \rho u \, dA \tag{3.18}$$

质量流量的单位为 kg/s。对于均质不可压缩液体，密度 ρ 为常数，则

$$Q_m = \rho Q \tag{3.19}$$

流量是一个重要的物理量，它具有普遍的实用意义。例如，通风就是将一定流量的空气输送到需要通风的区域；供热就是输送一定流量的热流体（热水、蒸汽）到需要热量的地方；管道设计问题既是流体输送问题，也是流量问题。一般来说，涉及不可压缩流体时通常使用体积流量，涉及可压缩流体时则使用质量流量较方便简洁。

（2）断面平均流速 总流过流断面上各点的流速 u 一般是不相等的。以管流为例，管壁附近流速较小，轴线上流速最大，如图 3.8 所示。为了便于计算，设想过流断面上流速 v 均匀分布，通过的流量与实际流量相同，于是定义此流速 v 为该断面的断面平均流速

$$Q = \int_A u \, dA = vA \tag{3.20}$$

或

$$v = \frac{Q}{A}$$

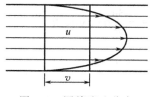

图 3.8 圆管流速分布

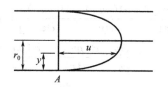

图 3.9 流量计算

【例 3.3】已知半径为 r_0 的圆管中过流断面上的流速分布为

$$u = u_{max} \left(\frac{y}{r_0} \right)^{1/7}$$

式中 u_{max} 是位于轴线上的断面最大流速，y 为距管壁的距离，如图 3.9 所示。求流量和断面平均流速。

【解】在过流断面半径 $r = r_0 - y$ 处取环形微元面积 $dA = 2\pi r \, dr$，微元面上各点流速 u 相等，流量为

$$Q = \int_A u \, dA = \int_{r_0}^0 u_{max} \left(\frac{y}{r_0} \right)^{1/7} 2\pi (r_0 - y) \, d(r_0 - y)$$

$$= \frac{2\pi u_{\max}}{r_0^{1/7}} \int_0^{r_0} (r_0 - y) y^{1/7} \mathrm{d}y = \frac{49}{60} \pi r_0^2 u_{\max}$$

断面平均流速为

$$v = \frac{Q}{A} = \frac{49}{60} u_{\max}$$

3.3 连续性方程

连续性方程是流体力学三个基本方程之一，是质量守恒原理的流体力学表达式。

3.3.1 连续性微分方程

在流场中取微小直角六面体空间为控制体，正交的三边长 $\mathrm{d}x$、$\mathrm{d}y$、$\mathrm{d}z$ 分别平行于 x、y、z 坐标轴，如图 3.10 所示。控制体是流场中划定的空间，其形状、位置固定不变，流体可不受影响地通过。$\mathrm{d}t$ 时间内 x 方向流出与流入控制体的质量差，即 x 方向净流出质量为

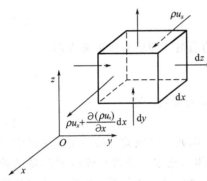

图 3.10　连续性微分方程

$$\Delta M_x = \left[\rho u_x + \frac{\partial(\rho u_x)}{\partial x} \mathrm{d}x \right] \mathrm{d}y \mathrm{d}z \mathrm{d}t - \rho u_x \mathrm{d}y \mathrm{d}z \mathrm{d}t$$

$$= \frac{\partial(\rho u_x)}{\partial x} \mathrm{d}x \mathrm{d}y \mathrm{d}z \mathrm{d}t$$

同理，y、z 方向的净流出质量为

$$\Delta M_y = \frac{\partial(\rho u_y)}{\partial y} \mathrm{d}x \mathrm{d}y \mathrm{d}z \mathrm{d}t$$

$$\Delta M_z = \frac{\partial(\rho u_z)}{\partial z} \mathrm{d}x \mathrm{d}y \mathrm{d}z \mathrm{d}t$$

$\mathrm{d}t$ 时间内控制体的总净流出质量为

$$\Delta M_x + \Delta M_y + \Delta M_z = \left[\frac{\partial(\rho u_x)}{\partial x} + \frac{\partial(\rho u_y)}{\partial y} + \frac{\partial(\rho u_z)}{\partial z} \right] \mathrm{d}x \mathrm{d}y \mathrm{d}z \mathrm{d}t$$

流体是连续介质，质点间无空隙。根据质量守恒原理，$\mathrm{d}t$ 时间控制体的总净流出质量，必等于控制体内由于密度变化而减少的质量，即

$$\left[\frac{\partial(\rho u_x)}{\partial x} + \frac{\partial(\rho u_y)}{\partial y} + \frac{\partial(\rho u_z)}{\partial z} \right] \mathrm{d}x \mathrm{d}y \mathrm{d}z \mathrm{d}t = -\frac{\partial \rho}{\partial t} \mathrm{d}x \mathrm{d}y \mathrm{d}z \mathrm{d}t$$

化简得

$$\frac{\partial \rho}{\partial t} + \frac{\partial(\rho u_x)}{\partial x} + \frac{\partial(\rho u_y)}{\partial y} + \frac{\partial(\rho u_z)}{\partial z} = 0 \tag{3.21}$$

即

$$\frac{\partial \rho}{\partial t} + \nabla \cdot (\rho \boldsymbol{u}) = 0 \tag{3.22}$$

式（3.21）和式（3.22）是连续性微分方程的一般形式。对于均质不可压缩流体，密度 ρ 为常数，式（3.21）可化简为

$$\frac{\partial u_x}{\partial x} + \frac{\partial u_y}{\partial y} + \frac{\partial u_z}{\partial z} = 0 \tag{3.23}$$

$$\nabla \cdot \boldsymbol{u} = 0 \quad 或 \quad \mathrm{div} \boldsymbol{u} = 0 \tag{3.24}$$

【例 3.4】已知速度场 $u_x = \frac{1}{\rho}(y^2 - x^2)$，$u_y = \frac{1}{\rho}(2xy)$，$u_z = \frac{1}{\rho}(-2tz)$，$\rho = t^2$，试问流动是否满足连续性条件。

【解】此流动为可压缩流体的非恒定流动

$$\frac{\partial \rho}{\partial t} = 2t$$

$$\frac{\partial(\rho u_x)}{\partial x} = \frac{\partial}{\partial x}(y^2 - x^2) = -2x$$

$$\frac{\partial(\rho u_y)}{\partial y} = \frac{\partial}{\partial y}(2xy) = 2x$$

$$\frac{\partial(\rho u_z)}{\partial z} = \frac{\partial}{\partial z}(-2tz) = -2t$$

将以上各项代入连续性微分方程式（3.21）得

$$\frac{\partial \rho}{\partial t} + \frac{\partial(\rho u_x)}{\partial x} + \frac{\partial(\rho u_y)}{\partial y} + \frac{\partial(\rho u_z)}{\partial z} = 0$$

此流动满足连续性条件，流动可能出现。

【例 3.5】 在水头 H 不变时，管道中的不可压缩流体作均匀流动，如 3.3 中的图 3.2 所示，此流动是否满足连续性方程?

【解】 管中不可压缩流体作均匀流动，$u_y = u_z = 0$，沿 x 方向流速不变，说明 u_x 与 x 无关，它只能是 y、z 的函数，$u_x = f(y,z)$，则

$$\frac{\partial u_x}{\partial x} + \frac{\partial u_y}{\partial y} + \frac{\partial u_z}{\partial z} = \frac{\partial f(y,z)}{\partial x} + 0 + 0 = 0$$

因此满足连续性方程，即在均匀流条件下，不管断面流速如何分布，均满足连续性条件。

【例 3.6】 已知速度场 $u_x = cx^2 yz$，$u_y = (1-cx)y^2 z$，其中 c 为常数。试求坐标 z 方向的速度分量 u_z。

【解】 此流动为不可压缩流体的空间流动

$$\frac{\partial u_x}{\partial x} = 2cxyz \qquad \frac{\partial u_y}{\partial y} = 2yz - 2cxyz$$

由不可压缩流体连续性微分方程式（3.23）

$$\frac{\partial u_z}{\partial z} = -\left(\frac{\partial u_x}{\partial x} + \frac{\partial u_y}{\partial y}\right) = -2yz$$

积分上式，得

$$u_z = -yz^2 + f(x,y)$$

式中 $f(x,y)$ 是 x、y 的任意函数，满足连续性微分方程的 u_z 有无数个，其中最简单的情况可取 $f(x,y) = 0$，即 $u_z = -yz^2$。

3.3.2　连续性微分方程对总流的积分

设不可压缩流体的恒定总流，以过流断面 1—1、断面 2—2 及侧壁面围成的固定空间为控制体，体积为 V，如图 3.11 所示。将不可压缩流体的连续性微分方程式，对控制体进行空间积分，根据高斯（Gauss）定理可得

$$\iiint_V \left(\frac{\partial u_x}{\partial x} + \frac{\partial u_y}{\partial y} + \frac{\partial u_z}{\partial z}\right) dV = \oiint_S u_n dS \quad (3.25)$$

式中，S 为体积 V 的封闭表面，对于恒定流，流管的全部表面 S 包括两端断面和四周侧表面；u_n 为 $\boldsymbol{u}$ 在微元面积 dS 外法线方向的投影，因流管侧表面上 $u_n = 0$，则式（3.25）化简为

$$-\int_{A_1} u_1 dA + \int_{A_2} u_2 dA = 0$$

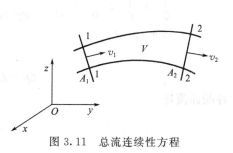

图 3.11　总流连续性方程

式中，A_1 为流管的流入断面面积；A_2 为流出断面面积，上式第一项取负号是因为速度 u_1 的方向与 dA_1 的外法线方向相反，于是有

$$\int_{A_1} u_1 dA = \int_{A_2} u_2 dA \qquad (3.26)$$

或

$$v_1 A_1 = v_2 A_2 \qquad (3.27)$$

式中 v_1，v_2——总流过流断面 A_1、A_2 的断面平均流速。

式（3.26）和式（3.27）称为恒定总流连续性方程，它是流体总流运动的基本方程。

【例 3.7】变直径水管如图 3.12 所示。已知粗管段直径 $d_1 = 200\text{mm}$，断面平均流速 $v_1 = 0.8\text{m/s}$，细管直径 $d_2 = 100\text{mm}$。试求细管段的断面平均流速 v_2。

【解】由总流连续性方程式（3.27）得

$$v_2 = v_1 \frac{A_1}{A_2} = v_1 \left(\frac{d_1}{d_2}\right)^2 = 0.8 \times \left(\frac{0.2}{0.1}\right)^2 = 3.2\text{m/s}$$

以上所列连续性方程，只反映了总流两过流断面与侧表面所围空间的质量收支平衡。根据质量守恒原理，还可将连续性方程推广到任意空间。例如三通管的合流和分流、车间的自然换气、管网的总管流入和支管流出，都可以从质量守恒和流动连续观点，提出连续性方程的相应形式，如

合流三通［见图 3.13（a）］ $\quad Q_1 + Q_2 = Q_3$

$$v_1 A_1 + v_2 A_2 = v_3 A_3$$

分流三通［见图 3.13（b）］ $\quad Q_1 = Q_2 + Q_3$

$$v_1 A_1 = v_2 A_2 + v_3 A_3$$

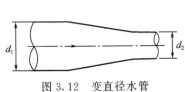

图 3.12 变直径水管

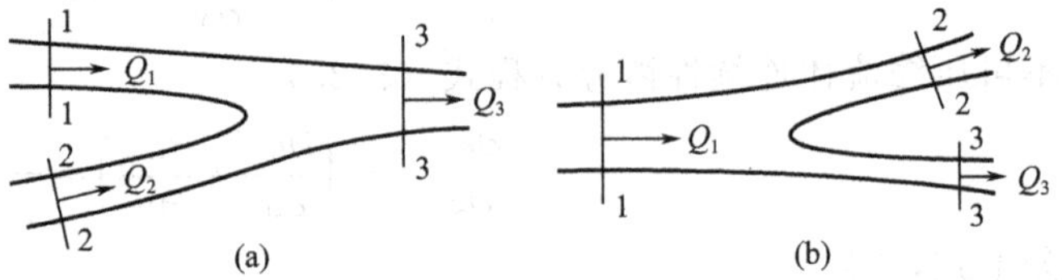

图 3.13 三通

【例 3.8】断面为 50cm×50cm 的送风管，通过 a、b、c、d 四个 40cm×40cm 的送风口向室内输送空气，如图 3.14 所示。送风口气流平均速度 $v = 5\text{m/s}$，求通过送风管 1—1、2—2、3—3 各断面的流速和流量。

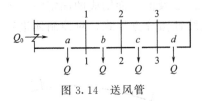

图 3.14 送风管

【解】每一送风口流量

$$Q = 0.4 \times 0.4 \times 5 = 0.8\text{m}^3/\text{s}$$

分别以各断面以右的全部管段作为质量平衡收支运算的空间，列连续性方程

$$Q_1 = 3Q = 3 \times 0.8 = 2.4\text{m}^3/\text{s}$$

$$Q_2 = 2Q = 2 \times 0.8 = 1.6\text{m}^3/\text{s}$$

$$Q_3 = Q = 1 \times 0.8 = 0.8\text{m}^3/\text{s}$$

各断面流速

$$v_1 = \frac{2.4}{0.5 \times 0.5} = 9.6\text{m/s}$$

$$v_2 = \frac{1.6}{0.5 \times 0.5} = 6.4 \text{m/s}$$

$$v_3 = \frac{0.8}{0.5 \times 0.5} = 3.2 \text{m/s}$$

3.4 流体微团运动的分析

欧拉法的基本概念是以流线为基础建立的总流运动。按连续介质模型，流体是由无数质点或者称为微团所构成的，认识流场的特点，探索流体运动的各种规律，都需从分析流体微团运动入手。

3.4.1 微团运动的分解

刚体力学早已证明，刚体的一般运动，可以分解为移动和转动两部分。流体是具有流动性且极易变形的连续介质，可想而知，流体微团在运动过程中，除移动和转动之外，还有变形运动，如何把这三种运动显示出来呢？最终德国力学家亥姆霍兹（Helmhotz）于1858年提出了速度分解定理，从理论上解决了这个问题。现把该定理简述如下。

某时刻 t，在流场中取微团，如图3.15所示。令其中一点 O' (x,y,z) 为基点，速度 $\boldsymbol{u} = \boldsymbol{u}(x,y,z)$。在 O' 点的邻域内任取一点 M $(x+\delta x, y+\delta y, z+\delta z)$，$M$ 点的速度以 O' 点的速度按泰勒（Taylor）级数展开并取前两项

$$\left.\begin{array}{l} u_{Mx} = u_x + \dfrac{\partial u_x}{\partial x}\delta x + \dfrac{\partial u_x}{\partial y}\delta y + \dfrac{\partial u_x}{\partial z}\delta z \\[2mm] u_{My} = u_y + \dfrac{\partial u_y}{\partial x}\delta x + \dfrac{\partial u_y}{\partial y}\delta y + \dfrac{\partial u_y}{\partial z}\delta z \\[2mm] u_{Mz} = u_z + \dfrac{\partial u_z}{\partial x}\delta x + \dfrac{\partial u_z}{\partial y}\delta y + \dfrac{\partial u_z}{\partial z}\delta z \end{array}\right\} \tag{3.28}$$

为显示出移动、旋转和变形运动，对以上各式加减相同项，做恒等变换，即

$$u_{Mx} = u_x + \frac{\partial u_x}{\partial x}\delta x + \frac{\partial u_x}{\partial y}\delta y + \frac{\partial u_x}{\partial z}\delta z \pm \frac{1}{2}\frac{\partial u_y}{\partial x}\delta y \pm \frac{1}{2}\frac{\partial u_z}{\partial x}\delta z$$

$$u_{My} = u_y + \frac{\partial u_y}{\partial x}\delta x + \frac{\partial u_y}{\partial y}\delta y + \frac{\partial u_y}{\partial z}\delta z \pm \frac{1}{2}\frac{\partial u_z}{\partial y}\delta z \pm \frac{1}{2}\frac{\partial u_x}{\partial y}\delta x$$

$$u_{Mz} = u_z + \frac{\partial u_z}{\partial x}\delta x + \frac{\partial u_z}{\partial y}\delta y + \frac{\partial u_z}{\partial z}\delta z \pm \frac{1}{2}\frac{\partial u_x}{\partial z}\delta x \pm \frac{1}{2}\frac{\partial u_y}{\partial z}\delta y$$

采用符号

$$\left.\begin{array}{lll} \varepsilon_{xx} = \dfrac{\partial u_x}{\partial x}, & \varepsilon_{yz} = \varepsilon_{zy} = \dfrac{1}{2}\left(\dfrac{\partial u_z}{\partial y} + \dfrac{\partial u_y}{\partial z}\right), & \omega_x = \dfrac{1}{2}\left(\dfrac{\partial u_z}{\partial y} - \dfrac{\partial u_y}{\partial z}\right) \\[3mm] \varepsilon_{yy} = \dfrac{\partial u_y}{\partial y}, & \varepsilon_{zx} = \varepsilon_{xz} = \dfrac{1}{2}\left(\dfrac{\partial u_x}{\partial z} + \dfrac{\partial u_z}{\partial x}\right), & \omega_y = \dfrac{1}{2}\left(\dfrac{\partial u_x}{\partial z} - \dfrac{\partial u_z}{\partial x}\right) \\[3mm] \varepsilon_{zz} = \dfrac{\partial u_z}{\partial z}, & \varepsilon_{xy} = \varepsilon_{yx} = \dfrac{1}{2}\left(\dfrac{\partial u_y}{\partial x} + \dfrac{\partial u_x}{\partial y}\right), & \omega_z = \dfrac{1}{2}\left(\dfrac{\partial u_y}{\partial x} - \dfrac{\partial u_x}{\partial y}\right) \end{array}\right\} \tag{3.29}$$

则式（3.28）恒等于

$$\left.\begin{array}{l} u_{Mx} = u_x + (\varepsilon_{xx}\delta x + \varepsilon_{xy}\delta y + \varepsilon_{xz}\delta z) + (\omega_y\delta z - \omega_z\delta y) \\[2mm] u_{My} = u_y + (\varepsilon_{yx}\delta x + \varepsilon_{yy}\delta y + \varepsilon_{yz}\delta z) + (\omega_z\delta x - \omega_x\delta z) \\[2mm] u_{Mz} = u_z + (\varepsilon_{zx}\delta x + \varepsilon_{zy}\delta y + \varepsilon_{zz}\delta z) + (\omega_x\delta y - \omega_y\delta x) \end{array}\right\} \tag{3.30}$$

式（3.30）是微团运动速度的分解式，表示流体微团运动的速度为平移、变形（包括线变形

和角变形）和旋转三种运动速度的组合，称为流体的速度分解定理。

3.4.2 微团运动的组成分析

式（3.30）中各项分别代表某一简单运动的速度。为简化分析，取平面运动的矩形微团 $O'AMB$，以 O' 为基点，该点的速度分量为 u_x、u_y，则 A、M、B 点的速度可由泰勒级数的前两项表示，如图 3.15 所示。

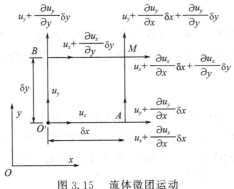
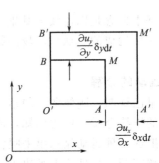

图 3.15 流体微团运动   图 3.16 流体微团的线变形

（1）平移速度 u_x、u_y、u_z 图 3.15 中 u_x、u_y 是微团各点共有的速度，如果微团只随基点平移，微团上各点的速度均为 u_x、u_y。从此意义上说，u_x、u_y 是微团平移在各点引起的速度，称为平移速度。同理，对于空间流场，平移速度为 u_x、u_y、u_z。

（2）线变形速度 ε_{xx}、ε_{yy}、ε_{zz} 以 $\varepsilon_{xx}=\dfrac{\partial u_x}{\partial x}$ 为例，如图 3.16 所示。因微团的 O'、A 两点在 x 方向的速度不同，所以在 $\mathrm{d}t$ 时间内，两点 x 方向的位移量不等，$O'A$ 边发生线变形，平行 x 轴的直线都将发生线变形，即

$$\left(u_x+\frac{\partial u_x}{\partial x}\delta x\right)\mathrm{d}t-u_x\mathrm{d}t=\frac{\partial u_x}{\partial x}\delta x\,\mathrm{d}t$$

故 $\varepsilon_{xx}=\dfrac{\partial u_x}{\partial x}$ 是单位时间微团 x 方向的相对线变形量，称为该方向的线变形速度。同理 $\varepsilon_{yy}=\dfrac{\partial u_y}{\partial y}$，$\varepsilon_{zz}=\dfrac{\partial u_z}{\partial z}$ 分别是微团在 y、z 方向的线变形速度。

（3）角变形速度 ε_{xy}、ε_{yz}、ε_{zx} 以 $\varepsilon_{xy}=\dfrac{1}{2}\left(\dfrac{\partial u_y}{\partial x}+\dfrac{\partial u_x}{\partial y}\right)$ 为例，因微团的 O'、A 两点在 y 方向的速度不同，在 $\mathrm{d}t$ 时间，两点 y 方向的位移量不等，$O'A$ 边发生偏转，如图 3.17 所示，偏转角度为

$$\delta\alpha=\frac{AA'}{\delta x}=\frac{\dfrac{\partial u_y}{\partial x}\delta x\,\mathrm{d}t}{\delta x}=\frac{\partial u_y}{\partial x}\mathrm{d}t \tag{3.31}$$

同理，$O'B$ 边也发生偏转，偏转角度为

$$\delta\beta=\frac{BB'}{\delta y}=\frac{\dfrac{\partial u_x}{\partial y}\delta y\,\mathrm{d}t}{\delta y}=\frac{\partial u_x}{\partial y}\mathrm{d}t \tag{3.32}$$

$O'A$、$O'B$ 偏转的结果，使微团由原来的矩形 $O'AMB$ 变成平行四边形 $O'A'M'B'$，微团在 xOy 平面上的这种剪切变形即角变形可用 $O'A$、$O'B$ 边偏转的平均值来衡量

$$\frac{1}{2}(\delta\alpha+\delta\beta)=\frac{1}{2}\left(\frac{\partial u_y}{\partial x}+\frac{\partial u_x}{\partial y}\right)\mathrm{d}t=\varepsilon_{xy}\mathrm{d}t \tag{3.33}$$

其中 $\varepsilon_{xy}=\dfrac{1}{2}\left(\dfrac{\partial u_y}{\partial x}+\dfrac{\partial u_x}{\partial y}\right)$ 是单位时间微团在 xOy 面上的角变形，称为角变形速度。同理，

$\varepsilon_{yz}=\dfrac{1}{2}\left(\dfrac{\partial u_z}{\partial y}+\dfrac{\partial u_y}{\partial z}\right)$，$\varepsilon_{zx}=\dfrac{1}{2}\left(\dfrac{\partial u_x}{\partial z}+\dfrac{\partial u_z}{\partial x}\right)$ 分别是微团在 yOz、zOx 平面上的角变形速度。

（4）旋转角速度 ω_x、ω_y、ω_z　以 $\omega_z=\dfrac{1}{2}\left(\dfrac{\partial u_y}{\partial x}-\dfrac{\partial u_x}{\partial y}\right)$ 为例，若微团 $O'A$、$O'B$ 边偏转的方向相反，转角相等，$\delta\alpha=\delta\beta$，如图 3.17 所示，此时微团发生角变形，但变形前后的角分线 $O'C$ 的指向不变，以此定义微团没有旋转，是单纯的角变形。若偏转角不等 $\delta\alpha\neq\delta\beta$，如图 3.18 所示，变形前后角分线 $O'C$ 的指向变化，表示该微团旋转。旋转角度规定以逆时针方向的转角为正，顺时针方向的转角为负

$$\delta\gamma=\frac{1}{2}(\delta\alpha-\delta\beta)$$

将式（3.31）、式（3.32）代入上式

$$\delta\gamma=\frac{1}{2}\left(\frac{\partial u_y}{\partial x}-\frac{\partial u_x}{\partial y}\right)\mathrm{d}t=\omega_z\mathrm{d}t \tag{3.34}$$

其中 $\omega_z=\dfrac{1}{2}\left(\dfrac{\partial u_y}{\partial x}-\dfrac{\partial u_x}{\partial y}\right)$ 是微团绕平行于 Oz 轴的基点轴的旋转角速度。同理，

$\omega_x=\dfrac{1}{2}\left(\dfrac{\partial u_z}{\partial y}-\dfrac{\partial u_y}{\partial z}\right)$，$\omega_y=\dfrac{1}{2}\left(\dfrac{\partial u_x}{\partial z}-\dfrac{\partial u_z}{\partial x}\right)$ 分别是微团绕平行于 Ox、Oy 轴的基点轴的旋转角速度。

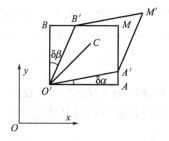
图 3.17　流体微团的角变形

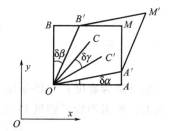
图 3.18　流体微团的旋转

以上分析说明了速度分解定理式（3.30）的物理意义，即流体微团运动包括平移、旋转和变形运动（线变形和角变形）三部分，比刚体运动更为复杂。该定理对流体力学的发展有深远影响，由于在速度分解基础上，可以把微团自身的旋转运动从一般运动中分离出来，将流体运动分为有旋运动和无旋运动，并且两种运动的规律和计算方法不同，从而发展了对流动的分析和计算理论；此外，由于分解出微团的变形运动，从而建立了流体的应力和变形速度之间的关系，为最终建立黏性流体运动的基本方程式奠定了基础。另外需要注意流体速度分解定理和刚体速度分解定理有一个重要的区别：刚体速度分解定理对整个刚体成立，因此它是整体性的定理；流体速度分解定理只是在流体微团内成立，因此它是一个局部性的定理。例如，刚体的角速度是描述整个刚体转动的一个整体性的特征量；而流体的角速度只是描述流体微团旋转运动的一个局部性的特征量。

3.4.3　有旋运动（有涡流）和无旋运动（无涡流）

由速度分解定理可知，旋转角速度矢量 $\boldsymbol{\omega}$ 描述了流体微团运动的转动部分，其方向是流体微团瞬时旋转轴的方向，其大小代表旋转的角速度。根据流体微团在运动过程中是否旋转，流体运动又可分为以下两种类型：有旋运动（有涡流）、无旋运动（无涡流）。若流场中的流体微团不存在旋转运动，即各点的旋转角速度 $\boldsymbol{\omega}$ 都等于零

$$\omega_x = \frac{1}{2}\left(\frac{\partial u_z}{\partial y} - \frac{\partial u_y}{\partial z}\right) = 0 \qquad \Rightarrow \frac{\partial u_z}{\partial y} = \frac{\partial u_y}{\partial z}$$

$$\omega_y = \frac{1}{2}\left(\frac{\partial u_x}{\partial z} - \frac{\partial u_z}{\partial x}\right) = 0 \qquad \Rightarrow \frac{\partial u_x}{\partial z} = \frac{\partial u_z}{\partial x} \qquad (3.35)$$

$$\omega_z = \frac{1}{2}\left(\frac{\partial u_y}{\partial x} - \frac{\partial u_x}{\partial y}\right) = 0 \qquad \Rightarrow \frac{\partial u_x}{\partial y} = \frac{\partial u_y}{\partial x}$$

称之为无旋运动或无涡流。如在运动中流体微团存在旋转运动，即 ω_x、ω_y、ω_z 三者之中，至少有一个不为零，则称之为有旋运动或有涡流。

上述分类的依据仅仅是微团本身是否绕基点的瞬时轴旋转，不涉及是恒定流还是非恒定流、是均匀流还是非均匀流，也不涉及微团（质点）运动的轨迹形状。即便微团运动的轨迹是圆，但微团本身无旋转，流动仍是无旋运动；只有微团本身有旋转，才是有旋运动。

自然界中大多数流动（由于黏滞性的作用）都是有旋运动，这些有旋运动有些以明显可见的旋涡形式表现出来，如桥墩后的旋涡区，航船船尾后面的旋涡，大气中的龙卷风等。更多的情况下，有旋运动没有明显可见的旋涡，不是一眼能看出来的，需要对速度场进行分析加以判别。有旋运动的流场中存在旋转角速度矢量 $\boldsymbol{\omega}$，故可用与描述流速场相类似的方法引入一些新的概念来描述。

图 3.19　涡线

（1）涡线　与流线类似，涡线是一条在有旋运动中反映瞬时角速度方向的曲线，即在任意的同一时刻，处于涡线上所有各点的流体质点的角速度方向都与该点的切线方向重合，如图 3.19 所示。涡线的作法与流线相似，同样与流线类比可写出涡线方程

$$\frac{\mathrm{d}x}{\omega_x} = \frac{\mathrm{d}y}{\omega_y} = \frac{\mathrm{d}z}{\omega_z} \qquad (3.36)$$

（2）涡量（也可称为旋度）　该量定义为旋转角速度 $\boldsymbol{\omega}$ 的两倍，即 $\boldsymbol{\Omega} = 2\boldsymbol{\omega}$。旋转角速度越大，涡量越大，则涡的旋转强度必定也大。涡量的计算可直接从流速出发

$$\boldsymbol{\Omega} = \mathrm{rot}\boldsymbol{u} = \nabla \times \boldsymbol{u} \qquad (3.37)$$

投影式为

$$\left.\begin{array}{l} \Omega_x = \dfrac{\partial u_z}{\partial y} - \dfrac{\partial u_y}{\partial z} \\[2mm] \Omega_y = \dfrac{\partial u_x}{\partial z} - \dfrac{\partial u_z}{\partial x} \\[2mm] \Omega_z = \dfrac{\partial u_y}{\partial x} - \dfrac{\partial u_x}{\partial y} \end{array}\right\} \qquad (3.38)$$

（3）涡管　与流管类似，由同一时刻的无数条涡线所组成的管状封闭面称为涡管，涡管内的有旋流体叫做元涡。元涡的涡通量为元涡的横断面（垂直于涡量）和涡量的乘积

$$\mathrm{d}I = \Omega\mathrm{d}A = 2\omega\mathrm{d}A \qquad (3.39)$$

（4）速度环量（简称环量）　如图 3.20 所示，流场中的流速沿任一封闭曲线 L 的线积分为速度环量 Γ

$$\Gamma = \oint_L \boldsymbol{u} \cdot \mathrm{d}\boldsymbol{L} = \oint_L u\cos\alpha\,\mathrm{d}L = \oint_L (u_x\mathrm{d}x + u_y\mathrm{d}y + u_z\mathrm{d}z)$$

$$(3.40)$$

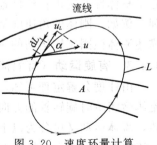

图 3.20　速度环量计算

环量 Γ 与涡通量 I 之间存在以下关系（证明略）

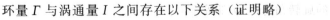

$$\Gamma = \oint_L \boldsymbol{u}\,\mathrm{d}\boldsymbol{L} = \oint_A \boldsymbol{\Omega}_n\,\mathrm{d}A = I \qquad (3.41)$$

上式表明沿周线 L 的速度环量 Γ 等于通过该曲线所张的任意曲面 A 的涡通量，这一关系称为斯托克斯定理。

【例3.9】判断下列流动是有旋运动还是无旋运动：

（1）已知速度场 $u_x = ay$，$u_y = u_z = 0$，其中 a 为常数，流线是平行于 x 轴的直线，如图 3.21 （a）所示。

（2）已知速度场 $u_r = 0$，$u_\theta = \dfrac{b}{r}$，其中 b 是常数，流线是以原点为中心的同心圆，如图 3.21 （b）所示。

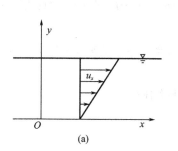
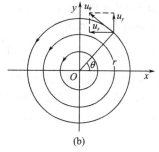

(a)　　　　　　　　　　(b)

图 3.21　速度场

【解】（1）本题为平面流动，只需判别 ω_z 是否为零即可。

因为
$$\omega_z = \frac{1}{2}\left(\frac{\partial u_y}{\partial x} - \frac{\partial u_x}{\partial y}\right) = \frac{1}{2}(0 - a) = -\frac{a}{2} \neq 0$$

故为有旋运动。

（2）取直角坐标，任意点 $P(x, y)$ 的速度分量
$$u_x = -u_\theta \sin\theta = -\frac{b}{r} \times \frac{y}{r} = -\frac{by}{r^2} = -\frac{by}{x^2 + y^2}$$
$$u_y = u_\theta \cos\theta = \frac{b}{r} \times \frac{x}{r} = \frac{bx}{r^2} = \frac{bx}{x^2 + y^2}$$
$$\omega_z = \frac{1}{2}\left(\frac{\partial u_y}{\partial x} - \frac{\partial u_x}{\partial y}\right) = 0$$

故为无旋运动。

思　考　题

3.1　比较拉格朗日法和欧拉法，此两种方法及其数学表达式有何不同？

3.2　流线和迹线有什么不同？流线有哪些主要性质，在什么条件下流线和迹线重合？

3.3　在同一流场中，同一时刻不同流体质点组成的曲线是否都是流线？

3.4　何谓均匀流及非均匀流？以上分类与过流断面上流速分布是否均匀有无关系？

3.5　流场为有旋运动时，流体微团一定做圆周运动吗？无旋运动时，流体微团一定做直线运动吗？

3.6　流体微团的旋转角速度与刚体的旋转角速度有什么本质差别？

习　　题

3.1　已知流速场 $u_x = 2t + 2x + 2y$，$u_y = t - y + z$，$u_z = t + x - z$。求流场中 $x = 2$，$y = 2$，$z = 1$ 的点

在 $t=3$ 时的加速度。

3.2　已知流速场 $u_x=xy^2$，$u_y=-\dfrac{1}{3}y^3$，$u_z=xy$，试求：

（1）点（1，2，3）的加速度。

（2）是几元流动。

（3）是恒定流还是非恒定流。

（4）是均匀流还是非均匀流。

3.3　已知平面流动的流速分布为 $u_x=a$，$u_y=b$，其中 a、b 为正数。求流线方程并画出若干条 $y>0$ 时的流线。

3.4　已知平面流动速度分布为 $u_x=-\dfrac{cy}{x^2+y^2}$，$u_y=\dfrac{cx}{x^2+y^2}$，其中 c 为正数，求流线方程并画出若干条流线。

3.5　已知平面流动速度场分布为 $\boldsymbol{u}=(4y-6x)t\boldsymbol{i}+(6y-9x)t\boldsymbol{j}$。求 $t=1$ 时的流线方程并绘出 $x=0$ 至 $x=4$ 区间穿过 x 轴的 4 条流线图形。

3.6　已知圆管中流速分布为 $u=u_{\max}\left(\dfrac{y}{r_0}\right)^{1/7}$，$r_0$ 为圆管半径，y 为离开管壁的距离，$u_{\max}$ 为管轴处最大流速。求流速等于断面平均流速的点离管壁的距离 y。

3.7　对于不可压缩流体，下面的运动是否满足连续性条件？

（1）$u_x=2x^2+y^2$，$u_y=x^3-x(y^2-2y)$。

（2）$u_x=xt+2y$，$u_y=xt^2-yt$。

（3）$u_x=y^2+2xz$，$u_y=-2yz+x^2yz$，$u_z=\dfrac{1}{2}x^2z^2+x^2y^4$。

3.8　已知不可压缩流体平面流动在 y 方向的速度分量为 $u_y=y^2-2x+2y$。求速度在 x 方向的分量 u_x。

3.9　已知两平行平板间的速度分布为 $u=u_{\max}\left[1-\left(\dfrac{y}{b}\right)^2\right]$，式中 $y=0$ 为中心线，$y=\pm b$ 为平板所在位置，$u_{\max}$ 为常数，求两平行平板间流体的单宽流量。

3.10　输水管道经三通管分流，如题 3.10 图所示。已知管径 $d_1=d_2=200$mm，$d_3=100$mm，断面平均流速 $v_1=3$m/s，$v_2=2$m/s。试求断面平均流速 v_3。

3.11　如题 3.11 图所示的管段，$d_1=2.5$cm，$d_2=5$cm，$d_3=10$cm。试求：

（1）当流量为 4L/s 时，求各管段的平均流速。

（2）旋动阀门，使流量增加至 8L/s 或使流量减少至 2L/s，平均流速如何变化？

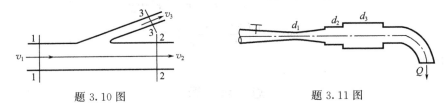

题 3.10 图　　　　　　　　　　　　　题 3.11 图

3.12　如题 3.12 图所示的氨气压缩机用内径 $d_1=76.2$mm 的管子吸入密度 $\rho_1=4$kg/m^3 的氨气，经压缩后，由内径 $d_2=38.1$mm 的管子以 $v_2=10$m/s 的速度流出，此时密度增至 $\rho_2=20$kg/m^3。试求：

（1）质量流量。

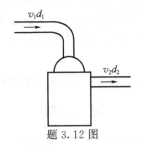

题 3.12 图

（2）流入流速 v_1。

3.13 蒸汽管道如题 3.13 图所示。已知蒸汽干管前段的直径 $d_0=50\text{mm}$，流速 $v_0=25\text{m/s}$，蒸汽密度 $\rho_0=2.62\text{kg/m}^3$；后段的直径 $d_1=45\text{mm}$，蒸汽密度 $\rho_1=2.24\text{kg/m}^3$。接出的支管直径 $d_2=40\text{mm}$，蒸汽密度 $\rho_2=2.30\text{kg/m}^3$。试求分叉后两管末端的断面平均流速 v_1、v_2 为多大，才能保证该两管的质量流量相等。

3.14 空气以标准状态（温度 $t_0=15℃$，密度 $\rho_0=1.225\text{kg/m}^3$，压强 $p_0=1.013\times10^5\text{Pa}$）进入压气机，流量 $Q=20\text{m}^3/\text{min}$；流出时温度 $t=60℃$，绝对压强 $p=800\times10^3\text{Pa}$；如果压气机出口处流速 v 限制为 20m/s。试求压气机的出口管径 d。

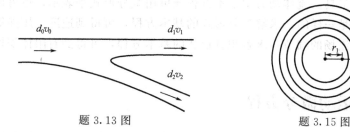

题 3.13 图   题 3.15 图

3.15 在直径为 d 的圆形风管断面上，用下法选定五个点来测量局部风速。设想用与管轴同心，但不同半径的圆周，将全部断面分为中间是圆，其他是圆环的五个面积相等的部分，如题 3.15 图所示。测点即位于等分此部分面积的圆周上。这样测得的各点流速，分别代表相应断面的平均流速。试计算各测点到管轴的距离，以直径的倍数表示；若各点流速分别为 u_1、u_2、u_3、u_4、u_5，空气密度为 ρ，试求：质量流量 Q_m。

3.16 设计输水量为 300t/h 的给水管道，流速限制在 $0.9\sim1.4\text{m/s}$ 之间。试确定管道直径，根据所选直径求流速（直径规定为 50mm 的倍数）。

3.17 圆形风道，流量为 $10000\text{m}^3/\text{h}$，流速不超过 20m/s。试设计直径，根据所选直径求流速（直径规定为 50mm 的倍数）。

3.18 空气流速由超声速流过渡到亚声速流时，要经过冲击波。如果在冲击波前，风道中速度 $v=660\text{m/s}$，密度 $\rho=1\text{kg/m}^3$。冲击波后，速度降低至 $v=250\text{m/s}$，求冲击波后的密度。

3.19 如在直径 $d_1=150\text{mm}$ 管道内的断面平均流速为直径 $d_2=200\text{mm}$ 管道内的一半，求通过这两个管道的流量比。

3.20 水射器如题 3.20 图所示，高速水流 v_j 由喷嘴射出，带动管道内的水体。已知 1—1 断面管道内的水流速度和射流速度分别为 $v_1=3\text{m/s}$ 和 $v_j=25\text{m/s}$，管道和喷嘴的直径分别为 0.3m 和 0.085m，求断面 2—2 处的平均流速 v_2。

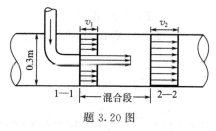

题 3.20 图

3.21 下列两个流动，其线变形速度为多少？哪个有旋？哪个无旋？哪个有角变形？哪个无角变形？（式中的 a、c 为常数）

（1）$u_x=-ay$，$u_y=ax$，$u_z=0$；

（2）$u_x=-\dfrac{cy}{x^2+y^2}$，$u_y=\dfrac{cx}{x^2+y^2}$，$u_z=0$。

第 4 章　流体动力学基础

流体动力学是在研究流体运动的同时涉及力的规律及其在工程中的应用。本章中的流体动力学基本方程是将物质运动的普遍规律应用于流体运动后得到的，是用来分析和求解流体运动的最基本的理论工具。流体动力学基本方程既可用微分形式来表示，也可用积分形式来表示，两者在本质上是一样的。求解微分形式的基本方程，可得到速度、压强等流动参数在流场中的分布，给出流场的细节；求解积分形式的基本方程，可得到有限体积控制面上流动参数的关系。

4.1　理想流体运动微分方程

流体运动必须遵循机械运动的普遍定律——牛顿第二定律，上述定律应用于流体运动时，它的数学表达式在工程流体力学中习惯地称为运动方程。下面介绍如何用微元分析法来推导理想流体运动微分方程。

在运动的理想流体中，取微小平行六面体（质点），相互正交的三个边 $\mathrm{d}x$、$\mathrm{d}y$、$\mathrm{d}z$ 分别平行于 x、y、z 坐标轴，如图 4.1 所示。设六面体的中心点 $O'(x,y,z)$ 速度为 $\boldsymbol{u}$，压强为 p，分析该微小六面体 x 方向的受力和运动情况。

从表面力的角度看，理想流体内不存在切应力，只有压强。x 方向受压面（$abcd$ 面和 $a'b'c'd'$ 面）形心点的压强为

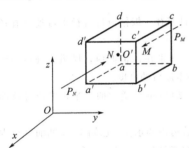

$$p_M = p - \frac{1}{2} \times \frac{\partial p}{\partial x}\mathrm{d}x$$

$$p_N = p + \frac{1}{2} \times \frac{\partial p}{\partial x}\mathrm{d}x$$

图 4.1　理想流体微元六面体

受压面上的压力

$$P_M = p_M \mathrm{d}y\mathrm{d}z$$

$$P_N = p_N \mathrm{d}y\mathrm{d}z$$

质量力

$$F_{Bx} = X\rho\mathrm{d}x\mathrm{d}y\mathrm{d}z$$

由牛顿第二定律

$$\sum F_x = m\frac{\mathrm{d}u_x}{\mathrm{d}t}$$

$$\left[\left(p - \frac{1}{2} \times \frac{\partial p}{\partial x}\mathrm{d}x\right) - \left(p + \frac{1}{2} \times \frac{\partial p}{\partial x}\mathrm{d}x\right)\right]\mathrm{d}y\mathrm{d}z + X\rho\mathrm{d}x\mathrm{d}y\mathrm{d}z = \rho\mathrm{d}x\mathrm{d}y\mathrm{d}z\frac{\mathrm{d}u_x}{\mathrm{d}t}$$

化简得

同理

$$\left.\begin{aligned} X - \frac{1}{\rho} \times \frac{\partial p}{\partial x} &= \frac{\mathrm{d}u_x}{\mathrm{d}t} \\ Y - \frac{1}{\rho} \times \frac{\partial p}{\partial y} &= \frac{\mathrm{d}u_y}{\mathrm{d}t} \\ Z - \frac{1}{\rho} \times \frac{\partial p}{\partial z} &= \frac{\mathrm{d}u_z}{\mathrm{d}t} \end{aligned}\right\} \tag{4.1}$$

将加速度项展开成欧拉法表达式

$$X-\frac{1}{\rho}\times\frac{\partial p}{\partial x}=\frac{\partial u_x}{\partial t}+u_x\frac{\partial u_x}{\partial x}+u_y\frac{\partial u_x}{\partial y}+u_z\frac{\partial u_x}{\partial z}$$

$$Y-\frac{1}{\rho}\times\frac{\partial p}{\partial y}=\frac{\partial u_y}{\partial t}+u_x\frac{\partial u_y}{\partial x}+u_y\frac{\partial u_y}{\partial y}+u_z\frac{\partial u_y}{\partial z} \qquad (4.2)$$

$$Z-\frac{1}{\rho}\times\frac{\partial p}{\partial z}=\frac{\partial u_z}{\partial t}+u_x\frac{\partial u_z}{\partial x}+u_y\frac{\partial u_z}{\partial y}+u_z\frac{\partial u_z}{\partial z}$$

用矢量表示为 $\qquad \boldsymbol{f}-\frac{1}{\rho}\nabla p=\frac{\partial \boldsymbol{u}}{\partial t}+(\boldsymbol{u}\cdot\nabla)\boldsymbol{u} \qquad (4.3)$

式（4.2）和式（4.3）为理想流体运动微分方程式，是 1755 年欧拉在其所著的《流体运动的基本原理》中首次提出的，所以又称欧拉运动微分方程。该式是牛顿第二定律的流体力学表达式，是控制理想流体运动的基本方程式，它表示流体质点运动和作用在它本身上的力的相互关系，适用于可压缩流体和不可压缩流体的恒定流和非恒定流、有势流等。当速度为零时，欧拉运动微分方程即为流体的平衡微分方程——欧拉平衡微分方程 ［式（2.2）］。当恒定流时，式（4.2）中的 $\frac{\partial u_x}{\partial t}=\frac{\partial u_y}{\partial t}=\frac{\partial u_z}{\partial t}=0$，计算得以简化。

【例 4.1】 理想流体速度场为 $u_x=ay$，$u_y=bx$，$u_z=0$，a、b 为常数，质量力忽略不计，试求等压面方程。

【解】 本题为理想流体平面运动，由欧拉运动微分方程式（4.2），不计质量力得

$$\begin{cases} -\frac{1}{\rho}\frac{\partial p}{\partial x}=u_y\frac{\partial u_x}{\partial y}=abx \\ -\frac{1}{\rho}\frac{\partial p}{\partial y}=u_x\frac{\partial u_y}{\partial x}=aby \end{cases}$$

将方程组化为全微分形式

$$-\frac{1}{\rho}\left(\frac{\partial p}{\partial x}\mathrm{d}x+\frac{\partial p}{\partial y}\mathrm{d}y\right)=-\frac{1}{\rho}\mathrm{d}p=ab(x\,\mathrm{d}x+y\,\mathrm{d}y)$$

积分 $\qquad\qquad p=-\rho ab\frac{x^2+y^2}{2}+c$

令 $p=$ 常数，得等压面方程

$$x^2+y^2=c$$

等压面是以坐标原点为中心的圆。

4.2　元流的伯努利方程

流体运动微分方程只有积分成普通方程式，在实用上才有意义。其中理想流体运动微分方程式（4.1）为非线性偏微分方程组，只有特定条件下的积分，其中最为著名的是伯努利积分。

4.2.1　理想流体运动微分方程的伯努利积分

将理想流体运动微分方程式（4.1）中的各式分别乘以沿同一流线上相邻两点间的坐标增量 $\mathrm{d}x$、$\mathrm{d}y$、$\mathrm{d}z$，然后相加得

$$(X\mathrm{d}x+Y\mathrm{d}y+Z\mathrm{d}z)-\frac{1}{\rho}\left(\frac{\partial p}{\partial x}\mathrm{d}x+\frac{\partial p}{\partial y}\mathrm{d}y+\frac{\partial p}{\partial z}\mathrm{d}z\right)=\frac{\mathrm{d}u_x}{\mathrm{d}t}\mathrm{d}x+\frac{\mathrm{d}u_y}{\mathrm{d}t}\mathrm{d}y+\frac{\mathrm{d}u_z}{\mathrm{d}t}\mathrm{d}z \qquad (a)$$

引入限定条件：

（1）作用在流体上的质量力只有重力，即 $X=Y=0$、$Z=-g$，则

$$X\mathrm{d}x + Y\mathrm{d}y + Z\mathrm{d}z = -g\,\mathrm{d}z \qquad\qquad (b)$$

（2）不可压缩流体、恒定流动，即 $\rho=$ 常数、$p=p(x,y,z)$，则

$$\frac{1}{\rho}\left(\frac{\partial p}{\partial x}\mathrm{d}x + \frac{\partial p}{\partial y}\mathrm{d}y + \frac{\partial p}{\partial z}\mathrm{d}z\right) = \frac{1}{\rho}\mathrm{d}p = \mathrm{d}\left(\frac{p}{\rho}\right) \qquad (c)$$

（3）恒定流的流线与迹线重合，即 $\mathrm{d}x = u_x\mathrm{d}t$、$\mathrm{d}y = u_y\mathrm{d}t$、$\mathrm{d}z = u_z\mathrm{d}t$，则

$$\frac{\mathrm{d}u_x}{\mathrm{d}t}\mathrm{d}x + \frac{\mathrm{d}u_y}{\mathrm{d}t}\mathrm{d}y + \frac{\mathrm{d}u_z}{\mathrm{d}t}\mathrm{d}z = \mathrm{d}\left(\frac{u_x^2 + u_y^2 + u_z^2}{2}\right) = \mathrm{d}\left(\frac{u^2}{2}\right) \qquad (d)$$

将式（b）、式（c）和式（d）代入式（a），积分得

$$-gz - \frac{p}{\rho} - \frac{u^2}{2} = c'$$

$$z + \frac{p}{\rho g} + \frac{u^2}{2g} = c \qquad\qquad (4.4)$$

或

$$z_1 + \frac{p_1}{\rho g} + \frac{u_1^2}{2g} = z_2 + \frac{p_2}{\rho g} + \frac{u_2^2}{2g} \qquad\qquad (4.5)$$

上述理想流体运动微分方程沿流线的积分称为伯努利积分，所得式（4.4）和式（4.5）称为伯努利方程，以纪念在理想流体运动微分方程建立之前，1738年瑞士物理学家及数学家伯努利（Bernoulli）根据动能原理首先推导出式（4.4）来计算流动问题。

由于元流的过流断面面积无穷小，所以沿流线的伯努利方程就是元流的伯努利方程。推导该方程引入的限定条件，就是理想流体元流伯努利方程的应用条件。归纳起来有：理想流体、恒定流动、质量力中只有重力、沿元流（流线）流动和不可压缩流体。

4.2.2　理想流体元流伯努利方程的物理意义和几何意义

（1）物理意义　式（4.4）中各项值都是在元流过流断面处的值，其中 z、$\frac{p}{\rho g}$、$z+\frac{p}{\rho g}$ 项的物理意义分别是单位重量流体从某一基准面算起所具有的位能（位置势能）、压能（压强势能）和总势能；$\frac{u^2}{2g}=\frac{1}{2}\times\frac{mu^2}{mg}$ 为单位重量流体所具有的动能；$z+\frac{p}{\rho g}+\frac{u^2}{2g}$ 是单位重量流体所具有的机械能。

因此式（4.4）表示理想流体元流的恒定流动，其物理意义是：沿同一元流（流线）的各过流断面上，单位重量流体所具有的机械能（位能、压能、动能之和）沿流程保持不变，即机械能守恒；同时也表示了元流在不同过流断面上，单位重量流体所具有的动能和势能、流速和压强之间可以相互转化的普遍规律。

（2）几何意义　式（4.4）及各项的几何意义是指不同的几何高度。如图4.2所示，z 是元流上某点到基准面的位置高度，又称位置水头；$h=\frac{p}{\rho g}$ 是该点的测压管高度，即断面压强 p 作用下流体沿测压管上升的高度，又称压强水头；两项之和 $H_p = z + \frac{p}{\rho g}$ 则是该点测压管

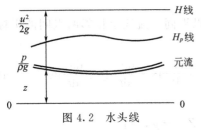

图4.2　水头线

液面到基准面的总高度，又称测压管水头；$h_u = \frac{u^2}{2g}$ 为以断面流速 u 为初速的铅直上升射流所能达到的理论高度，又称流速水头；$H = z + \frac{p}{\rho g} + \frac{u^2}{2g}$ 称为总水头，是位置水头、压强水头和流速水头之和。

因此式（4.4）的几何意义是：对于液体来说，元流

各过流断面上，总水头沿流程保持不变；同时也表示了元流在不同过流断面上位置水头、压强水头、流速水头之间可以相互转化的关系。这些可以形象地用图 4.2 表示，总水头线 H 是水平线，沿流程保持不变；测压管水头线 H_p 沿程可以上升，也可下降。

4.2.3 实际流体元流的伯努利方程

实际流体具有黏性，运动时产生流动阻力，克服阻力做功，使流体的一部分机械能不可逆地转化为热能而散失。因此实际流体流动时，单位重量流体具有的机械能沿程不守恒，而是沿程减少。设 h_l' 为实际流体元流单位重量流体由过流断面 1—1 运动至过流断面 2—2 的机械能损失，又称为实际流体元流的水头损失，根据能量守恒原理，便可得到实际流体元流的伯努利方程

$$z_1 + \frac{p_1}{\rho g} + \frac{u_1^2}{2g} = z_2 + \frac{p_2}{\rho g} + \frac{u_2^2}{2g} + h_l' \tag{4.6}$$

此时水头损失 h_l' 也具有长度的量纲。

由式（4.6）可知，不同于理想流体元流的总水头线是一条水平线的特征（见图 4.2），实际流体元流的总水头线沿程单调下降，下降的快慢可用单位长度上的水头损失，即水力坡度 J 来表示，如图 4.3 所示。取一实际流体元流段长度为 $\mathrm{d}l$，相应于这段的水头损失为 $\mathrm{d}h_l'$，则

$$J = -\frac{\mathrm{d}H}{\mathrm{d}l} = \frac{\mathrm{d}h_l'}{\mathrm{d}l} \tag{4.7}$$

因为在流体力学中将顺流程向下的 J 视为正值，而 $\mathrm{d}H/\mathrm{d}l$ 总是负值，所以在上式中加负号，使 J 为正值。

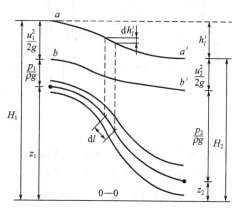

图 4.3　实际流体元流的水头线

同理，单位长度上测压管水头的降低或升高，称为测压管水力坡度 J_p

$$J_p = -\frac{\mathrm{d}H_p}{\mathrm{d}l} = -\frac{\mathrm{d}\left(z + \dfrac{p}{\rho g}\right)}{\mathrm{d}l} \tag{4.8}$$

因为将顺流程向下的 J_p 视为正值，而 $\mathrm{d}H_p/\mathrm{d}l$ 不总是负值，所以在上式中加负号，使 J_p 可正、可负或为零。

4.3　实际流体总流的伯努利方程

上一节中已经得到了实际流体元流的伯努利方程式（4.6），现在进一步把它推广到总流，以得出在工程实际中对断面平均流速 v 和压强 p 的计算都非常重要的实际流体总流的伯努利方程式。

4.3.1　总流的伯努利方程

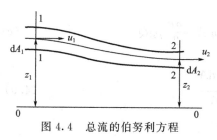

图 4.4　总流的伯努利方程

设恒定总流，截面 1—1、2—2 处过流断面面积分别为 A_1、A_2，如图 4.4 所示。在总流内任取元流，过流断面的微元面积、位置高度、压强及流速分别为 $\mathrm{d}A_1$、$\mathrm{d}A_2$、z_1、z_2、p_1、p_2、u_1、u_2。以单位时间内通过元流某过流断面流体的重量 $\rho g u_1 \mathrm{d}A_1 = \rho g u_2 \mathrm{d}A_2 = \rho g \mathrm{d}Q$ 分别乘以实际流体元流伯努利方程式（4.6）

中各项，得到单位时间通过元流两过流断面的能量方程为

$$\left(z_1+\frac{p_1}{\rho g}+\frac{u_1^2}{2g}\right)\rho g u_1 \mathrm{d}A_1=\left(z_2+\frac{p_2}{\rho g}+\frac{u_2^2}{2g}\right)\rho g u_2 \mathrm{d}A_2+h_l{}'\rho g\mathrm{d}Q$$

总流既然可以看做是由无数元流构成的，那么将上式对总流过流断面积分，便得到单位时间通过总流两过流断面的能量方程为

$$\int_{A_1}\left(z_1+\frac{p_1}{\rho g}\right)\rho g u_1 \mathrm{d}A_1+\int_{A_1}\frac{u_1^2}{2g}\rho g u_1 \mathrm{d}A_1=\int_{A_2}\left(z_2+\frac{p_2}{\rho g}\right)\rho g u_2 \mathrm{d}A_2+\int_{A_2}\frac{u_2^2}{2g}\rho g u_2 \mathrm{d}A_2+\int_Q h_l{}'\rho g\mathrm{d}Q$$

$$\text{(a)}$$

现在将以上五项按能量性质分为三种类型，分别确定各类型的积分。

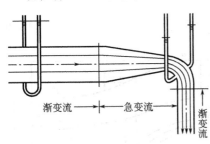

图 4.5 渐变流与急变流

（1）势能项积分 $\int_A\left(z+\frac{p}{\rho g}\right)\rho g u\mathrm{d}A$　该项表示单位时间通过过流断面的流体势能。作为总流伯努利方程的导出条件，需要将 3.2 中的非均匀流概念，按照非均匀程度的不同，分为渐变流和急变流。当流体质点的迁移加速度很小，即 $(\boldsymbol{u}\cdot\nabla)\boldsymbol{u}\approx 0$ 时，流线近于平行直线的流动，将其定义为渐变流，否则是急变流，如图 4.5 所示。

显然，渐变流是均匀流的宽延，均匀流是渐变流的极限情况，所以均匀流的性质对于渐变流都近似成立，主要为：渐变流的过流断面近于平面，面上各点的速度方向近于平行；可以证明，恒定渐变流过流断面上的动压强按静压强的规律分布（此时内摩擦力在过流断面上的投影为零，对过流断面上的压强分布没有影响），则有 $z+\frac{p}{\rho g}=c$。

由定义可知，渐变流和急变流的这种分类不是绝对的。渐变流的情况比较简单，易于进行分析计算，但流动是否按渐变流处理，要根据计算结果能否满足工程要求的精度而定。若所取过流断面为渐变流断面，面上各点单位重量流体的总势能相等，即 $z+\frac{p}{\rho g}=c$，则

$$\int_A\left(z+\frac{p}{\rho g}\right)\rho g u\mathrm{d}A=\left(z+\frac{p}{\rho g}\right)\rho g Q \tag{b}$$

（2）动能项积分 $\int_A\frac{u^2}{2g}\rho g u\mathrm{d}A=\int_A\frac{u^3}{2g}\rho g\mathrm{d}A$　该项表示单位时间通过断面的流体动能。我们建立方程的目的是求出断面平均速度 v，即以 $\int_A\frac{v^3}{2g}\rho g\mathrm{d}A$ 代替 $\int_A\frac{u^3}{2g}\rho g\mathrm{d}A$。但由于过流断面各点 u 不同，实际上 $\int_A v^3\mathrm{d}A\neq\int_A u^3\mathrm{d}A$，为此需引入修正系数 α，使积分可按断面平均速度 v 计算

$$\int_A\frac{u^3}{2g}\rho g\mathrm{d}A=\alpha\int_A\frac{v^3}{2g}\rho g\mathrm{d}A=\frac{\alpha v^3}{2g}\rho g A=\frac{\alpha v^2}{2g}\rho g Q \tag{c}$$

则

$$\alpha=\frac{\displaystyle\int_A\frac{u^3}{2g}\rho g\mathrm{d}A}{\displaystyle\int_A\frac{v^3}{2g}\rho g\mathrm{d}A}=\frac{\displaystyle\int_A u^3\mathrm{d}A}{v^3 A} \tag{4.9}$$

动能修正系数 α 是为修正以断面平均速度计算的动能与实际动能的差异而引入的，其值取决于过流断面上流速分布的均匀性。流速分布均匀时 $\alpha = 1.0$；流速分布越不均匀，α 值越大。在分布较均匀的流动中（如管道中的紊流流动）$\alpha = 1.05 \sim 1.10$；在实际工程计算中，通常取 $\alpha = 1.0$。

（3）水头损失项积分 $\int_Q h_l'\rho g\, dQ$ 该项表示单位时间总流由 1—1 至 2—2 断面克服阻力做功所引起的机械能损失。此项积分与上述两种积分不同，它不是沿同一过流断面的积分，而是沿流程的积分。由于总流中各元流的机械能损失沿流程变化，为了计算方便，定义 h_l 为总流的单位重量流体由 1—1 至 2—2 断面的平均机械能损失，称为总流的水头损失，则

$$\int_Q h_l'\rho g\, dQ = h_l \rho g Q \qquad (d)$$

将式（b）、式（c）、式（d）代入式（a）得

$$\left(z_1 + \frac{p_1}{\rho g}\right)\rho g Q_1 + \frac{\alpha_1 v_1^2}{2g}\rho g Q_1 = \left(z_2 + \frac{p_2}{\rho g}\right)\rho g Q_2 + \frac{\alpha_2 v_2^2}{2g}\rho g Q_2 + h_l \rho g Q$$

两断面间无分流及汇流，则 $Q_1 = Q_2 = Q$，并以 $\rho g Q$ 除上式得

$$z_1 + \frac{p_1}{\rho g} + \frac{\alpha_1 v_1^2}{2g} = z_2 + \frac{p_2}{\rho g} + \frac{\alpha_2 v_2^2}{2g} + h_l \qquad (4.10)$$

式（4.10）称为实际流体总流的伯努利方程，是能量守恒原理的总流表达式。该方程表明：在流动的过程中单位时间流入上游断面的机械能，等于同时间流出下游断面的机械能加上该流段的机械能损失，同时实际流体总流的伯努利方程也表示了各项能量之间的转化关系。

总流伯努利方程的物理意义和几何意义与元流伯努利方程类似，需注意的是方程的"平均"意义。式中的 z、$\frac{p}{\rho g}$ 分别为总流过流断面上某点（所取计算点）单位重量流体的位能和势能；因为所取过流断面是渐变流断面，面上各点的势能相等，即 $z + \frac{p}{\rho g}$ 是过流断面上单位重量流体的平均势能，而 $\frac{\alpha v^2}{2g}$ 是过流断面上单位重量流体的平均动能，故三项之和 $z + \frac{p}{\rho g} + \frac{\alpha v^2}{2g}$ 是过流断面上单位重量流体的平均机械能。

4.3.2 总流伯努利方程的应用条件和应用方法

实际流体总流的伯努利方程是古典流体动力学中应用最广的基本方程，必须很好地掌握。应用伯努利方程时切忌不顾方程的应用条件，随意套用公式，必须对实际问题作具体分析，灵活应用。将实际流体元流伯努利方程式（4.6）推广为总流伯努利方程式（4.10）的过程中所引入的某些限制条件，也就是应用总流伯努利方程时必须满足的条件：恒定流动；质量力只有重力；不可压缩流体（以上引自实际流体元流的伯努利方程）；所取过流断面为均匀流或渐变流断面；两断面间无分流和汇流。

应用总流伯努利方程解题的步骤和方法，可概括为以下几点供参考。

（1）分析流动现象 首先要弄清楚流体运动的类型，建立流体运动的流线几何图形，判断是否能应用总流的伯努利方程。

（2）选取好基准面 基准水平面原则上可任意选择，一般将其选择在通过总流的最低点，使 z 值为正；也可通过两过流断面中较低断面的形心，使一断面 z 值为零，另一断面 z 值保持正值。当管道末端通向大气时，基准面常选在通过管道出口断面中心的水平面上，如

【例 4.3】；当管道末端与水池衔接时，基准面一般选在下游水池的水面上。

（3）计算断面的选取是解题的关键　所取断面必须在渐变流或均匀流区域，且要垂直于流线，同时根据已知条件和求解的问题，尽可能使所取断面有较多的已知值和较少的未知值（包括待求值）。通过对两断面上运动要素值进行分析，考虑哪些可忽略不计，例如当速度 v 较小时，使得速度水头 $\dfrac{\alpha v^2}{2g}$ 相对于方程中的其他各项为很小值，此时该项可忽略不计，简化求解。

（4）合理选择计算点　渐变流在同一过流断面上的 $z+\dfrac{p}{\rho g}=c$，故 $z+\dfrac{p}{\rho g}$ 在断面上的平均值就等于过流断面上任一点的 $z+\dfrac{p}{\rho g}$ 值，所以计算点原则上可以任选。考虑到计算时的简单和方便，有压管流的计算点一般取在管轴线上，明渠流取在自由液面上（因表面压强为大气压强，可作为已知量）。

（5）压强一般采用相对压强，也可用绝对压强计算，但在同一方程中等式两端必须一致；所取压强单位也应一致。

（6）全面分析和考虑所选取的两过流断面间的能量损失（详见第 6 章），做到一个不漏。下面举例说明伯努利方程的应用。

【例 4.2】用直径 $d=100\text{mm}$ 的水管从水箱引水，如图 4.6 所示。水箱水面与管道出口断面中心的高差 $H=4\text{m}$，保持恒定，水头损失 $h_l=3\text{m}$ 水柱。试求管道的流量 Q。

【解】这是一道简单的总流问题，应用伯努利方程

$$z_1+\frac{p_1}{\rho g}+\frac{\alpha_1 v_1^2}{2g}=z_2+\frac{p_2}{\rho g}+\frac{\alpha_2 v_2^2}{2g}+h_l$$

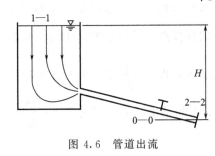

图 4.6　管道出流

为便于计算，选通过管道出口断面中心的水平面为基准面 0—0，如图 4.6 所示。计算断面应选在渐变流断面，并使其中一个已知量最多，另一个含待求量。按以上原则，本题选水箱水面为 1—1 断面，计算点在自由水面上，运动参数 $z_1=H$，$p_1=0$（相对压强），$v_1\approx0$。选管道出口断面为 2—2 断面，以出口断面的中心为计算点，运动参数 $z_2=0$，$p_2=0$，v_2 待求。将各量代入总流伯努利方程

$$H+0+0=0+0+\frac{\alpha_2 v_2^2}{2g}+h_l$$

取 $\alpha_2=1.0$，则

$$v_2=\sqrt{2g(H-h_l)}=4.43\text{m/s}$$
$$Q=v_2 A_2=0.035\text{m}^3/\text{s}$$

【例 4.3】离心泵从吸水池抽水，如图 4.7 所示。已知抽水量 $Q=5.56\text{L/s}$，泵的安装高度 $H_s=5\text{m}$，吸水管直径 $d=100\text{mm}$，吸水管的水头损失 $h_l=0.25\text{m}$ 水柱。试求水泵进口断面 2—2 的真空值。

【解】本题运用伯努利方程求解，选基准面 0—0 与吸水池水面重合。选吸水池水面为 1—1 断面，与基准面重合；水泵进口断面为 2—2 断面。以吸水池水面上的一点和水泵进口断面的轴心点为计算点，则运动参数为：$z_1=0$，$p_1=p_a$（绝对压强），

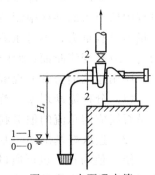

图 4.7　水泵吸水管

$v_1 \approx 0$；$z_2 = H_s$，p_2 待求，$v_2 = Q/A = 0.708\text{m/s}$。将上述各量代入总流伯努利方程

$$0 + \frac{p_a}{\rho g} + 0 = H_s + \frac{p_2}{\rho g} + \frac{\alpha_2 v_2^2}{2g} + h_l$$

$$\frac{p_v}{\rho g} = \frac{p_a - p_2}{\rho g} = H_s + \frac{\alpha_2 v_2^2}{2g} + h_l = 5.28\text{m}$$

$$p_v = 5.28\rho g = 51.74\text{kPa}$$

4.3.3 有能量输入或输出的伯努利方程

恒定总流的伯努利方程式（4.10）是在两过流断面间除水头损失之外，无能量输入或输出的条件下导出的。当两过流断面间有水泵、风机（见图4.8）或水轮机、汽轮机（见图4.9）等流体机械时，存在能量的输入或输出。此时根据能量守恒原理，应计入单位重量流体经流体机械获得或失去的机械能，式（4.10）便应扩展为有能量输入或输出的伯努利方程

$$z_1 + \frac{p_1}{\rho g} + \frac{\alpha_1 v_1^2}{2g} \pm H_m = z_2 + \frac{p_2}{\rho g} + \frac{\alpha_2 v_2^2}{2g} + h_l \qquad (4.11)$$

式中　$+H_m$——单位重量流体通过流体机械获得的机械能，如水泵的扬程；

　　　$-H_m$——单位重量流体给予流体机械的机械能，如水轮机的作用水头。

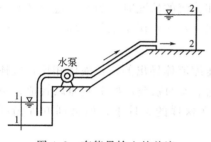

图4.8　有能量输入的总流

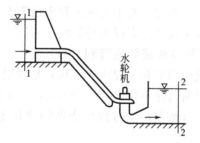

图4.9　有能量输出的总流

将上式中的 H_m 乘以 $\rho g Q$，回到能量的形式，则换算为功率，即流体机械的输入功率或输出功率为 $\rho g Q H_m$。

4.3.4 两断面间有合流或分流的伯努利方程

恒定总流的伯努利方程式（4.10），是在两过流断面间无合流和分流的条件下导出的，而实际的供热、空调管道沿程多有合流和分流，此时式（4.10）是否还能用呢？对于两断面间有分流的流动（见图4.10），设想1—1断面的来流，分为两股（以虚线划分），分别通过2—2、3—3断面。对 $1'-1'$（1—1断面中的一部分）和2—2断面列伯努利方程，其间无分流，则有

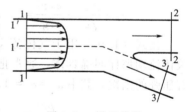

图4.10　沿程分流

$$z_1' + \frac{p_1'}{\rho g} + \frac{\alpha_1' v_1'^2}{2g} = z_2 + \frac{p_2}{\rho g} + \frac{\alpha_2 v_2^2}{2g} + h_{l1'-2}$$

因所取1—1断面为渐变流断面，面上各点的总势能相等

$$z_1' + \frac{p_1'}{\rho g} = z_1 + \frac{p_1}{\rho g}$$

如1—1断面流速分布较为均匀，即

$$\frac{\alpha_1' v_1'^2}{2g} \approx \frac{\alpha_1 v_1^2}{2g}$$

于是
$$z'_1 + \frac{p'_1}{\rho g} + \frac{\alpha'_1 v'^2_1}{2g} = z_1 + \frac{p_1}{\rho g} + \frac{\alpha_1 v^2_1}{2g}$$

故下式近似成立
$$z_1 + \frac{p_1}{\rho g} + \frac{\alpha_1 v^2_1}{2g} = z_2 + \frac{p_2}{\rho g} + \frac{\alpha_2 v^2_2}{2g} + h_{l1-2}$$

同理
$$z_1 + \frac{p_1}{\rho g} + \frac{\alpha_1 v^2_1}{2g} = z_3 + \frac{p_3}{\rho g} + \frac{\alpha_3 v^2_3}{2g} + h_{l1-3}$$

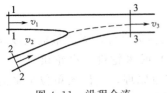

图 4.11　沿程合流

对于两过流断面间有合流的情况，如图 4.11 所示，做类似分析得

$$z_1 + \frac{p_1}{\rho g} + \frac{\alpha_1 v^2_1}{2g} = z_3 + \frac{p_3}{\rho g} + \frac{\alpha_3 v^2_3}{2g} + h_{l1-3}$$

$$z_2 + \frac{p_2}{\rho g} + \frac{\alpha_2 v^2_2}{2g} = z_3 + \frac{p_3}{\rho g} + \frac{\alpha_3 v^2_3}{2g} + h_{l2-3}$$

式中两断面间的水头损失项 h_{l1-3} 或 h_{l2-3} 可能有一项会出现负值，但该负值的出现并不意味着合流（3—3 断面处）的总机械能沿程不断增加，而是表明经过合流点后，部分总流（来自 1—1 或 2—2 断面处）的机械能将增加，这种增加是 1—1 和 2—2 断面处两部分总流能量交换的结果。

由以上分析可知，对于实际工程中沿程有合流和分流的情况时，当所取过流断面为渐变流断面，断面上流速分布较为均匀时，可以直接将式（4.10）用于工程计算。

4.3.5　恒定气体总流的伯努利方程

恒定总流的伯努利方程式（4.10）是针对不可压缩流体导出的。与液体相比，气体虽易被压缩，但是对流速不很大（$v < 68\text{m/s}$）、压强变化不大的系统，如工业通风管道、空调管道和烟道等，气流在运动过程中密度的变化很小。在这样的条件下，伯努利方程仍可用于气流。

设恒定气流，如图 4.12 所示，气流的密度为 ρ，外部空气的密度为 ρ_a，过流断面上计算点的绝对压强为 p_{1abs} 和 p_{2abs}。列 1—1 和 2—2 断面的伯努利方程为

$$z_1 + \frac{p_{1abs}}{\rho g} + \frac{\alpha_1 v^2_1}{2g} = z_2 + \frac{p_{2abs}}{\rho g} + \frac{\alpha_2 v^2_2}{2g} + h_l$$

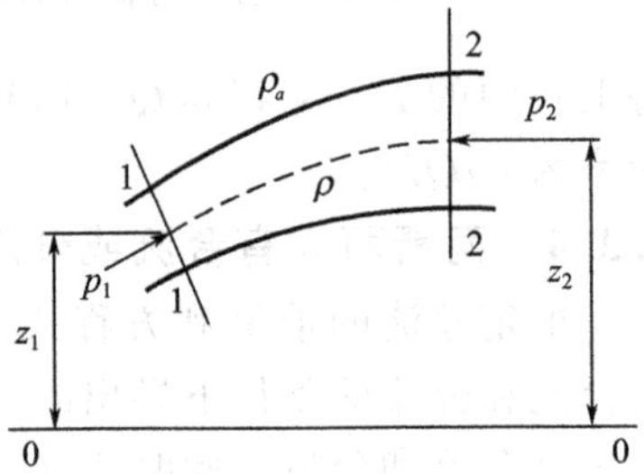

当式（4.10）用于气体流动时，由于水头概念没有像液体流动那样明确具体，通常把方程各项同乘 ρg，使其具有压强的因次，其中 $\alpha_1 = \alpha_2 = 1$，则

图 4.12　恒定气流

$$\rho g z_1 + p_{1abs} + \frac{\rho v^2_1}{2} = \rho g z_2 + p_{2abs} + \frac{\rho v^2_2}{2} + p_l \qquad (4.12)$$

式中的 p_l 为两断面间的压强损失，$p_l = \rho g h_l$。同时注意到式（4.12）中的两项压强均用绝对压强表示，但在工程计算中关心的是相对压强而不是绝对压强。以管道流动为例，只有相对压强才能表明内部气流和外部大气之间的流动趋势。相对压强为正时，管内压强将大于管外压强，此时在管壁处开口或打开放气阀，气流将从阀孔排出，排出气流的速度随相对压强的提高而提高。相对压强为负时，管内压强将小于管外压强，此时气流将从阀孔吸入，吸入气流的速度随真空压强的提高而提高。可见相对压强的正负决定了流动的呼吸，相对压强的大小，决定了呼吸的速度。另外工程中所用的压强计测出的都是相对压强，因此水力计算以相对压强为依据更方便。

当液体在管道中流动时，由于液体的密度远大于空气密度 ρ_a，一般可忽略大气压强因

高度不同的差异，此时对于液体流动而言，式（4.10）中的压强用相对压强和绝对压强表示均可。但对于气体流动则不然，由于气流密度 ρ 同外部大气密度 ρ_a 具有相同的数量级，在用相对压强进行计算时，特别是在两过流断面高差较大或 $\rho \neq \rho_a$ 的情况下，必须考虑外部大气压在不同高度的差值。图 4.12 所示的管流，高程 z_1、z_2 处的大气压强（以绝对压强计）分别为 p_{a1}、p_{a2}。假设大气压强沿高程的分布规律按静压强分布，则

$$p_{a1} = p_{a2} + \rho_a g(z_2 - z_1)$$

将式（4.12）中高程 z_1、z_2 处的压强分别用相对压强 p_1、p_2 表示，即

$$p_{1abs} = p_1 + p_{a1} \tag{e}$$

$$p_{2abs} = p_2 + p_{a2} = p_2 + p_{a1} - \rho_a g(z_2 - z_1) \tag{f}$$

将式（e）、式（f）代入式（4.12），得到用相对压强表示的恒定气体总流的伯努利方程

$$p_1 + \frac{\rho v_1^2}{2} + (\rho_a - \rho)g(z_2 - z_1) = p_2 + \frac{\rho v_2^2}{2} + p_l \tag{4.13}$$

式（4.13）中各项的物理意义类似于恒定总流伯努利方程式（4.10）中的对应项，所不同的是对单位体积气体而言。

工程上习惯将气体的相对压强 p_1、p_2 称为静压，但不能理解为静止流体的压强，它与管中水流的压强水头相对应。注意相对压强是以同高程处大气压强为零点计算的，不同的高程引起大气压强的差异，已经计入方程的位压项了。习惯上称 $\frac{\rho v_1^2}{2}$、$\frac{\rho v_2^2}{2}$ 为动压，它反映断面流速无能量损失地降低至零所转化的压强值大小。

因为 $(\rho_a - \rho)g$ 为单位体积气体所承受的有效浮力，$(\rho_a - \rho)g(z_2 - z_1)$ 为气体沿浮力方向升高 $(z_2 - z_1)$ 时损失的位能，所以 $(\rho_a - \rho)g(z_2 - z_1)$ 项表示以过流断面 2—2 为基准度量的过流断面 1—1 上的单位体积气体所具有的位能的平均值，习惯称其为位压，体现了浮升力对流动所起的作用。当 $(\rho_a - \rho)g > 0$ 时，表征有效浮力的作用，体现为一种上浮推动能量；当 $(\rho_a - \rho)g < 0$ 时，表征有效重力的作用，体现为一种下降推动能量；当 $(z_2 - z_1)$ 为正或为负时分别表征气体向上或向下流动；而位压是两者的乘积，因而可正可负。应当注意，气流在有效浮力作用下，位置升高，位压减少；位置降低，位压增大。这与气流在有效重力作用下，位置升高，位压增大；位置降低，位压减少的规律正好相反。

静压与位压之和称为势压，以 p_s 表示。势压与管中水流的测压管水头相对应

$$p_s = p + (\rho_a - \rho)g(z_2 - z_1) \tag{4.14}$$

静压与动压之和称为全压，以 p_q 表示

$$p_q = p + \frac{\rho v^2}{2} \tag{4.15}$$

静压、动压与位压三项之和称为总压，以 p_z 表示，与管中水流的总水头线相对应

$$p_z = p + \frac{\rho v^2}{2} + (\rho_a - \rho)g(z_2 - z_1) = p_s + \frac{\rho v^2}{2} \tag{4.16}$$

由上式可知，存在位压时，总压等于位压加全压；位压为零时，总压就等于全压。

在许多气体流动问题中，气流密度和外界空气密度相差很小（$\rho_a \approx \rho$），或两过流断面的高程差甚小（$z_2 \approx z_1$）时，位压项 $(\rho_a - \rho)g(z_2 - z_1)$ 可忽略不计，式（4.13）化简为

$$p_1 + \frac{\rho v_1^2}{2} = p_2 + \frac{\rho v_2^2}{2} + p_l \tag{4.17}$$

当气流的密度远大于外界空气的密度（$\rho \gg \rho_a$）时，式（4.13）可进一步化简为式（4.10）。

【例 4.4】 如图 4.13 所示，在锅炉省煤器的进口断面测得负压 $\Delta h_1 = 10.5\text{mmH}_2\text{O}$，出

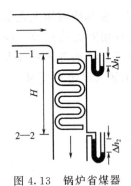

图 4.13 锅炉省煤器

口断面负压 $\Delta h_2 = 20\text{mmH}_2\text{O}$，两断面高差 $H = 5\text{m}$，烟气平均密度 $\rho_g = 0.6\text{kg/m}^3$，炉外空气密度 $\rho_a = 1.2\text{kg/m}^3$。求烟气流过省煤器的压强损失。

【解】省煤器的进出口断面面积相等，$v_1 = v_2$，两断面的动压相互抵消；同时因烟气自上而下流动，$(z_2 - z_1)$ 为负值，则由式 (4.13) 列进出口断面气体的伯努利方程

$$-1000 \times 9.8 \times 0.0105 + \frac{\rho_g v_1^2}{2} + (1.2 - 0.6) \times 9.8 \times (0 - 5)$$

$$= -1000 \times 9.8 \times 0.02 + \frac{\rho_g v_2^2}{2} + p_l$$

$$p_l = 63.7\text{Pa}$$

如不考虑进出口断面大气压的不同（$p_{a1} = p_{a2}$），即将相对压强直接代入式 (4.12) 计算

$$p_l = \rho_g g(z_1 - z_2) + p_1 - p_2$$
$$= 0.6 \times 9.8 \times (5 - 0) - 1000 \times 9.8 \times 0.0105 + 1000 \times 9.8 \times 0.02 = 122.5\text{Pa}$$

此时得到的压强损失与上面考虑了大气压沿高程变化的结果差别很大。因此，在管内气流与管外大气的密度相差较大、两断面具有较大高程差的情况下，必须考虑大气压沿高程的变化。

【例 4.5】自然排烟锅炉，如图 4.14 所示。烟囱的压强损失 $p_l = 0.035 \dfrac{H}{d} \times \dfrac{\rho v^2}{2}$，外部空气密度 $\rho_a = 1.2\text{kg/m}^3$，烟气流量 $Q = 7.135\text{m}^3/\text{s}$，烟气密度 $\rho = 0.7\text{kg/m}^3$，烟囱直径 $d = 1\text{m}$，为使烟囱底部入口断面的真空度不小于 $10\text{mmH}_2\text{O}$，试求烟囱的高度 H。

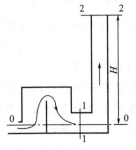

图 4.14 自然排烟锅炉

【解】选烟囱底部为 1—1 断面，则 $v_1 \approx 0$、$z_1 = 0$；出口为 2—2 断面，则 $p_2 = 0$，$z_2 = H$；其中

$$p_1 = -\rho_0 gh = -1000 \times 9.8 \times 0.01 = -98\text{Pa}$$

$$v_2 = \frac{Q}{A} = \frac{4Q}{\pi d^2} = \frac{4 \times 7.135}{3.14 \times 1^2} = 9.089\text{m/s}$$

因烟气和外部空气的密度不同，由式 (4.13)

$$-\rho_0 gh + 0 + (\rho_a - \rho)g(H - 0) = 0 + \frac{\rho v_2^2}{2} + p_l$$

$$-98 + 0 + (1.2 - 0.7) \times 9.8 \times H = 0 + 0.7 \times \frac{9.089^2}{2} + 0.035 \times \frac{H}{1} \times \frac{0.7 \times 9.089^2}{2}$$

$$H = 32.63\text{m}$$

烟囱的高度必须大于此值。

由此例题可见，自然排烟锅炉烟囱底部的相对压强为负 $p_1 < 0$，顶部出口的相对压强 $p_2 = 0$，且 $z_1 < z_2$，在这种情况下，位压 $(\rho_a - \rho)g(z_2 - z_1)$ 提供了烟气在烟囱内向上流动的能量。为此烟气要有一定的温度，以保持有效浮力 $(\rho_a - \rho)g$，同时烟囱还需要有一定的高度 $(z_2 - z_1)$，否则将无法维持自然排烟。

4.4　总流的动量方程和动量矩方程

动量方程是动量定理在流体运动中的具体表达式，本节要介绍的动量方程以及前面阐述

的连续性方程式（3.27）和伯努利方程式（4.10）是进行流体力学计算的最基本、最常用的三个方程式。与之相似，动量矩方程是根据动量矩定理，对通过控制体的流体推导出的。

4.4.1 总流的动量方程

由物理学知，动量定理是：质点系动量的增量等于作用于该质点系上外力的冲量

$$\sum \boldsymbol{F} \mathrm{d}t = \mathrm{d}(\sum m\boldsymbol{u}) \tag{4.18}$$

式中左边为冲量（作用于物体所有外力的合力与作用时间的乘积），右边为物体动量（质量与速度的乘积）的增量。

设恒定总流，取过流断面 1—1、2—2 为渐变流断面，断面面积分别为 A_1、A_2，以过流断面及总流的侧表面所围空间为控制体，如图 4.15 所示，两断面间无分流或合流。经 $\mathrm{d}t$ 时间，控制体内的流体由 1—2 运动到 1′—2′ 位置。

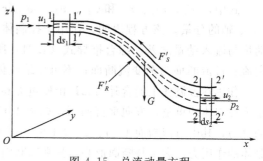

图 4.15　总流动量方程

我们从分析元流入手，在流过控制体的总流内任取元流，如图中虚线所示。元流过流断面 1—1、2—2 的面积、点流速和密度分别为 $\mathrm{d}A_1$、$\mathrm{d}A_2$、$\boldsymbol{u}_1$、$\boldsymbol{u}_2$、ρ_1、ρ_2，则在 $\mathrm{d}t$ 时间内元流动量的增量为

$$\mathrm{d}(m\boldsymbol{u}) = (m\boldsymbol{u})_{1'-2'} - (m\boldsymbol{u})_{1-2} = |(m\boldsymbol{u})_{1'-2} + (m\boldsymbol{u})_{2-2'}|_{t+\mathrm{d}t} - |(m\boldsymbol{u})_{1-1'} + (m\boldsymbol{u})_{1'-2}|_t$$

因为是恒定流动，$\mathrm{d}t$ 前后 1′—2 段的动量 $(m\boldsymbol{u})_{1'-2}$ 无变化，则

$$\mathrm{d}(m\boldsymbol{u}) = (m\boldsymbol{u})_{2-2'} - (m\boldsymbol{u})_{1-1'}$$
$$= \rho_2 \mathrm{d}s_2 \mathrm{d}(A_2\boldsymbol{u}_2) - \rho_1 \mathrm{d}s_1 \mathrm{d}(A_1\boldsymbol{u}_1) = \rho_2 \boldsymbol{u}_2 \mathrm{d}t\, \mathrm{d}(A_2\boldsymbol{u}_2) - \rho_1 \boldsymbol{u}_1 \mathrm{d}t\, \mathrm{d}(A_1\boldsymbol{u}_1) \tag{a}$$

设 $\boldsymbol{F}$ 为 $\mathrm{d}t$ 时段内作用在所取元流段上所有外力（包括质量力和表面力）的合力矢量。根据动量定理

$$\boldsymbol{F} \mathrm{d}t = \rho_2 \boldsymbol{u}_2 \mathrm{d}t\, \mathrm{d}(A_2\boldsymbol{u}_2) - \rho_1 \boldsymbol{u}_1 \mathrm{d}t\, \mathrm{d}(A_1\boldsymbol{u}_1) \tag{b}$$

由不可压缩流体 $\rho_1 = \rho_2 = \rho$，整理式（b）得

$$\boldsymbol{F} = \rho \boldsymbol{u}_2 \mathrm{d}(A_2\boldsymbol{u}_2) - \rho \boldsymbol{u}_1 \mathrm{d}(A_1\boldsymbol{u}_1) \tag{4.19}$$

上式即为不可压缩均质实际流体恒定元流的动量方程。

由于总流可以看做是由流动边界内无数元流所组成的，将上式对总流 A_1、A_2 进行积分，同时因所取过流断面为渐变流断面，各点的流速平行，按平行矢量和的法则，定义 $\boldsymbol{u} = u\boldsymbol{i}$，其中 $\boldsymbol{i}$ 为 $\boldsymbol{u}$ 方向的基本单位矢量，则有

$$\sum \boldsymbol{F} = \left[\int_{A_2} \rho u_2 \mathrm{d}(A_2 u_2) \right] \boldsymbol{i}_2 - \left[\int_{A_1} \rho u_1 \mathrm{d}(A_1 u_1) \right] \boldsymbol{i}_1$$

其中 $\sum \boldsymbol{F}$ 为作用在控制体上的合外力，并引入修正系数 β，以断面平均流速 v 代替点流速 u 积分得

$$\sum \boldsymbol{F} = (\rho \beta_2 v_2^2 A_2)\boldsymbol{i}_2 - (\rho \beta_1 v_1^2 A_1)\boldsymbol{i}_1 = \rho \beta_2 v_2 A_2 \boldsymbol{u}_2 - \rho \beta_1 v_1 A_1 \boldsymbol{u}_1 \tag{c}$$

式中动量修正系数 β 表示为

$$\beta = \frac{\int_A u^2 \mathrm{d}A}{v^2 A} \tag{4.20}$$

为修正以断面平均速度 v 计算的动量与实际动量的差异而引入的动量修正系数 β，其值取决于过流断面上的速度分布，速度分布较均匀的流动，$\beta = 1.02 \sim 1.05$，通常可取 $\beta = 1.0$。

将连续性方程代入式（c），整理得恒定总流的动量方程

$$\sum \boldsymbol{F} = \rho Q(\beta_2 \boldsymbol{v}_2 - \beta_1 \boldsymbol{v}_1) \qquad (4.21a)$$

由于式（4.21a）为矢量方程，为了计算方便，常将它写成三个正交方向的投影式

$$\begin{cases} \sum F_x = \rho Q(\beta_2 v_{2x} - \beta_1 v_{1x}) \\ \sum F_y = \rho Q(\beta_2 v_{2y} - \beta_1 v_{1y}) \\ \sum F_z = \rho Q(\beta_2 v_{2z} - \beta_1 v_{1z}) \end{cases} \qquad (4.21b)$$

式中，v_{1x}、v_{1y}、v_{1z} 和 v_{2x}、v_{2y}、v_{2z} 分别为断面 1—1 和 2—2 的断面平均流速在 x、y、z 轴的分量。该方程表明，作用于控制体内流体上的外力，等于单位时间内控制体流出动量与流入动量之差。综合推导式（4.21）所规定的条件，总流动量方程的应用条件有：恒定流；过流断面为渐变流断面；不可压缩流体。

作用在控制体上的合外力 $\sum F$ 由质量力和表面力两部分组成。质量力仅有重力 G，它的大小为控制体的重量，方向垂直向下，如图 4.15 所示。表面力只需考虑作用在所取控制体表面的外力，其中过流断面 1—1、2—2 上的动压力 P_1、P_2 是控制体外的流体沿两过流断面对控制体的作用力，大小是断面形心压强乘以断面面积 A，方向垂直指向断面内侧；而控制体所受固体侧面的作用力 R' 与流体对固体的作用力 R 正好是一对作用力与反作用力，特别是作用力 R 是大多数工程问题中的待求量。例如风机叶轮对气流、水泵叶轮对水所施加的力，属于固体对流体的作用力；水流对水轮机叶轮、蒸汽流对蒸汽涡轮所施加的力，属于流体对固体的作用力。许多流体机械都是依靠这种流体和固体之间力的作用来传递机械功率的。

恒定总流动量方程给出了总流动量变化与作用力之间的关系。根据这一特点，求总流与边界面之间的相互作用力问题，以及因水头损失难以确定、运用伯努利方程受到限制的问题，适于用动量方程求解。运用恒定总流动量方程式（4.21）求解时，应注意以下几点。

（1）由于式（4.21a）为矢量形式，首先应选择好坐标系并在图中标明　所选坐标系必须是惯性坐标系（牛顿第二定律只在惯性坐标系内成立），同时坐标系的选择不是唯一的，应以使计算简便为原则。

（2）正确选择控制体　由于动量方程解决的是固体壁面和流体之间相互作用的整体作用力或作用力之和的问题，因此应使控制面既包含待求作用力的固体壁面，又不含其他的未知作用力的固体壁面，如【例 4.8】中的控制体就不能包含弯管之外的直管段。

（3）注意式（4.21a）中各矢量项在坐标轴上投影的正负　必须明确假定待求的固体壁面对流体的作用力方向，如果求解结果为负值，则表示实际方向与假设相反。由于题中关心的往往是流体对固体壁面的作用力，最后应明确回答该作用力的大小和方向。

（4）压强的表示方法　一般情况下，控制面常处于大气压强作用下，计算作用于控制面的压强时，宜采用相对压强。

【例 4.6】水平设置的输水弯管，如图 4.16 所示，转角 $\theta = 60°$，直径由 $d_1 = 200\mathrm{mm}$ 变为 $d_2 = 150\mathrm{mm}$。已知转弯前断面的相对压强 $p_1 = 18\mathrm{kPa}$，输水流量 $Q = 0.1\mathrm{m}^3/\mathrm{s}$，不计水头损失，试求水流对弯管的作用力。

【解】在转弯段取过流断面 1—1、2—2 及管壁所围成的空间为控制体。选直角坐标系 xOy，令 Ox 轴与 v_1 方向一致。

通过分析可知，作用在控制体内液体上的力主要包括：过流断面上的动水压力 P_1、P_2；重力 G 在 xOy 面无分量；弯管对水流的作用力 R'，此力在要列的方程中是待求量，假定分量 R_x'、R_y' 的方向如图 4.16 所示。列总流动量方程的投影式

$$P_1 - P_2 \cos 60° - R_x' = \rho Q(\beta_2 v_2 \cos 60° - \beta_1 v_1)$$

$$P_2 \sin 60° - R_y' = \rho Q(-\beta_2 v_2 \sin 60°)$$

其中

$$P_1 = p_1 A_1 = 18 \times \frac{\pi}{4} \times 0.2^2 = 0.565\text{kN}$$

$$v_1 = \frac{4Q}{\pi d_1^2} = \frac{4 \times 0.1}{3.14 \times 0.2^2} = 3.185\text{m/s}$$

$$v_2 = \frac{4Q}{\pi d_2^2} = \frac{4 \times 0.1}{3.14 \times 0.15^2} = 5.66\text{m/s}$$

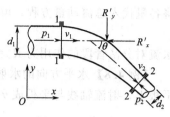

图 4.16 输水弯管

列 1—1、2—2 断面的伯努利方程，忽略水头损失，则有

$$0 + \frac{p_1}{\rho g} + \frac{v_1^2}{2g} = 0 + \frac{p_2}{\rho g} + \frac{v_2^2}{2g} + 0$$

$$p_2 = p_1 + \frac{v_1^2 - v_2^2}{2g} \rho g = 18 + \frac{3.185^2 - 5.66^2}{2 \times 9.8} \times 1.0 \times 9.8 = 7.043\text{kPa}$$

$$P_2 = p_2 A_2 = p_2 \frac{\pi d_2^2}{4} = 7.043 \times \frac{3.14 \times 0.15^2}{4} = 0.124\text{kN}$$

将上述各量代入总流动量方程，解得

$$R_x' = 0.538\text{kN} \qquad R_y' = 0.597\text{kN}$$

故水流对弯管的作用力与弯管对水流的作用力，大小相等方向相反，即 $R_x = 0.538\text{kN}$，方向沿 Ox 方向；$R_y = 0.597\text{kN}$，方向沿 Oy 方向。

【例 4.7】水平分岔管如图 4.17 所示。干管直径 $d_1 = 600\text{mm}$，支管直径 $d_2 = d_3 = 400\text{mm}$，分岔角 $\alpha = 30°$，已知分岔前断面的压力表读值 $P_M = 70\text{kPa}$，干管流量 $Q = 0.6\text{m}^3/\text{s}$。不计水头损失，试求水流对分岔管的作用力。

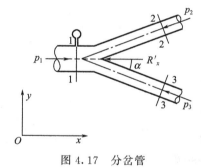

图 4.17 分岔管

【解】在分岔段取过流断面 1—1、2—2、3—3 及管壁所围成的空间为控制体。选直角坐标系 xOy，令 Ox 轴与干管轴线方向一致。作用在控制体内液体上的力包括：过流断面上的动水压力为 P_1、P_2、P_3；因为对称分流，分岔管对水流的作用力只有沿干管轴向（Ox 方向）的分力，设 R_x' 方向与坐标轴 Ox 方向相反。列 Ox 方向总流的动量方程为

$$P_1 - P_2\cos 30° - P_3\cos 30° - R_x' = \left(\rho \frac{Q}{2} \beta_2 v_2 \cos 30° + \rho \frac{Q}{2} \beta_3 v_3 \cos 30° \right) - \rho Q \beta_1 v_1$$

所以

$$R_x' = P_1 - 2P_2\cos 30° - \rho Q(v_2\cos 30° - v_1)$$

其中

$$P_1 = \frac{\pi d_1^2}{4} p_1 = 19.78\text{kN}$$

$$v_1 = \frac{4Q}{\pi d_1^2} = 2.12\text{m/s}$$

$$v_2 = v_3 = \frac{2Q}{\pi d_2^2} = 2.39\text{m/s}$$

列断面 1—1、2—2（或 3—3）的伯努利方程

$$0 + \frac{p_1}{\rho g} + \frac{v_1^2}{2g} = 0 + \frac{p_2}{\rho g} + \frac{v_2^2}{2g} + 0$$

$$p_2 = p_1 + \frac{v_1^2 - v_2^2}{2} \rho = 69.4\text{kPa}$$

$$P_2 = \frac{\pi d_2^2}{4} p_2 = 8.717\text{kN}$$

将各量代入总流动量方程，解得

$$R_x' = 4.72\text{kN}$$

水流对分岔管段的作用力 $R_x = 4.72\text{kN}$，方向与 Ox 方向相同。

【例 4.8】水平方向的水射流，流量 Q_1、出口流速 v_1，在大气中冲击在前后斜置的光滑平板上，射流轴线与平板成 θ 角，如图 4.18 所示，不计水流在平板上的阻力。试求：

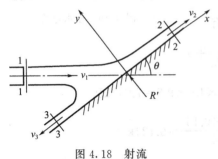

图 4.18　射流

(1) 沿平板的流量 Q_2、Q_3。

(2) 射流对平板的作用力 R。

【解】取过流断面 1—1、2—2、3—3 及射流侧表面与平板内壁为控制面构成控制体。选直角坐标系 xOy，O 点置于射流轴线与平板的交点，Oy 轴与平板垂直。

在大气中射流，控制面内各点的压强皆可认为等于大气压（即相对压强为零）。因不计水流在平板上的阻力，可知平板对水流的作用力 R' 与平板垂直，设 R' 的方向与 Oy 轴方向相同。分别对 1—1、2—2 及 1—1、3—3 断面列伯努利方程，可得 $v_1 = v_2 = v_3$。

(1) 求流量 Q_2 和 Q_3　列 Ox 方向的动量方程，作用在控制体内总流上的外力 $\sum F_x = 0$，故

$$\rho Q_2 v_2 + (-\rho Q_3 v_3) - \rho Q_1 v_1 \cos\theta = 0$$

整理得

$$Q_2 - Q_3 = Q_1 \cos\theta$$

由连续性方程得

$$Q_2 + Q_3 = Q_1$$

联立上述两式解得

$$Q_2 = \frac{Q_1}{2}(1 + \cos\theta)$$

$$Q_3 = \frac{Q_1}{2}(1 - \cos\theta)$$

(2) 求射流对平板的作用力 R　列 Oy 方向的动量方程

$$R' = 0 - (-\rho Q_1 v_1 \sin\theta) = \rho Q_1 v_1 \sin\theta$$

射流对平板的作用力 R 与 R' 大小相等，方向相反，即指向平板。

4.4.2　总流的动量矩方程

由物理学知，动量矩定理是：物体的动量对某轴的动量矩（矢量）对时间的变化率，等于作用于此物体上所有外力对同一轴的力矩（矢量）之和。下面介绍根据动量矩定理来推导不可压缩均质实际流体恒定总流的动量矩方程，该方程可用于确定运动流体与固体边壁相互作用时的力矩。

利用恒定元流的动量方程 (4.19) 对某固定点取矩，可得到恒定元流的动量矩方程

$$\boldsymbol{r}\boldsymbol{F} = \rho u_2 \mathrm{d}A_2 (\boldsymbol{r}_2 \boldsymbol{u}_2) - \rho u_1 \mathrm{d}A_1 (\boldsymbol{r}_1 \boldsymbol{u}_1) \tag{4.22}$$

式中，$\boldsymbol{r}$、$\boldsymbol{r}_1$、$\boldsymbol{r}_2$ 分别是外力矢量 $\boldsymbol{F}$ 和速度矢量 $\boldsymbol{u}_1$、$\boldsymbol{u}_2$ 到某轴的矢径，指向服从右手法则。将上式对总流过流断面积分，则得恒定总流的动量矩方程

$$\sum \boldsymbol{r}\boldsymbol{F} = \int_{A_2} \rho u_2 \mathrm{d}A_2 (\boldsymbol{r}_2 \boldsymbol{u}_2) - \int_{A_1} \rho u_1 \mathrm{d}A_1 (\boldsymbol{r}_1 \boldsymbol{u}_1)$$

积分得

$$M = \sum(\boldsymbol{r}\boldsymbol{F}) = \rho Q(\beta_2 \boldsymbol{r}_2 \boldsymbol{v}_2 - \beta_1 \boldsymbol{r}_1 \boldsymbol{v}_1) \tag{4.23}$$

式中 M 代表总力矩，该式表明单位时间里控制体内恒定总流的动量矩变化（流出的动量矩与流入的动量矩之矢量差）等于作用在该控制体内流体上的外力矩之矢量和。

动量矩方程的一个最重要的应用是可利用它导出叶片式流体机械（泵、通风机、水轮机

及涡轮机等）的基本方程。动量矩方程的应用条件和应用方法与动量方程相似。

【例4.9】水沿轴向由旋转轴心进入一个具有四条转臂的洒水器，如图4.19所示，再由喷嘴直径 $d=1\mathrm{cm}$ 的转臂出口流出，转臂长 $l=0.30\mathrm{m}$，出口射流与旋转圆周切线的夹角为 $30°$，如进入洒水器的流量 $Q=2.5\mathrm{L/s}$，不计机械摩擦，求不让臂转动需要施加的力矩。

【解】转臂不动时，可取喷嘴出口断面为控制面，对 O 点取矩，列动量矩方程。由于四条转臂对 O 点是轴对称放置的，转臂本身及其内水体的质量对 O 点的矩相互抵消，因此施加在转臂上的力矩应等于由控制体流出的动量矩与流进的动量矩之差。水由喷嘴流出的相对速度 v' 为

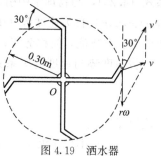

图4.19 洒水器

$$v'=\frac{1}{4}\times\frac{4Q}{\pi d^2}=\frac{0.0025}{\pi\times 0.01^2}=7.96\mathrm{m/s}$$

当喷嘴不动时，v' 就是水由控制体流出的绝对速度，故四个喷嘴流出的动量对 O 点的矩为 $r\rho Qv'\cos 30°$，水流进入控制体的动量对 O 点的矩为零，故需施加的力矩为

$$T=r\rho Qv'\cos 30°=0.3\times 10^3\times 0.0025\times 7.96\times\frac{\sqrt{3}}{2}=5.17\mathrm{N\cdot m}$$

4.5 恒定平面势流

在3.4中，将流体运动分为无旋运动（无涡流）和有旋运动（有涡流）。严格地讲，只有理想流体的运动才可能是无旋运动。因为理想流体没有黏性，不存在切应力，不能传递旋转运动；它既不能使不旋转的流体微团产生旋转，也不能使已旋转的流体微团停止旋转。如果理想流体一开始运动时有旋，那么将永远是有旋运动；若运动初始无旋，将继续保持无旋运动，例如理想流体从静止状态开始的运动。

实际流体的运动都是有旋运动，此时黏性作用可使没有旋转的流体微团发生旋转，也可使旋转削弱甚至消失，因此只有在切应力相比其他作用力，小到可忽略不计的情况时，实际流体才可作为理想流体处理，按无旋运动求得近似解。工程上经常遇到的水和空气，黏度很小，当其从静止状态过渡到流动状态时，若运动过程中的边壁摩擦并不显著，就可当做理想流体来处理。例如通风车间用抽气的办法使工作区出现风速、吸风装置所形成的气流（如习题4.11中的集流器），都可按无旋运动求解；相反利用风管通过送风口送风的过程中，空气受管壁的摩擦作用，在风管内是有旋运动，进入通风区后又以较高的速度和静止的空气发生摩擦，仍维持有旋运动，不可按无旋运动处理。此外本书后续章节中将要介绍边界层外的流动、闸下出流、地下水流动（渗流）等，均可视为无旋流动。

4.5.1 速度势（流速势）

无旋运动的基本特征是每一流体微团的旋转角速度为零，即流速场必须满足式（3.35）

$$\left.\begin{aligned}\omega_x=\frac{1}{2}\left(\frac{\partial u_z}{\partial y}-\frac{\partial u_y}{\partial z}\right)=0 \quad &\text{或}\quad \frac{\partial u_z}{\partial y}=\frac{\partial u_y}{\partial z}\\ \omega_y=\frac{1}{2}\left(\frac{\partial u_x}{\partial z}-\frac{\partial u_z}{\partial x}\right)=0 \quad &\text{或}\quad \frac{\partial u_x}{\partial z}=\frac{\partial u_z}{\partial x}\\ \omega_z=\frac{1}{2}\left(\frac{\partial u_y}{\partial x}-\frac{\partial u_x}{\partial y}\right)=0 \quad &\text{或}\quad \frac{\partial u_y}{\partial x}=\frac{\partial u_x}{\partial y}\end{aligned}\right\}$$

由高等数学中的全微分理论得知，上式就是使表达式 $u_x\mathrm{d}x+u_y\mathrm{d}y+u_z\mathrm{d}z$ 能成为某一函数 $\varphi(x,y,z)$ 的全微分的必要和充分条件，因此，对于无旋运动必然存在下列关系

$$u_x \mathrm{d}x + u_y \mathrm{d}y + u_z \mathrm{d}z = \mathrm{d}\varphi = \frac{\partial \varphi}{\partial x} \mathrm{d}x + \frac{\partial \varphi}{\partial y} \mathrm{d}y + \frac{\partial \varphi}{\partial z} \mathrm{d}z \qquad (4.24)$$

由上式可得
$$\frac{\partial \varphi}{\partial x} = u_x, \quad \frac{\partial \varphi}{\partial y} = u_y, \quad \frac{\partial \varphi}{\partial z} = u_z \qquad (4.25)$$

故在恒定流动时，无旋运动中存在标量场 $\varphi(x,y,z)$。因为此标量场 $\varphi(x,y,z)$ 和速度场的关系式（4.25），与物理学中引力场、静电场中的势相比拟时，具有完全相同的关系式，所以函数 $\varphi(x,y,z)$ 称为速度势（函数），即无旋运动的速度矢量是有势的。因此无旋运动又称为有势流动、有势流，简称势流；反之，有速度势的流动是无旋运动，二者含义相同。

将速度势与速度的关系式（4.25）代入连续性微分方程式（3.23）可得
$$\frac{\partial^2 \varphi}{\partial x^2} + \frac{\partial^2 \varphi}{\partial y^2} + \frac{\partial^2 \varphi}{\partial z^2} = 0 \qquad (4.26a)$$

写成算子形式
$$\nabla^2 \varphi = 0 \quad \text{或} \quad \Delta \varphi = 0 \qquad (4.26b)$$

式（4.26）是不可压缩均质理想流体恒定势流的基本方程，在数学上称为拉普拉斯（Laplace）方程，其中 Δ（或 ∇^2）$= \frac{\partial^2}{\partial x^2} + \frac{\partial^2}{\partial y^2} + \frac{\partial^2}{\partial z^2}$，叫作拉普拉斯算子（或拉普拉斯算符）。凡满足拉普拉斯方程的函数是调和函数，所以速度势是调和函数，具有调和函数的一切性质。

平面流动指若流场中某一方向（如 z 轴方向）流速为零 $u_z = 0$，而另两个方向的流速 u_x、u_y 与上述轴向坐标 z 无关的流动。此时平面流动的旋转角速度只有分量 ω_z。当 ω_z 为零，即 $\frac{\partial u_y}{\partial x} = \frac{\partial u_x}{\partial y}$ 时是平面无旋流动（又称平面势流），则式（4.26）可化简为
$$\frac{\partial^2 \varphi}{\partial x^2} + \frac{\partial^2 \varphi}{\partial y^2} = \nabla^2 \varphi = 0 \qquad (4.27)$$

以上推导表明平面势流的速度场可由速度势 φ 来确定，而 φ 仅须满足拉普拉斯方程。因此平面势流问题就归结为，在特定的边界条件下解拉普拉斯方程，把解两个未知函数 u_x、u_y 的问题简化为解一个未知函数 φ 的问题。只要求得速度势 φ，就可由式（4.25）求得速度 u（u_x，u_y，u_z）；再由元流伯努利方程式（4.5）求出压强 p，问题得到解决。由于恒定平面势流的速度场是解拉普拉斯方程，拉普拉斯方程是二阶线性齐次偏微分方程，已有各种理论方法求得解析解，即使边界条件复杂，比起联立连续性微分方程和非线性的流体运动微分方程来，求解有涡流的速度场也要简便得多，这就是将流体运动分为有势流和有涡流的目的和意义。

4.5.2　流函数

流体平面运动（不一定是势流）的流线方程为 $\frac{\mathrm{d}x}{u_x} = \frac{\mathrm{d}y}{u_y}$，即
$$u_x \mathrm{d}y - u_y \mathrm{d}x = 0 \qquad (4.28)$$

不可压缩流体平面流动的连续性微分方程为
$$\frac{\partial u_x}{\partial x} + \frac{\partial u_y}{\partial y} = 0 \qquad (4.29)$$

由高等数学中的全微分理论知，式（4.29）恰好是使 $u_x \mathrm{d}y - u_y \mathrm{d}x$ 能成为某一函数 $\psi(x,y)$ 的全微分的充分和必要条件，则函数 $\psi(x,y)$ 的全微分为
$$\mathrm{d}\psi = u_x \mathrm{d}y - u_y \mathrm{d}x \qquad (4.30)$$

对式（4.30）积分得
$$\psi(x,y) = \int u_x \mathrm{d}y - u_y \mathrm{d}x \qquad (4.31)$$

函数 $\psi(x,y)$ 通常被称为流函数，是两个自变量的函数，其全微分可写成

$$d\psi = \frac{\partial \psi}{\partial x}dx + \frac{\partial \psi}{\partial y}dy \tag{4.32}$$

比较式（4.30）和式（4.32）可得

$$u_x = \frac{\partial \psi}{\partial y}, u_y = -\frac{\partial \psi}{\partial x} \tag{4.33}$$

上式建立了流函数 $\psi(x,y)$ 与速度 u 的关系，该式也可看做是流函数的定义。在研究不可压缩流体平面运动时，如能求出流函数，即可求得任一点的两个速度分量，这样就简化了分析过程。由流函数的引出条件可知，凡是不可压缩流体的平面运动，只要连续性微分方程成立，不论无旋运动或有旋运动，都存在流函数，只有无旋运动才有速度势，可见流函数比速度势更具有普遍性。三维流动除轴对称流动外，一般不存在流函数。流函数是研究流体平面运动的重要工具，具有以下主要性质。

（1）流函数的等值线是流线　将流线方程式（4.28）代入式（4.30），得出等流函数线方程

$$d\psi = u_x dy - u_y dx = 0 \tag{4.34}$$

将式（4.34）积分得 $\psi(x,y)=c$，即在同一流线上各点的流函数为一常数，故等流函数线就是流线，这是流函数的物理意义之一，也是函数 $\psi(x,y)$ 称为流函数的原因，给流函数以不同值，便得到流线簇。

（2）流函数值是沿流线方向逆时针旋转 90° 后的方向增大。在平面势流的速度场中，速度势 φ 的增值方向与速度的方向一致；将速度方向逆时针旋转 90° 后所得的方向，即为流函数 ψ 的增值方向，该法则称儒科夫斯基法则。只要知道流体的运动方向，就可利用此法则，确定速度势 φ 和流函数 ψ 的增值方向。

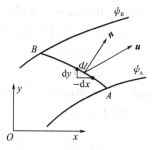

图 4.20　流函数性质

（3）任意两条流线上的流函数的差值 $(\psi_1 - \psi_2)$，等于通过该两条流线间的单宽流量 q。设在任两条流线 ψ 与 $\psi + d\psi$ 之间有一固定流量 dq，因为是平面问题，在 z 轴方向可以取一单位长度，所以 dq 为单宽流量。在流线数值为 ψ_1、ψ_2 的两条流线间任作曲线 AB，如图 4.20 所示，在 AB 上沿 A 至 B 方向取有向微元线段 dl，其速度为 u，通过 dl 的流量

$$dq = \vec{u} \cdot \vec{n} dl = u_x \cos(n,x) dl + u_y \cos(n,y) dl = u_x dy - u_y dx = d\psi$$

积分得

$$q = \int_A^B d\psi = \psi_2 - \psi_1 \tag{4.35}$$

（4）平面势流的等流函数线（流线）与等势线正交。对于平面势流，同时存在速度势和流函数。由式（4.34）可知等流函数线方程上某一点的斜率为

$$m_1 = \frac{dy}{dx} = \frac{u_y}{u_x}$$

另一方面，速度势的等值线就是等势线，因此等势线方程为

$$d\varphi = u_x dx + u_y dy = 0$$

同一点等势线的斜率为

$$m_2 = \frac{dy}{dx} = -\frac{u_x}{u_y}$$

因此同一点上，流线和等势线斜率的乘积

$$m_1 m_2 = \left(\frac{u_y}{u_x}\right) \times \left(-\frac{u_x}{u_y}\right) = -1 \tag{4.36}$$

由解析几何理论可知，两直线垂直相交的条件是它们斜率的乘积等于 -1，这就证明了流线

与等势线在同一点上是相互垂直（正交）的，故等势线也就是过流断面线。

（5）平面势流的流函数也满足拉普拉斯方程。由式（3.35）可知，在平面势流中

$$\omega_z = \frac{1}{2}\left(\frac{\partial u_y}{\partial x} - \frac{\partial u_x}{\partial y}\right) = 0$$

将式（4.33）代入上式得

$$\frac{\partial^2 \psi}{\partial x^2} + \frac{\partial^2 \psi}{\partial y^2} = 0 \qquad (4.37a)$$

写成算子形式

$$\nabla^2 \psi = 0 \quad \text{或} \quad \Delta \psi = 0 \qquad (4.37b)$$

这说明在平面势流中，流函数同速度势一样，也满足拉普拉斯方程，是调和函数。

比较式（4.25）和式（4.33），还可以得到

$$\left.\begin{array}{l} u_x = \dfrac{\partial \varphi}{\partial x} = \dfrac{\partial \psi}{\partial y} \\[2mm] u_y = \dfrac{\partial \varphi}{\partial y} = -\dfrac{\partial \psi}{\partial x} \end{array}\right\} \qquad (4.38)$$

这是平面势流中联系速度势和流函数的一对极重要的关系式，在复变函数中称为柯西-黎曼（Cauchy-Riemann）条件。满足此关系的两个函数被称为共轭函数，所以在恒定平面势流中，流函数 ψ 与速度势 φ 是一对共轭函数。如知道 u_x、u_y，就可利用式（4.38）推求 ψ 和 φ；或者知道其中一个共轭函数，可推出另一共轭函数。

【例 4.10】已知速度场 $u_x = ax$，$u_y = -ay$，$u_z = 0$。式中 $y \geqslant 0$，a 为常数。试求：流函数、速度势函数，并绘出流线、等势线及等压线。

【解】由 $u_z = 0$ 及 $y \geqslant 0$，可知流动限于平面 Oxy 的上半平面。

（1）流函数　由连续性微分方程 $\dfrac{\partial u_x}{\partial x} + \dfrac{\partial u_y}{\partial y} = a - a = 0$ 可知存在流函数，由式（4.31）得

$$\psi = \int (u_x \mathrm{d}y - u_y \mathrm{d}x) = \int (ax\mathrm{d}y + ay\mathrm{d}x) = a\int \mathrm{d}(xy) = axy + c_1'$$

流线方程 $xy = c_1$ 与 3.2 中【例 3.2】相同，流线是一簇等角双曲线。

（2）等势线　由 $\dfrac{\partial u_y}{\partial x} = \dfrac{\partial u_x}{\partial y} = 0$ 知，流动满足无旋条件，有速度势函数

$$\varphi = \int (u_x \mathrm{d}x + u_y \mathrm{d}y) = \int (ax\mathrm{d}x - ay\mathrm{d}y) = \frac{a}{2}(x^2 - y^2) + c_2'$$

即等势线方程为 $x^2 - y^2 = c_2$。

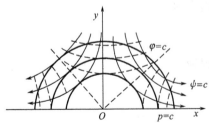

图 4.21　平面势流算例

（3）压强分布　设坐标原点（本题中是驻点）的压强为 p_0，任意点的压强为 p，由式（4.5）得

$$0 + \frac{p_0}{\rho g} + 0 = 0 + \frac{p}{\rho g} + \frac{u^2}{2g}$$

式中 $u = \sqrt{u_x^2 + u_y^2} = a\sqrt{x^2 + y^2}$，代入上式解得

$$p = p_0 - \rho \frac{a^2}{2}(x^2 + y^2)$$

即等压线方程为 $x^2 + y^2 = c$。流线、等势线及等压线如图 4.21 所示。

4.5.3　流网及其特征

在不可压缩流体的恒定平面势流中，由一簇等流函数线（即流线）与一簇等势线所

构成的正交网格称为流网，如图 4.22 所示。由等势线和流线所组成的流网具有下列两个特征。

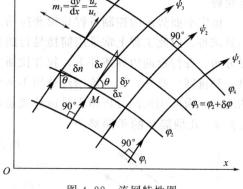

图 4.22　流网特性图

(1) 组成流网的流线与等势线是相互正交的，详见流函数性质。

(2) 流网中的每一网格的相邻边长维持一定的比例。设在平面势流的流场中任取一点 M，如图 4.22 所示。流线在 M 点的切线方向上取增量 δs，对应的速度势增量为 $\delta\varphi$，法线方向上取增量 δn，对应的流函数增量为 $\delta\psi$。δs 与 x 轴的夹角为 θ，δn 与 y 轴的夹角也为 θ，则

$$\delta\varphi = \frac{\partial\varphi}{\partial x}\delta x + \frac{\partial\varphi}{\partial y}\delta y = u_x\delta x + u_y\delta y$$

$$= u\cos\theta\times\delta s\cos\theta + u\sin\theta\times\delta s\sin\theta$$

$$= u\delta s(\cos^2\theta + \sin^2\theta) = u\delta s \tag{a}$$

$$\delta\psi = \frac{\partial\psi}{\partial x}\delta x + \frac{\partial\psi}{\partial y}\delta y = -u_y\delta x + u_x\delta y$$

$$= -u\sin\theta\times(-\delta n\sin\theta) + u\cos\theta\times\delta n\cos\theta = u\delta n(\cos^2\theta + \sin^2\theta) = u\delta n \tag{b}$$

由式 (a)、式 (b) 可得

$$\frac{\delta\varphi}{\delta\psi} = \frac{\delta s}{\delta n} \tag{4.39}$$

式 (4.39) 说明，流网中每一网格的边长之比等于 φ 与 ψ 的增值之比。若取 $\delta\varphi = \delta\psi$，则 $\delta s = \delta n$，此时所有的网格就都是曲边正方形（曲边正方形只能保证各边在顶点正交，各边长度近似相等或两对角线正交并近似相等），这一特征可以简便地检查所画的流网是否合格。

流网可以显示流速的分布情况，因为在流网中，任两相邻流线之间的 $\delta\psi$ 相同，也即单宽流量 δq 是一常数，所以任何网格中的流速为 $u = \delta q/\delta n$。由此可得

$$\frac{u_1}{u_2} = \frac{\delta n_2}{\delta n_1} \tag{4.40}$$

即流速 u 与 δn 成反比，在流网里可直接量出各处的 δn，根据上式就可得出流速的相对变化关系。如有一点的流速已知，则由式 (4.40) 可算出各点流速值，又可知流线越密集处流速越大，流线越稀疏处流速越小，所以流网图形可清晰地显示出流速分布情况，如图 4.23 所示。

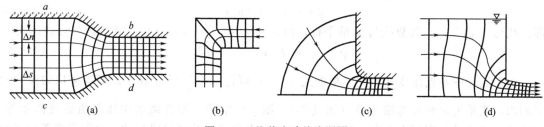

图 4.23　几种流动的流网图

流体中压强分布可以通过流网和元流伯努利方程式 (4.5) 求得，即

$$\frac{p_1 - p_2}{\rho g} = \frac{\Delta p}{\rho g} = z_2 - z_1 + \frac{u_2^2 - u_1^2}{2g} \tag{4.41}$$

若一点的压强已知，根据式（4.41）可求得其他各点的压强，故可通过流网求解恒定平面势流问题。

恒定平面势流的控制方程是拉普拉斯方程，由于拉氏方程在各种具体边界条件下的积分不易求得，因此工程上常采用简捷易行的流网法求解势流问题，以得到流场的流速分布和压强分布。在特定的边界条件下，拉普拉斯方程有唯一解，故针对一种特定的边界，也只能绘出一种流网。此外，同一流网还适用于不同流量，也就是同一流网可应用于所有几何上相似的流动，因此用流网分析恒定平面势流是很方便的。

4.5.4　几种简单的平面势流

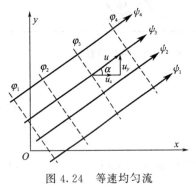

图 4.24　等速均匀流

拉普拉斯方程在复杂的边界条件下，虽然难以求解，但一些简单平面势流的速度势和流函数却不难求得。研究这些简单的平面势流的意义在于通过简单势流的恰当叠加，组合成符合某些给定边界条件的较复杂流动，使实际工程问题得到解决。下面介绍几个简单平面势流及其可能存在的例子。

（1）等速均匀流　流场中各点的速度矢量皆相互平行，且大小相等的流动为等速均匀流，该流动是一种最简单的平面势流。设流速 u_0 与 x 轴成 α 角，如图 4.24 所示，则

$$u_x = u_0 \cos\alpha$$
$$u_y = u_0 \sin\alpha$$

将其代入式（4.31）中，由于等速均匀流 u_0 及 u_x、u_y 均为常数，故积分得

$$\psi = u_x y - u_y x + c_1$$

同理

$$\varphi = \int \frac{\partial\varphi}{\partial x}\mathrm{d}x + \frac{\partial\varphi}{\partial y}\mathrm{d}y = \int u_x \mathrm{d}x + u_y \mathrm{d}y = u_x x + u_y y + c_2$$

若令过 O 点的流线及等势线上的 ψ 值及 φ 值均为 0，则 $c_1 = c_2 = 0$，故

$$\left.\begin{array}{l} \psi = u_x y - u_y x = u_0(y\cos\alpha - x\sin\alpha) \\ \varphi = u_x x + u_y y = u_0(x\cos\alpha + y\sin\alpha) \end{array}\right\} \tag{4.42}$$

当等速均匀流流速平行于 y 轴时 $\alpha = 90°$，则

$$\psi = -u_0 x \qquad \varphi = u_0 y \tag{4.43}$$

即流线与 y 轴平行，等势线与 x 轴平行。

当等速均匀流流速平行于 x 轴时 $\alpha = 0$，则

$$\psi = u_0 y \qquad \varphi = u_0 x \tag{4.44a}$$

即流线与 x 轴平行，等势线与 y 轴平行；由 $x = r\cos\theta$，$y = r\sin\theta$ 得上式的极坐标表达式为

$$\psi = u_0 r\sin\theta \qquad \varphi = u_0 r\cos\theta \tag{4.44b}$$

由于流场中各点速度都相同，根据式（4.5）可得 $z + \dfrac{p}{\rho g} =$ 常数。如果等速均匀流在水平面内，或重力影响可忽略不计（如气体），则 $p =$ 常数，即在流场中压强值处处都相等。等速均匀流流动在实际中也有一些例子，如风洞或水洞中的试验段流动、绕顺流放置的无限薄平板流动，均可近似看作等速均匀流动。

（2）源流和汇流　某些平面流动用极坐标系表示更为方便，如源流和汇流。对流函数的直角坐标表达式（4.30）进行坐标变换，便可得到流函数的极坐标表达式

$$\mathrm{d}\psi = u_r r\mathrm{d}\theta - u_\theta \mathrm{d}r \tag{4.45}$$

对比极坐标系下流函数的全微分表达式

$$d\psi(r,\theta)=\frac{\partial\psi}{\partial\theta}d\theta+\frac{\partial\psi}{\partial r}dr$$

可知

$$u_r=\frac{1}{r}\times\frac{\partial\psi}{\partial\theta},\ \ u_\theta=-\frac{\partial\psi}{\partial r} \tag{4.46}$$

同理可得速度势的极坐标表达式

$$d\varphi=u_r dr+u_\theta r d\theta \tag{4.47}$$

$$u_r=\frac{\partial\varphi}{\partial r},\ \ u_\theta=\frac{1}{r}\times\frac{\partial\varphi}{\partial\theta} \tag{4.48}$$

流体从水平的无限平面内的一点 O（即源点）流出，均匀地沿径向直线流向四周的流动称为源流，如图 4.25 所示，其速度场为

$$u_r=\frac{q}{2\pi r} \tag{4.49a}$$

$$u_\theta=0$$

其直角坐标系的表达式为

$$\left.\begin{array}{l} u_x=u_r\cos\theta=\dfrac{q}{2\pi r}\times\dfrac{x}{r}=\dfrac{qx}{2\pi(x^2+y^2)} \\[2mm] u_y=u_r\sin\theta=\dfrac{q}{2\pi r}\times\dfrac{y}{r}=\dfrac{qy}{2\pi(x^2+y^2)} \end{array}\right\} \tag{4.49b}$$

式中，q 为由源点沿 z 轴方向上，单位厚度所流出的流量，称为源流强度。

流函数可由式（4.45）积分得到

$$\psi=\int u_r r d\theta-u_\theta dr=\int\frac{q}{2\pi r}r d\theta=\frac{q}{2\pi}\theta=\frac{q}{2\pi}\arctan\frac{y}{x} \tag{4.50a}$$

速度势可由式（4.47）积分得到

$$\varphi=\int u_r dr+u_\theta r d\theta=\int\frac{q}{2\pi r}dr=\frac{q}{2\pi}\ln r=\frac{q}{2\pi}\ln\sqrt{x^2+y^2} \tag{4.50b}$$

分析以上两式，可知源流的流线（等流函数线）方程 $\psi=c$，$\theta=c$，流线是一簇从源点出发的径向射线；等势线方程 $\varphi=c$，$r=c$，等势线是一簇以源点为圆心的同心圆，这两簇线相互正交，构成流网。

由式（4.49a）可知，当 $r\to 0$ 时，$u\to\infty$，因此 $r=0$（即源点）这一点为奇点。除奇点之外，实际流体中有些流动与平面源流类似，例如，泉水从泉眼向外均匀流出、离心式水泵在某种情况下叶轮内的流动等，都是源流的近似。许多复杂的实际流型，可通过源流同其他简单流型的组合得到。

图 4.25　平面源流　　　　　　　　　　　图 4.26　平面汇流

当流动以反向,即流体从四周沿径向均匀流入一点(汇点)的流动称为汇流,如图 4.26 所示,流入汇点的单位厚度流量称为汇流强度 $-q$。汇流的流函数与速度势的表达式与源流相似,只是符号相反,即

$$\left.\begin{array}{l} \psi=-\dfrac{q}{2\pi}\theta=-\dfrac{q}{2\pi}\arctan\dfrac{y}{x} \\[3mm] \varphi=-\dfrac{q}{2\pi}\ln r=-\dfrac{q}{2\pi}\ln\sqrt{x^2+y^2} \end{array}\right\} \tag{4.51}$$

汇流和源流一样,原点也是一个"奇点",若将原点附近除外,则实际流动中地下水从四周均匀流入水井的过程,可以作为汇流的近似。

(3)环流(势涡流) 流体皆绕某一固定点 O 做匀速圆周运动,且速度与圆周半径成反比的流动称为环流(势涡流),如图 4.27 所示。把坐标原点置于环流中心,则速度场

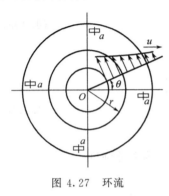

$$u_r=0$$

$$u_\theta=\dfrac{\Gamma}{2\pi r} \tag{4.52}$$

式中用速度环量 Γ 来衡量势涡强度,称为环流强度。速度环量 Γ 通常是对封闭周边写出的,对于环流是沿某一流线得到的,是不随圆周半径而变的常数,具有方向性。$\Gamma>0$ 时,为逆时针旋转;$\Gamma<0$ 时,为顺时针旋转。由式(4.52)可知,环流的流速与半径的大小成反比,即流速向涡心方向增加,如图 4.27 所示;当 $r\to0$ 时,$u\to\infty$,故涡心是一个奇点。流函数和速度势分别由式(4.45)和式(4.47)积分得到

图 4.27 环流

$$\left.\begin{array}{l} \psi=\dfrac{-\Gamma}{2\pi}\ln r \\[3mm] \varphi=\dfrac{\Gamma}{2\pi}\theta \end{array}\right\} \tag{4.53}$$

由上面两式可知,环流的等势线是一簇由源点引出的径向射线 $\varphi=c$,$\theta=c$;而流线则是一组同心圆 $\psi=c$,$r=c$,与源流恰好相反。

应该注意,环流是圆周运动,不是有旋运动。因为除了原点这个特殊奇点外,各流体质点均无旋转角速度,是无涡流。如果把一个固体质点漂浮在环流中,见图 4.27 中的 a 质点,该质点本身将不旋转地沿圆周流动。大气中出现的气旋,除去涡核区以外的区域,河道或渠道中的立轴旋涡等,其流场均可近似地用环流来表征。

(4)直角内的流动 设无旋运动的速度势为

$$\varphi=a(x^2-y^2) \tag{4.54a}$$

速度场为

$$u_x=\frac{\partial\varphi}{\partial x}=2ax,\quad u_y=-2ay$$

根据式(4.30)得流函数的全微分为

$$\mathrm{d}\psi=u_x\mathrm{d}y-u_y\mathrm{d}x=2ax\mathrm{d}y+2ay\mathrm{d}x=2a\mathrm{d}(xy)$$

积分得

$$\psi=2axy \tag{4.54b}$$

此流动的流线是双曲线簇。当 $\psi>0$ 时,x、y 的符号相同,流线在 I、III 象限内;$\psi<0$ 时,x、y 的符号相反,流线在 II、IV 象限内。当 $\psi=0$ 时,$x=y=0$,说明流线是坐标轴,称为零流线,如图 4.28 所示。原点处速度为零,称为驻点。

由速度势 $\varphi=a(x^2-y^2)$ 知,在 $y=0$ 的轴线上,φ 随 x 绝对值的增加而增加,说明流动方向是从原点沿 x 轴向外的。若把零流线 x、y 轴的正值部分用固体壁面来代替,且边壁

摩擦对于流动的影响不明显时，直角内流动的速度势和流函数可用式（4.54）表示；若把 x 轴用固体壁面代替，则式（4.54）就表示垂直流向固体壁面的流动。极坐标系下相应的速度势与流函数为

$$\left.\begin{array}{l} \psi = ar^2 \sin 2\theta \\ \varphi = ar^2 \cos 2\theta \end{array}\right\} \qquad (4.55)$$

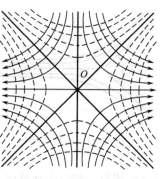

图 4.28 直角内的流动

将上述直角转角内流动推广到一般转角 α 内的流动，其速度势和流函数为

$$\left.\begin{array}{l} \psi = ar^{\frac{\pi}{\alpha}} \sin \dfrac{\pi\theta}{\alpha} \\[3mm] \varphi = ar^{\frac{\pi}{\alpha}} \cos \dfrac{\pi\theta}{\alpha} \end{array}\right\} \qquad (4.56)$$

其中零流线为 $\theta = 0$ 和 $\theta = \alpha$，相当于转角的固体壁面线。当 $\alpha = 45°$ 和 $\alpha = 225°$ 时，其流线形状如图 4.29 所示，由式（4.56）可得

$$u_r = \frac{\partial \varphi}{\partial r} = \frac{\pi}{\alpha} ar^{\frac{\pi}{\alpha}-1} \cos \frac{\pi\theta}{\alpha}$$

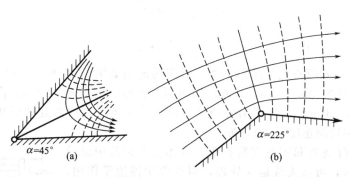

图 4.29 非直角内的流动

上式中 r 的指数 $\dfrac{\pi}{\alpha} - 1$ 在转角 $\alpha = 225°$ 时为负值，则在转角点 $r \to 0$ 处，$r^{\frac{\pi}{\alpha}-1} \to \infty$，$u_r \to \infty$ 这显然不可能。实际上在 $\alpha = 225°$ 的转角处，会出现流动的分离，在分离点后形成旋涡。

【例 4.11】设源流强度 $q = 10\text{m}^2/\text{s}$，直角坐标原点与源点重合，试求通过点 $(0,2)$ 的流线的流函数值和该点的速度 u_x、u_y。

【解】由式（4.50a）可知，通过点 $(0,2)$ 的流函数 ψ 值为

$$\psi = \frac{q}{2\pi} \arctan \frac{y}{x} = \frac{10}{2\pi} \arctan \frac{2}{0} = 2.5\text{m}^2/\text{s}$$

由式（4.49b）可知，通过点 $(0,2)$ 的速度为

$$u_x = \frac{q}{2\pi} \times \frac{x}{x^2 + y^2} = 0$$

$$u_y = \frac{q}{2\pi} \times \frac{y}{x^2 + y^2} = \frac{10}{2\pi} \times \frac{2}{0^2 + 2^2} = 0.8\text{m}^2/\text{s}$$

从此例可知，如能求出流函数，便可求得流场中任一点的两个速度分量 u_x、u_y，简化了分析过程。

【例 4.12】气流绕直角墙面作平面无旋运动，如图 4.30 所示，在距离直角顶点 O 的距离 $r = 1\text{m}$ 处，速度为 3m/s。求流函数和速度势。

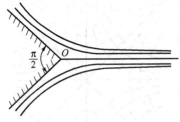

图 4.30　转角流例题

【解】该流动可认为是两个转角流动的相加，将 $\alpha=\dfrac{3}{4}\pi$ 代入式（4.56），得

$$\psi=ar^{4/3}\sin\frac{4\theta}{3}$$

$$\varphi=ar^{4/3}\cos\frac{4\theta}{3}$$

当 $\theta=0$ 时，$\psi=0$；当 $\theta=\pm\dfrac{3}{4}\pi$ 时，$\psi=0$。故零流线与边界条件相符。相应的速度函数为

$$u_r=\frac{\partial\varphi}{\partial r}=\frac{4}{3}ar^{1/3}\cos\frac{4\theta}{3}$$

$$u_\theta=\frac{\partial\varphi}{r\partial\theta}=\frac{4}{3}ar^{1/3}\sin\frac{4\theta}{3}$$

当 $r=1\text{m}$，$\theta=0$ 时，由上式可知 $u_\theta=0$，$u_r=\dfrac{4}{3}a=3$，即 $a=\dfrac{9}{4}$，则

$$\psi=\frac{9}{4}r^{4/3}\sin\frac{4\theta}{3}$$

$$\varphi=\frac{9}{4}r^{4/3}\cos\frac{4\theta}{3}$$

【例 4.13】一立式离心式旋风除尘器，上部的流动如图 4.31 所示。已知除尘器内筒半径 $r_1=0.4\text{m}$，外筒半径 $r_2=1\text{m}$，长方形切向引入管道的宽度 $b=0.6\text{m}$，高度 $h=1\text{m}$，管中断面平均速度 $v=10\text{m/s}$。气流沿管道从左流入除尘器，在内部旋转后从内筒上部流出。试估计旋转气流中切向速度 u_θ 的分布。

【解】根据实际观察和实验资料表明，流体在除尘器中流动时，速度均匀分布，可按无旋运动处理，但受除尘器边壁作用，被迫作旋转流动，沿除尘器圆柱体半径方向上的切向速度 u_θ，可按环流中的势流旋转区考虑，由式（4.52）得

$$u_\theta=\frac{\Gamma}{2\pi r}=\frac{k}{r}$$

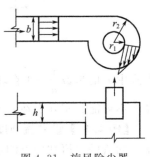

图 4.31　旋风除尘器

式中，k 是不为零的常数，可由连续性方程确定，即流量不变

$$vb=\int_{r_1}^{r_2}u_\theta\,\mathrm{d}r=\int_{r_1}^{r_2}k\,\frac{\mathrm{d}r}{r}=k\ln\frac{r_2}{r_1}$$

$$k=\frac{vb}{\ln\dfrac{r_2}{r_1}}=\frac{10\times0.6}{\ln\dfrac{1}{0.4}}=6.56\,\text{m}^2/\text{s}$$

内筒外壁处的速度

$$u_{\theta1}=\frac{k}{r_1}=\frac{6.56}{0.4}=16.4\,\text{m/s}$$

外筒内壁处的速度

$$u_{\theta2}=\frac{k}{r_2}=\frac{6.56}{1}=6.56\,\text{m/s}$$

4.5.5　势流叠加

势流在数学上的一个非常有意义的性质就是其可叠加性。设两速度势 φ_1 和 φ_2 均满足拉普拉斯方程

$$\frac{\partial^2\varphi_1}{\partial x^2}+\frac{\partial^2\varphi_1}{\partial y^2}=0$$

$$\frac{\partial^2 \varphi_2}{\partial x^2} + \frac{\partial^2 \varphi_2}{\partial y^2} = 0$$

这两个速度势之和 $\varphi = \varphi_1 + \varphi_2$ 也满足拉普拉斯方程，因为

$$\frac{\partial^2 \varphi_1}{\partial x^2} + \frac{\partial^2 \varphi_1}{\partial y^2} + \frac{\partial^2 \varphi_2}{\partial x^2} + \frac{\partial^2 \varphi_2}{\partial y^2} = \frac{\partial^2}{\partial x^2}(\varphi_1 + \varphi_2) + \frac{\partial^2}{\partial y^2}(\varphi_1 + \varphi_2) = \frac{\partial^2 \varphi}{\partial x^2} + \frac{\partial^2 \varphi}{\partial y^2} = 0$$

即两速度势之和形成新的势函数，代表新的流动，此流动叠加后的速度为

$$u_x = \frac{\partial \varphi}{\partial x} = \frac{\partial \varphi_1}{\partial x} + \frac{\partial \varphi_2}{\partial x} = u_{x1} + u_{x2}$$

$$u_y = \frac{\partial \varphi}{\partial y} = \frac{\partial \varphi_1}{\partial y} + \frac{\partial \varphi_2}{\partial y} = u_{y1} + u_{y2}$$

是原两势流的流速叠加，即在平面上，将两速度分量 u_x、u_y 几何相加的结果。同理可证，叠加后流动的流函数等于原流动流函数的代数和，即 $\psi = \psi_1 + \psi_2$。

在工程实际中，常利用势流叠加原理解决一些较为复杂的势流问题，下面举几个例子。

（1）等速均匀流与源流的叠加 将与 x 轴正方向一致的等速均匀流和位于坐标原点的源流叠加，得速度势与流函数

$$\left.\begin{array}{l} \varphi = u_0 r\cos\theta + \dfrac{q}{2\pi}\ln r = u_0 x + \dfrac{q}{2\pi}\ln\sqrt{x^2 + y^2} \\[3mm] \psi = u_0 r\sin\theta + \dfrac{q}{2\pi}\theta = u_0 y + \dfrac{q}{2\pi}\arctan\dfrac{y}{x} \end{array}\right\} \tag{4.57}$$

极坐标系下的速度场为

$$\left.\begin{array}{l} u_r = \dfrac{\partial \varphi}{\partial r} = u_0\cos\theta + \dfrac{q}{2\pi r} \\[3mm] u_\theta = \dfrac{1}{r} \times \dfrac{\partial \varphi}{\partial \theta} = -u_0\sin\theta \end{array}\right\} \tag{4.58a}$$

或表示为直角坐标系形式

$$\left.\begin{array}{l} u_x = u_0 + \dfrac{q}{2\pi} \times \dfrac{x}{x^2 + y^2} \\[3mm] u_y = \dfrac{q}{2\pi} \times \dfrac{y}{x^2 + y^2} \end{array}\right\} \tag{4.58b}$$

设 s 为驻点，由 $u_\theta = 0$，得 $\theta = 0$ 或 $\theta = \pi$；由 $u_r = 0$，得 $r_s = -\dfrac{q}{2\pi u_0\cos\theta}$，将 $\theta = 0$ 代入该式，得到 $r_s < 0$ 是不可能的，所以驻点的极坐标位置为

$$\theta = \pi, r_s = \frac{q}{2\pi u_0}$$

相应地，驻点在直角坐标系下的位置为

$$x_s = -\frac{q}{2\pi u_0}, y_s = 0$$

将驻点坐标代入式（4.57），得 $\psi_s = \dfrac{q}{2}$，通过驻点的流线方程（流函数）为

$$u_0 r\sin\theta + \frac{q}{2\pi}\theta = \frac{q}{2} \tag{4.59}$$

给出各 θ 值，即可由上式画出通过驻点的流线，其中

$$\theta = \frac{\pi}{2}, \frac{3\pi}{2}, r = \pm y = \frac{q}{4u_0}$$

$$\theta = \pi, r_s = -x_s = \frac{q}{2\pi u_0}$$

$\theta \to 0$ 或 2π（即 $x \to \infty$）时，过驻点的流线以 $y = \pm \dfrac{Q}{2u_0}$ 为渐近线。通过驻点的流线沿 x 轴至驻点后一分为二，将整个流动分为两个区域：这条流线以内是源流的流区；以外是均匀来流的流区。该流线的两条分支可假想为物体的轮廓线，所包围的区域相当于一个有头无尾的半

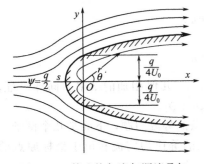

图 4.32 等速均匀流与源流叠加

无限体，因此等速均匀流与源流的叠加结果就相当于等速均匀来流绕半无限体的流动，如图 4.32 所示。半无限体在对称物体头部速度和压强分布的研究中很有用。这种方法的推广，是采用很多不同强度的源流，沿 x 轴排列，使它和匀速直线流叠加，形成和实际物体轮廓线完全一致或较为吻合的边界流线。这样无需进行费用巨大的实验，就能准确估计物体上游端（如桥墩、闸墩的前半部）的速度和压强分布。

（2）源环流与汇环流　将强度为 q 的源流和强度为 Γ 的环流都放置在坐标原点上，使流体既作旋转运动，又作径向运动，称为源环流（或涡源流）。叠加后的流函数和速度势为

$$\left.\begin{aligned} \psi &= \frac{q}{2\pi}\theta - \frac{\Gamma}{2\pi}\ln r \\ \varphi &= \frac{q}{2\pi}\ln r + \frac{\Gamma}{2\pi}\theta \end{aligned}\right\} \tag{4.60a}$$

速度分量为

$$\left.\begin{aligned} u_r &= \frac{\partial \varphi}{\partial r} = \frac{q}{2\pi r} \\ u_\theta &= \frac{\partial \varphi}{r\partial \theta} = \frac{\Gamma}{2\pi r} \end{aligned}\right\} \tag{4.60b}$$

因源流的 $u_\theta = 0$，环流的 $u_r = 0$，所以叠加后的源环流，其 u_r 与源流相同，u_θ 与环流相同。令式（4.60a）中各项为常数，则流线方程、等势线方程分别为

$$\left.\begin{aligned} q\theta - \Gamma \ln r = c \ \text{或} \ r = c_1 e^{\frac{q}{\Gamma}\theta} \\ q\ln r + \Gamma \theta = c' \ \text{或} \ r = c_2 e^{-\frac{\Gamma}{q}\theta} \end{aligned}\right\} \tag{4.61}$$

式中，c_1、c_2 为常数，源环流的流线、等势线均是一簇发自坐标原点的对数螺旋线，且互相正交，如图 4.33 所示，图中实线为流线，虚线为等势线。

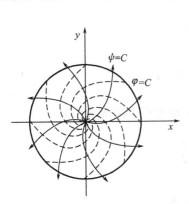

图 4.33 源环流

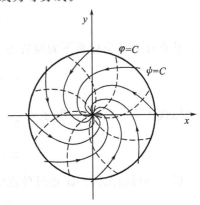

图 4.34 汇环流

水在离心式水泵压水室（蜗壳）叶轮内的流动、空气在风机内的流动，均可看做源环流。当叶轮不转且供水管供水时，叶轮内的流体流动可视为源流；当叶轮转动，而蜗壳内充满水后不供水时，可视为环流；当叶轮转动同时供水管供水，可视为源环流。为了避免流体在叶轮内流动时与叶轮碰撞，保证流动平顺，能量损失最小，工程上常将叶轮做成式（4.61）所示的流线形状，蜗壳做成对数螺旋线形的箱体。

若将源环流中的源流换成汇流，则组合成汇环流（涡汇流），如图 4.34 所示。其基本公式与源环流相似，可仿照上述过程自行推出。在实际工程中，水力涡轮机在引水室内导轮叶中的流动；水流由容器底部小孔旋转流出时容器内的流动；旋风除尘器、旋风燃烧室等设备中的旋转气流，均可近似地看做汇环流。

（3）等强度源流和汇流的叠加——偶极流　有强度皆为 q 的源流和汇流，其源点和汇点分别置于 $(-a,0)$ 和 $(a,0)$ 两点上，如图 4.35 所示，两者叠加后的流函数与速度势分别为

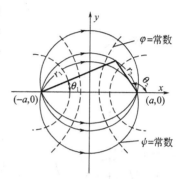

图 4.35　偶极流的推证

$$\psi=\frac{q}{2\pi}\theta_1-\frac{q}{2\pi}\theta_2=\frac{q}{2\pi}(\theta_1-\theta_2) \tag{4.62}$$

$$\varphi=\frac{q}{2\pi}\ln r_1-\frac{q}{2\pi}\ln r_2=\frac{q}{2\pi}\ln\frac{r_1}{r_2}$$

在上述流动中，如果源点和汇点无限接近，即 $2a \rightarrow 0$ 时，所得到的就是偶极流。研究偶极流时还需附加一个条件，即认为随着 a 的不断减小，源和汇的强度 q 不断增大，使 $2aq$ 保持常数。令偶极矩 $m=2aq$ 表示偶极流的强度，偶极矩 m 是矢量，方向是由源指向汇，同时源点与汇点合称为偶极子。因此由式（4.62）得到偶极流的流函数为

$$\psi=\lim_{a \to 0}\left[\frac{q}{2\pi}(\theta_1-\theta_2)\right]=\lim_{a \to 0}\left[\frac{q}{2\pi}\arctan\frac{-2ay}{x^2+y^2-a^2}\right]$$

将反正切 $\arctan\dfrac{-2ay}{x^2+y^2-a^2}$ 用级数展开，并当 $a \rightarrow 0$ 时略去高阶无穷小，则上式整理为

$$\psi=\lim_{a \to 0}\frac{q}{2\pi}\times\frac{-2ay}{x^2+y^2-a^2}$$

将 $m=2aq$ 代入，得到偶极流的流函数

$$\psi=-\frac{m}{2\pi}\times\frac{y}{x^2+y^2}=-\frac{m}{2\pi}\times\frac{\sin\theta}{r} \tag{4.63}$$

令 $\psi=c$，流线方程为

$$-\frac{m}{2\pi}\times\frac{y}{x^2+y^2}=c_1$$

改写为

$$x^2+\left(y+\frac{m}{4\pi c_1}\right)^2=\left(\frac{m}{4\pi c_1}\right)^2 \tag{4.64}$$

式中 c_1 是常数，流线方程（4.64）是一组圆心在 y 轴上，半径为 $\dfrac{m}{4\pi c_1}$ 的圆，圆心坐标为 $\left(0,-\dfrac{m}{4\pi c_1}\right)$。由于圆心在 y 轴上的坐标与半径相等，故所有这些圆都通过坐标原点，如图 4.35 所示。

偶极流的速度势可由式（4.62）得到

$$\varphi = \lim_{a \to 0}\left[\frac{q}{2\pi}\ln\frac{r_1}{r_2}\right] = \lim_{a \to 0}\left[\frac{q}{2\pi}\ln\sqrt{\frac{(x+a)^2+y^2}{(x-a)^2+y^2}}\right] = \lim_{a \to 0}\left\{\frac{q}{4\pi}\ln\left[1+\frac{4ax}{(x-a)^2+y^2}\right]\right\}$$

将对数 $\ln\left[1+\dfrac{4ax}{(x-a)^2+y^2}\right]$ 用级数展开，并当 $a \to 0$ 时略去高阶无穷小，则上式整理为

$$\varphi = \lim_{a \to 0}\frac{q}{4\pi}\times\frac{4ax}{(x-a)^2+y^2}$$

将 $m = 2aq$ 代入，得偶极流的速度势

$$\varphi = \frac{m}{2\pi}\times\frac{x}{x^2+y^2} = \frac{m}{2\pi}\times\frac{\cos\theta}{r} \tag{4.65}$$

同理得等势线

$$\left(x-\frac{m}{4\pi c_2}\right)^2+y^2 = \left(\frac{m}{4\pi c_2}\right)^2 \tag{4.66}$$

式中，c_2 是常数，等势线方程式（4.66）是一组圆心在 x 轴上，圆心坐标为 $\left(0,-\dfrac{m}{4\pi c_2}\right)$，半径为 $\dfrac{m}{4\pi c_2}$ 的圆。所有这些圆也都通过坐标原点，如图 4.36 所示。

偶极流的速度场由式（4.63）和式（4.65）不难求得，在直角坐标中有

$$\left.\begin{array}{l} u_x = \dfrac{m}{2\pi}\times\dfrac{y^2-x^2}{(x^2+y^2)^2} \\[3mm] u_y = -\dfrac{m}{2\pi}\times\dfrac{2xy}{(x^2+y^2)^2} \end{array}\right\} \tag{4.67a}$$

在极坐标系中有

$$\left.\begin{array}{l} u_r = -\dfrac{m}{2\pi}\times\dfrac{\cos\theta}{r^2} \\[3mm] u_\theta = -\dfrac{m}{2\pi}\times\dfrac{\sin\theta}{r^2} \end{array}\right\} \tag{4.67b}$$

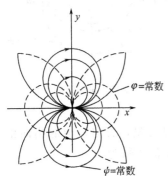

图 4.36　偶极流的流线与等势线

由式（4.67）可知 $r \to 0$ 时，$u \to \infty$，因此原点是偶极流场的奇点。

实际上，偶极流本身并无太大意义，但它与某些基本势流叠加，就可以得到有重大实际意义的流动的解。如偶极流与等速均匀流叠加可得到无环量圆柱绕流，偶极流与等速均匀流和势涡流的叠加可得到有环量的圆柱绕流等。

（4）无环量圆柱绕流　将方向与 x 轴一致的等速均匀流（$u_x = u_0$）和位于坐标原点的偶极流叠加，就形成了无环量圆柱绕流，其流函数为

$$\psi = u_0 r\sin\theta - \frac{m\sin\theta}{2\pi r} \tag{4.68}$$

若把零流线 $\psi = 0$ 换为物体轮廓线，并设物体轮廓线上 $r = r_0$，则

$$u_0 r_0\sin\theta - \frac{m\sin\theta}{2\pi r_0} = 0$$

即

$$m = 2\pi u_0 r_0^2 \tag{4.69}$$

将上式代入式（4.68），得

$$\psi = u_0 (r - \frac{r_0^2}{r}) \sin\theta$$

速度场为

$$u_r = \frac{\partial \psi}{r \partial \theta} = u_0 (1 - \frac{r_0^2}{r^2}) \cos\theta \left.\begin{array}{c}\\[2mm]\\[2mm]\end{array}\right\}$$

$$u_\theta = -\frac{\partial \psi}{\partial r} = -u_0 (1 + \frac{r_0^2}{r^2}) \sin\theta$$

(4.70)

物体轮廓线上的速度场为

$$u_r = 0$$

$$u_\theta = -2u_0 \sin\theta$$

(4.71)

由上式可知，在物体轮廓线上（$r = r_0$），如图 4.37 所示，当 $\theta = 0$、π 时，$u_r = 0$、$u_\theta = 0$，即为驻点 A、B 的位置；当 $\theta = \pm\frac{\pi}{2}$ 时，$\sin\theta = \pm 1$，C、D 点速度的绝对值达到最大 $|u_{\theta max}| = 2u_0$，即最大表面速度为等速均匀流流速的两倍；当 $\theta = \frac{\pi}{6}$ 时，物体上的流速等于等速均匀流的速度 u_0。在流体力学测试技术中使用的测速管，就是根据流体绕圆柱体的流动原理来测量流体运动速度和方向的。

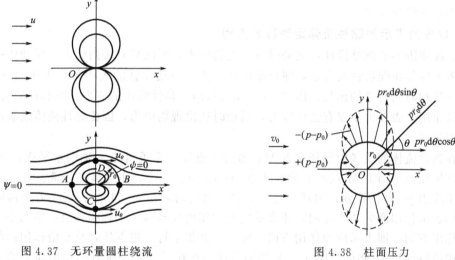

图 4.37 无环量圆柱绕流   图 4.38 柱面压力

【例 4.14】速度为 u_0、压强为 p_0 的均匀气流，流过半径为 r_0 的柱体，如图 4.38 所示。求柱体所受的水平分压力 F_x 和铅直分压力 F_y。

【解】根据柱体表面流速分布公式（4.71），得

$$u_s = -2v_0 \sin\theta$$

沿柱体零流线写理想流体能量方程

$$p_0 + \frac{\rho}{2} v_0^2 = p_0 + \frac{\rho}{2} (4v_0^2 \sin^2\theta) = c$$

$$p = c - 2\rho v_0^2 \sin^2\theta$$

在柱体上取 $ds = r_0 d\theta$，作用于此微段的压力 $p\,ds = pr_0 d\theta$，分解为 x 方向及 y 方向的分力

$$\mathrm{d}F_x = -pr_0\cos\theta\,\mathrm{d}\theta$$
$$\mathrm{d}F_y = -pr_0\sin\theta\,\mathrm{d}\theta$$

积分求合力

$$F_x = -\int_0^{2\pi} pr_0\cos\theta\,\mathrm{d}\theta = -\int_0^{2\pi}(c-2\rho v_0^2\sin^2\theta)r_0\cos\theta\,\mathrm{d}\theta$$

$$F_y = -\int_0^{2\pi} pr_0\sin\theta\,\mathrm{d}\theta = -\int_0^{2\pi}(c-2\rho v_0^2\sin^2\theta)r_0\sin\theta\,\mathrm{d}\theta$$

但上项积分式中 $\int_0^{2\pi}\cos\theta\,\mathrm{d}\theta$，$\int_0^{2\pi}\sin^2\theta\cos\theta\,\mathrm{d}\theta$，$\int_0^{2\pi}\sin\theta\,\mathrm{d}\theta$，$\int_0^{2\pi}\sin^3\theta\,\mathrm{d}\theta$ 均等于零，则

$$F_x = 0 \qquad F_y = 0$$

即理想流体作无旋运动绕过柱体时，绕柱体的合力 $F=\sqrt{F_x+F_y}=0$。该结论意味着圆柱体在静止流体中等速前进时没有阻力（达朗伯疑题），这与实际流体绕圆柱体流动的实验结果是不一致的。实际流体由于黏性的作用，上、下游圆柱表面上的压强分布不对称，因而 $F_x \neq 0$。

4.6 不可压缩黏性流体的运动微分方程

一切实际流体都具有黏性，因而理想流体运动微分方程存在着局限性，为此需要建立黏性流体的运动微分方程。

4.6.1 以应力表示的黏性流体运动微分方程

理想流体因不考虑黏滞性，运动时不出现切应力，所以只有法向应力，即动压强 p。用类似分析流体静压强特性的方法，便可证明任一点——动压强的大小与作用面的方位无关，是空间坐标和时间变量的函数，即 $p=p(x,y,z,t)$。黏性流体的应力状态和理想流体不同，由于黏性作用，表面力不仅有法向应力，运动时还出现切应力，因此黏性流体的表面力不再垂直于作用面。

设在黏性流体的流场中取任意点 M，通过该点作一个垂直于 z 轴的水平面，如图 4.39 所示。作用在该平面上 M 点的表面应力 p_n 在 x、y、z 三个轴向都有分量：一个与平面成法向的压应力 p_{zz} 即动压强；另两个与平面成切向的切应力 τ_{zx} 和 τ_{zy}。压应力和切应力的第一个下标表示作用面的法线方向，即表示应力的作用面与哪一个轴相垂直；第二个下标表示应力的作用方向，即表示应力作用方向与哪一个轴相平行。根据压强总是沿作用面的内法线方向作用的特征，p_{zz} 亦可写作 p_z。显然通过任一点在三个相互垂直的作用面上的表面应力共有九个分量，其中三个是压应力 p_{xx}、p_{yy}、p_{zz}，六个是切应力 τ_{xy}、τ_{xz}、τ_{yx}、τ_{yz}、τ_{zx}、τ_{zy}。

采用类似推导理想流体运动微分方程的方法，以上述任意点 M 为中心取一微元平行六面体，如图 4.40 所示，六面体的各边分别与直角坐标轴平行，边长分别为 $\mathrm{d}x$、$\mathrm{d}y$、$\mathrm{d}z$。设 M 点的坐标为 (x, y, z)，速度、压应力、切应力和单位质量力分别为 u_x、u_y、u_z，p_{xx}、p_{yy}、p_{zz}，τ_{xy}、τ_{xz}、τ_{yx}、τ_{yz}、τ_{zx}、τ_{zy} 和 X、Y、Z。根据泰勒级数展开，并略去级数中二阶以上的各项，则六面体各表面上的应力如图 4.40 所示。各表面上的压应力和切应力可认为是均匀分布的，各表面力通过相应面的中心，下面先讨论该微元六面体内流体在 x 轴方向受力和运动的情况。

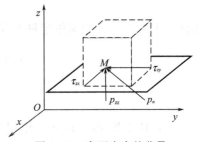

图 4.39　表面应力的分量

76

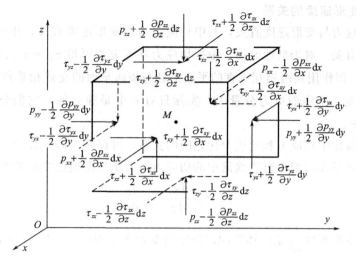

图 4.40　表面应力的示意图

　　作用于该微元体的力包括表面力和质量力，其中表面力中有作用于微元体前后面的压应力和上下左右面的切应力分别为

$$\left.\begin{array}{c}\left(p_{xx}-\dfrac{1}{2}\dfrac{\partial p_{xx}}{\partial x}\mathrm{d}x\right)\mathrm{d}y\,\mathrm{d}z-\left(p_{xx}+\dfrac{1}{2}\dfrac{\partial p_{xx}}{\partial x}\mathrm{d}x\right)\mathrm{d}y\,\mathrm{d}z\\[2mm]\left(\tau_{yx}+\dfrac{1}{2}\dfrac{\partial \tau_{yx}}{\partial y}\mathrm{d}y\right)\mathrm{d}x\,\mathrm{d}z-\left(\tau_{yx}-\dfrac{1}{2}\dfrac{\partial \tau_{yx}}{\partial y}\mathrm{d}y\right)\mathrm{d}x\,\mathrm{d}z\\[2mm]\left(\tau_{zx}+\dfrac{1}{2}\dfrac{\partial \tau_{zx}}{\partial z}\mathrm{d}z\right)\mathrm{d}x\,\mathrm{d}y-\left(\tau_{zx}-\dfrac{1}{2}\dfrac{\partial \tau_{zx}}{\partial z}\mathrm{d}z\right)\mathrm{d}x\,\mathrm{d}y\end{array}\right\}$$

上述三式相加得 $\qquad\left(-\dfrac{\partial p_{xx}}{\partial x}+\dfrac{\partial \tau_{yx}}{\partial y}+\dfrac{\partial \tau_{zx}}{\partial z}\right)\mathrm{d}x\,\mathrm{d}y\,\mathrm{d}z$

设作用于微元体的单位质量力在 x 轴上的分量为 X，则作用于微元体上的质量力为 $F_{Bx}=X\rho\,\mathrm{d}x\,\mathrm{d}y\,\mathrm{d}z$，根据牛顿第二定律，沿 x 方向上 $\sum F_x=m\dfrac{\mathrm{d}u_x}{\mathrm{d}t}$，则

$$\left(-\frac{\partial p_{xx}}{\partial x}+\frac{\partial \tau_{yx}}{\partial y}+\frac{\partial \tau_{zx}}{\partial z}\right)\mathrm{d}x\,\mathrm{d}y\,\mathrm{d}z+X\rho\,\mathrm{d}x\,\mathrm{d}y\,\mathrm{d}z=\rho\,\mathrm{d}x\,\mathrm{d}y\,\mathrm{d}z\,\frac{\mathrm{d}u_x}{\mathrm{d}t}$$

将上式各项都除以 $\rho\,\mathrm{d}x\,\mathrm{d}y\,\mathrm{d}z$，即对单位质量而言，化简后得

$$X+\frac{1}{\rho}\left(-\frac{\partial p_{xx}}{\partial x}+\frac{\partial \tau_{yx}}{\partial y}+\frac{\partial \tau_{zx}}{\partial z}\right)=\frac{\mathrm{d}u_x}{\mathrm{d}t}$$

同理在 y、z 方向上有 $\qquad Y+\dfrac{1}{\rho}\left(\dfrac{\partial \tau_{xy}}{\partial x}-\dfrac{\partial p_{yy}}{\partial y}+\dfrac{\partial \tau_{zy}}{\partial z}\right)=\dfrac{\mathrm{d}u_y}{\mathrm{d}t}$ $\qquad$ (4.72)

$$Z+\frac{1}{\rho}\left(\frac{\partial \tau_{xz}}{\partial x}+\frac{\partial \tau_{yz}}{\partial y}-\frac{\partial p_{zz}}{\partial z}\right)=\frac{\mathrm{d}u_z}{\mathrm{d}t}$$

上式即为以应力形式表示的黏性流体的运动微分方程。

　　对于不可压缩均质流体，密度 ρ 为常数，单位质量力的分量 X、Y、Z 通常是已知的，所以上式中有表面应力的 9 个分量和速度的 3 个分量，共 12 个未知量，而式（4.72）只有 3 个方程式，加上连续性微分方程也只有 4 个方程式，无法求解，需通过分析流体质点的应力状态来补充其他关系式。

4.6.2　应力和变形速度的关系

　　黏性流体的应力与变形速度有关，其中切应力与角变形速度有关，压应力（法向应力）则与线变形速度有关。对于黏性流体，根据切应力互等定律可得 $\tau_{xy}=\tau_{yx}$、$\tau_{yz}=\tau_{zy}$、$\tau_{zx}=\tau_{xz}$（证明从略），即作用在两相互垂直的平面上且与该两平面的交线相垂直的切应力大小都是相等的。因此在 9 个表面应力分量中，实际只有 6 个是独立的，它们分别是 p_{xx}、p_{yy}、p_{zz}、τ_{xy}、τ_{yz}、τ_{zx}。

　　进一步分析流体中切应力和速度变化之间的关系，可以减少式（4.72）中的未知量。由牛顿内摩擦定律可得在二维平行直线流中的切应力与剪切变形速度之间的关系

$$\tau_{yx}=\mu\frac{\mathrm{d}u_x}{\mathrm{d}y}=\mu\frac{\mathrm{d}\gamma}{\mathrm{d}t} \tag{4.73}$$

式中的直角变形速度 $\dfrac{\mathrm{d}\gamma}{\mathrm{d}t}$ 是流体微团运动中角变形速度的两倍，即 xOy 在平面上

$$\frac{\mathrm{d}\gamma}{\mathrm{d}t}=2\varepsilon_{xy}=\frac{\partial u_y}{\partial x}+\frac{\partial u_x}{\partial y}$$

将上式代入式（4.73）中，并推广到一般空间流动

$$\left.\begin{aligned}
\tau_{yz}=\tau_{zy}=\mu\left(\frac{\partial u_z}{\partial y}+\frac{\partial u_y}{\partial z}\right)\\
\tau_{zx}=\tau_{xz}=\mu\left(\frac{\partial u_x}{\partial z}+\frac{\partial u_z}{\partial x}\right)\\
\tau_{xy}=\tau_{yx}=\mu\left(\frac{\partial u_y}{\partial x}+\frac{\partial u_x}{\partial y}\right)
\end{aligned}\right\} \tag{4.74}$$

上式即为黏性流体中切应力的普遍关系式，称为广义的牛顿内摩擦定律。式（4.74）说明切应力可用流体的动力黏滞系数和与两倍的角变形速度的乘积来表示，这样就使得式（4.72）中的 12 个未知量消去了 6 个。

　　因为黏性流体运动时存在切应力，所以压应力的大小与其作用面的方位有关，三个相互垂直方向的压应力一般是不相等的，即压应力 $p_{xx}\neq p_{yy}\neq p_{zz}$。但在理论流体力学中可以证明：同一点上任意三个正交面上的压应力之和不变，且与作用面的方位无关，即

$$p_{xx}+p_{yy}+p_{zz}=p_{\xi\xi}+p_{\eta\eta}+p_{\zeta\zeta}=I$$

在实际问题中，某点压应力的各向差异并不很大，在实用上以平均值作为该点的压应力是允许的，据此在黏性流体中，把某点三个正交面上压应力的平均值定义为该点的动压强，以 p 表示

$$p=\frac{1}{3}(p_{xx}+p_{yy}+p_{zz}) \tag{4.75}$$

则黏性流体的动压强 p 也只是空间坐标和时间变量的函数，即 $p=p(x,y,z,t)$。根据动压强 p 的定义可知，各个方向的压应力可认为等于这个平均值加上一个附加压应力，即 $p_{xx}=p+p'_{xx}$、$p_{yy}=p+p'_{yy}$、$p_{zz}=p+p'_{zz}$。附加压应力是流体微团在法线方向上发生线变形（伸长或缩短），使得压应力的大小与理想流体相比有所改变引起的。在理论流体力学中可以证明，对于不可压缩均质流体来讲，附加压应力与线变形速度之间有类似于式（4.74）的关系，即附加压应力等于流体的动力黏滞系数与两倍的线变形速度的乘积。因此压应力与线变形速度的关系为

$$p_{xx} = p + p'_{xx} = p - 2\mu \frac{\partial u_x}{\partial x}$$
$$p_{yy} = p + p'_{yy} = p - 2\mu \frac{\partial u_y}{\partial y}$$ \qquad (4.76)
$$p_{zz} = p + p'_{zz} = p - 2\mu \frac{\partial u_z}{\partial z}$$

式中的负号是因为当 $\frac{\partial u_x}{\partial x}$ 为正值时，流体微元处在伸长变形状态，周围流体对它作用的是拉力，p'_{xx} 应为负值；反之，当 $\frac{\partial u_x}{\partial x}$ 为负值时，流体微元处在压缩变形状态，周围流体对它作用的是压力，p'_{xx} 应为正值。因此在 $\frac{\partial u_x}{\partial x}$ 或 $\frac{\partial u_y}{\partial y}$ 或 $\frac{\partial u_z}{\partial z}$ 的前面应加负号，与流体微元的拉伸和压缩相适应。

根据以上分析，在黏性流体中任一点的应力状态就可由一个压应力 p（即动压强）和三个切应力 τ_{xy}、τ_{yz}、τ_{zx} 来表示。

4.6.3 不可压缩黏性流体运动微分方程

将式（4.74）和式（4.76）代入以应力形式表示的黏性流体的运动微分方程式（4.72）中，则 x 轴方向的方程式为

$$X + \frac{1}{\rho}\left[-\frac{\partial}{\partial x}\left(p - 2\mu \frac{\partial u_x}{\partial x}\right) + \mu \frac{\partial}{\partial y}\left(\frac{\partial u_y}{\partial x} + \frac{\partial u_x}{\partial y}\right) + \mu \frac{\partial}{\partial z}\left(\frac{\partial u_z}{\partial z} + \frac{\partial u_z}{\partial x}\right)\right] = \frac{\mathrm{d}u_x}{\mathrm{d}t}$$

整理得 $\quad X - \frac{1}{\rho}\times\frac{\partial p}{\partial x} + \frac{\mu}{\rho}\left(\frac{\partial^2 u_x}{\partial x^2} + \frac{\partial^2 u_x}{\partial y^2} + \frac{\partial^2 u_x}{\partial z^2}\right) + \frac{\mu}{\rho}\times\frac{\partial}{\partial x}\left(\frac{\partial u_x}{\partial x} + \frac{\partial u_x}{\partial x} + \frac{\partial u_x}{\partial z}\right) = \frac{\mathrm{d}u_x}{\mathrm{d}t}$

因不可压缩均质流体的连续性方程为

$$\frac{\partial u_x}{\partial x} + \frac{\partial u_y}{\partial y} + \frac{\partial u_z}{\partial z} = 0$$

同时引入拉普拉斯算符 $\nabla^2 = \frac{\partial^2}{\partial x^2} + \frac{\partial^2}{\partial y^2} + \frac{\partial^2}{\partial z^2}$，并将加速度项展开得到

$$X - \frac{1}{\rho}\times\frac{\partial p}{\partial x} + \nu\, \nabla^2 u_x = \frac{\partial u_x}{\partial t} + u_x\frac{\partial u_x}{\partial x} + u_y\frac{\partial u_x}{\partial y} + u_z\frac{\partial u_x}{\partial z}$$
$$Y - \frac{1}{\rho}\times\frac{\partial p}{\partial y} + \nu\, \nabla^2 u_y = \frac{\partial u_y}{\partial t} + u_x\frac{\partial u_y}{\partial x} + u_y\frac{\partial u_y}{\partial y} + u_z\frac{\partial u_y}{\partial z}$$ \qquad (4.77)
$$Z - \frac{1}{\rho}\times\frac{\partial p}{\partial z} + \nu\, \nabla^2 u_z = \frac{\partial u_z}{\partial t} + u_x\frac{\partial u_z}{\partial x} + u_y\frac{\partial u_z}{\partial y} + u_z\frac{\partial u_z}{\partial z}$$

用矢量表示为 $\qquad\qquad \boldsymbol{f} - \frac{1}{\rho}\nabla p + \nu\, \nabla^2 \boldsymbol{u} = \frac{\partial \boldsymbol{u}}{\partial t} + (\boldsymbol{u} \cdot \nabla)\boldsymbol{u}$ \qquad (4.78)

式（4.77）和式（4.78）即为不可压缩黏性流体运动微分方程，如果流体为理想流体，上式可化简为理想流体的运动微分方程；如果流体为静止或相对平衡流体，上式可化简为流体的平衡微分方程；所以式（4.77）和式（4.78）为不可压缩均质流体的普遍方程。自 1755 年欧拉提出理想流体运动微分方程以来，法国工程师纳维（Navier 1827）、英国数学家斯托克斯（Stokes 1845）等经过近百年的研究，最终完成上述形式的黏性流体运动微分方程，故也称为纳维-斯托克斯方程（简写为 N-S 方程）。

N-S 方程表示作用在单位质量流体上的质量力、表面力（压力和黏性力）和惯性力相平衡。在 N-S 方程中有四个未知量 u_x，u_y，u_z 和 p，同时 N-S 方程与连续性微分方程所组成

的基本方程组共有四个方程式，所以从理论上讲，在一定的初始条件和边界条件下，任何一个不可压缩均质黏性流体的运动问题，是可以求解的，即黏性流体的运动分析，最终都可归结为对 N-S 方程的研究。但是实际上求解 N-S 方程式非常困难，因为它是二阶非线性偏微分方程，目前只能在一些简单的或特殊的流动情况下，才能求得精确解，例如圆管中的层流、平行平面间的层流和同心圆环间的层流等。

思 考 题

4.1 有人认为均匀流和渐变流一定是恒定流，急变流一定是非恒定流，这种说法是否正确？请说明理由。

4.2 对水流流向问题有如下一些说法："水一定是从高处向低处流"，"水一定从压强大的地方向压强小的地方流"，"水一定从流速大的地方向流速小的地方流"，这些说法是否正确？为什么？正确的说法应该如何？

4.3 何谓渐变流，渐变流有哪些重要性质？引入渐变流概念，对研究流体运动有什么实际意义？

4.4 恒定总流的伯努利方程，其各项的物理意义和几何意义是什么？

4.5 应用伯努利方程时，其中的位置水头可以任意选取基准面来计算，为什么？

4.6 有旋流动中不存在速度势函数 φ，那么是否存在流函数呢？为什么？势流为什么能够叠加？它对解决实际问题有什么好处？

4.7 为什么要引入平面流动这一概念？平面流动中存在着流函数 ψ，那么空间流动中是否也一定存在着流函数？为什么？

习 题

4.1 水管（题 4.1 图）直径 $d=50\text{mm}$，末端阀门关闭时，压力表读值为 $p_{M1}=21\text{kPa}$，阀门打开后读值降为 $p_{M2}=5.5\text{kPa}$，不计水头损失，求通过的流量 Q。

4.2 油在管道（题 4.2 图）中流动，直径 $d_A=0.15\text{m}$，$d_B=0.1\text{m}$，$v_A=2\text{m/s}$，水头损失不计，求 B 点处测压管高度 h_C。

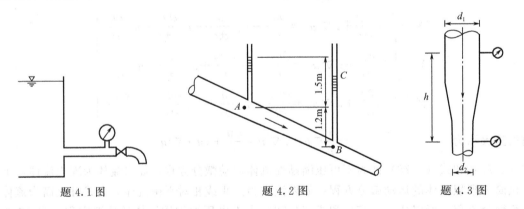

题 4.1 图   题 4.2 图   题 4.3 图

4.3 水在变直径竖管（题 4.3 图）中流动，已知粗管直径 $d_1=300\text{mm}$，流速 $v_1=6\text{m/s}$。装有压力表的两断面相距 $h=3\text{m}$，为使两压力表读值相同，试求细管直径（水头损失不计）。

4.4 变直径管段 AB（题 4.4 图），$d_A=0.2\text{m}$，$d_B=0.4\text{m}$，高差 $\Delta h=1.5\text{m}$，测得 $p_A=30\text{kPa}$，$p_B=40\text{kPa}$，B 点处断面平均流速 $v_B=1.5\text{m/s}$，试求两点间的水头损失 h_{lAB} 并判断水在管中的流动方向。

4.5 用水银压差计（题 4.5 图）测量水管中的点流速 u，如读值 $\Delta h=60\text{mm}$。试求：

（1）该点流速 u。

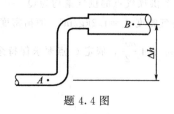

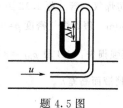

题 4.4 图　　　　　　　　　题 4.5 图

（2）若管中流体是 $\rho=800\text{kg/m}^3$ 的油，Δh 仍不变，不计水头损失，则该点流速为多少？

4.6　水箱出流如题 4.6 图所示，直径 $d_1=125\text{mm}$、$d_2=100\text{mm}$，水银压差计的读值 $h=175\text{mm}$，断面 3—3 处的喷嘴直径 $d_3=75\text{mm}$，不计水头损失，试求作用水头 H 值和压力表读值。

4.7　管道流动如题 4.7 图所示，管径 $d=150\text{mm}$、喷嘴出口直径 $d_D=50\text{mm}$，各点高差 $h_1=2\text{m}$，$h_2=4\text{m}$、$h_3=3\text{m}$，不计水头损失，求 A、B、C、D 各点压强。

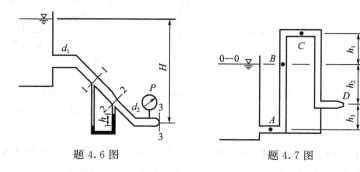

题 4.6 图　　　　　　　　　题 4.7 图

4.8　水箱中的水经一扩散短管流到大气中（题 4.8 图）。直径 $d_1=100\text{mm}$，该处绝对压强 $p_1=0.5$ 大气压，直径 $d_2=150\text{mm}$，求水头 H（水头损失忽略不计）。

4.9　离心式通风机用集流器 A 从大气中吸入空气（题 4.9）。直径 $d=200\text{mm}$ 处，接一根细玻璃管，管的下端插入水槽中。已知管中水上升 $h=150\text{mm}$，求每秒钟吸入的空气量 Q（空气的密度 $\rho_a=1.29\text{kg/m}^3$）。

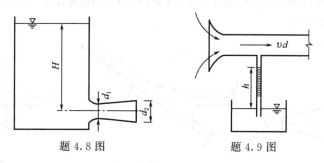

题 4.8 图　　　　　　　　　题 4.9 图

4.10　吹风装置的进排风口都直通大气（题 4.10 图），风扇前后断面直径 $d_1=d_2=1\text{m}$，排风口直径 $d_3=0.5\text{m}$，已知排风口风速 $v_3=40\text{m/s}$，空气的密度 $\rho=1.29\text{kg/m}^3$，不计压强损失，试求风扇前后端的压强 p_1 和 p_2。

4.11　压缩空气罐与文丘里式的引射管连接（题 4.11 图），d_1、d_2、h 均为已知，问气罐压强 p_0 为多大才能将 B 池水抽出。

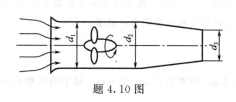

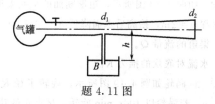

题 4.10 图　　　　　　　　　题 4.11 图

4.12 高层楼房煤气立管（题 4.12 图）的 B、C 两个供煤气点的供气量均为 $Q=0.02\text{m}^3/\text{s}$，供气点间的高度均为 $H=30\text{m}$。假设煤气密度 $\rho=0.6\text{kg/m}^3$、空气密度 $\rho_a=1.2\text{kg/m}^3$、酒精密度 $\rho_{ch}=800\text{kg/m}^3$，管径 $d=50\text{mm}$，压强损失：AB 段 $p_{AB}=3\dfrac{\rho v_1^2}{2}$、$BC$ 段 $p_{BC}=4\dfrac{\rho v_2^2}{2}$，假定 C 点要求保持余压为 300Pa，求 A 点处测压计的酒精液面高差 h。

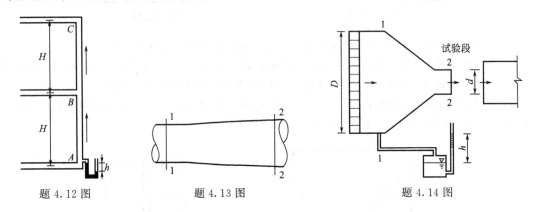

题 4.12 图   题 4.13 图   题 4.14 图

4.13 水平风管如题 4.13 图，空气自 1—1 断面流向 2—2 断面，已知断面 1—1 的压强 $p_1=150\text{mmH}_2\text{O}$，流速 $v_1=15\text{m/s}$，断面 2—2 的压强 $p_2=140\text{mmH}_2\text{O}$，流速 $v_2=10\text{m/s}$，空气密度 $\rho=1.29\text{kg/m}^3$，求两断面的压强损失。

4.14 题 4.14 图为开式试验段风洞，射流喷口直径 $d=1\text{m}$，若在直径 $D=4\text{m}$ 的进风口侧壁装设测压管，其水柱高差 $h=64\text{mm}$，空气密度 $\rho=1.29\text{kg/m}^3$，不计损失，求喷口风速。

4.15 水由喷嘴射出（题 4.15 图）。已知流量 $Q=0.4\text{m}^3/\text{s}$，主管直径 $D=400\text{mm}$，喷嘴直径 $d=100\text{mm}$，水头损失不计，求水流作用在喷嘴上的力。

4.16 如题 4.16 图所示，水自喷嘴水平射向一与其交角成 $60°$ 的光滑平板上（不计摩擦阻力）。喷嘴出口直径 $d=25\text{mm}$，流量 $Q_1=33.4\text{L/s}$。试求射流沿平板向两侧的分流流量 Q_2 与 Q_3，以及射流对平板的作用力 R（水头损失忽略不计）。

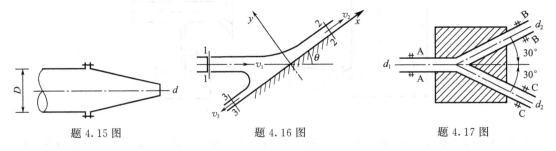

题 4.15 图   题 4.16 图   题 4.17 图

4.17 如题 4.17 图所示，直径 $d_1=0.7\text{m}$ 的管道在支承水平面上分为 $d_2=0.5\text{m}$ 的两支管，A—A 断面压强为 $p_A=70\text{kPa}$，管道流量 $Q_1=0.6\text{m}^3/\text{s}$，两支管流量相等。不考虑螺栓连接的作用时，在不计水头损失和计水头损失 $h_l=5\dfrac{v_2^2}{2g}$ 这两种情况下，分别求支墩受到的水平推力。

4.18 如题 4.18 图所示，矩形断面的平底渠道，宽度 $B=2.7\text{m}$，渠底在某断面处抬高 $h_2=0.5\text{m}$，抬高前的水深 $h=2\text{m}$，抬高后水面降低 $h_1=0.15\text{m}$，如忽略边壁和底部阻力，试求：

（1）渠道的流量 Q。

（2）水流对底坎的推力 R。

4.19 设涡轮如题 4.19 图所示，旋转半径 $R=0.6\text{m}$，喷嘴直径 $d=25\text{mm}$，每个喷嘴喷出流量 $Q=0.007\text{m}^3/\text{s}$，若涡轮以 100r/min 旋转，试求它的功率。

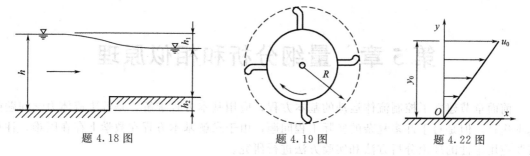

题 4.18 图   题 4.19 图   题 4.22 图

4.20 下列不可压缩流体、平面流动的速度场分别为:

(1) $u_x=1$, $u_y=2$。

(2) $u_x=y$, $u_y=-x$。

(3) $u_x=x-y$, $u_y=x+y$。

(4) $u_x=x^2-y^2-x$, $u_y=-2xy-y$。

试判断是否满足流函数 ψ 和流速势 φ 的存在条件,并求出 ψ、φ。

4.21 设有一源流和环流,它们的中心均位于坐标原点。已知源流强度 $q=0.2\mathrm{m}^2/\mathrm{s}$,环流强度 $\Gamma=1\mathrm{m}^2/\mathrm{s}$。试求上述源环流的流函数和速度势方程以及在 $x=1\mathrm{m}$、$y=0.5\mathrm{m}$ 处的速度分量。

4.22 已知平面流动的速度分布为直线分布(题 4.22 图),若 $y_0=4\mathrm{m}$,$u_0=80\mathrm{m/s}$,试求:流函数并判断流动是否为有势流动。

4.23 已知平面无旋流动的流函数 $\psi=xy+2x-3y+10$,试求速度势和速度场。

4.24 已知平面无旋流动的速度势 $\varphi=\arctan(y/x)$,求速度场。

4.25 无穷远处有一速度为 U_0 的均匀直线来流,坐标原点处有一强度为 $-q$ 的汇流,试求两个流动叠加后的流函数,驻点位置以及流体流入和流过汇流的分界线方程。

第 5 章　量纲分析和相似原理

前面章节建立了控制流体运动的基本方程，应用基本方程求解，是解决流体力学问题的基本途径。但是对于许多复杂的实际工程问题，由于求解基本方程在数学上存在困难，往往需要应用定性的理论分析方法和实验方法进行研究。

量纲分析和相似原理为科学地组织实验及整理实验成果提供了理论指导。对于复杂的流动问题，还可借助量纲分析和相似原理来建立物理量之间的联系。显然，量纲分析和相似原理是发展流体力学理论、解决实际工程问题的有力工具。

5.1　量纲分析的意义和量纲和谐原理

5.1.1　量纲的概念

（1）量纲　在流体力学中涉及各种不同的物理量，如长度、时间、质量、力、速度、加速度和黏滞系数等，所有这些物理量都是由自身的物理属性（或称类别）和为量度物理属性而规定的量度标准（或称量度单位）两个因素构成的。例如长度，它的物理属性是线性几何量，量度单位则规定有米、厘米、英尺、光年等不同的标准。

物理量的属性（类别）称为量纲或因次。显然，量纲是物理量的实质，不含有人为的影响。通常以 L 代表长度量纲、M 代表质量量纲、T 代表时间量纲，采用 $[q]$ 代表某物理量 q 的量纲，则

面积的量纲　　　　　　　$[A] = L^2$

密度的量纲　　　　　　　$[\rho] = ML^{-3}$

单位是人为规定的量度标准。例如现行的长度单位米，最初是由 1791 年法国国民议会通过的，为经过巴黎的地球子午线长的 $1/(4 \times 10^7)$。1960 年第 11 届国际计量大会重新规定为氪同位素（K^{86}）原子辐射波的 1650763.73 个波长的长度。因为有量纲量是由量纲和单位两个因素决定的，因此含有人的意志影响。

（2）基本量纲与导出量纲　一个力学过程所涉及的各物理量的量纲之间是有联系的。根据物理量量纲之间的关系，把无任何联系、相互独立的量纲作为基本量纲，可以由基本量纲导出的量纲就是导出量纲。

基本量纲的选取，原则上并无一定的标准。例如取长度量纲 L 和时间量纲 T 作为基本量纲，则速度的量纲是导出量纲，$[v] = L/T$。若取长度和速度的量纲作为基本量纲，那么时间的量纲便是导出量纲，$T = L/[v]$。为了应用方便，并同国际单位制相一致，普遍采用 $M\text{-}L\text{-}T\text{-}\theta$ 基本量纲系，即选取质量 M、长度 L、时间 T、温度 θ 为基本量纲。对于不可压缩流体运动，则选取 M、L、T 作为 3 个基本量纲，其他物理量量纲均为导出量纲。

例如：

速度　　　　　　　　　　$[v] = LT^{-1}$

加速度　　　　　　　　　$[a] = LT^{-2}$

力　　　　　　　　　　　$[F] = MLT^{-2}$

动力黏滞系数　　　　　　$[\mu] = ML^{-1}T^{-1}$

综合以上各量纲式，不难得出，某一物理量 q 的量纲 $[q]$ 都可用 3 个基本量纲的指数乘积形式表示

$$[q]=M^\alpha L^\beta T^\gamma \qquad (5.1)$$

式 (5.1) 称为量纲公式，物理量 q 的性质由量纲指数 α、β、γ 决定：当 $\alpha=0$，$\beta\neq0$，$\gamma=0$，q 为几何量；$\alpha=0$，$\beta\neq0$，$\gamma\neq0$，q 为运动学量；$\alpha\neq0$，$\beta\neq0$，$\gamma\neq0$，q 为动力学量。

5.1.2 无量纲量

当量纲公式 (5.1) 中各量纲指数均为零，即 $\alpha=\beta=\gamma=0$，则 $[q]=1$。物理量 q 是无量纲量，也就是纯数，如圆周率、角度等。无量纲量可由两个具有相同量纲的物理量相比得到，如线应变 $\varepsilon=\Delta l/l$，其量纲 $[\varepsilon]=L/L=1$。也可由几个有量纲物理量进行乘除组合，使组合量的量纲指数为零得到。例如对有压管流，由断面平均速度 v、管道直径 d、流体的运动黏度 ν 组合为

$$Re=\frac{vd}{\nu}$$

其量纲为

$$[Re]=\left[\frac{vd}{\nu}\right]=\frac{(LT^{-1})L}{L^2T^{-1}}=1$$

Re 是由 3 个有量纲量进行乘除组合得到的无量纲量，称为雷诺数 (Reynolds number)。关于雷诺数的物理意义，后面还要详细讨论。

依据无量纲数的定义和构成，可归纳出无量纲量具有以下特点。

(1) 客观性　正如前面所指出的，凡有量纲的物理量都有单位。同一个物理量，因选取的度量单位不同，数值也不同。如果用有量纲量作过程的自变量，计算出的因变量数值，将随自变量选取单位的不同而不同。因此，要使运动方程式的计算结果不受人主观选取单位的影响，就需要把方程中各项物理量组合成无量纲项。从这个意义上说，真正客观的方程式应是由无量纲项组成的方程式。

(2) 不受运动规模影响　无量纲量是纯数，数值大小与度量单位无关，也不受运动规模的影响。规模大小不同的流动，如两者是相似的流动，则相应的无量纲数相同。在模型实验中，常以同一个无量纲数 (如雷诺数 Re) 作为模型和原型流动相似的判据。

(3) 可进行超越函数运算　由于有量纲量只能作简单的代数运算，作对数、指数、三角函数等运算是没有意义的。只有无量纲化才能进行超越函数运算，如气体等温压缩功计算式

$$W=p_1V_1\ln\frac{V_2}{V_1}$$

其中压缩后与压缩前的体积比 V_2/V_1 组成无量纲项，才能进行对数运算。

5.1.3 量纲和谐原理

量纲和谐原理是量纲分析的基础。量纲和谐原理的简单表述是：凡正确反映客观规律的物理方程，其各项的量纲一定是一致的，这是被无数事实证实了的客观原理。例如第 4 章黏性流体运动方程式 (4.77) 在 x 方向的分式

$$X-\frac{1}{\rho}\frac{\partial p}{\partial x}+\nu\,\nabla^2 u_x=\frac{\partial u_x}{\partial t}+u_x\frac{\partial u_x}{\partial x}+u_y\frac{\partial u_x}{\partial y}+u_z\frac{\partial u_x}{\partial z}$$

式中各项的量纲一致，都是 LT^{-2}。又如第 4 章实际流体总流的伯努利方程式 (4.10)

$$z_1+\frac{p_1}{\rho g}+\frac{\alpha_1 v_1^2}{2g}=z_2+\frac{p_2}{\rho g}+\frac{\alpha_2 v_2^2}{2g}+h_l$$

式中各项的量纲均为长度量纲。

但在工程上至今还有一些由实验和观测资料整理成的经验公式，不满足量纲和谐条件。这种情况表明，人们对这一部分流动的认识尚不充分，这样的公式将逐步被修正或被正确完整的公式所代替。

由量纲和谐原理可引申出以下两点。

（1）凡正确反映客观规律的物理方程，一定能表示成由无量纲项组成的无量纲方程。因为方程中各项的量纲相同，只需用其中的一项遍除各项，便得到一个由无量纲项组成的无量纲式，仍保持原方程的性质。

（2）量纲和谐原理规定了一个物理过程中有关物理量之间的关系。因为一个正确完整的物理方程中，各物理量量纲之间的联系是确定的，按照物理量量纲之间的这一确定性，就可建立该物理过程各物理量的关系式。量纲分析法就是根据这一原理发展起来的，它是 20 世纪初在力学上的重要发现之一。

5.2 量纲分析法

在量纲和谐原理基础上发展起来的量纲分析法有两种：一种称瑞利（Rayleigh）法，适用于比较简单的问题；另一种称 π 定理，是一种具有普遍性的方法。

5.2.1 瑞利法

瑞利法的基本原理是某一物理过程同几个物理量有关

$$f(q_1,q_2,q_3\cdots q_n)=0$$

其中的某个物理量 q_i 可表示为其他物理量的指数乘积

$$q_i=Kq_1^a q_2^b\cdots q_{n-1}^p \qquad (5.2)$$

写出量纲式 $\qquad\qquad [q_i]=[q_1]^a[q_2]^b\cdots[q_{n-1}]^p$

将量纲式中各物理量的量纲按式（5.1）表示为基本量纲的指数乘积形式，并根据量纲和谐原理，确定指数 a，$b\cdots p$，就可得出表达该物理过程的方程式。下面通过例题说明瑞利法的应用步骤。

【例 5.1】求水泵输出功率的表达式。

【解】水泵输出功率指单位时间内水泵输出的能量。

（1）找出同水泵输出功率 N 有关的物理量，包括单位体积水的重量 $\gamma=\rho g$，流量 Q、扬程 H，即 $\qquad\qquad\qquad f(N,\gamma,Q,H)=0$

（2）写出指数乘积关系式为

$$N=K\gamma^a Q^b H^c$$

（3）写出量纲式为 $\qquad\qquad [N]=[\gamma]^a[Q]^b[H]^c$

（4）按式（5.1），以基本量纲（M、L、T）表示各物理量量纲为

$$ML^2 T^{-3}=(ML^{-2}T^{-2})^a(L^3 T^{-1})^b(L)^c$$

（5）根据量纲和谐原理求量纲指数为

$$M:1=a$$
$$L:2=-2a+3b+c$$
$$T:-3=-2a-b$$

得 $a=1$，$b=1$，$c=1$。

（6）整理方程式，得 $\qquad\qquad N=K\gamma QH$

式中，K 为由实验确定的系数。

【例 5. 2】 求圆管层流的流量关系式。

【解】 圆管层流运动将在第 6 章详述，这里仅用量纲分析的方法来讨论。

（1）找出影响圆管层流流量的各物理量，包括管段两端的压强差 Δp、管段长 l、半径 r_0、流体的动力黏滞系数 μ。根据经验和已有实验资料的分析，得知流量 Q 与压强差 Δp 成正比，与管段长 l 成反比。因此，可将 Δp、l 归并为一项 $\Delta p / l$，得到

$$f(Q, \Delta p / l, r_0, \mu) = 0$$

（2）写出指数乘积关系式

$$Q = K \left(\frac{\Delta p}{l} \right)^a (r_0)^b (\mu)^c$$

（3）写出量纲式为

$$[Q] = \left[\frac{\Delta p}{l} \right]^a [r_0]^b [\mu]^c$$

（4）按式（5.1），以基本量纲（M、L、T）表示各物理量量纲为

$$L^3 T^{-1} = (ML^{-2}T^{-2})^a (L)^b (ML^{-1}T^{-1})^c$$

（5）根据量纲和谐原理求量纲指数，即

$$M: 0 = a + c$$
$$L: 3 = -2a + b - c$$
$$T: -1 = -2a - c$$

得 $a = 1$，$b = 4$，$c = -1$。

（6）整理方程式得

$$Q = K \left(\frac{\Delta p}{l} \right) r_0^4 \mu^{-1} = K \frac{\Delta p r_0^4}{l \mu}$$

系数 K 由实验确定，$K = \dfrac{\pi}{8}$，则

$$Q = \frac{\pi}{8} \times \frac{\Delta p r_0^4}{l \mu}$$

流速为

$$v = \frac{\rho g J}{8 \mu} r_0^2$$

其中有

$$J = \frac{\Delta p / \rho g}{l}$$

由以上例题可以看出，用瑞利法求力学方程，在有关物理量不超过 4 个，待求的量纲指数不超过 3 个时，可直接根据量纲和谐条件，求出各量纲指数，建立方程，如【例 5.1】。当有关物理量超过 4 个时，则需要归并有关物理量或选待定系数，以求得量纲指数，如【例5.2】。

5.2.2 π 定理

π 定理是量纲分析更为普遍的原理，由美国物理学家布金汉（Buckingham）提出，又称为布金汉定理。π 定理指出，若某一物理过程包含 n 个物理量，即

$$f(q_1, q_2, q_3 \cdots q_n) = 0$$

其中有 m 个基本量（量纲独立，不能相互导出的物理量），则该物理过程可由 n 个物理量构成的（$n-m$）个无量纲项所表达的关系式来描述，即

$$F(\pi_1, \pi_2 \cdots \pi_{n-m}) = 0 \tag{5.3}$$

由于无量纲项用 π 表示，π 定理由此得名。π 定理的应用步骤如下。

（1）找出与物理过程有关的物理量，$f(q_1, q_2, q_3 \cdots q_n) = 0$。

（2）从 n 个物理量中选取 m 个基本量，对不可压缩流体运动，一般取 $m = 3$。设 q_1、q_2、q_3 为所选基本量，由量纲公式（5.1）式得

$$[q_1]=M^{\alpha_1}L^{\beta_1}T^{\gamma_1}$$
$$[q_2]=M^{\alpha_2}L^{\beta_2}T^{\gamma_2}$$
$$[q_3]=M^{\alpha_3}L^{\beta_3}T^{\gamma_3}$$

满足基本量量纲独立条件是量纲式中的指数行列式不等于零，即

$$\begin{vmatrix} \alpha_1 & \beta_1 & \gamma_1 \\ \alpha_2 & \beta_2 & \gamma_2 \\ \alpha_3 & \beta_3 & \gamma_3 \end{vmatrix} \neq 0$$

对于不可压缩流体运动，通常选取速度 v（q_1）、密度 ρ（q_2）和特征长度 l（q_3）为基本量。

（3）基本量依次与其余物理量组成 π 项，即

$$\pi_1 = \frac{q_4}{q_1^{a1}q_2^{b1}q_3^{c1}}$$

$$\pi_2 = \frac{q_5}{q_1^{a2}q_2^{b2}q_3^{c2}}$$

$$\vdots$$

$$\pi_{n-3} = \frac{q_n}{q_1^{an-3}q_2^{bn-3}q_3^{cn-3}}$$

（4）满足 π 为无量纲项，定出各 π 项基本量的指数 a、b、c。

（5）整理方程式。

【例 5.3】求有压管流压强损失表达式。

【解】（1）找出有关物理量 由经验和对已有资料的分析可知，管流的压强损失 Δp 与流体的性质（密度 ρ、运动黏滞系数 ν）、管道条件（管长 l、直径 d、壁面粗糙高度 k_s）以及流动情况（流速 v）有关，有关物理量个数 $n=7$。

$$f(\Delta p, \rho, \nu, l, d, k_s, v) = 0$$

（2）选基本量 在有关量中选 v、d、ρ 为基本量，基本量数 $m=3$。

（3）组成 π 项 π 数为 $n-m=4$，即

$$\pi_1 = \frac{\Delta p}{v^{a1}d^{b1}\rho^{c1}}$$

$$\pi_2 = \frac{\nu}{v^{a2}d^{b2}\rho^{c2}}$$

$$\pi_3 = \frac{l}{v^{a3}d^{b3}\rho^{c3}}$$

$$\pi_4 = \frac{k_s}{v^{a4}d^{b4}\rho^{c4}}$$

（4）决定各 π 项基本量指数。

π_1：
$$[\Delta p] = [v]^{a1}[d]^{b1}[\rho]^{c1}$$
$$ML^{-1}T^{-2} = (LT^{-1})^{a1}(L)^{b1}(ML^{-3})^{c1}$$
$$M:1 = c_1$$
$$L:-1 = a_1 + b_1 - 3c_1$$
$$T:-2 = -a_1$$

得 $a_1=2$，$b_1=0$，$c_1=1$，$\pi_1 = \dfrac{\Delta p}{v^2\rho}$。

π_2：

$$[\nu]=[v]^{a2}[d]^{b2}[\rho]^{c2}$$
$$L^2T^{-1}=(LT^{-1})^{a2}(L)^{b2}(ML^{-3})^{c2}$$
$$M:0=c_2$$
$$L:2=a_2+b_2-3c_2$$
$$T:-1=-a_2$$

得 $a_2=1$，$b_2=1$，$c_2=0$，$\pi_2=\dfrac{\nu}{vd}$。

不需对基本量纲逐个分析，π_3 和 π_4 可直接由无量纲条件得出

$$a_3=0，\quad b_3=1，\quad c_3=0，\quad \pi_3=\frac{l}{d}$$

$$a_4=0，\quad b_4=1，\quad c_4=0，\quad \pi_4=\frac{k_s}{d}$$

（5）整理方程式

$$f_1\left(\frac{\Delta p}{v^2\rho},\frac{\nu}{vd},\frac{l}{d},\frac{k_s}{d}\right)=0$$

$$f_2\left(\frac{\Delta p}{v^2\rho},\frac{vd}{\nu},\frac{l}{d},\frac{k_s}{d}\right)=0$$

对 $\dfrac{\Delta p}{v^2\rho}$ 求解得

$$\frac{\Delta p}{v^2\rho}=f_3\left(\frac{vd}{\nu},\frac{l}{d},\frac{k_s}{d}\right)=f_3\left(Re,\frac{l}{d},\frac{k_s}{d}\right)$$

Δp 与管长 l 成比例，将 l/d 提至函数式外面得

$$\frac{\Delta p}{v^2\rho}=f_4\left(Re,\frac{k_s}{d}\right)\frac{l}{d}$$

$$\frac{\Delta p}{\rho g}=f_5\left(Re,\frac{k_s}{d}\right)\frac{l}{d}\times\frac{v^2}{2g}=\lambda\,\frac{l}{d}\times\frac{v^2}{2g}$$

上式就是管道压强损失的计算公式，称为达西-魏斯巴赫（Darcy-Weisbach）公式。式中 λ 称为沿程阻力系数，$\lambda=f_5\left(Re,\dfrac{k_s}{d}\right)$，一般情况下是雷诺数 Re 和壁面相对粗糙 k_s/d 的函数。

【例 5.4】为了实验研究水流对光滑球形潜体的作用力，要求预先确定实验的方案。

【解】水流对光滑球形潜体的作用力 D 与水的流速 v、潜体直径 d、水的密度 ρ 和水的动力黏滞系数 μ 诸物理量有关，即

$$D=f(v,d,\rho,\mu)$$

怎样进行实验来求得作用力 D 与各量的关系呢？不熟悉量纲分析方法的初学者，会认为既然作用力 D 与 4 个因素（v、d、ρ、μ）有关，要找出全部函数关系，就要分别对每个变量（保持其余 3 个因素不变）作实验，再根据各量的实验结果整理成方程式。这样组织实验研究虽然也可行，但所用方法是原始的、费力的，用于实验的时间至少要四倍于真正需要的时间。

应用量纲分析方法组织实验，首先找出有关物理量 $f(D,v,d,\rho,\mu)=0$。由 π 定理，选 v、d、ρ 为基本量，组成各 π 项，即

$$\pi_1=\frac{D}{v^{a1}d^{b1}\rho^{c1}}$$

$$\pi_2=\frac{\mu}{v^{a2}d^{b2}\rho^{c2}}$$

按 π 项无量纲，决定各基本量指数

$$a_1 = 2, b_1 = 2, c_1 = 1$$
$$a_2 = 1, b_2 = 1, c_2 = 1$$

整理方程式得

$$f_1\left(\frac{D}{v^2 d^2 \rho}, \frac{\mu}{v d \rho}\right) = 0$$

$$\frac{D}{v^2 d^2 \rho} = f_2\left(\frac{v d \rho}{\mu}\right) = f_2(Re)$$

$$D = f_2(Re)\rho v^2 d^2 = f_2(Re)\frac{8}{\pi} \times \frac{\pi d^2}{4} \times \frac{\rho v^2}{2} = C_d A \frac{\rho v^2}{2} \tag{5.4}$$

式中无量纲项 C_d 称为阻力系数，$C_d = \dfrac{8}{\pi}f_2(Re) = f(Re)$。

由上面分析可知，实验研究水流对光滑球形潜体的作用力，归结为实验测定阻力系数 C_d 与雷诺数 Re 的关系。因此实施这项实验研究只需用一个球，在一定温度的水流中实验，通过改变水流速度，整理成不同 Re 和 C_d 的实验曲线。按式（5.4）及该实验曲线计算流体对光滑球形潜体的作用力，对于不同尺寸的球和不同黏度的流体都是适用的。

5.2.3　量纲分析方法的讨论

以上简要介绍了量纲分析方法，下面再作几点讨论。

（1）量纲分析方法的理论基础是量纲和谐原理，即凡正确反映客观规律的物理方程，量纲一定是和谐的。本书限于篇幅对量纲公式（5.1）、式（5.2）及式（5.3）未作证明。

（2）量纲和谐原理是判别经验公式是否完善的基础。19 世纪，量纲分析原理未被发现之前，流体力学中积累了不少纯经验公式，每一个经验公式都有一定的实验根据，都可用于一定条件下流动现象的描述，这些公式孰是孰非，人们无所适从。量纲分析方法可以利用量纲理论做出判别和权衡，使其中的一些公式从纯经验的范围内解脱出来。

（3）应用量纲分析方法得到的物理方程式是否符合客观规律，与所选用的基本物理量是否正确有关。而量纲分析方法本身对有关物理量的选取却不能提供任何指导和启示，可能由于遗漏某一个具有决定性意义的物理量，导致建立的方程式失误；也可能因选取了没有决定性意义的物理量，造成方程中出现累赘的无量纲量。这种局限性是方法本身决定的。研究量纲分析方法的前驱者之一瑞利，在分析流体通过恒温固体的热传导问题时，就曾遗漏了流体黏滞系数的影响，而导出一个不全面的物理方程式。弥补量纲分析方法的局限性，需要已有的理论分析和实验成果，要依靠研究者的经验和对流动现象的观察认识能力。

（4）由【例 5.4】可以看出，量纲分析为组织实施实验研究以及整理实验数据提供了科学的方法，可以说量纲分析方法是沟通流体力学理论和实验之间的桥梁。

5.3　相似理论基础

前面讨论了量纲理论及其应用，后面几节将讨论模型实验的基本原理。现代许多工程问题，由于流动情况十分复杂，无法直接应用基本方程式求解，而有赖于实验研究。大多数工程实验是在模型上进行的。所谓模型通常是指与原型（工程实物）有同样的运动规律，各运动参数存在固定比例关系的缩小物。通过模型实验，把研究结果换算为原型流动，进而预测在原型流动中将要发生的现象。怎样才能保证模型和原型有同样的流动规律呢？关键要使模型和原型有相似的流动，只有这样的模型才是有效的模型，实验研究才有意义。相似原理就是研究相似现象之间的联系的理论，是模型试验的理论基础。

5.3.1 相似概念

流动相似概念原是几何相似概念的扩展。两个几何图形，如果对应边成比例、对应角相等，两者就是几何相似的图形。对于两个几何相似的图形，把其中一个图形的某一几何长度乘以比例常数，就得到另一图形的相应长度。同流体运动有关的物理量，除了几何量（长度、面积、体积）之外，还有运动量（速度、加速度）和力。由此，流动相似或者说流体力学相似便扩展为以下四方面内容。

（1）几何相似　几何相似指两个流动（原型和模型）流场的几何形状相似，即对应的线段长度成比例、夹角相等。原型和模型流动如图 5.1 所示。以下标 p 表示原型、m 表示模型，则有

$$\left.\begin{array}{l}\dfrac{l_{p1}}{l_{m1}}=\dfrac{l_{p2}}{l_{m2}}=\cdots=\dfrac{l_p}{l_m}=\lambda_l \\[2mm] \theta_{p1}=\theta_{m1},\theta_{p2}=\theta_{m2}\end{array}\right\} \qquad (5.5)$$

式中 λ_l 称为长度比尺。由长度比尺可推得相应的面积比尺和体积比尺。

面积比尺　$\lambda_A=\dfrac{A_p}{A_m}=\dfrac{l_p^2}{l_m^2}=\lambda_l^2$

体积比尺　$\lambda_V=\dfrac{V_p}{V_m}=\dfrac{l_p^3}{l_m^3}=\lambda_l^3$

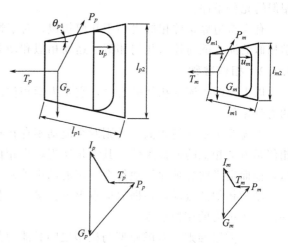

图 5.1　原型和模型流动

可见几何相似是通过长度比尺 λ_l 来表征的，只要各相应长度都保持固定的比例关系 λ_l，便保证了两个流动几何相似。

（2）运动相似　运动相似指两个流动对应点速度方向相同，大小成比例

$$\lambda_u=\dfrac{u_p}{u_m}$$

式中 λ_u 称为速度比尺。由于各对应点速度成比例，故对应断面的平均速度必然成比例

$$\lambda_u=\dfrac{u_p}{u_m}=\dfrac{v_p}{v_m}=\lambda_v \qquad (5.6)$$

将 $v=l/t$ 的关系代入上式

$$\lambda_v=\dfrac{l_p/t_p}{l_m/t_m}=\dfrac{l_p}{l_m}\times\dfrac{t_m}{t_p}=\dfrac{\lambda_l}{\lambda_t}$$

$\lambda_t=t_p/t_m$ 称为时间比尺，则满足运动相似应有固定的长度比尺和时间比尺。同时速度相似就意味着加速度相似，加速度比尺为

$$\lambda_a=\dfrac{a_p}{a_m}=\dfrac{v_p/t_p}{v_m/t_m}=\dfrac{v_p}{v_m}\times\dfrac{t_m}{t_p}=\dfrac{\lambda_v}{\lambda_t}=\dfrac{\lambda_l}{\lambda_t^2}$$

（3）动力相似　动力相似指两个流动对应点处流体质点受同名力作用，力的方向相同，大小成比例。根据达朗伯原理，对于运动的质点，设想加上该质点的惯性力，则惯性力与质点所受作用力平衡，形式上构成封闭力多边形。从这个意义上说，动力相似又可表述为对应点上的力多边形相似，对应边（即同名力）成比例，如图 5.1 所示。

影响流体运动的作用力主要是黏滞力、重力、压力和惯性力，有时还考虑表面张力，如分别以符号 T、G、P、I 和 T_w 代表黏滞力、重力、压力、惯性力和表面张力，则有

$$\boldsymbol{T}+\boldsymbol{G}+\boldsymbol{P}+\cdots+\boldsymbol{I}=0$$

$$\frac{T_p}{T_m} = \frac{G_p}{G_m} = \frac{P_p}{P_m} = \cdots = \frac{I_p}{I_m} \qquad (5.7)$$

或

$$\lambda_T = \lambda_G = \lambda_P = \cdots = \lambda_I$$

（4）边界条件和初始条件相似　　边界条件相似指两个流动对应边界性质相同，如原型中的固体壁面，模型中相应部分也应是固体壁面；原型中的自由液面，模型的相应部分也应是自由液面。对于非恒定流动，还要满足初始条件相似。边界条件和初始条件相似是保证流动相似的充分条件。

有人将边界条件相似也归于几何相似，对于恒定流动又无需初始条件相似，这样流体力学相似的涵义就简述为几何相似、运动相似和动力相似三方面。

5.3.2　相似准则

以上说明了流动相似的含义，它是力学相似的后果，问题是如何来实现原型和模型流动的力学相似。

首先要满足几何相似，否则两个流动不存在对应点，当然也就无相似可言，可以说几何相似是流动相似的前提条件；其次是实现动力相似，以保证运动相似。要使两个流动动力相似，前面定义的各项比尺须符合一定的约束关系，这种约束关系称为相似准则。

动力相似的流动，根据对应点上的力多边形相似、对应边（即同名力）成比例，可以推导出各单项力的相似准则。

（1）雷诺准则　　考虑原型与模型之间黏滞力与惯性力的关系，由式（5.7）知

$$\frac{T_p}{T_m} = \frac{I_p}{I_m} \qquad (a)$$

鉴于上式表示两个流动相应点上惯性力与单项作用力（如黏滞力）的对比关系，而不是计算力的绝对量，所以式中的力可用运动的特征量表示，则

黏滞力

$$T = \mu A \frac{\mathrm{d}u}{\mathrm{d}y} = \mu l v \qquad (b)$$

惯性力

$$I = ma = \rho l^3 \frac{l}{t^2} = \rho l^2 v^2 \qquad (c)$$

将式（b）和式（c）代入式（a）整理，得

$$\frac{v_p l_p}{\nu_p} = \frac{v_m l_m}{\nu_m}$$

或

$$(Re)_p = (Re)_m$$

由此可见，雷诺数 $Re = \dfrac{vl}{\nu}$ 表示惯性力与黏滞力之比，两流动对应的雷诺数相等，黏滞力相似。

（2）弗劳德准则　　考虑原型与模型之间重力与惯性力的关系，由式（5.7）得

$$\frac{G_p}{G_m} = \frac{I_p}{I_m}$$

式中重力 $G = \rho g l^3$，惯性力 $I = \rho l^2 v^2$。代入上式整理，得

$$\frac{v_p^2}{g_p l_p} = \frac{v_m^2}{g_m l_m}$$

或

$$(Fr)_p = (Fr)_m$$

无量纲数 $Fr = \dfrac{v^2}{gl}$ 称为弗劳德数（Froude number）。弗劳德数表征惯性力与重力之比，

两流动对应的弗劳德数相等，重力相似。

（3）欧拉准则　考虑原型与模型之间压力与惯性力的关系，由式（5.7）得

$$\frac{P_p}{P_m}=\frac{I_p}{I_m}$$

式中压力 $P=pl^2$，惯性力 $I=\rho l^2 v^2$。代入上式整理，得

$$\frac{p_p}{\rho_p v_p^2}=\frac{p_m}{\rho_m v_m^2}$$

或

$$(Eu)_p=(Eu)_m$$

无量纲数 $Eu=\dfrac{p}{\rho v^2}$ 称欧拉数（Euler number），欧拉数表征压力与惯性力之比，两流动对应的欧拉数相等，压力相似。

在多数流动中，对流动起作用的是压强差 Δp，而不是压强的绝对值，因此欧拉数中常以对应点的压强差 Δp 代替压强 p，于是欧拉数又可表示为

$$Eu=\frac{\Delta p}{\rho v^2}$$

（4）韦伯准则　当流动受表面张力影响时，由式（5.7）得

$$\frac{T_{wp}}{T_{wm}}=\frac{I_p}{I_m}$$

式中表面张力 $T_w=\sigma l$，σ 为表面张力系数，惯性力 $I=\rho l^2 v^2$。代入上式整理，得

$$\frac{\rho_p l_p v_p^2}{\sigma_p}=\frac{\rho_m l_m v_m^2}{\sigma_m}$$

或

$$(We)_p=(We)_m$$

无量纲数 $We=\dfrac{\rho l v^2}{\sigma}$ 称韦伯数（Weber number）。韦伯数表征惯性力与表面张力之比，两流动对应的韦伯数相等，表面张力相似。

（5）马赫准则　在高速气流中，存在着弹性力和惯性力的关系

$$\frac{F_{Ep}}{F_{Em}}=\frac{I_p}{I_m}$$

式中弹性力 $F_E=El^2$，E 为气体的体积弹性模量，根据气体动力学，$E=\rho a^2$，a 为声速，故 $F_E=\rho a^2 l^2$，惯性力 $I=\rho l^2 v^2$。代入上式整理，得

$$\frac{v_p}{a_p}=\frac{v_m}{a_m}$$

或

$$M_p=M_m$$

无量纲数 $M=\dfrac{v}{a}$ 称为马赫数（Mach number）。马赫数表征惯性力与弹性力之比，两流动对应的马赫数相等，弹性力相似。

如图 5.1 所示，两个相似流动对应点上的封闭力多边形是相似形，若决定流动的作用力是黏滞力、重力和压力，则只要其中两个同名作用力和惯性力成比例，另一个对应的同名力也将成比例。由于压力通常是待求量，这样只要黏滞力、重力相似，压力将自行相似。换言之，当雷诺准则和弗劳德准则成立时，欧拉准则可自行成立。所以又将雷诺准则、弗劳德准则称为独立准则，欧拉准则称为导出准则。

流体的运动是由边界条件和作用力决定的，当两个流动一旦实现了几何相似和动力相

似，就必然以相同的规律运动。由此得出结论：几何相似与独立准则成立是实现流体力学相似的充分与必要条件。

5.4 相似定理

相似理论是指导模型实验的理论，它建立在相似三定理基础之上。本节着重介绍相似三定理的内容，相似三定理的证明从略。

一般情况从理论上讲，两个物理现象相似是指影响该物理现象的所有物理量场分别相似。必须注意的是物理现象有多种类型，只有属于同一类型的物理现象，才有相似的可能性。所谓同类现象是指那些用相同形式和内容的微分方程式所描述的现象。例如一个渠道流动问题与一个有压管道中的水击问题就不属于同类现象，影响因素各异，因而不能建立相似关系。

5.4.1 相似正定理

当两物理现象相似时，各物理量场分别相似，据此可以导出相似正定理（或称相似第一定理）：彼此相似的现象，它们的同名相似准则必定相等。

例如两物理现象相似时，必有 $(Re)_p = (Re)_m$、$(Fr)_p = (Fr)_m$ 等。相似第一定理是对相似性质的总概括，阐明了相似现象中各物理量之间存在一定的关系。

性质一：相似的现象都属于同类现象，可用文字上与形式上完全相同的完整方程组来描述。这个完整方程组包括描述同类现象共性的基本方程以及反映各具体现象特殊个性的单值性条件。

性质二：用来表征这些现象的一切物理量的场分别相似。

性质三：相似现象必然发生在几何相似的空间中。

性质四：由性质一和性质二可知，相似现象的各物理量的比值不能是任意的，而是彼此既有联系又相互约束的。

5.4.2 相似逆定理

如何判别两个现象是否相似？满足什么条件两个现象才能相似？相似逆定理圆满地回答了这一类问题。相似逆定理（或称相似第二定理）：凡同类现象，若单值性条件相似，而且由单值性条件的物理量所组成的同名相似准则相等，则这些现象必定相似。

流体流动的单值性条件如下。

（1）几何条件 所有流体流动的过程都在一定的几何空间内进行，因此流动空间的几何形状及其大小是一种单值性条件。例如管内流动问题，管径 d 及管长 l 的具体数值即是几何条件。所谓单值性条件相似即包括几何相似。

（2）物理条件 参与流动的流体都具有一定的物理性质，因此流动介质的物理属性也属于单值性条件。例如流体密度 ρ、黏度 μ 等。所谓物理条件相似，即

$$\frac{\rho_p}{\rho_m} = \lambda_\rho, \quad \frac{\mu_p}{\mu_m} = \lambda_\mu, \quad \frac{g_p}{g_m} = \lambda_g$$

（3）边界条件 所有具体的流动现象都受到流动边界情况的影响，因此边界条件也是单值性条件。例如管内流动时流速的大小及其分布直接受到进口、出口及壁面处流速的大小及其分布的影响，故应给出进口、出口处流速的大小及其分布，而一般的黏性流动壁面处流速总为零。所谓边界条件相似，即指在边界处的速度场相似。

（4）初始条件 任何流动过程的发展都受初始状态的影响，即开始时刻的流速、温度、

物性参数等在系统内的分布直接影响以后的流动过程。因此，初始条件也属于单值性条件。一般对于非恒定流动，要给出此条件；而对于恒定流动，则不存在此条件。所谓初始条件相似，即在初始时刻有时间比尺 λ_t 和其他物理量的对应比尺。

5.4.3 相似第三定理

由于描述现象的微分方程式表达了各物理量之间的函数关系，因此由这些物理量组成的相似准则也存在函数关系。这一原理可以表述为相似第三定理：描述某现象的各种量之间的关系可表示成相似准则之间的函数关系，准则之间的这种函数关系称为准则方程式。

$$F(\pi_1, \pi_2 \cdots \pi_n) = 0 \qquad (5.8)$$

根据相似第一定理，彼此相似的现象，相似准则保持同样的数值，所以它们的准则方程式也是相同的。如果能把模型流动的实验结果整理成准则方程式，那么这种准则方程式就可以推广到所有与之相似的原型流动中去。

在相似准则 $\pi_1, \pi_2 \cdots \pi_n$ 中，已定准则（或称定性准则）是决定现象的准则，它们的数值一经确定，待定准则（或称非定性准则）也随之被确定了。因此，准则方程式（5.8）还可表示成待定准则与已定准则之间的函数关系。例如对某一恒定不可压缩黏性流动问题，有准则方程式

$$Eu = f(Re, Fr) \qquad (5.9)$$

式中 Eu 为待定准则，因为 Eu 中包含了未知数压降 Δp，而 Re、Fr 为已定准则。上述已定准则中，Re 对于有压黏性流动将起主导作用，而 Fr 对无压重力流动如明渠流动等将起主导作用。一般情况下，若使模型和原型流动完全相似，除要几何相似外，各已定相似准则应同时满足，但实际上要同时满足各准则很困难，甚至是不可能的。因此在后面我们将看到，模型实验中往往只考虑对现象起主导作用的准则，而忽略次要准则的影响。

需要指出的是，在给出准则方程式时，应同时给出准则中所采用的定性参数。例如雷诺数 $Re = \dfrac{\rho v d}{\mu}$ 中，管道直径 d 为定性尺寸，断面平均流速 v 为定性速度等，否则会导致较大的误差。

综上所述，相似三定理圆满地回答了模型实验中需要解决的三个方面的重要问题。

（1）实验时必须测量出各相似准则中所包含的全部物理量。

（2）实验时为保证模型现象与原型现象相似，必须使两者的单值性条件相似，而且由单值性条件组成的同名已定准则在数值上相等。当然有时会从实际出发忽略一些次要的已定准则。

（3）实验结果可整理成准则方程式，并推广应用到同类的相似现象中去。

5.5 模型实验

模型实验是依据相似定理，制成和原型相似的小尺度模型进行实验研究，并以实验的结果预测出原型将会发生的流动现象。进行模型实验需要解决下面两个问题。

5.5.1 模型律的选择

为了使模型和原型流动完全相似，除要几何相似外，各独立的相似准则应同时满足。但实际上要同时满足各准则很困难，甚至是不可能的。比如按雷诺准则

$$(Re)_p = (Re)_m$$

原型与模型的速度比

$$\frac{v_p}{v_m} = \frac{\nu_p}{\nu_m} \times \frac{l_m}{l_p}$$

即
$$\lambda_v = \frac{\lambda_\nu}{\lambda_l}$$
(5.10)

雷诺数相等，表示黏滞力相似。原型与模型流动雷诺数相等的这个相似条件，称为雷诺模型律。按照上述比尺关系调整原型流动和模型流动的流速比尺和长度比尺，就是根据雷诺模型律进行设计的。

按弗劳德准则有
$$(Fr)_p = (Fr)_m, \quad g_p = g_m$$

原型与模型的速度比
$$\frac{v_p}{v_m} = \sqrt{\frac{l_p}{l_m}}$$

即
$$\lambda_v = \sqrt{\lambda_l}$$
(5.11)

弗劳德数相等，表示重力相似。原型与模型流动弗劳德数相等的这个相似条件，称为弗劳德模型律。按照上述比尺关系调整原型流动和模型流动的流速比尺和长度比尺，就是根据弗劳德模型律进行设计。

要同时满足雷诺准则和弗劳德准则，就要同时满足式（5.10）和式（5.11）
$$\frac{\nu_p l_m}{\nu_m l_p} = \sqrt{\frac{l_p}{l_m}}$$
(5.12)

当原型和模型为同种流体时，运动黏滞系数 $\nu_p = \nu_m$，则式（5.12）变为
$$\frac{l_m}{l_p} = \sqrt{\frac{l_p}{l_m}}$$

可见只有 $l_p = l_m$，即 $\lambda_l = 1$ 时，上式才能成立。这在大多数情况下，已失去了模型实验的价值。

由以上分析可见，模型实验做到完全相似是困难的，一般只能达到近似相似，就是保证对流动起主要作用的力相似，这就是模型律的选择问题。如有压管流，黏滞力起主要作用，应采用雷诺模型律；大多数明渠流动中，重力起主要作用，应采用弗劳德模型律。

在第 6 章阐述的流动阻力实验中将指出，当雷诺数 Re 超过某一数值后，阻力系数不随 Re 变化，此时流动阻力的大小与 Re 无关，这个流动范围称为自动模型区。若原型和模型流动都处于自动模型区，只需保持几何相似，不需 Re 相等，就可自动实现阻力相似。工程上许多明渠水流处于自模区，按弗劳德准则设计的模型，只要模型中的流动进入自模区，便同时满足阻力相似。

5.5.2 模型设计

进行模型设计，通常是先根据实验场地，模型制作和量测条件定出长度比尺 λ_l；再以选定的比尺 λ_l 缩小原型的几何尺寸，得出模型区的几何边界；通过对流动受力情况的分析，找到对流动起主要作用的力，在满足其相似的前提下，选择模型律；最后按所选用的相似准则，确定流速比尺及模型的流量。例如

按雷诺模型律 $\frac{v_p l_p}{\nu_p} = \frac{v_m l_m}{\nu_m}$，如运动黏滞系数 $\nu_p = \nu_m$，则有
$$\lambda_v = \lambda_l^{-1}$$
(5.13)

按弗劳德模型律 $\frac{v_p^2}{g_p l_p} = \frac{v_m^2}{g_m l_m}$，如重力加速度 $g_p = g_m$，则有
$$\lambda_v = \sqrt{\lambda_l}$$
(5.14)

流量比为
$$\frac{Q_p}{Q_m}=\frac{v_p A_p}{v_m A_m}=\lambda_v \lambda_l^2$$

$$Q_m=\frac{Q_p}{\lambda_v \lambda_l^2} \qquad (5.15)$$

分别将速度比尺与长度比尺的关系式（5.13）和式（5.14）代入式（5.15），得到各自的模型流量为

雷诺模型律模型
$$Q_m=\frac{Q_p}{\lambda_l^{-1}\lambda_l^2}=\frac{Q_p}{\lambda_l}\Rightarrow\lambda_Q=\lambda_l$$

弗劳德模型律模型
$$Q_m=\frac{Q_p}{\lambda_l^{1/2}\lambda_l^2}=\frac{Q_p}{\lambda_l^{2.5}}\Rightarrow\lambda_Q=\lambda_l^{2.5}$$

按雷诺准则和弗劳德准则导出各物理量比尺见表5.1。

表 5.1 物理量比尺

名　　称	比　　尺		弗劳德准则	名　　称	比　　尺		弗劳德准则
	雷诺准则				雷诺准则		
	$\lambda_v=1$	$\lambda_v\neq1$			$\lambda_v=1$	$\lambda_v\neq1$	
长度比尺	λ_l	λ_l	λ_l	力的比尺	λ_ρ	$\lambda_v^2\lambda_\rho$	$\lambda_l^3\lambda_\rho$
流速比尺	λ_l^{-1}	$\lambda_v\lambda_l^{-1}$	$\lambda_l^{0.5}$	压强比尺	$\lambda_l^{-2}\lambda_\rho$	$\lambda_v^2\lambda_l^{-2}\lambda_\rho$	$\lambda_l\lambda_\rho$
加速度比尺	λ_l^{-3}	$\lambda_v^2\lambda_l^{-3}$	λ_l^0	功能比尺	$\lambda_l\lambda_\rho$	$\lambda_v^2\lambda_l\lambda_\rho$	$\lambda_l^4\lambda_\rho$
流量比尺	λ_l	$\lambda_v\lambda_l$	$\lambda_l^{2.5}$	功率比尺	$\lambda_l^{-1}\lambda_\rho$	$\lambda_v^3\lambda_l^{-1}\lambda_\rho$	$\lambda_l^{3.5}\lambda_\rho$
时间比尺	λ_l^2	$\lambda_v^{-1}\lambda_l^2$	$\lambda_l^{0.5}$				

【例 5.5】为研究热风炉中烟气的流动特性，采用长度比尺为 10 的水流做模型实验。已知热风炉内烟气流速为 8m/s，烟气温度为 600℃，密度为 0.4kg/m³，运动黏滞系数为 0.9cm²/s。模型中水温10℃，密度为 1000kg/m³，运动黏滞系数 0.0131cm²/s。试问：

（1）为保证流动相似，模型中水的流速是多少？

（2）实测模型的压降为 6307.5Pa，原型热风炉中运行时烟气的压降是多少？

【解】（1）对流动起主要作用的力是黏滞力，应采用雷诺模型律，即
$$(Re)_p=(Re)_m$$

$$v_m=v_p\frac{\nu_m}{\nu_p}\times\frac{l_p}{l_m}=8\times\frac{0.0131}{0.9}\times10=1.16\text{m/s}$$

（2）流动的压降满足欧拉准则，即 $(Eu)_p=(Eu)_m$
$$\Delta p_p=\Delta p_m\frac{\rho_p v_p^2}{\rho_m v_m^2}=6307.5\times\frac{0.4\times8^2}{1000\times1.16^2}=120\text{Pa}$$

【例 5.6】桥孔过流模型实验，如图 5.2 所示。已知桥墩长为 24m，墩宽 4.3m，水深为 8.2m，平均流速为 2.3m/s，两桥台的距离为 90m。现已知长度比尺为 50，要求设计模型。

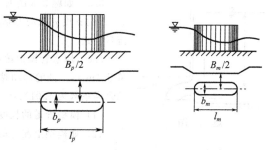

【解】（1）由给定比尺 $\lambda_l=50$，设计模型各几何尺寸

图 5.2 桥孔过流模型

桥墩长　$l_m=\dfrac{l_p}{\lambda_l}=\dfrac{24}{50}=0.48\text{m}$

桥墩宽
$$b_m=\frac{b_p}{\lambda_l}=\frac{4.3}{50}=0.086\text{m}$$

墩台距 $$B_m = \frac{B_p}{\lambda_l} = \frac{90}{50} = 1.8\text{m}$$

水深 $$h_m = \frac{h_p}{\lambda_l} = \frac{8.2}{50} = 0.164\text{m}$$

（2）对流动起主要作用的力是重力，按弗劳德模型律确定模型流速及流量，即

$$(Fr)_p = (Fr)_m \qquad g_p = g_m$$

流速 $$v_m = \frac{v_p}{\sqrt{\lambda_l}} = \frac{2.3}{\sqrt{50}} = 0.325\text{m/s}$$

流量 $$Q_p = v_p(B_p - b_p)h_p = 2.3 \times (90 - 4.3) \times 8.2 = 1616.3\text{m}^3/\text{s}$$

$$Q_m = \frac{Q_p}{\lambda_l^{2.5}} = \frac{1616.3}{50^{2.5}} = 0.0914\text{m}^3/\text{s}$$

思 考 题

5.1 何谓量纲？量纲与单位有什么不同？

5.2 何谓动力相似？何谓运动相似？

5.3 怎样运用 π 定理建立无量纲方程？应该如何选择基本量？若基本量选择的不同是否其结果也不同？为什么？

5.4 何谓相似准则？模型实验怎样选择相似准则？

5.5 一般情况下能否做到雷诺准则与弗劳德准则同时满足？能否做到欧拉准则与弗劳德准则同时满足？

习 题

5.1 假设自由落体的下落距离 S 与落体的质量 m，重力加速度 g 及下落时间 t 有关，试用瑞利法导出自由落体下落距离的关系式。

5.2 水泵的轴功率 N 与泵轴的转矩 M，角速度 ω 有关，试用瑞利法导出轴功率表达式。

5.3 已知文丘里流量计喉管流速 v 与流量计压强差 Δp、主管直径 d_1、喉管直径 d_2 以及流体的密度 ρ 和运动黏滞系数 ν 有关，试用 π 定理确定流速关系式 $v = \sqrt{\frac{\Delta p}{\rho}} \varphi\left(Re, \frac{d_2}{d_1}\right)$。

5.4 球形固体颗粒在流体中的自由沉降速度 u_f 与颗粒的直径 d、密度 ρ_s 以及流体的密度 ρ、动力黏滞系数 μ，重力加速度 g 有关。试用 π 定理证明自由沉降速度关系式 $u_f = f\left(\frac{\rho_s}{\rho}, \frac{\rho u_f d}{\mu}\right)\sqrt{gd}$。

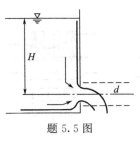
题 5.5 图

5.5 如题 5.5 图所示，圆形孔口出流的流速 v 与作用水头 H，孔口直径 d，水的密度 ρ 和动力黏滞系数 μ，重力加速度 g 有关，试用 π 定理推导孔口流量公式。

5.6 用水管模拟输油管道。已知输油管直径 500mm，管长 100m，输油量 $0.1\text{m}^3/\text{s}$，油的运动黏滞系数为 $150 \times 10^{-6}\text{m}^2/\text{s}$。水管直径 25mm，水的运动黏滞系数为 $1.01 \times 10^{-6}\text{m}^2/\text{s}$。试求：

（1）模型管道的长度和模型的流量。

（2）如模型上测得的测压管高度差 $(\Delta p/\rho g)_m = 2.35\text{cm H}_2\text{O}$，输油管上的测压管高度差 $(\Delta p/\rho g)_p$ 是多少？

5.7 为研究输水管道上直径为 600mm 阀门的阻力特性，采用直径 300mm、几何相似的阀门用气流做模型实验。已知输水管道的流量为 $0.283\text{m}^3/\text{s}$，水的运动黏滞系数 $\nu = 1 \times 10^{-6}\text{m}^2/\text{s}$，空气的运动黏滞系数 $\nu_a = 1.6 \times 10^{-5}\text{m}^2/\text{s}$，试求模型的气流量。

5.8 为研究汽车的空气动力特性，在风洞中进行模型实验（题 5.8 图）。已知汽车高 $h_p = 1.5\text{m}$，行车速度 $v_p = 108\text{km/h}$，风洞风速 $v_m = 45\text{m/s}$，测得模型车的阻力 $p_m = 14\text{kN}$，试求模型车的高度 h_m 及汽车受到的阻力。

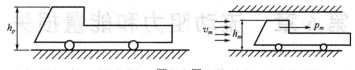

题 5.8 图

5.9 为研究风对高层建筑物的影响，在风洞中进行模型实验，当风速为 9m/s 时，测得迎风面压强为 42Pa，背风面压强为 -20Pa，试求温度不变，风速增至 12m/s 时，迎风面和背风面的压强。

5.10 贮水池放水模型实验，已知模型长度比尺为 225，开闸后 10min 水全部放空，试求放空贮水池所需时间。

5.11 防浪堤模型实验，长度比尺为 40，测得浪压力为 130N，试求作用在原型防浪堤上的浪压力。

5.12 如题 5.12 图所示，溢流坝泄流模型实验，模型长度比尺为 60，溢流坝的泄流量为 500m³/s，试求：

（1）模型的泄流量。

（2）模型的堰上水头 $H_m = 6\text{cm}$，原型对应的堰上水头是多少？

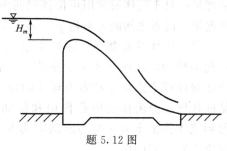

题 5.12 图

第6章 流动阻力和能量损失

在第 4 章我们得到了流体运动的能量方程式，即实际流体恒定总流的伯努利方程式（4.10），此式要在工程中应用，关键是解决能量损失项的计算问题。能量损失一般有两种表示方法：对于液体通常用单位重量的流体能量损失（即水头损失）h_l 来表示，可用液柱高度来度量；对于气体通常用单位体积的流体能量损失（即压强损失）p_l 来表示，可用压强差来度量，两者之间的关系是 $p_l = \rho g h_l$。

实际流体具有黏性，在运动过程中克服阻力所做的功，将使一部分机械能不可逆地转化为热能，从而形成了能量损失。流动阻力是造成能量损失的原因，所以能量损失的变化规律就必然是流动阻力规律的反映。产生阻力的内因是流体的黏滞性和惯性，外因是固体壁面对流体的阻滞作用和扰动作用。因此本章将在研究上述各种因素的基础上，得到流体作恒定流动时的流动阻力和能量损失的规律及其计算方法，应用式（4.10）等解决实际工程问题。

6.1 流动阻力和能量损失的分类

流动阻力和能量损失的规律，因流体的流动状态和流动的边界条件而异。为便于分析计算，按流动边界情况不同，对流动阻力和能量损失分类研究。

6.1.1 能量损失的分类

在边壁沿程无变化（边壁形状、尺寸、过流方向均无变化）的均匀流流段上，产生的流动阻力称为沿程阻力或摩擦阻力。克服沿程阻力做功而引起的能量损失称为沿程损失，对于液体流动的沿程损失习惯称为沿程水头损失，以 h_f 表示。由于沿程损失均匀分布在整个流段上，与流段的长度成正比，所以也称为长度损失。

在边壁沿程急剧变化的局部区域，由于出现旋涡区和速度分布的改组，流动阻力大大增加，形成比较集中的能量损失，这种阻力称为局部阻力。克服局部阻力而引起的能量损失称为局部损失，对于液体流动的局部损失习惯称为局部水头损失，以 h_m 表示，例如管道入口、变径管、弯管、三通、阀门等各种管件处都会产生局部损失。

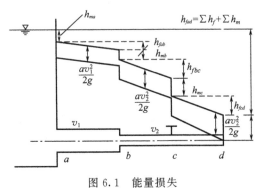

图 6.1　能量损失

图 6.1 所示的管道流动，h_{fab}、h_{fbc}、h_{fcd} 就是 ab、bc、cd 各段的沿程水头损失；h_{ma}、h_{mb}、h_{mc} 就是管道入口、管径突然缩小及阀门等各处的局部水头损失。整个管路的水头损失 h_l 等于各管段的沿程水头损失和所有局部水头损失的总和

$$h_l = \Sigma h_f + \Sigma h_m = h_{fab} + h_{fbc} + h_{fcd} + h_{ma} + h_{mb} + h_{mc}$$

同理，气体管道的机械能损失用压强损失计算

$$p_l = \Sigma p_f + \Sigma p_m$$

6.1.2 能量损失的计算公式

能量损失计算公式的建立，经历了从经验到理论的发展过程。19世纪中叶法国工程师达西（Darcy）和德国水力学家魏斯巴赫（Weisbach）在归纳总结前人实验的基础上，提出圆管沿程水头损失计算公式

$$h_f = \lambda \frac{l}{d} \times \frac{v^2}{2g} \tag{6.1}$$

式中 l——管长，m；

d——管径，m；

v——断面平均流速，m/s；

λ——沿程阻力系数（或称沿程摩阻系数）。

式（6.1）称为达西-魏斯巴赫公式，简称为达西公式。式中的沿程阻力系数 λ 并非确定的常数，一般由实验确定。由此，可以认为达西公式实际上是把沿程水头损失的计算，转化为研究确定沿程阻力系数 λ。20世纪初量纲分析原理发现以后，达西公式可以用量纲分析的方法直接导出式（6.1），详见【例5.3】，从而进一步从理论上证明了该式是一个可以正确完整地表达圆管沿程水头损失的计算公式，使它从最初的纯经验公式中分离出来。经过一个多世纪的理论发展和实践检验证明，达西公式在结构上是合理的，使用上是方便的。

一般将局部水头损失 h_m 写成与速度水头（或单位重量动能）关系的形式

$$h_m = \zeta \frac{v^2}{2g} \tag{6.2}$$

式中 ζ——局部阻力系数，一般由实验确定；

v——ζ 对应的断面平均流速，m/s。

在研究气体流动时，习惯上将式（6.1）和式（6.2）相应地写成单位体积动能表示的压强损失式

$$p_f = \lambda \frac{l}{d} \times \frac{\rho v^2}{2} \tag{6.3}$$

$$p_m = \zeta \frac{\rho v^2}{2} \tag{6.4}$$

6.2 实际流体的两种流动状态

早在19世纪初，就有人发现在同样的边界条件下，由于流体具有黏性，水头损失和流速有一定关系，即流速很小时，水头损失和流速之间的规律不同于流速较大时的规律。这种现象启发人们探求流体运动的内在结构，并进而分析能量损失的规律及其和内在结构之间的关系。1883年，英国物理学家雷诺（Reynolds）经过实验研究发现，能量损失规律之所以不同，是因为流体的流动存在着两种不同的流态。

6.2.1 两种流态

雷诺实验的装置如图6.2所示。由水箱引出玻璃管 A，末端装有阀门 B 可调节流量，在水箱上部的容器 C 中装有密度和水接近的颜色水，打开阀门 D，颜色水就可经细管 E 注入 A 管中。

实验时保持水箱内水位恒定，稍许开启阀门 B，使玻璃管内的水保持较低流速。再打开阀门 D，少许颜色水经细管 E 流出。这时可见玻璃管内的颜色水成一条界线分明的纤流，与周围清水不相混合，如图6.2（a）所示。表明玻璃管中的水呈现一种层状流动，各层质

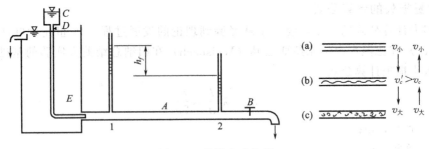

图 6.2 雷诺实验装置

点互不掺混，这种流动状态称为层流。逐渐开大阀门 B，玻璃管内流速增大到某一临界值 v'_c 时，颜色水纤流出现抖动，如图 6.2 (b) 所示；再开大阀门 B，颜色水纤流破散并迅速与周围清水掺混，使玻璃管的整个断面都带颜色，如图 6.2 (c) 所示。表明此时质点的运动轨迹极不规则，各层质点相互掺混，不仅有沿流动方向的位移，而且还有垂直于流动方向的位移，其流速的方向和大小随时间而变化，呈现一种杂乱无章的状态，这种流动状态称为紊流。

若按相反的顺序进行以上实验，即先开大阀门 B，使玻璃管内为紊流，然后逐渐关小阀门 B，则上述现象将以相反过程重演。所不同的是由紊流转变为层流的临界流速值 v_c 小于由层流转变为紊流的临界流速值 v'_c，所以 v_c 称为下临界流速，而 v'_c 称为上临界流速。

为研究不同流态沿程水头损失与流速之间的变化规律，在图 6.2 所示实验装置中的管道上，选取过流断面 1—1、2—2，并安装测压管，根据伯努利方程可知，两断面间的测压管水头差即为该流段的沿程水头损失 h_f，管内水流的断面平均速度 v 可由所测得的流量求出。

通过改变阀门 B 的开度来调节流量，使得 v 从大到小，再从小到大，并量测对应的 h_f 值（测压管水头差）。将实验结果绘制在双对数坐标纸上，即得 h_f-v 关系曲线，如图 6.3 所示，图中 $EDCAO$ 表示速度由大到小的实验结果，线段 $OABDE$ 表示速度由小到大的实验结果。其中 A、D 两点间部分不重合，图 6.3 中的 OA 段和 CDE 段方程都可用对数直线关系式表示

$$\lg h_f = \lg k + m \lg v \text{ 或 } h_f = kv^m \tag{6.5}$$

式中的 k 为待定系数，指数 m 是图 6.3 中直线的斜率。

分析图 6.3 中 h_f-v 关系曲线，可明显分为如下三段。

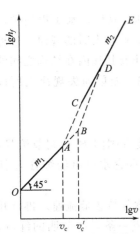

图 6.3 h_f-v 关系曲线

（1）OA 段 当速度较小时，$v < v_c$，流动为层流。实验点分布在一条与坐标轴成 45°的直线上，即 $m_1 = 1.0$。这说明层流中的沿程水头损失与流速的一次方成比例，$h_f \propto v^{1.0}$。

（2）CDE 段 当速度较大时，$v > v'_c$，流动为紊流。实验点分布在斜率较大的线段 CDE 上，它与横轴的夹角由 C 点的 $60°15'$ 逐渐加大到上端直线部分的 $63°25'$，相应的斜率 $m = 1.75 \sim 2.0$，即紊流的 $h_f \propto v^{1.75 \sim 2.0}$。

（3）AC 段、BD 段 此两段是上下两线段的连接部分，为不稳定区域，试验点分布比较散乱。此时速度 $v_c < v < v'_c$，流动属于层流紊流相互转化的过渡区，但变化的总趋势是沿程损失随平均流速的增加而急剧上升。当流速由大变小，试验点由 D 向 C 移动，到达 C 点时水流开始由紊流向层流过渡，到达 A 点后才完全

变为层流，A 点的流速即为下临界流速 v_c。当流速由小变大，试验点由 A 点向 B 点移动，到达 B 点时水流由层流变为紊流，B 点对应的流速即为上临界流速 v'_c。

雷诺及其以后的一些实验发现，B 点的位置很不稳定，即上临界流速 v'_c 是不固定的。如果实验时存在某些起始扰动，则在较低流速下，层流就能变为紊流。反之，若流体在进入管道前具有相当平静的起始条件，即水箱水位恒定、管道入口平顺、管壁光滑、阀门开启轻缓等的条件下，则层流可保持到很高的流速，此时 v'_c 比 v_c 大许多。这说明在一定条件下，层流向紊流过渡可存在一个较高的上临界流速 v'_c，其数值大小随扰动的排除程度而提高。但是下临界流速 v_c 则是稳定的，不受起始扰动的影响，对任何起始紊流，当流速 v 小于 v_c 时，只要管道足够长，流动终将发展为层流。就实际工程来说，扰动是普遍存在的，所以上临界流速 v'_c 对工程实际没有意义，而下临界流速 v_c 却成为判断流态的界限，因此，下临界流速 v_c 也直接被称为临界流速。

雷诺实验揭示了存在层流和紊流两种不同的流态，说明了沿程水头损失和断面平均流速之间的关系具有不同的规律是由于流动状态的不同引起的。所以分析实际流体运动，例如计算能量损失时，首先必须判别流动的状态。

6.2.2 流态的判别准则——临界雷诺数

从雷诺实验看，临界流速可以判别层流和紊流两种流态，但是直接用临界流速来判断流态却并不方便，因为临界流速本身是随管道尺寸和流体种类、温度等条件而改变的。

雷诺等人曾对不同管径的圆管和多种液体进行实验，发现流动状态不仅和流速 v 有关，还与管径 d、流体的动力黏滞系数 μ 和密度 ρ 有关。若流动原处于层流状态，其中的 v、d、ρ 越大，越容易成为紊流；而 μ 越大，越不易成为紊流。在第 5 章已经用量纲分析法证明，用这四个量可组成一个无量纲数——雷诺数 Re

$$Re = \frac{\rho v d}{\mu} = \frac{v d}{\nu} \tag{6.6}$$

一定温度的流体在一定直径的圆管内以一定的速度流动，就可计算出相应的 Re 值。显然，Re 越大，流动就越容易成为紊流；Re 越小越容易成为层流。实验表明，尽管不同条件下的下临界流速 v_c 不同，但对于通常所使用的管壁粗糙情况下的平直圆管均匀流来讲，任何管径大小和任何牛顿流体，与它们的下临界流速 v_c 所对应的下临界雷诺数 Re_c 是相同的，其值为

$$Re_c = \frac{\rho v_c d}{\mu} = \frac{v_c d}{\nu} \tag{6.7}$$

下临界雷诺数 Re_c 是不随管径和流体物理性质变化的无量纲数，实用上称为临界雷诺数。此外对应于上临界流速 v'_c 的上临界雷诺数 Re'_c，由于其值不固定，在工程上缺乏意义，以后不再讨论。

雷诺及后来的实验都得出，临界雷诺数一般稳定在 2000 左右，其中以施勒（Schiller）的实验值 $Re_c = 2300$ 得到公认。用临界雷诺数 Re_c 作为流态判别标准，应用起来十分简便。只需计算出管流的雷诺数 Re，将其与临界雷诺数 $Re_c = 2300$ 比较，便可判别流态：

$Re < Re_c$，流动是层流；

$Re > Re_c$，流动是紊流；

$Re = Re_c$，流动是临界流。

关于雷诺数的物理意义，如第 5.3 节所述，是以宏观特征量表征的质点所受惯性作用和黏性作用之比。当 $Re < Re_c$，流动受黏性作用控制，使流体因受扰动所引起的紊动衰减，流

动保持为层流；随着 Re 增大，黏性作用减弱，惯性对紊动的激励作用增强，到 $Re > Re_c$ 时，流动受惯性作用控制，流动转变为紊流。正因为雷诺数表征了流态决定性因素的对比，具有普遍意义，因此所有牛顿流体（如水、汽油、所有的气体）圆管流的临界雷诺数 Re_c = 2300。

【例 6.1】有一直径 d = 25mm 的室内上水管，管内流速 v = 1.0m/s，水温 t = 10℃。

（1）试判断管中水的流态。

（2）使管内保持层流状态的最大流速是多少？

【解】（1）由表 1.3，查得 10℃时水的运动黏滞系数 ν = $1.31 \times 10^{-6} \, \text{m}^2/\text{s}$，管中雷诺数为

$$Re = \frac{vd}{\nu} = \frac{1.0 \times 0.025}{1.31 \times 10^{-6}} = 19084 > 2300$$

$Re > Re_c$　此管中水流是紊流。

（2）保持层流的最大流速是临界流速 v_c，由式（6.7）

$$v_c = \frac{Re_c \nu}{d} = \frac{2300 \times 1.31 \times 10^{-6}}{0.025} = 0.12 \text{m/s}$$

【例 6.2】某低速送风管道，直径 d = 200mm，管内风速 v = 3.0m/s，空气温度 t = 30℃。

（1）试判断风道内气体的流态。

（2）该风道的临界流速 v_c 是多少？

【解】（1）由表 1.4，查得 30℃时空气的运动黏滞系数 ν = $16.6 \times 10^{-6} \, \text{m}^2/\text{s}$，管中雷诺数

$$Re = \frac{vd}{\nu} = \frac{3.0 \times 0.2}{16.6 \times 10^{-6}} = 36145 > 2300$$

$Re > Re_c$　此管中气体的流态是紊流。

（2）保持层流的最大流速是临界流速，由式（6.7）

$$v_c = \frac{Re_c \nu}{d} = \frac{2300 \times 16.6 \times 10^{-6}}{0.2} = 0.191 \text{m/s}$$

从以上两例可见，水和空气管路内的流动一般为紊流。

【例 6.3】某居民户内煤气管道，用具前支管直径 d = 15mm，煤气流量 Q = 2m³/h，煤气的运动黏滞系数 ν = $26.3 \times 10^{-6} \, \text{m}^2/\text{s}$。试判断该煤气支管内的流态。

【解】管中煤气流速

$$v = \frac{Q}{A} = \frac{2 \times 4}{3600 \times \pi \times 0.015^2} = 3.15 \text{m/s}$$

$$Re = \frac{vd}{\nu} = \frac{3.15 \times 0.015}{26.3 \times 10^{-6}} = 1797 < 2300$$

此管中煤气的流态是层流，这说明某些户内管路的流动也可能出现层流状态。

6.3　均匀流动方程式

前面已指出，沿程阻力（均匀流内部流层间的切应力），是造成沿程水头损失的直接原因。因此建立沿程水头损失与切应力的关系式，再找出切应力的变化规律，就能解决沿程水头损失的计算问题。

6.3.1 均匀流动方程式

取圆管恒定均匀流段 1—2，如图 6.4 所示。对断面 1—1、断面 2—2 列伯努利方程

$$z_1+\frac{p_1}{\rho g}+\frac{\alpha_1 v_1^2}{2g}=z_2+\frac{p_2}{\rho g}+\frac{\alpha_2 v_2^2}{2g}+h_l$$

根据均匀流定义可知 $\frac{\alpha_1 v_1^2}{2g}=\frac{\alpha_2 v_2^2}{2g}$，同时均匀流在流动过程中只有沿程损失，没有局部损失，即 $h_l=h_f$，所以将上式整理为

$$\left(z_1+\frac{p_1}{\rho g}\right)-\left(z_2+\frac{p_2}{\rho g}\right)=h_f \tag{6.8}$$

因为是均匀流，所以过流断面面积相等，即 $A_1=A_2=A$。流体在均匀流中作等速流动，合外力为零，处于动平衡状态，所以作用于其上的压力、壁面切应力和重力沿流动（管轴）方向的平衡方程为

$$p_1 A-p_2 A+\rho g A l\cos\alpha-\tau_0 \chi_l=0$$

式中 l——均匀流段上断面 1—1、断面 2—2 间的距离，m；

  α——均匀流的流动方向（管轴方向）与重力之间的夹角，(°)；

  τ_0——壁面切应力，在均匀流边界上沿程不变，Pa；

  χ——过流断面上流体和固体壁面接触的周界，简称湿周，m。

将 $l\cos\alpha=z_1-z_2$ 代入上式，并以 $\rho g A$ 除式中各项，整理得

$$\left(z_1+\frac{p_1}{\rho g}\right)-\left(z_2+\frac{p_2}{\rho g}\right)=\frac{\tau_0 \chi_l}{\rho g A} \tag{6.9}$$

比较式（6.8）和式（6.9），且对于半径为 r_0 的圆管湿周 $\chi=2\pi r_0$，显然

$$h_f=\frac{\tau_0 \chi_l}{\rho g A}=\frac{2\tau_0 l}{\rho g r_0} \tag{6.10}$$

由于此均匀流段上只有 h_f，所以由式（4.7）可得此均匀流段上水力坡度 J 的表达式

$$J=\frac{h_f}{l} \tag{6.11}$$

实际上此时的水力坡度 J 是单位长度的沿程水头损失。将式（6.11）代入式（6.10），并整理得

$$\tau_0=\rho g\,\frac{r_0}{2}\times\frac{h_f}{l}=\rho g\,\frac{r_0}{2}J \tag{6.12}$$

式（6.12）给出了圆管均匀流沿程水头损失与切应力的关系，称为均匀流动方程式。对于明渠均匀流，按上述步骤可得到与式（6.12）相同的结果，但因为不是轴对称过流断面，边壁切应力分布不均匀，此时式中 τ_0 应为平均切应力。

由于均匀流动方程式是根据作用在恒定均匀流段上的外力相平衡得到的，并没有反映流动过程中产生沿程水头损失 h_f 的物理本质。同时公式推导时未涉及流体质点的运动状况，因此该式对层流和紊流都适用。然而由于层流和紊流切应力的产生和变化有本质不同，最终决定两种流态水头损失的规律也不同。

6.3.2 圆管过流断面上切应力分布

在图 6.4 所示圆管恒定均匀流中，取轴线与管轴重合，半径为 r 的流束，用推导式（6.12）的相同步骤，便可得出流束的均匀流动方程式

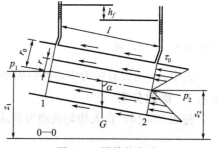

图 6.4 圆管均匀流

$$\tau = \rho g \frac{r}{2} J' \tag{6.13}$$

式中，τ 为所取流束表面的切应力；r、J' 分别为所取流束的半径和水力坡度，其中 J' 与总流的水力坡度 J 相等，$J' = J$。比较式（6.12）和式（6.13）可得

$$\tau = \frac{r}{r_0} \tau_0 \tag{6.14}$$

上式表明在圆管均匀流的过流断面上，切应力呈直线分布，如图 6.4 所示；管轴处 $\tau = 0$，管壁处切应力达最大值 $\tau = \tau_0$。

6.3.3　阻力速度

为了直接建立沿程阻力系数 λ 和壁面切应力 τ_0 之间的关系，将达西公式（6.1）代入均匀流动方程式（6.12），整理得

$$\sqrt{\frac{\tau_0}{\rho}} = v \sqrt{\frac{\lambda}{8}}$$

定义 $v_* = \sqrt{\dfrac{\tau_0}{\rho}}$，则 v_* 具有速度的量纲，即 $[v_*] = LT^{-1}$，称其为阻力速度。于是

$$v_* = v \sqrt{\frac{\lambda}{8}} = \sqrt{\frac{\tau_0}{\rho}} \tag{6.15}$$

式（6.15）表明了阻力速度、沿程阻力系数和壁面切应力三者之间的关系，在以后分析紊流沿程水头损失的规律中将会用到。

6.4　圆管中的层流运动

在实际工程中，虽然绝大多数的流动处在紊流状态，但是层流运动也存在于某些小管径、小流量的户内管路或者低速、高黏流体的管道流动，如阻尼管、润滑油管、输送原油的管道内的流动。研究层流不仅有工程实用意义，而且通过对比可以加深对紊流的认识，因此本节以有压圆管均匀流处于层流状态为例，进行分析和讨论。

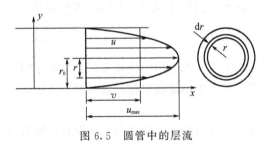

图 6.5　圆管中的层流

6.4.1　流动特征

在层流状态下，黏滞力起主导作用，各流层质点互不掺混，对于圆管来说，各层质点沿平行管轴线方向运动。在管壁处因流体被黏附在管壁上，故速度为零，而管轴上速度最大，整个管流如同无数薄壁圆筒一个套着一个滑动，如图 6.5 所示。各流层间切应力服从牛顿内摩擦定律

$$\tau = \mu \frac{\mathrm{d}u}{\mathrm{d}y}$$

这里 $y = r_0 - r$，则

$$\tau = -\mu \frac{\mathrm{d}u}{\mathrm{d}r} \tag{6.16}$$

式中，r 为以管轴为中心的圆周半径。

6.4.2　流速分布

将式（6.16）代入均匀流动方程式（6.13），则

$$-\mu \frac{\mathrm{d}u}{\mathrm{d}r} = \rho g \frac{r}{2} J$$

分离变量得

$$\mathrm{d}u = -\frac{\rho g J}{2\mu} r \,\mathrm{d}r$$

其中 ρg 和 μ 都是常数，在均匀流过流断面上 J 也是常数，积分上式

$$u = -\frac{\rho g J}{4\mu} r^2 + c$$

利用边界条件确定积分常数，当 $r = r_0$，$u = 0$ 时，代入上式得

$$c = \frac{\rho g J}{4\mu} r_0^2$$

则圆管层流过流断面上的流速分布方程

$$u = \frac{\rho g J}{4\mu}(r_0^2 - r^2) \tag{6.17}$$

上式为抛物线方程，表明圆管中层流运动的过流断面上，流速分布是一个以管轴为轴线的旋转抛物面，这是圆管层流的重要特征之一。当 $r = 0$ 时，管轴处的最大流速为

$$u_{\max} = \frac{\rho g J}{4\mu} r_0^2 = \frac{\rho g J}{16\mu} d^2 \tag{6.18}$$

流量
$$Q = \int_A u \,\mathrm{d}A = \int_0^{r_0} \frac{\rho g J}{4\mu}(r_0^2 - r^2) 2\pi r \,\mathrm{d}r = \frac{\rho g J}{8\mu} \pi r_0^4$$

断面平均流速
$$v = \frac{Q}{A} = \frac{\rho g J}{8\mu} r_0^2 \tag{6.19}$$

比较式（6.18）和式（6.19）得
$$v = \frac{1}{2} u_{\max} \tag{6.20}$$

即圆管层流的断面平均流速为管轴处最大流速的一半。可见，层流的过流断面上流速分布很不均匀，其动能修正系数 α 和动量修正系数 β 可根据定义分别求得

$$\alpha = \frac{\displaystyle\int_A u^3 \,\mathrm{d}A}{v^3 A} = 2$$

$$\beta = \frac{\displaystyle\int_A u^2 \,\mathrm{d}A}{v^2 A} = \frac{4}{3}$$

上述结果说明层流不同于紊流，层流的 α、β 都很大，在应用伯努利方程和动量方程时，不能假设它们等于 1。

6.4.3 圆管层流沿程水头损失的计算

以 $r_0 = \dfrac{d}{2}$，$J = \dfrac{h_f}{l}$ 代入式（6.19）并整理得

$$h_f = \frac{32\mu l v}{\rho g d^2} \tag{6.21}$$

上式从理论上证明了层流 $h_f \propto v^{1.0}$，将式（6.21）改成达西公式的形式

$$h_f = \frac{64}{Re} \times \frac{l}{d} \times \frac{v^2}{2g} = \lambda \frac{l}{d} \times \frac{v^2}{2g}$$

由此可见，圆管层流的沿程阻力系数为

$$\lambda = \frac{64}{Re} \tag{6.22}$$

式（6.22）表明，圆管层流的沿程阻力系数只是雷诺数的函数，与管壁粗糙程度无关。

因为德国水利工程师哈根（Hagen）和法国医生兼物理学家泊肃叶（Poiseuill）首先进行了圆管层流的实验研究，所以式（6.22）又称为哈根-泊肃叶公式，这种层流运动也被称为

（哈根）泊肃叶流。式（6.22）与实验结果相符，在流体力学发展的历史上，为确定黏性流体沿固体壁面无滑移（壁面吸附）条件 $r=r_0$、$u=0$ 的正确性，提供了佐证。上式也可由实际流体运动微分方程（N-S 方程）导出，实为 N-S 方程为数不多的精确解。

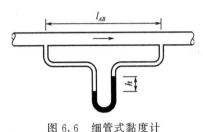

图 6.6　细管式黏度计

【例 6.4】应用细管式黏度计测定油的黏度，如图 6.6 所示。已知细管直径 $d=6\text{mm}$，测量段长 $l_{AB}=2\text{m}$，实测油的流量 $Q=77\text{cm}^3/\text{s}$，水银压差计的读值 $h_p=30\text{cm}$，油的密度 $\rho=900\text{kg/m}^3$。试求油的运动黏滞系数 ν 和动力黏滞系数 μ。

【解】列细管测量段前、后断面伯努利方程

$$h_f=\frac{p_1}{\rho g}-\frac{p_2}{\rho g}=\left(\frac{\rho_p}{\rho}-1\right)h_p=\left(\frac{13600}{900}-1\right)\times 0.3=4.23\text{m}$$

设管内油的流态为层流

$$v=\frac{4Q}{\pi d^2}=\frac{4\times 77\times 10^{-6}}{3.14\times 0.006^2}=2.72\text{m/s}$$

由达西公式解得运动黏滞系数

$$\nu=h_f\frac{2gd^2}{64lv}=4.23\times\frac{2\times 9.8\times 0.006^2}{64\times 2\times 2.72}=8.57\times 10^{-6}\text{m}^2/\text{s}$$

动力黏滞系数　　$\mu=\rho\nu=900\times 8.57\times 10^{-6}=7.71\times 10^{-3}\text{Pa}\cdot\text{s}$

校核流态　　$Re=\frac{vd}{\nu}=\frac{2.72\times 0.006}{8.57\times 10^{-6}}=1904<2300$

为层流，计算成立。

6.5　紊流理论基础

自然界和工程中的绝大多数流动都是紊流（也称为湍流）。工业生产中的许多工艺过程，如流体的管道输送、燃烧、掺混、传热和冷却等都涉及紊流问题，可见紊流更具有普遍性。一百多年来，许多学者对紊流进行了实验和理论的研究，取得不少成果，但是目前还有许多紊流问题没有得到解决，紊流问题仍是流体力学中一个重要而艰巨的研究课题。紊流的内容很多，下面主要介绍一些紊流的基本理论知识。

6.5.1　层流向紊流的转变

层流和紊流的根本区别在于层流与各流层间互不掺混，质点层次分明地向前运动，只存在黏性引起的各流层间的滑动摩擦力；紊流时则有大小不等的涡体动荡于各流层间，除了黏性阻力，还存在着由于质点掺混、互相碰撞所造成的惯性阻力。因此，紊流阻力比层流大得多。层流到紊流的转变是与涡体的产生联系在一起的。图 6.7 绘出了涡体产生的过程。

流体运动从层流转变为紊流的过程，是一个复杂的过程。涡体的形成和形成后的涡体脱离原来的流层掺入邻近的流层，是从层流转变成紊流的两个不可缺少的条件。涡体的形成有如下两个基本前提。

一个是流体的物理性质，即流体具有黏性，实际流体过流断面上的流速分布总是不均匀的，因此使各流层之间产生内摩擦切应力。对于某一选定的流层来讲，如图 6.7 中粗线所示，流速较快的流层对它的切应力是顺流向的，流速较慢的流层对它的切应力是逆流向的。因此该选定的流层所承受的切应力，有构成力矩、促成涡体产生的倾向。

另一个前提是流体的波动。设流体原来作直线运动。由于外界的微小干扰或来流中残存的扰动，流层将不可避免地发生局部性波动，如图 6.7（a）所示。在波峰一侧，由于流线间

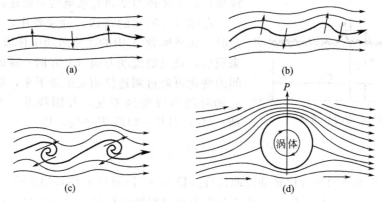

图 6.7　层流到紊流的转变与涡体产生的过程

距变化，使波峰凸面处的微小流束过流断面面积受到压缩而减少，流速增大，压强降低；在波谷凹面一侧的微小流束，过流断面面积增大，流速减小，压强增大。因此流层受到图 6.7（b）中箭头所示的压差作用。当波幅增大到一定的程度后，由于横向压力和切应力的综合作用，使波峰和波谷重叠，终于发展成涡体，如图 6.7（c）所示。

涡体形成后，在涡体附近的流速分布将有所改变，如图 6.7（d）所示。原来流速较大流层的流动方向与涡体旋转的方向一致，故该流层的流速将更大，同时压强减小；而原来流速较小流层的流动方向与涡体旋转的方向相反，故该流层的流速将更小，同时压强增大。结果导致涡体两侧有压差产生，形成横向升力（或下沉力），从而有可能推动涡体脱离原流层掺入流速较快的流层，这就是产生紊流掺混的原因，但是此时还不一定就能产生掺混，进而发展为紊流。因为一方面涡体由于惯性作用，有保持其本身运动方向的倾向；另一方面流体有黏性，对于涡体运动有阻力，因而约束涡体运动。所以只有当促使涡体横向运动的惯性力超过黏滞力时，涡体才能脱离原流层掺入新流层，从而发展为紊流。即层流受扰动后，当黏性的稳定作用起主导作用时，扰动就受到黏性的阻滞而衰减下来，层流就是稳定的；当扰动占上风时，黏性的稳定作用无法使扰动衰减下来，于是流动便变为紊流。由此可见，流动呈现什么流态，是扰动的惯性作用和黏性的稳定作用相互斗争的结果，因此表征运动流体惯性力和黏性力比值的雷诺数可用来判别流态。

实验表明，在 $Re=1225$ 左右时，流动的核心部分就已出现线状的波动和弯曲。随着 Re 的增加，其波动的范围和强度也增大，但此时黏性仍起主导作用，层流仍是稳定的。直至 Re 达到 2000 左右时，在流动的核心部分惯性力终于克服黏性力的阻滞而开始产生涡体，掺混现象也就出现了。当 $Re>2000$ 后，涡体越来越多，掺混也越来越强烈。直到 $Re=3000\sim4000$ 时，除了在邻近管壁的极小区域外，均已发展为紊流。

6.5.2　紊流运动的特征和时均法

正如前面说明层流向紊流的转化过程中所指出的，紊流始于涡体的产生和发展，无数大小不等的涡团无规则地运动，引起流体质点在流动过程中不断地相互掺混，即质点掺混。质点掺混使得空间各点的速度随时间无规则地随机变化，与之相关联，压强、浓度等物理量也随时间作不规则变化，这种现象称为紊流脉动。

质点掺混和紊流脉动是从不同角度来表述紊流特征，前者着眼于质点的运动状况，后者着眼于空间点的运动参数。质点掺混、紊流脉动既是紊流的基本特征，也是研究紊流的出发点。

紊流运动参数的瞬时值带有偶然性，但不能就此得出紊流不存在规律性的结论。同许多物质运动一样，紊流运动的规律性同它的偶然性是相伴存在的。由于脉动的随机性，统计平均方法自然成为处理紊流运动的基本手段，其中通过运动参数的时均化，来获得时间平均的

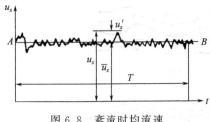

图 6.8　紊流时均流速

规律性，是流体力学研究紊流的有效途径之一。

在图 6.2 所示的雷诺实验装置中，水箱内水位恒定时，在玻璃管 A 内的紊流运动中任取一固定空间点来观察，该点沿流动方向（x 方向）瞬时流速 u_x 随时间的变化可通过测速仪测定记录下来，如图 6.8 所示，u_x 随时间不规则地变化，并围绕某一平均值上下跳动。将 u_x 对某一时段 T 平均，即

$$\bar{u}_x = \frac{1}{T} \int_0^T u_x \, \mathrm{d}t \qquad (6.23)$$

只要所取时段 T 不是很短（比脉动周期长许多倍），$\bar{u}_x$ 值便与 T 的长短无关，$\bar{u}_x$ 就是该点 x 方向的时均流速。从图形上看，$\bar{u}_x$ 是 T 时段内与时间轴平行的直线 AB 的纵坐标，AB 线与时间轴所包围的面积等于 $u_x = f(t)$ 曲线与时间轴所包围的面积。定义了时均流速，瞬时流速就等于时均流速与脉动流速的叠加

$$u_x = \bar{u}_x + u_x' \qquad (6.24)$$

式中，u_x' 为该点在 x 方向的脉动流速。脉动流速随时间改变，时正时负，时大时小。在时段 T 内，脉动流速的时均值为零

$$\overline{u_x'} = \frac{1}{T} \int_0^T u_x' \, \mathrm{d}t = 0 \qquad (6.25)$$

紊流的脉动不仅在流动方向上存在，垂直于运动方向也存在横向脉动。对于瞬时流速 u_y、u_z 也可得到类似图 6.8 的曲线，并视为由时均量和脉动量所构成的形式，此时横向脉动流速的时均值 $\overline{u_y'}$、$\overline{u_z'}$ 也为零，但脉动流速的均方值不等于零

$$\overline{u_x'^2} = \frac{1}{T} \int_0^T u_x'^2 \, \mathrm{d}t \neq 0$$

同理 y、z 方向脉动流速的均方值 $\overline{u_y'^2}$、$\overline{u_z'^2}$ 也不为零。

紊流中压强也可同样处理，瞬时压强 p、时均压强 $\bar{p}$ 和脉动压强 p' 之间的关系为

$$p = \bar{p} + p'$$

$$\bar{p} = \frac{1}{T} \int_0^T p \, \mathrm{d}t$$

$$\overline{p'} = \frac{1}{T} \int_0^T p' \, \mathrm{d}t = 0$$

至此，在流体力学中已提及如下三种流速概念。

（1）瞬时流速 u，为流体通过某空间点的实际流速，在紊流状态下随时间脉动。

（2）时均流速 $\bar{u}$，为某一空间点的瞬时流速在时段 T 内的时间平均值。

$$\bar{u} = \frac{1}{T} \int_0^T u \, \mathrm{d}t$$

（3）断面平均流速 v，为过流断面上各点的流速（紊流是时均流速）的断面平均值。

$$v = \frac{1}{A} \int_A \bar{u} \, \mathrm{d}A$$

在引入时均化概念的基础上，把紊流简化为时均流动和脉动的叠加，就可以对时均流动和脉动分别进行研究。由于脉动量的时均值为零，则时均流动是主要的，它反映了流动的基本特征，因而时均值也是一般水力计算的基础。这样根据时均运动参数是否随时间变化，紊流便可分为恒定流和非恒定流，即紊流的瞬时运动总是非恒定的，而平均运动可能是恒定

的，也可能是非恒定的。工程上关注的总是时均流动，一般仪器和仪表测量的也是时均值。同时在第 3 章建立的流线、流管、元流和总流等欧拉法描述流动的基本概念，在"时均"的意义上继续成立。

需要指出，虽然引入时均值的概念给研究紊流带来了方便，但紊流运动要素的脉动是客观存在的，这一特征不因采用时均化研究方法而消失。紊流的许多问题，如紊流切应力的产生、过流断面上的流速分布和紊流中的热传递规律等，仍需要考虑紊流脉动等的影响，才能得到符合实际的结论。

6.5.3 紊流的半经验理论

（1）紊流的切应力　平面恒定均匀紊流如图 6.9 所示，按时均化方法分解为时均流动和脉动的叠加，相应的紊流切应力 $\bar{\tau}$ 也由两部分组成。一方面因各流层时均流速不同，存在相对运动而产生的黏性切应力 $\bar{\tau}_1$，符合牛顿内摩擦定律

$$\bar{\tau}_1 = \mu \frac{\mathrm{d}\bar{u}_x}{\mathrm{d}y}$$

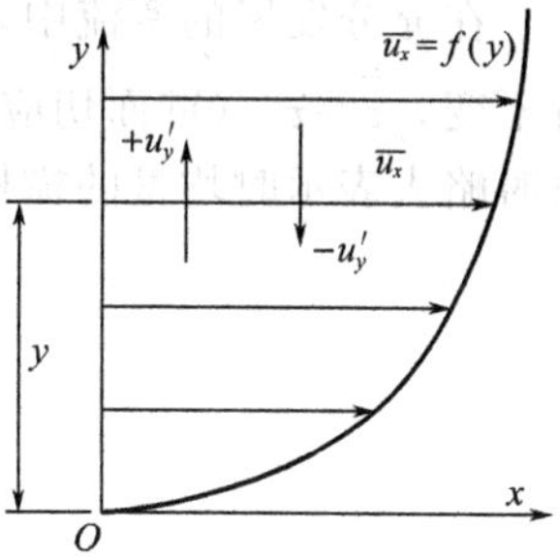

式中 $\dfrac{\mathrm{d}\bar{u}_x}{\mathrm{d}y}$ 为时均流速梯度。

图 6.9　紊流切应力

另一方面由于紊流脉动，上下层质点相互掺混，动量交换引起的附加切应力 $\bar{\tau}_2$，又称为雷诺应力

$$\bar{\tau}_2 = -\rho \, \overline{u_x' u_y'} \tag{6.26}$$

式中，$\overline{u_x' u_y'}$ 为脉动流速乘积的时均值，因 u_x' 与 u_y' 异号（证明略），为使附加切应力 $\bar{\tau}_2$ 与黏性切应力 $\bar{\tau}_1$ 表达方式一致，以正值出现，故式前加负号"－"。则紊流切应力为两者之和

$$\bar{\tau} = \bar{\tau}_1 + \bar{\tau}_2 = \mu \frac{\mathrm{d}\bar{u}_x}{\mathrm{d}y} - \rho \, \overline{u_x' u_y'} \tag{6.27}$$

式中两部分切应力所占份额随紊动情况而异。在 Re 较小、紊流脉动较弱时，$\bar{\tau}_1$ 占主导地位；随着 Re 增大，紊流脉动加剧，$\bar{\tau}_2$ 不断加大。当 Re 很大、紊动充分发展时，黏性切应力与附加切应力相比甚小（$\bar{\tau}_1 \ll \bar{\tau}_2$），前者可忽略不计。

（2）普朗特混合长度理论　在紊流附加切应力表达式（6.27）中，脉动流速 u_x'、u_y' 均为随机量，其随时间的变化规律不易测量和计算，如能找到 $\overline{u_x' u_y'}$ 与时均流速的关系，就能直接利用式（6.27）计算附加切应力。1925 年德国力学家普朗特（Prandtl）比拟气体分子运动的自由程概念，提出混合长度理论（又称为动量输运理论）。混合长度理论在推导的过程中，引入了一些假设，其要点如下。

假设一：流体质点横向掺混过程中，存在与气体分子自由程相当的行程 l，如图 6.10 所示，在此行程内，不与其他质点相碰，保持原有的运动特征，即从原流层直至经过行程 l 到达新的流层，才同周围质点相混合，发生动量交换，失去原有的运动特征，其中的 l 称为混合长度。因时均流速连续分布，发生质点掺混的两流层间的时均流速差为

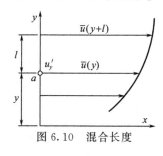

图 6.10　混合长度

$$\Delta \bar{u}_x = \bar{u}_x(y+l) - \bar{u}_x(y) = \bar{u}_x(y) + l\frac{\mathrm{d}\bar{u}_x}{\mathrm{d}y} - \bar{u}_x(y) = l\frac{\mathrm{d}\bar{u}_x}{\mathrm{d}y}$$

假设二：脉动速度 u_x' 与两流层的时均流速差 $\Delta\bar{u}_x$ 有关

$$u_x' \sim l\frac{\mathrm{d}\bar{u}_x}{\mathrm{d}y}$$

脉动速度 u_y' 与 u_x' 有关，二者具有相同数量级，即

$$u_y' \sim u_x' \sim l\frac{\mathrm{d}\bar{u}_x}{\mathrm{d}y}$$

将以上关系代入式（6.26），同时为使公式简化，将比例系数归入 l 内，得

$$\overline{\tau}_2 = -\rho\,\overline{u'_x u'_y} = \rho l^2 \left(\frac{\mathrm{d}\overline{u}_x}{\mathrm{d}y}\right)^2 \tag{6.28}$$

假设三：混合长度 l 不受黏性影响，只与质点到壁面的距离有关

$$l = \beta y \tag{6.29}$$

式中 β 为待定的无量纲常数，通常由实验确定。

在充分发展的紊流中，切应力 $\overline{\tau}$ 只考虑紊流附加切应力，同时假设壁面附近切应力值保持不变，$\overline{\tau} = \tau_0$（壁面切应力）。将式（6.29）代入式（6.28），为简便起见，以后提及时均值时略去表示时均量的横标线，同时以 u 代替 u_x

$$\tau_0 = \rho\beta^2 y^2 \left(\frac{\mathrm{d}u}{\mathrm{d}y}\right)^2$$

$$\mathrm{d}u = \frac{1}{\beta}\sqrt{\frac{\tau_0}{\rho}} \times \frac{\mathrm{d}y}{y}$$

对上式积分，其中 τ_0 一定，阻力速度 $v_* = \sqrt{\dfrac{\tau_0}{\rho}}$ 是常数，得到

$$\frac{u}{v_*} = \frac{1}{\beta}\ln y + c \tag{6.30}$$

上式为壁面附近紊流流速分布的一般公式，因其为对数函数，故也称为普朗特-卡门（Karman）对数分布律。该式虽然从边壁附近的紊流条件推出，但将其推广用于紊流流动（黏性底层除外）的整个过流断面，同实际流速分布仍相符。

由混合长度理论得到了紊流时均切应力表达式（6.28）和流速分布规律式（6.30）。同时也看到这一理论的某些基本假设不尽符合实际。例如，认为流体质点经过混合长度 l 才一次性与周围质点进行动量交换，然而流体质点不同于气体分子，它不是独立的个体，而是连续介质的组成微元，质点在位移过程中将连续与周围质点接触；又如公式中的常数 β、c 都需由实验确定。尽管如此，由于混合长度理论是从紊流特征出发的，反映了紊流的特点，同时推导简单，理论结果与实际相符，至今仍是在工程上得到广泛应用的紊流阻力理论。

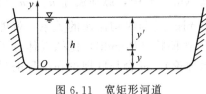

图 6.11　宽矩形河道

【例 6.5】证明在很宽的矩形断面河道中（见图 6.11），水深 $y' = 0.63h$ 处的流速，等于该断面的平均流速。

【解】由普朗特-卡门对数分布律，即式（6.30）

$$u = \frac{v_*}{\beta}\ln y + c$$

当 $y = h$（水面）时，$u = u_{\max}$，则 $c = u_{\max} - \dfrac{v_*}{\beta}\ln h$，代入上式得

$$u = u_{\max} + \frac{v_*}{\beta}\ln\frac{y}{h}$$

断面平均流速

$$v = \frac{1}{h}\int_0^h \left(u_{\max} + \frac{v_*}{\beta}\ln\frac{y}{h}\right)\mathrm{d}y = u_{\max} - \frac{v_*}{\beta}$$

由 $u = v$ 得到上面两式相等，则

$$\ln\frac{y}{h} = -1$$

$$y = \frac{1}{e}h = 0.368h$$

于是 $$y' = h - 0.368h = 0.632h$$

这是河道流量测量中，用一点法测量断面平均流速时，流速仪的置放深度。

6.5.4 黏性底层

固体通道内的紊流，以圆管中的紊流为例，如图6.12所示，只要是黏性流体，不论黏性大小，都满足在壁面上无滑移（黏附）条件，使得在紧靠壁面很薄的流层内，速度由一定值很快减至零，且惯性力较小，因而仍保持为层流运动。在这一薄层内速度虽小，但速度梯度很大，黏性切应力不容忽视。另外，由于壁面限制质点的横向掺混，逼近壁面，脉动流

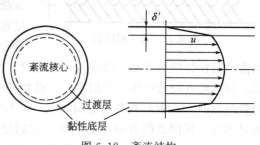

图 6.12　紊流结构

速和附加切应力趋于消失。所以，管道内紧靠管壁存在黏性切应力起控制作用的薄层，称为黏性底层（或称层流底层）。黏性底层的内侧是界限不明显的过渡层，再向内的管中心部分称为紊流核心。黏性底层的厚度 δ' 通常不到 1mm，且随雷诺数 Re 增大而减小。

在黏性底层内，切应力取壁面切应力 $\tau = \tau_0$，则由牛顿内摩擦定律 $\tau_0 = \mu \dfrac{\mathrm{d}u}{\mathrm{d}y}$ 积分该式

$$u = \frac{\tau_0}{\mu} y + c$$

由边界条件知壁面上 $y=0$，$u=0$ 时积分常数 $c=0$，则

$$u = \frac{\tau_0}{\mu} y \tag{6.31}$$

或以 $\mu = \rho\nu$，$v_* = \sqrt{\dfrac{\tau_0}{\rho}}$ 代入上式整理得

$$\frac{u}{v_*} = \frac{v_* y}{\nu} \tag{6.32}$$

式（6.31）和式（6.32）表明，在黏性底层中，流速按线性分布，在壁面上流速为零。

黏性底层虽然很薄，但它的存在对管壁粗糙的扰动作用和导热性能、紊流的流速分布和流动阻力却有重大影响。

6.6　圆管紊流中的沿程水头损失

虽然可以利用达西公式计算圆管紊流的沿程水头损失，但由于紊流的复杂性，式中沿程阻力系数 λ 至今未能如层流那样严格地从理论上推导出来。因此针对紊流运动，工程上确定 λ 值通常采用两种其他途径：一种是直接根据实验结果，综合成 λ 的经验公式；另一种是以紊流的半经验理论为基础，结合实验结果，整理成 λ 的半经验公式。后者具有更为普遍的意义，是我们本节讨论的重点。

6.6.1　尼古拉兹实验

为了验证和发展普朗特理论，1933年德国力学家和工程师尼古拉兹（Nikuradse）在人工均匀砂粒粗糙管道中进行了管流沿程阻力系数 λ 和断面流速分布的实验测定。

（1）沿程阻力系数 λ 的影响因素　　在组织实验之前，首先要分析影响沿程阻力系数 λ 的因素。由式（6.22）可知，圆管层流中 λ 只是雷诺数 Re 的函数，而与壁面粗糙无关；紊流中 λ 除和流动状况（由 Re 表征）有关外，突入紊流核心的每个粗糙突起，都将不断地产生

并向管中输送旋涡，从而直接影响流动的紊动程度，因此壁面粗糙构成了影响 λ 的另一个重要因素。

图 6.13　人工粗糙管

壁面粗糙一般包括粗糙突起的高度、形状，以及疏密和排列等许多因素。为便于分析粗糙的影响，尼古拉兹在实验中使用了一种简化的粗糙模型。他将经过筛选的形状近似球体的砂粒，用漆汁均匀而稠密地贴在管壁内表面，做成人工粗糙管，如图 6.13 所示。由于采用了这种简化的粗糙形式，使得尼古拉兹仅用一个因素——糙粒的突起高度 k_s（相当于砂粒直径），就可表示壁面的粗糙程度。其中 k_s 被称为绝对粗糙，k_s 与管道直径（或半径）之比 k_s/d（或 k_s/r_0）称为相对粗糙，其倒数称为相对光滑度，它们是能在不同直径的管道中，反映壁面粗糙影响的量。由以上分析得出，雷诺数和相对粗糙是沿程阻力系数 λ 的两个影响因素，即

$$\lambda = f(Re, k_s/d)$$

沿程阻力系数 λ 是 Re 和 k_s/d 的函数，也可借助量纲分析的方法，应用 π 定理得到（见【例 5.3】）。另外根据相似原理可知，Re 相等意味着主要作用力相似，而 k_s/d 相等则意味着粗糙的几何相似；如果流动的 Re 和 k_s/d 相等，它们就是力学相似的，所以 λ 值也应相等。

（2）λ 的测定和阻力分区图　尼古拉兹应用类似图 6.2 的实验装置（此时拆除设备 C、D 和 E），采用人工粗糙管进行实验。实验管道相对粗糙的变化范围为 $\dfrac{k_s}{d} = \dfrac{1}{1014} \sim \dfrac{1}{30}$，对每根管道（与确定的 k_s/d 相对应）实测不同流量的断面平均流速 v 和沿程水头损失 h_f。再由

$$Re = \frac{vd}{\nu}$$

$$\lambda = \frac{d}{l} \times \frac{2g}{v^2} h_f$$

两式算出 Re 和 λ 值，取对数后将各点绘于对数坐标纸上，就得到 $\lambda = f(Re, k_s/d)$ 曲线，即尼古拉兹曲线图，如图 6.14 所示。

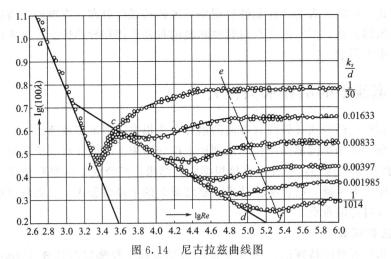

图 6.14　尼古拉兹曲线图

根据 λ 的变化特性，尼古拉兹将实验曲线分为如下 5 个阻力区。

第 I 区为层流区（ab 线，$\lg Re < 3.36$，$Re < 2300$）。不同相对粗糙管的所有实验点都集中在同一条直线上。表明 λ 与相对粗糙 k_s/d 无关，只是 Re 的函数，并符合 $\lambda = \dfrac{64}{Re}$。由此

也证明了在 6.4 节中推导的理论结果与实验相符。

第Ⅱ区为临界区（bc 线，$\lg Re = 3.36\sim 3.6$，$Re = 2300\sim 4000$）。不同相对粗糙管的实验点在同一曲线上。表明 λ 与相对粗糙 k_s/d 无关，只是随 Re 的增大而增大。此区是层流向紊流的过渡，范围很窄，实用意义不大，不予讨论。

第Ⅲ区为紊流光滑区（cd 线，$\lg Re > 3.6$，$Re > 4000$）。不同相对粗糙管的实验点起初都集中在同一直线 cd 上。随着 Re 的增大，k_s/d 大的管道，其实验点在 Re 较低时便偏离此线，而 k_s/d 小的管道，其实验点在 Re 较大时才偏离紊流光滑区。在 cd 线上，λ 与相对粗糙 k_s/d 无关，只是 Re 的函数。

第Ⅳ区为紊流过渡区（cd 与 ef 之间的曲线簇）。此时不同相对粗糙管的实验点，已偏离紊流光滑区的 cd 线，各自分散成一条条波状的曲线。表明 λ 既与 Re 有关，又与 k_s/d 有关。

第Ⅴ区为紊流粗糙区（ef 右侧水平的直线簇）。不同相对粗糙管的实验点分别落在不同的水平直线上。表明 λ 只与相对粗糙 k_s/d 有关，与 Re 无关。对于确定的管道（k_s/d 一定），λ 在该区是常数。由式（6.1）可知，此时 $h_f \propto v^2$，故该区又称为阻力平方区或自动模型区（自模区）。

尼古拉兹实验表明，紊流中的 λ 值确实与 Re 和 k_s/d 这两个因素有关。但是为什么紊流又分为三个阻力区，而各区 λ 的变化规律又是如此不同呢？这个问题可以用黏性底层的存在来解释。

在紊流光滑区，黏性底层的厚度 δ' 显著地大于粗糙突起的高度 k_s。粗糙突起完全被掩盖在黏性底层内，对紊流核心的流动几乎没有影响，如图 6.15（a）所示。粗糙所引起的扰动作用被黏性底层内流体黏性的稳定作用抑制。因而 λ 只与 Re 有关，与 k_s/d 无关。此时管壁粗糙对流动阻力和能量损失不产生影响。

在紊流过渡区，由于黏性底层的厚度变薄，接近粗糙突起的高度，粗糙开始影响到紊流核心内的流动，如图 6.15（b）所示，加大了流动的紊动强度。因而增大了流动阻力和能量损失，此时 λ 与 Re 和 k_s/d 两个因素都有关。

在紊流粗糙区，黏性底层的厚度更薄，$\delta' \ll k_s$，粗糙突起几乎完全暴露在紊流核心中，如图 6.15（c）所示。此时

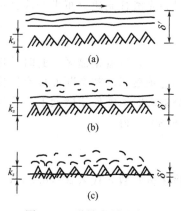

图 6.15　黏性底层的变化

粗糙的扰动作用已经成为紊流核心中惯性阻力产生的主要原因。Re 的变化对黏性底层以及流动紊动强度的影响已微不足道，k_s/d 成了影响 λ 的唯一因素。

由此可见，流体力学中所说的光滑区和粗糙区，不完全取决于管壁粗糙的突起高度 k_s，还取决于和 Re 有关的黏性底层的厚度 δ'。

尼古拉兹实验虽然是在人工粗糙管中完成的，不能完全用于实用管道，但是它却具有重要意义。该实验比较全面地反映了 λ 值的变化规律，揭示了影响 λ 变化的主要因素，为补充普朗特混合长度理论，测定 λ 和断面流速分布，推导紊流的半经验公式提供了可靠的依据。1938 年，前苏联水利学家蔡克士大仿照尼古拉兹的实验，在人工粗糙砂粒的矩形明槽中进行了 λ 值的实验研究，得到了与尼古拉兹实验性质相同的结果，如图 6.16 所示。

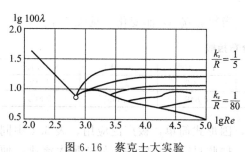

图 6.16　蔡克士大实验

6.6.2　流速分布

尼古拉兹通过实测流速分布，完善了由混合长度理论得到的流速分布式（6.30），使之具有实用意义。

（1）紊流光滑区　紊流光滑区的流速分布可分为黏性底层和紊流核心两部分。黏性底层内流速为线性分布，符合式（6.31）

$$u = \frac{\tau_0}{\mu} y \quad (y \leqslant \delta')$$

在紊流核心，以边界条件 $y = \delta'$，流速 $u = u_b$ 代入式（6.30）得

$$c = \frac{u_b}{v_*} - \frac{1}{\beta} \ln \delta'$$

又由式（6.31）和式（6.15）得

$$\delta' = \frac{u_b}{\tau_0} \mu = \frac{u_b}{v_*^2} \nu$$

将上两式代入式（6.30），整理得

$$\frac{u}{v_*} = \frac{1}{\beta} \ln \frac{v_* y}{\nu} + \frac{u_b}{v_*} - \frac{1}{\beta} \ln \frac{u_b}{v_*} = \frac{1}{\beta} \ln \frac{v_* y}{\nu} + c_1$$

根据尼古拉兹实验的结果，取 $\beta = 0.4$、$c_1 = 5.5$ 代入上式，并把自然对数换成常用对数，便得到光滑管流速分布半经验公式

$$\frac{u}{v_*} = 5.75 \lg \frac{v_* y}{\nu} + 5.5 \tag{6.33}$$

（2）紊流粗糙区　此时黏性底层的厚度远小于壁面粗糙突起的高度（$\delta' \ll k_s$），黏性底层已被破坏，整个断面按紊流核心处理。由于式（6.30）已忽略黏性切应力，因而在确定积分常数时不能使用壁面上流速为零的边界条件。采用边界条件 $y = k_s$，流速 $u = u_s$，代入式（6.30），得

$$c = \frac{u_s}{v_*} - \frac{1}{\beta} \ln k_s$$

将积分常数 c 代入式（6.30），整理得

$$\frac{u}{v_*} = \frac{1}{\beta} \ln \frac{y}{k_s} + \frac{u_s}{v_*} = \frac{1}{\beta} \ln \frac{y}{k_s} + c_2$$

根据尼古拉兹实验的结果，取 $\beta = 0.4$、$c_2 = 8.48$ 代入上式，并把自然对数换成常用对数，便得到粗糙区流速分布半经验公式

$$\frac{u}{v_*} = 5.75 \lg \frac{y}{k_s} + 8.48 \tag{6.34}$$

除上述半经验公式，1932 年尼古拉兹根据实验结果还提出了紊流流速分布的指数公式

$$\frac{u}{u_{max}} = \left(\frac{y}{r_0} \right)^n \tag{6.35}$$

式中 u_{max} 为管轴处的最大流速；r_0 为圆管半径；指数 n 随 Re 而变化，见表 6.1。

表 6.1　紊流流速分布指数

Re	4×10^3	2.3×10^4	1.1×10^5	1.1×10^6	2.0×10^6	3.2×10^6
n	1/6.0	1/6.6	1/7.0	1/8.8	1/10	1/10
v/u_{max}	0.791	0.808	0.817	0.849	0.865	0.865

流速分布的指数公式（6.35）完全是经验性的，因形式简单，被广泛应用。表 6.1 中同时列出紊流断面平均流速 v 与最大流速 u_{max} 的比值，据此只需测量管轴心处的最大流速，便

可求出断面平均流速，从而求得流量。

6.6.3 λ的半经验公式

紊流沿程阻力系数 λ 的半经验公式是普朗特混合长度理论和尼古拉兹实验相结合的产物，根据上述紊流光滑区和粗糙区的流速分布，就可导出沿程阻力系数 λ 的半经验公式。

（1）光滑区沿程阻力系数　根据断面平均流速 v 的定义，可得

$$v = \frac{\int_0^{r_0} u 2\pi r \, \mathrm{d}r}{\pi r_0^2}$$

式中 u 以半经验公式（6.33）代入，由于黏性底层很薄可忽略，积分上限取 r_0，得

$$v = v_* \left(5.75 \lg \frac{v_* r_0}{\nu} + 1.75 \right)$$

以 $v_* = v\sqrt{\lambda/8}$ 代入上式，并根据实验数据调整常数，得到紊流光滑区沿程阻力系数 λ 的半经验公式，也称为尼古拉兹光滑管公式

$$\frac{1}{\sqrt{\lambda}} = 2\lg \frac{Re\sqrt{\lambda}}{2.51} \tag{6.36}$$

（2）粗糙区沿程阻力系数　按推导光滑管 λ 半经验公式（6.36）的相同步骤，可得到紊流粗糙区 λ 的半经验公式，也称为尼古拉兹粗糙管公式

$$\frac{1}{\sqrt{\lambda}} = 2\lg \frac{3.7d}{k_s} \tag{6.37}$$

（3）阻力区的判别　紊流不同阻力区沿程阻力系数 λ 的计算公式不同，只有对阻力区做出判别，才能选用相应的公式。前面已经说明，不同的阻力区是由黏性底层的厚度 δ' 和壁面粗糙突起高度 k_s 的相互关系决定的。黏性底层的厚度由边界 $y = \delta'$ 处流速同时满足式（6.32）和式（6.33），得出

$$\delta' = 11.6 \frac{\nu}{v_*} \tag{6.38}$$

上式作相应变形
$$\frac{k_s}{\delta'} = \frac{1}{11.6} \times \frac{v_* k_s}{\nu} = \frac{1}{11.6} Re_* \tag{6.39}$$

式中粗糙雷诺数 $Re_* = \dfrac{v_* k_s}{\nu}$，可作为阻力分区的标准，尼古拉兹由实验得出

紊流光滑区：$0 < Re_* \leqslant 5$，　　　$\delta' \geqslant 2.3 k_s$，　　　　　　$\lambda = \lambda(Re)$

紊流过渡区：$5 < Re_* \leqslant 70$，　　$0.17 k_s \leqslant \delta' < 2.3 k_s$，　　$\lambda = \lambda(Re, k_s/d)$

紊流粗糙区：$Re_* > 70$，　　　　　$\delta' < 0.17 k_s$，　　　　　$\lambda = \lambda(k_s/d)$

6.6.4 工业管道和柯列勃洛克（Colebrook）公式

由混合长度理论结合尼古拉兹实验，得到了紊流光滑区和粗糙区的半经验公式（6.36）和式（6.37），但是对于最常遇到的工业管道过渡区 λ 的计算问题，未能解决。同时，上述两个半经验公式都是在人工粗糙管的基础上得到的，而人工粗糙管和工业管道的粗糙有很大差异，怎样把这两种不同的粗糙形式有机地联系起来，使尼古拉兹半经验公式能用于工业管道，具有工程实用价值，是一个有待解决的问题。

在紊流光滑区，工业管道和人工粗糙管虽然粗糙不同，但都为黏性底层掩盖，对紊流核心无影响。实验证明，式（6.36）也适用于工业管道。

在紊流粗糙区，工业管道和人工粗糙管的粗糙突起，几乎完全突入紊流核心，λ 有相同的变化规律，因此式（6.37）有可能用于工业管道。问题是如何确定式中的 k_s 值。为解决

此问题，以尼古拉兹实验采用的人工粗糙为度量标准，把工业管道的粗糙折算成人工粗糙，这样便提出了当量粗糙高度的概念。所谓当量粗糙高度 k_s，就是指和工业管道的紊流粗糙区 λ 值相等的同直径尼古拉兹人工粗糙管的粗糙突起高度。当量粗糙高度 k_s 也可由工业管道紊流粗糙区实测的 λ 值，代入尼古拉兹粗糙管公式（6.37）反算得到。可见工业管道的当量粗糙高度是按相同条件下，同管径的工业管道和人工粗糙管沿程损失大小相同，得出的折算高度，它反映了壁面粗糙对 λ 的综合影响。常用工业管道的当量粗糙高度见表6.2。有了当量粗糙高度，式（6.37）就可用于工业管道。

表 6.2　常用工业管道的当量粗糙高度

管道材料	k_s/mm	管道材料	k_s/mm
新聚氯乙烯管	0～0.002	镀锌钢管	0.15
铅管、铜管、玻璃管	0.01	新铸铁管	0.15～0.5
钢管	0.046	旧铸铁管	1.0～1.5
涂沥青铸铁管	0.12	混凝土管	0.3～3.0

在紊流过渡区，工业管道的不均匀粗糙突破黏性底层进入紊流核心是一个逐渐过程，不同于粒径均匀的人工粗糙，两者 λ 的变化规律相差很大，所以尼古拉兹的过渡区的实验资料对工业管道完全不适用。1939年英国学者柯列勃洛克根据大量的工业管道实验资料，整理出适用于工业管道紊流过渡区的 λ 计算公式

$$\frac{1}{\sqrt{\lambda}} = -2\lg\left(\frac{2.51}{Re\sqrt{\lambda}} + \frac{k_s}{3.7d}\right) \tag{6.40}$$

式（6.40）称为柯列勃洛克公式，式中的 k_s 为工业管道的当量粗糙高度。

柯列勃洛克公式实际上是尼古拉兹光滑区、粗糙区公式的有机结合。当低 Re 数时，若式（6.40）右边括号内第二项相对第一项可略去不计，即为光滑区公式（6.36）；当 Re 很大时，若式（6.40）右边括号内第一项相对第二项可略去不计，即为粗糙区公式（6.37）；若式（6.40）右边括号内两项都要考虑，即为过渡区 λ 值的变化规律。可见柯列勃洛克公式不仅适用于工业管道紊流过渡区，而且可用于整个紊流的三个阻力区，故称为紊流沿程阻力系数 λ 的综合公式。柯式公式（6.40）虽然是经验公式，但是在合并两个半经验公式的基础上获得的，因此可以认为该式是普朗特理论和尼古拉兹实验结合后进一步发展到工程应用阶段的产物。由于公式适用范围广，与工业管道实验结果符合良好，因此得到了广泛应用，目前我国通风管道的设计计算就是以式（6.40）为基础的。

为了简化计算，1944年美国工程师莫迪（Moody）以式（6.40）为基础，以相对粗糙度 k_s/d 为参数，把 λ 作为 Re 的函数，绘制出工业管道沿程阻力系数 λ 的曲线图，即莫迪图（见图6.17），在图上按 k_s/d 和 Re 可直接查出 λ 值。

6.6.5　沿程阻力系数 λ 的经验公式

除了以上的半经验公式外，还有许多直接根据实验资料整理而成的经验公式，这里只介绍几个应用较多的公式。

（1）布拉修斯（Blasius）公式　1913年德国水力学家布拉修斯在总结前人实验资料基础上，提出紊流光滑区经验公式

$$\lambda = \frac{0.3164}{Re^{0.25}} \tag{6.41}$$

上式仅适用于 $Re < 10^5$ 的情况，此时具有较高的精度。布拉修斯公式形式简单，计算方便，得到广泛应用。

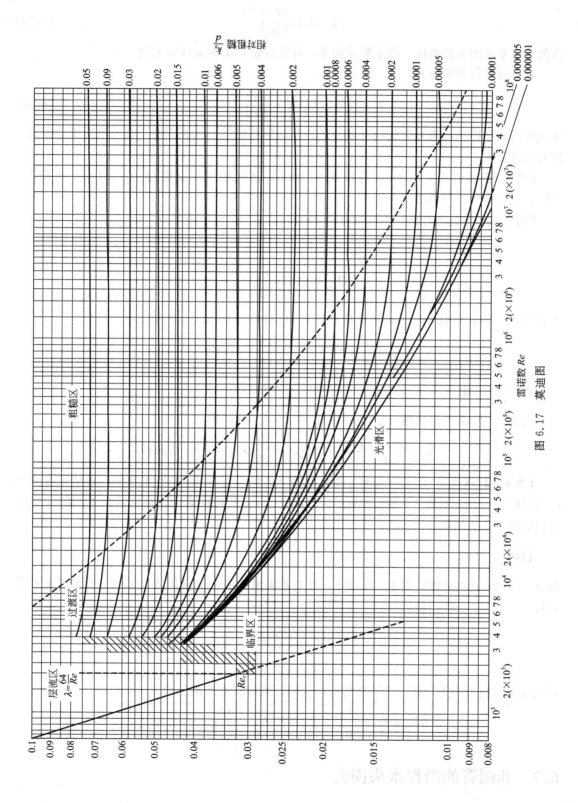

图 6.17 莫迪图

119

（2）希弗林松公式

$$\lambda = 0.11\left(\frac{k_s}{d}\right)^{0.25} \tag{6.42}$$

该公式主要适用于粗糙区，由于形式简单，计算方便，工程上经常采用。

（3）阿里特苏里公式

$$\lambda = 0.11\left(\frac{k_s}{d} + \frac{68}{Re}\right)^{0.25} \tag{6.43}$$

该式可看做是柯列勃洛克公式的近似公式。它的形式简单，计算方便，是一个适用于紊流三区的综合公式。

【例 6.6】 水管长 $l = 30$m，管径 $d = 75$mm，新铸铁管，流量 $Q = 7.25$L/s，水温 $t = 10℃$。试求该管段的沿程水头损失。

【解】 采用莫迪图计算，首先应计算 Re 和 k_s/d

$$A = \frac{\pi d^2}{4} = \frac{3.14 \times 0.075^2}{4} = 0.0044\text{m}^2$$

$$v = \frac{Q}{A} = \frac{0.00725}{0.0044} = 1.65\text{m/s}$$

查表 1.3，$t = 10℃$ 时，水的运动黏滞系数 $\nu = 1.310 \times 10^{-6}\text{m}^2/\text{s}$

$$Re = \frac{vd}{\nu} = \frac{1.65 \times 0.075}{1.31 \times 10^{-6}} = 94466$$

查表 6.2，取 $k_s = 0.25$mm $\dfrac{k_s}{d} = \dfrac{0.25}{75} = 0.003$

由 Re，k_s/d 查莫迪图（见图 6.17），得 $\lambda = 0.028$，则

$$h_f = \lambda \frac{l}{d} \times \frac{v^2}{2g} = 0.028 \times \frac{30}{0.075} \times \frac{1.65^2}{2 \times 9.8} = 1.56\text{m}$$

【例 6.7】 在管径 $d = 300$mm，相对粗糙 $k_s/d = 0.002$ 的工业管道中，运动黏滞系数 $\nu = 1 \times 10^{-6}\text{m}^2/\text{s}$，密度 $\rho = 999.23\text{kg/m}^3$ 的水以 3m/s 的速度运动。试求管长 $l = 300$m 的管道内的沿程水头损失。

【解】

$$Re = \frac{vd}{\nu} = \frac{3 \times 0.3}{10^{-6}} = 900000$$

由 Re，k_s/d 查莫迪图，得 $\lambda = 0.0238$，处于紊流粗糙区。也可用式（6.37）计算沿程阻力系数

$$\frac{1}{\sqrt{\lambda}} = 2\lg\frac{3.7d}{k_s} = 2\lg\frac{3.7}{0.002}$$

$$\lambda = 0.0235$$

可见查图和利用公式计算，其结果是很接近的。则沿程水头损失为

$$h_f = \lambda \frac{l}{d} \times \frac{v^2}{2g} = 0.0238 \times \frac{300}{0.3} \times \frac{3^2}{2 \times 9.8} = 10.9\text{m}$$

6.7　非圆管的沿程水头损失

前面研究了圆管雷诺数和圆管沿程水头损失的计算。除圆管外，工程上还应用许多形式

的非圆管，如通风空调系统中的风管很多情况下是矩形管道。怎样把已有圆管的研究成果用于非圆管沿程损失的计算呢？这就需要在阻力相当的条件下，把非圆管折算成圆管的几何特征量，即从水力半径 R 的概念出发，通过建立非圆管的当量直径 d_e 来实现。

6.7.1 水力半径 R

分析管道几何特征对沿程损失的影响因素，主要有过流断面面积 A 和流体与固体壁面接触的周界长度 χ（即湿周）这两个几何量。对于流速相同、过流断面面积相同，但过流断面形状不同因而湿周不同的管道，因紊流运动断面上流速变化和流动阻力主要集中在边界附近，所以湿周大者水头损失大。为此要引入一个综合反映断面大小和几何形状对流动影响的特征长度——水力半径 R，即水力半径定义为过流断面面积 A 与湿周 χ 之比

$$R = \frac{A}{\chi} \tag{6.44}$$

水力半径是一个可以近似反映断面特征对流动阻力影响的几何参数，当其他条件（v、l 等）相同时，如果非圆管和圆管的水力半径相等，则两者的沿程损失近似相等。常见过流断面的水力半径如下。

圆管的水力半径，如图 6.18 所示

$$R = \frac{A}{\chi} = \frac{\frac{1}{4}\pi d^2}{\pi d} = \frac{d}{4}$$

边长为 h 和 b 的矩形断面水力半径

$$R = \frac{A}{\chi} = \frac{bh}{2(b+h)}$$

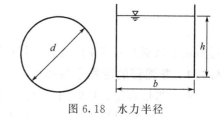

图 6.18　水力半径

边长为 a 的正方形断面水力半径

$$R = \frac{A}{\chi} = \frac{a^2}{4a} = \frac{a}{4}$$

边长为 h 和 b 的矩形断面渠道水力半径，如图 6.18 所示

$$R = \frac{A}{\chi} = \frac{bh}{b+2h}$$

水力半径是一个很重要的概念，在过流断面面积相等的情况下，水力半径越大，湿周越小，水流所受到的阻力越小，越有利于过流。

6.7.2 当量直径 d_e

根据以上分析，把水力半径相等的圆管直径定义为非圆管的当量直径 d_e，即当某非圆管的水力半径与某圆管的水力半径相等时

$$R = R_{圆} = \frac{d}{4}$$

则将该圆管的直径作为此非圆管的当量直径

$$d_e = d = 4R \tag{6.45}$$

即当量直径为水力半径的 4 倍。常见过流断面的当量直径如下。

边长为 h 和 b 的矩形管当量直径

$$d_e = \frac{2bh}{b+h}$$

边长为 a 的方形管当量直径

$$d_e = a$$

边长为 h 和 b 的矩形断面渠道当量直径

$$d_e = \frac{4bh}{b+2h}$$

同心环形管（内径 d_1、外径 d_2）的当量直径

$$d_e = 4 \times \frac{\frac{\pi d_2^2}{4} - \frac{\pi d_1^2}{4}}{\pi d_2 + \pi d_1} = d_2 - d_1$$

6.7.3 非圆通道雷诺数

对于明渠水流和非圆断面管流，同样像圆管一样可以用雷诺数判别流态。若以水力半径 R 为特征长度，代替圆管雷诺数中的直径 d，则相应的临界雷诺数为

$$Re_{c.R} = \frac{vR}{\nu} = 575$$

若根据圆管水力半径与直径的关系，以非圆断面通道的当量直径 $d_e = 4R$ 为特征长度，代替圆管雷诺数中的直径 d，则非圆管的雷诺数为

$$Re = \frac{vd_e}{\nu}$$

近似用于判别非圆管流的流态，其临界值仍为 2300。

6.7.4 非圆管的沿程水头损失

有了当量直径，只要用 d_e 代替 d，便可用达西公式来计算非圆管道的沿程水头损失，还可以用当量相对粗糙 k_s/d_e 代入沿程阻力系数公式中计算 λ 值。

必须指出，应用当量直径 d_e 计算非圆管的能量损失是近似的方法，并不适用于所有情况。这主要表现在如下两方面。

（1）实验表明，对矩形、正方形和三角形断面，使用当量直径原理所获得的实验数据结果和圆管很接近；但形状同圆管差异很大的非圆管，如长缝形（$b/h > 8$），狭环形（$d_2 < 3d_1$）和星形断面应用当量直径 d_e 计算存在较大误差，如图 6.19 所示。可见非圆形截面的形状和圆形的偏差越小，则运用当量直径计算的可靠性就越大。

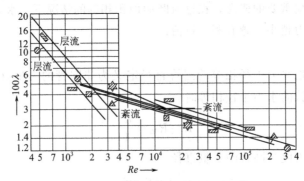

图 6.19 非圆管和圆管 λ 曲线的比较

（2）由于层流的流速分布不同于紊流，流动阻力不像紊流那样集中在管壁附近，这样单纯用湿周大小作为影响能量损失的主要外因是不充分的，因此在层流中应用当量直径 d_e 计算，将会造成较大误差。

【例 6.8】某钢板制风道，断面尺寸为 $400\text{mm} \times 200\text{mm}$，管长 $l = 80\text{m}$。管内平均流速 $v =$

10m/s，空气温度 $t=20℃$，求压强损失 p_f。

【解】当量直径 $$d_e=\frac{2bh}{b+h}=\frac{2\times0.4\times0.2}{0.4+0.2}=0.267\text{m}$$

查表 1.3 知 $t=20℃$ 时，$\nu=15.7\times10^{-6}\text{m}^2/\text{s}$，则雷诺数

$$Re=\frac{vd}{\nu}=\frac{10\times0.267}{15.7\times10^{-6}}=1.7\times10^5$$

对钢板制风道，查表 6.2，取 $k_s=0.15\text{mm}$，则相对粗糙为

$$\frac{k_s}{d}=\frac{0.15}{267}=5.62\times10^{-4}$$

由 Re，k_s/d 查莫迪图，得 $\lambda=0.0195$，则压强损失可由式（6.3）计算

$$p_f=\lambda\frac{1}{d_e}\times\frac{\rho v^2}{2}=0.0195\times\frac{80}{0.267}\times\frac{1.2\times10^2}{2}=350\text{N/m}^2$$

6.8 局部水头损失

在工业管道中，往往设有变径、弯头、三通、阀门等部件来控制和调节管内的流动。流体流经这些配件时，均匀流在此局部区域受到破坏，流速的大小、方向或分布发生变化。由此集中产生的流动阻力是局部阻力，所引起的能量损失称为局部损失，造成局部损失的部件称为局部阻碍（或局部阻力构件）。工程中有许多管道系统如通风空调管道、供暖管道和水泵吸水管道等，局部损失占有很大比重，因此了解局部损失的分析方法和计算方法有重要意义。

实验研究表明，局部损失和沿程损失一样，不同的流态遵守不同的规律。如果流体以层流经过局部阻碍并保持层流，则此时的局部损失也是由各流层之间的黏性切应力引起的，只有 $Re\ll2300$ 的情况下才有可能，但这样小的 Re 数在供热、空调系统中很少遇到；另外在局部阻碍的强烈扰动下，流动在较小雷诺数时就已进入紊流状态，故本节着重讨论紊流的局部损失。

6.8.1 局部损失的一般分析

（1）局部损失产生的原因 局部阻碍的种类虽多，但可根据其流动的特征分为过流断面的扩大或缩小［见图 6.20（a）、（b）、（e）］，流动方向的改变［见图 6.20（c）］，流量的汇入和分出［见图 6.20（d）］等几种基本形式，以及这几种基本形式的不同组合。例如经过闸阀或孔板的流动，就可看做是突缩和突扩的组合。为了探讨紊流局部损失的成因，我们选取几种典型的局部阻碍，分析其附近的流动情况。

从边壁形状变化的缓急来看，局部阻碍又可分为突变和渐变两类。流体流经突变的局部阻碍，如突然扩大管、突然缩小管、三通等，由于惯性作用，流体不能沿着边壁突然改变流向，致使主流与壁面脱离，其间形成旋涡区，如图 6.20（a）、（b）、（d）所示。旋涡区内的流体并非固定不变，其所形成的大尺度旋涡会不断地被主流带走，补充进去的流体又会形成新的旋涡，如此周而复始。

流体流经渐变的局部阻碍，边壁虽然没有突然变化，但沿流动方向出现减速增压现象的地方，也会产生旋涡区。图 6.20（e）所示的渐扩管，由于沿程减速增压，紧靠壁面的低速质点，因受反向压差作用，速度不断减小至零，主流逐渐与边壁脱离，并形成旋涡区。图

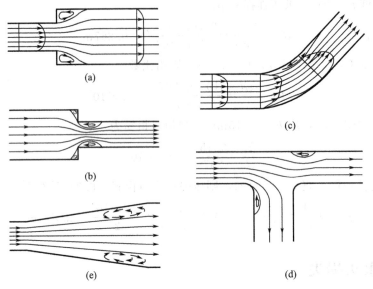

图 6.20　几种典型的局部阻碍

6.20（d）所示的分流三通直通管上的旋涡区，正是这种减速增压过程造成的。在弯管内，因受离心力作用，弯管前半段压强在外侧沿程增大，内侧减小；而流速则是外侧沿程减小，内侧增大。这样弯管前半段沿外侧是减速增压的，可能形成旋涡区。同时在 Re 较大、转角较大而曲率半径较小的弯管中，旋涡区又在弯管后半段内侧形成，如图 6.20（c）所示。弯管内侧的旋涡，无论大小、强度，一般都比外侧的大。在渐缩管内流体沿程增速减压，质点受与流动方向一致的正向压差作用，不会形成旋涡区。但是只要收缩角不是很小，因惯性作用，紧接渐缩段之后，主流和边壁仍会脱离，形成较小的旋涡区。

　　分析比较各局部阻碍处的流动情况和局部损失，发现旋涡区的形成是造成紊流局部损失的主要原因。实验结果表明，局部阻碍处旋涡区越大，旋涡强度越大，能量损失越大。在旋涡区内，流体旋涡运动集中耗能，同时旋涡不断被主流带走，并随即扩散，加剧下游一定范围内主流的紊动强度，从而加大该区域的能量损失。除此之外，局部阻碍附近，流速分布不断改组，也将造成能量损失。事实上，在局部阻碍范围内损失的能量，只占局部损失的一部分，另一部分是在局部阻碍下游一定长度的管段上损耗掉的。这段长度称为局部阻碍的影响长度。受局部阻碍干扰的流动，经过了影响长度后，流速分布和紊流脉动才能达到均匀流的正常状态。

　　（2）局部阻力系数的影响因素　前面已给出局部水头损失计算公式（6.2）

$$h_m = \zeta \frac{v^2}{2g}$$

该式实际上把局部水头损失的计算转化为研究确定局部阻力系数 ζ 的问题。

　　局部阻力系数 ζ 在理论上应与局部阻碍处的雷诺数 Re 和边界情况有关。但是，因受局部阻碍的强烈扰动，流动在较小的雷诺数时，就已充分紊动，进入紊流粗糙区，雷诺数的变化对紊动程度的实际影响很小。故一般情况下，ζ 只取决于局部阻碍的形状，与 Re 无关。

$$\zeta = \zeta(局部阻碍的形状)$$

　　局部阻碍的种类繁多，体形各异，其边壁的变化大多比较复杂，加之紊流本身的复杂

124

性，多数局部阻力系数 ζ 的大小，还不能从理论上解决，必须借助于由实验得来的经验公式或系数。虽然如此，对局部阻力和局部损失的规律进行一些定性的分析还是必要的，它在解释和估计不同局部阻碍的损失大小，研究改善管道工作条件和减少局部损失的措施，以及提出正确、合理的设计方案等方面，都能给我们以定性的指导。

6.8.2 几种典型的局部阻力系数

（1）突然扩大管　有少数形体简单的局部阻碍可借助于基本方程求得其局部阻力系数，突扩管就是其中的一种。突扩圆管如图 6.21 所示，列扩前断面 1—1 和扩后断面 2—2 的伯努利方程，此时断面 2—2 的流速分布与紊流脉动已接近均匀流的正常状态，忽略两断面间的沿程水头损失 h_f

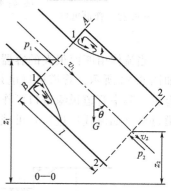

图 6.21　突然扩大管

$$h_m = \left(z_1 + \frac{p_1}{\rho g}\right) - \left(z_2 + \frac{p_2}{\rho g}\right) + \frac{\alpha_1 v_1^2 - \alpha_2 v_2^2}{2g} \quad (6.46)$$

为了确定压强与流速的关系，对 AB、2—2 断面及管侧壁所构成的控制体，列沿流动方向的动量方程

$$\sum F = \rho Q (\beta_2 v_2 - \beta_1 v_1)$$

式中，$\sum F$ 为作用在所取流体上的全部轴向外力之和，包括：作用在 AB 面上的压力 P_{AB}，这里 AB 面虽不是渐变流断面，但据观察，该断面上压强基本符合静压强分布规律，故 $P_{AB} = p_1 A_2$；作用在断面 2—2 上的压力 $P_2 = p_2 A_2$；重力的分力 $G\cos\theta = \rho g A_2 (z_1 - z_2)$；管壁上的摩擦阻力忽略不计。将各项力代入动量方程

$$p_1 A_2 - p_2 A_2 + \rho g A_2 (z_1 - z_2) = \rho Q (\beta_2 v_2 - \beta_1 v_1)$$

以 $\rho g A_2$ 除各项，整理得

$$\left(z_1 + \frac{p_1}{\rho g}\right) - \left(z_2 + \frac{p_2}{\rho g}\right) = \frac{v_2}{g}(\beta_2 v_2 - \beta_1 v_1)$$

将上式代入式（6.46），取 $\alpha_1 = \alpha_2 = \beta_1 = \beta_2 = 1$，则

$$h_m = \frac{(v_1 - v_2)^2}{2g} \quad (6.47)$$

上式表明，突然扩大的局部水头损失，等于以平均速度差计算的流速水头。式（6.47）又称包达（Borda）公式，经实验验证该式有足够的准确性。

根据连续性方程得到 $v_2 = v_1 \dfrac{A_1}{A_2}$ 或 $v_1 = v_2 \dfrac{A_2}{A_1}$，将其代入式（6.47）就可把其变为局部水头损失的一般形式

$$\left.\begin{aligned} h_m &= \left(1 - \frac{A_1}{A_2}\right)^2 \frac{v_1^2}{2g} = \zeta_1 \frac{v_1^2}{2g} \\ h_m &= \left(\frac{A_2}{A_1} - 1\right)^2 \frac{v_2^2}{2g} = \zeta_2 \frac{v_2^2}{2g} \end{aligned}\right\}$$

所以突扩的局部阻力系数为

$$\zeta_1 = \left(1 - \frac{A_1}{A_2}\right)^2 \quad (6.48)$$

$$\zeta_2 = \left(\frac{A_2}{A_1} - 1\right)^2 \quad (6.49)$$

以上两个局部阻力系数，分别与突扩前、后断面的平均流速相对应，计算时必须注意使选用的局部阻力系数 ζ 与流速水头相对应。

当流体在淹没情况下，从管道流入断面很大的容器时，例如气体流入大气，水流入水

图 6.22　管道出口

库，如图 6.22 所示，作为突扩的特例，$A_1/A_2 \approx 0$，$\zeta = 1$，称为管道出口阻力系数。

（2）突然缩小管　突然缩小管的水头损失主要发生在细管内收缩断面 $c—c$ 附近的旋涡区，如图 6.23 所示。突缩的局部阻力系数决定于收缩面积比 A_2/A_1，其值按经验公式计算，与收缩后断面流速 v_2 相对应

$$\zeta = 0.5\left(1 - \frac{A_2}{A_1}\right) \tag{6.50}$$

当流体由断面很大的容器流入管道时，此处的局部阻碍常称为管道进口（或管道入口），如图 6.24 所示。管道进口也是一种断面收缩，其局部阻力系数大小与管道进口边缘的情况有关。其中管道锐缘进口可作为突然缩小的特例，此时 $A_2/A_1 \approx 0$，$\zeta = 0.5$，一般平顺的管道进口（如流线形进口）可减少局部损失系数 90% 以上。

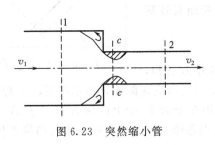

图 6.23　突然缩小管

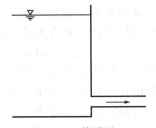

图 6.24　管道进口

（3）渐扩管　突扩的水头损失较大，如果改用图 6.25 所示的圆锥形渐扩管，则水头损失将大大减少。圆锥形渐扩管的形状由扩大面积比 $n = A_2/A_1 = r_2^2/r_1^2$ 和扩散角 α 两个几何参数来确定，其水头损失可认为由沿程损失 h_f 和扩散损失 h_{ex} 两部分构成，沿程损失可按下式计算

$$h_f = \frac{\lambda}{8\sin\dfrac{\alpha}{2}}\left(1 - \frac{1}{n^2}\right)\frac{v_1^2}{2g} \tag{6.51}$$

式中　λ——扩前管道的沿程阻力系数。

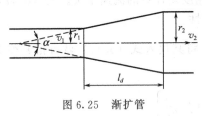

图 6.25　渐扩管

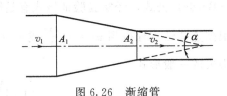

图 6.26　渐缩管

扩散损失是旋涡区和流速分布改组所形成的损失，可按下式计算

$$h_{ex} = \sin\alpha\left(1 - \frac{1}{n}\right)^2 \frac{v_1^2}{2g} \tag{6.52}$$

由此得到渐扩管的局部阻力系数为

$$\zeta = \frac{\lambda}{8\sin\dfrac{\alpha}{2}}\left(1 - \frac{1}{n^2}\right) + \sin\alpha\left(1 - \frac{1}{n}\right)^2 \tag{6.53}$$

当扩大面积比 n 一定时，渐扩管的沿程阻力随 α 增大而减小，扩散损失随之增大，因此总损失在某一 α 角时最小，此时 α 约在 5°～8° 范围内，如 $\alpha > 50°$ 则与突扩的局部阻力系数相近，所以扩散角 α 最好不超过 8°～10°。

（4）渐缩管　圆锥形渐缩管的形状，由收缩面积比 A_2/A_1 和收缩角 α 两个几何参数决定，如图 6.26 所示，其局部阻力系数由图 6.27 查得，与收缩后断面的流速 v_2 相对应。

（5）弯管　弯管只改变流动方向，不改变平均流速的大小，如图 6.28 所示。流体流经弯管，流动方向的改变不仅使弯管的内、外侧可能出现如前所述的两个旋涡区，而且还产生了如下所述的二次流现象。流体进入弯管后，受离心力作用，使弯管外侧（E 处）的压强增大，内侧（H 处）的压强减小，而左、右两侧（F、G 处）壁面附近压强变化不大。于是在压强差的作用下，外侧流体沿壁面流向

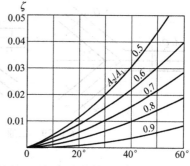

图 6.27　渐缩管局部阻力系数

内侧。与此同时，由于连续性，内侧流体沿 HE 方向向外侧回流，这样在弯管内，形成一对旋转流，即二次流。二次流与主流叠加，使流过弯管的流体质点作螺旋运动，从而加大了弯管的水头损失。在弯管内形成的二次流，消失较慢，使得弯管后的影响长度最大可超过 50 倍管径。

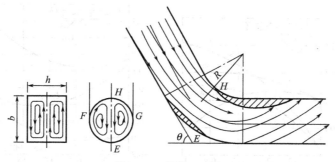

图 6.28　弯管二次流

弯管的局部水头损失，包括旋涡损失和二次流损失两部分。局部阻力系数取决于弯管的转角 θ 和曲率半径与管径之比 R/d（或 R/b），对矩形断面的弯管还有高宽比 h/b。不同几何形状的弯管 ζ 值如表 6.3 所示，通过分析可以看出 R/d（或 R/b）对弯管的 ζ 值影响很大，特别是在 $\theta>60°$ 和 $R/d<1$ 的情况下，进一步减少 R/d 会使 ζ 值急剧增大。当 R/d（或 R/b）较小时，断面形状对弯管的 ζ 值影响不大；当 R/b 较大时，h/b 大的矩形断面，弯管的 ζ 值要小一些。

表 6.3　$Re=1\times10^6$ 时弯管的 ζ 值

序号	断面形状	R/d 或 R/b	30°	45°	60°	90°
1	圆形	0.5	0.120	0.270	0.480	1.000
		1.0	0.058	0.100	0.150	0.246
		2.0	0.066	0.089	0.112	0.159
2	方形 $h/b=1.0$	0.5	0.120	0.270	0.480	1.060
		1.0	0.054	0.079	0.130	0.241
		2.0	0.051	0.078	0.102	0.142
3	矩形 $h/b=0.5$	0.5	0.120	0.270	0.480	1.000
		1.0	0.058	0.087	0.135	0.220
		2.0	0.062	0.088	0.112	0.155
4	矩形 $h/b=2.0$	0.5	0.120	0.280	0.480	1.080
		1.0	0.042	0.081	0.140	0.227
		2.0	0.042	0.063	0.083	0.113

注：表中数据选自 D. S. Miller 著《Internal Flow》图 3.2.1～图 3.2.4。

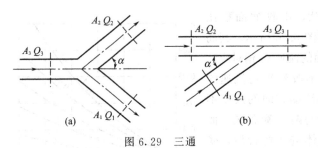

图 6.29　三通

（6）三通　三通有多种形式，工程上常用的有两类：支流对称于总流轴线的"Y形"三通和在直管段上接出支管的"T形"三通，如图 6.29 所示，同时每个三通又都可以在分流和合流的情况下工作。

三通的形状由总流与支流间的夹角 α 和面积比 A_1/A_3、A_2/A_3 等几何参数确定，但三通的特征是它的流量前后有变化，因此三通的 ζ 值不仅决定于它的几何参数，还与流量比 Q_1/Q_3 或 Q_2/Q_3 有关。另外三通有两个支管，所以有两个局部阻力系数。三通前后又有不同的流速，计算时必须选用和支管相应的 ζ 值，以及和该系数相应的流速水头。各种三通的 ζ 值可在有关专业手册中查得，这里仅给出 $A_1=A_2=A_3$ 和 $\alpha=45°$ 和 $\alpha=90°$ 的"T形"三通的 ζ 值，如图 6.30 所示，与总管的流速水头 $v_3^2/2g$ 相对应。

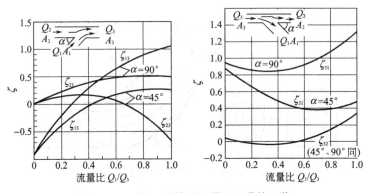

图 6.30　45°和 90°的"T形"三通的 ζ 值

合流三通的 ζ 值可能出现负值，这意味着经过三通后流体的单位能量不仅未减少反而增加了。这是因为当两股流速不同的流股汇合后，在混合的过程中伴有动量的交换，高速流股将它的一部分动能传递给低速流股，使低速流股的能量有所增加。如低速流股获得的这部分能量超过了它在流经三通时所损失的能量，低速流股的 ζ 值就会出现负值。至于两股流动的总能量，则只可能减少而不可能增加，所以三通两个支管的 ζ 值，绝不会同时出现负值。

6.8.3　局部阻力之间的相互干扰

局部阻碍前的断面流速分布和脉动强度对局部阻力系数有明显的影响。而一般手册上或书上给出的局部阻力系数 ζ 值，是在局部阻碍前后都有足够长的直管段的条件下，由实验得到的。测得的局部损失也不仅仅是局部阻碍范围内的损失，还包括它下游一段长度上因紊流脉动加剧而引起的附加损失。若局部阻碍之间相距很近，流体流出前一个局部阻碍，在流速分布和紊流脉动还未达到正常均匀流之前，又流入后一个局部阻碍，这样相连的两个局部阻碍存在相互干扰，其局部阻力系数不等于正常条件下两个局部阻碍的 ζ 之和。

实验研究表明，当局部阻碍直接连接时，由于相互干扰，局部水头损失可能有较大的增大或减小，变化幅度约为所有单个正常局部损失总和的 0.5～3 倍。实验发现，如各局部阻碍之间都有一段长度不小于三倍直径的连接管，干扰的结果将使总的局部损失小于按正常条件下算出的各局部损失的叠加。可见在上述条件下，如不考虑相互干扰的影响，计算结果一般是偏于安全的。

另外在工程计算中，为了简化计算过程，可以把管路的局部损失按沿程损失计算，即把局部损失折合成具有同一沿程损失的管段，这个管段的长度称为折算长度 l_{zh}（或当量长度）。由 $h_f = \lambda \dfrac{l_{zh}}{d} \times \dfrac{v^2}{2g}$ 和 $h_m = \zeta \dfrac{v^2}{2g}$，根据定义 $h_f = h_m$ 得到

$$l_{zh} = \frac{d}{\lambda} \zeta \tag{6.54}$$

6.8.4　减少局部阻力的措施

减少紊流局部阻力的着眼点在于防止或推迟流体与壁面的分离，避免旋涡区的产生或减少旋涡区的大小和强度。例如对于扩散角大的渐扩管，其 ζ 值也较大，如制成图 6.31（a）所示的形式，ζ 值约减少一半。同样突扩管如制成图 6.31（b）所示的台阶式，ζ 值也可能有所减少。

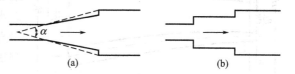

图 6.31　复合式渐扩管和台阶式突扩管

弯管的局部阻力系数在一定范围内随曲率半径 R 的增大而减少。对比表 6.4 给出的 $90°$ 弯管在不同 R/d 时的 ζ 值可知，如 $R/d < 1$，ζ 值随 R/d 的减小而急剧增加，这与旋涡区的出现和增大有关。如 $R/d > 3$，ζ 值随 R/d 的加大而增加，这是由于弯管加长后，沿程损失增大造成的。因此弯管的 R 最好在（$1 \sim 4$）d 的范围内。断面大的弯管，往往只能采用较小的 R/d，如在弯管内部布置一组导流叶片，便可减少旋涡区和二次流，降低弯管的 ζ 值；此时越接近内侧，导流叶片布置地应越密些。图 6.32 所示的弯管装上圆弧形导流叶片后，ζ 值由 1.0 减少到 0.3 左右。

表 6.4　不同 R/d 时 $90°$ 弯管的 ζ 值（$Re = 10^6$）

R/d	0	0.5	1	2	3	4	6	10
ζ 值	1.14	1.00	0.246	0.159	0.145	0.167	0.20	0.24

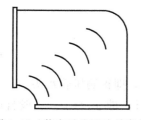

图 6.32　装有导流叶片的弯管

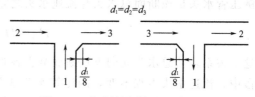

图 6.33　切割折角的"T形"三通

为了改进三通的工作状况，减少 ζ 值，应尽可能减少三通的支管与合流管之间的夹角，或将支管与合流管连接处的折角改缓。例如将 $90°$ 的"T形"三通的折角切割成图 6.33 所示的 $45°$ 斜角，则合流时的 ζ_{1-3} 和 ζ_{2-3} 约减少 $30\% \sim 50\%$，分流时的 ζ_{3-1} 减少 $20\% \sim 30\%$。但对分流的 ζ_{3-2} 影响不大。如将切割的三角形加大，ζ 值还能显著下降。

此外配件之间的不合理衔接，也会使局部阻力加大。例如在既要转 $90°$，又要扩大断面的流动中，若均选用 $R/d = 1$ 的弯管和 $A_2/A_1 = 2.28$、$l_d/r_1 = 4.1$ 的渐扩管，在直接连接（$l_s = 0$）的情况下，先弯后扩的水头损失为先扩后弯的水头损失的 4 倍。即使中间都插入一段 $l_s = 4d$ 的短管，也仍然大 2.4 倍。因此如果没有其他原因，先弯后扩是不合理的。

6.9　恒定总流水头线的绘制

用恒定总流的伯努利方程计算一元流动，能够求出一元流动某些个别断面的流速和压

强，但并未回答流动的全线问题，而水头线是总流沿程能量变化的几何图示，能够清晰形象地表示总流的各项能量沿流程的转换关系，对分析流动现象很有帮助。

6.9.1 总水头线和测压管水头线

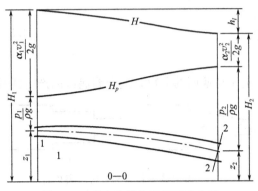

图 6.34 总水头线和测压管水头线

绘制水头线时，一般先绘总水头线，因为在没有能量输入的情况下，实际流体的总水头线沿流程单调下降，然后绘测压管水头线。已知过流断面上的总水头线端点和测压管水头线端点可作为水头线的控制点（如始点和终点）。总水头线和测压管水头线，距基准面 0—0 的铅直距离，分别表示相应断面的总水头 H 和测压管水头 H_p，如图 6.34 所示。

绘总水头线时，可将伯努利方程写为上下游两断面总水头 H_1、H_2 的形式

$$H_2 = H_1 - h_{l/1-2}$$

即每一个断面的总水头是上游断面总水头减去两断面之间的水头损失 h_l。根据这个关系，从最上游断面起，沿流向依次减去 h_l，求出各断面的总水头，一直到流动的结束。将这些总水头，按比例直接点绘在管段上并连接起来，就形成了总水头线。由此可见，总水头线是沿水流逐段减去 h_l 绘出来的。总水头线的倾斜程度可由水力坡度 J 衡量，在实际工程中，总水头线多为斜率不同的直线，此时 J 沿程是常量；若总水头线是曲线，J 沿程是变量。

另外在绘制总水头线时，需注意区分沿程水头损失 h_f 和局部水头损失 h_m 在总水头线上表现形式不同。h_f 被认为沿管线均匀发生，常画在两边界突变断面间，表现为沿管长倾斜下降的直线；h_m 实际上是在一定长度内发生的，但常被集中地画在突变断面处，表现为在局部障碍处铅直下降的直线。

测压管水头是该断面总水头与流速水头之差，即

$$H_p = H - \frac{\alpha v^2}{2g} \tag{6.55}$$

根据这个关系，从总水头线向下逐断面减去各管段的流速水头，即得测压管水头线。在等直径管段中，流速水头沿程不变，测压管水头线与总水头线平行，即 $J_p = J$。一般自由出流时，测压管水头线止于管道出口断面的形心；管道淹没出流时，测压管水头线落在下游开口容器的水面上。需要引起注意的是，测压管水头线不一定总是下降的，所以流体不一定总是从压强大的断面流向压强小的断面，但只能从总水头大的断面流向总水头小的断面。

绘制完水头线后，图 6.34 上出现了四条有能量意义的线：总水头线、测压管水头线、管轴线（水流轴线）和基准面线。这四条线的相互垂直距离，反映了全线各断面的各种水头值。其中管轴线到基准线的铅直距离是各断面的位置水头 z；测压管水头线到管轴线之间的铅直距离是压强水头 $p/\rho g$；总水头线到测压管水头线之间的铅直距离是流速水头 $\alpha v^2/2g$；在总流起始断面的总水头顶端，作一根与基准面平行的水平线，该线与总水头线之间铅垂距离的变化，反映了水头损失沿程的变化。

【例 6.9】水流由水箱经前后相接的两管流入大气中，如图 6.35 所示。水箱水面到管道出口的垂直距离 $z_1 = 8.2$m，突缩（大小头）处的局部水头损失为 $0.1v_2^2/2g$。大小管断面面积之比 $A_1/A_2 = 2:1$，其中管段 AB 的沿程水头损失为 $3.5v_1^2/2g$，管段 BC 的沿程水头损失为 $2v_2^2/2g$，试求：

（1）出口流速 v_2。

（2）绘总水头线和测压管水头线。

（3）根据水头线求管道 BC 段中点 M 处的压强 p_M（M 点距离基准面的高度 $z_M=1\mathrm{m}$）。

【解】（1）将基准面取在经过管道出口 C 点的水平面，列水箱表面的 1—1 断面和管道出口的 2—2 断面伯努利方程

$$8.2+0+0=0+0+\frac{v_2^2}{2g}+h_{l1-2}$$

断面 1—2 间的水头损失为 $h_{l1-2}=0.5\dfrac{v_1^2}{2g}+3.5\dfrac{v_1^2}{2g}+0.1\dfrac{v_1^2}{2g}+2\dfrac{v_2^2}{2g}$

由于 $A_1/A_2=2:1$，即 $v_2=2v_1$，将该关系代入上式得

$$h_{l1-2}=3.025\frac{v_2^2}{2g}$$

将上式代入伯努利方程得

$$v_2=\sqrt{2\times9.8\times8.2/4.025}=6.32\mathrm{m/s}$$

$$\frac{v_2^2}{2g}=\frac{6.32^2}{2\times9.8}=2.0\mathrm{m}\qquad\frac{v_1^2}{2g}=\frac{(6.32/2)^2}{2\times9.8}=0.5\mathrm{m}$$

（2）现在从断面 1—1 开始绘制总水头线

先绘总水头线，按断面 1—1 的总水头 $H=8.2\mathrm{m}$ 定出总水头线的起始高度，本题总水头线的起点 1 与水箱静水水面齐平。

然后计算各管段的沿程水头损失 h_f 和局部水头损失 h_m。自断面 1—1 的总水头起，沿程依次减去各项水头损失，便得到总水头线，其中的局部水头损失一般用突降的"台阶"表示。道进口 A 处 $h_{mA}=0.5v_1^2/2g=0.25\mathrm{m}$，则 a 点在 1—1 断面下方 0.25m 处，距基准面的高度 $h_a=8.2-0.25=7.95\mathrm{m}$；$AB$ 管段 $h_{f1}=3.5v_1^2/2g=1.75\mathrm{m}$，则 b 点低于 a 点 1.75m，$h_b=6.2\mathrm{m}$；突缩 B 处 $h_{mB}=0.1v_2^2/2g=0.2\mathrm{m}$，则 b_0 点低于 b 点 0.2m，$h_{b0}=6\mathrm{m}$。BC 管段 $h_{f2}=2v_2^2/2g=4\mathrm{m}$，则总水头

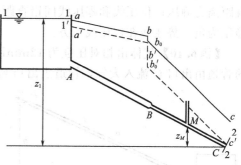

图 6.35 水头线的绘制

线终点 c 低于 b_0 点 4m，$h_c=2\mathrm{m}$。将各点相连，绘出总水头线 $1\text{-}a\text{-}b\text{-}b_0\text{-}c$，如图 6.35 所示。

最后由总水头线向下减去各管段的流速水头，即得测压管水头线。在 AB 管段流速水头 $v_1^2/2g=0.5\mathrm{m}$，在 BC 管段为 $v_2^2/2g=2.0\mathrm{m}$。则 a'、b' 点均相应低于 a、b 点 0.5m，即 $H_p=8.2-0.5=7.7\mathrm{m}$，$h_{a'}=7.45\mathrm{m}$，$h_{b'}=5.7\mathrm{m}$；$b_0'$、$c'$ 点都相应低于 b_0、c 点 2m，即 $h_{b0'}=4\mathrm{m}$，$h_{c'}=0$，此时测压管水头线终点 c' 点恰好位于管道出口轴线上的 C 处。将各点相连，即可绘出测压管水头线 $1'\text{-}a'\text{-}b'\text{-}b_0'\text{-}c'$，如图 6.35 所示。

（3）已知测压管水头为 $H_p=z+\dfrac{p}{\rho g}$，则由上面得到的 $h_{b0'}=4\mathrm{m}$，可知管段 BC 中点 M 处的测压管水头 $H_{pM}=2\mathrm{m}$，则 M 点压强水头为

$$\frac{p_M}{\rho g}=H_{pM-z_M}=h_M-z_M=2-1=1\mathrm{m}$$

即 M 点的压强 $p_M=9.8\mathrm{kPa}$。

6.9.2　总压线和全压线

为了反映气流沿程的能量变化，常用与总水头线和测压管水头线相对应的总压线和势压线来求得其图形表示，绘制压头线的步骤与绘水头线相似。气流能量方程各项单位为压强，气流的总压线和势压线一般可在选定零压线的基础上，对应于气流各断面进行绘制。

在选定零压线的基础上绘总压线时，根据气体总流伯努利方程式（4.13）和气体总压的概念可得

$$p_{z2} = p_{z1} - p_{l1-2} \tag{6.56}$$

即第二断面的总压等于第一断面的总压减去两断面间的压强损失。以此类推，就可求得各断面的总压。将各断面的总压值连接起来，即得总压线。无位压时，总压线也是全压线。

在总压线的基础上可绘制势压线，由式（4.16）可知

$$p_s = p_z - \frac{\rho v^2}{2} \tag{6.57}$$

即势压等于该断面的总压减去动压。将各断面的势压连成线，便得势压线。显然，当断面面积不变时，总压线和势压线是相互平行的。无位压时，势压线也是静压线。

位压线的绘制。由式（4.13）可知，第一断面的位压为 $(\rho_a - \rho) g (z_2 - z_1)$，第二断面的位压为零。第一、第二断面之间的位压是直线变化。由第一、第二两断面位压连成线，即得位压线。

绘出上述各种压头线后，与液流的图示法类似，图上出现四条具有能量意义的线：总压线、势压线、位压线和零压线。总压线和势压线间的铅直距离为动压；势压线和位压线间铅直距离为静压；位压线和零压线间铅直距离为位压。若静压为正，势压线在位压线上方；若静压为负，势压线在位压线下方。

【例 6.10】 气体由相对压强为 $12\text{mmH}_2\text{O}$ 的静压箱，经过直径 $d=10\text{cm}$、长度 $l=100\text{m}$ 的管道由出口 C 流入大气，管道进出口高差 $h=40\text{m}$，如图 6.36 所示。沿程均匀作用在管道上的压强损失为 $p_l = 9\dfrac{\rho v^2}{2}$。试求：

(1) 气体为与大气温度相同的空气时，$\rho_a = 1.2\text{kg/m}^3$；

(2) 气体为 $\rho_g = 0.8\text{kg/m}^3$ 的燃气时。

分别求管中流速、流量及管长一半处 B 点的压强 p_B，并绘制两种情况下的各种压头线。

【解】 (1) 管内气体为与大气温度相同的空气时，没有位压，取管道进出口 A、C 断面，根据式（4.17）列气体的伯努利方程

$$1000 \times 9.8 \times 0.012 + 0 = 0 + \frac{\rho_a v^2}{2} + 9 \times \frac{\rho_a v^2}{2}$$

则管道内气体的动压为　$\dfrac{\rho_a v^2}{2} = 11.76\text{Pa}$

压强损失　$p_l = 9\dfrac{\rho_a v^2}{2} = 9 \times 11.76 = 105.8\text{Pa}$

流速　$v = \sqrt{2 \times 9.8 \times 12/12} = 4.43\text{m/s}$

流量　$Q = 4.43 \times 0.1^2 \times \dfrac{\pi}{4} = 0.0348\text{m}^3/\text{s}$

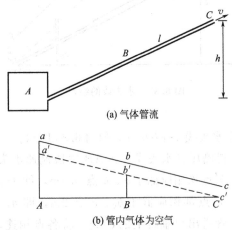

(a) 气体管流

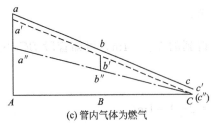

(b) 管内气体为空气

(c) 管内气体为燃气

图 6.36　气流的各种压头线

取 B、C 断面，由式（4.17）求 B 点压强

$$p_B + \frac{\rho_a v^2}{2} = 0 + \frac{\rho_a v^2}{2} + \frac{1}{2} \times 9 \times \frac{\rho_a v^2}{2}$$

$$p_B = 52.92\text{Pa}$$

选取零压线 ABC，如图 6.36（b）所示，并令其上方为正。

绘全压线：A 断面全压 $p_{qA} = 10 \frac{\rho_a v^2}{2} = 117.6\text{Pa}$，减去压强损失得 C 断面全压 $p_{qC} = 11.76\text{Pa}$，将 p_{qA} 和 p_{qC} 按适当比例绘于 a 点和 c 点，用直线连接 ac 得全压线。因无位压，全压线也是总压线。

绘势压线：由势压 $p_s = p_q - \frac{\rho_a v^2}{2}$，在总压线 ac 的基础上向下减去动压 $\rho_a v^2 / 2$，即作平行于 ac 的直线 $a'c'$，则为势压线，此时 c' 点位于轴线上。因无位压，势压线也是静压线。则全压线和静压线，分别如图 6.36（b）中的实线和虚线所示。

管路中点 B 的相对压强，也可根据式（4.15）直接由图上线段 Bb' 所表示的压强值求得

$$p_B = p_{qB} - \frac{\rho_a v^2}{2} = \frac{1}{2}(p_{qA} + p_{qC}) - \frac{\rho_a v^2}{2} = \frac{117.6 + 11.76}{2} - 11.76 = 52.92\text{Pa}$$

可以看到该值与上面用式（4.17）得到的 p_B 完全相同。另外因在零压线上方，故 B 点的静压为正。

（2）管内气体为燃气时，考虑位压，根据式（4.13）列气体的伯努利方程

$$1000 \times 9.8 \times 0.012 + 0 + (1.2 - 0.8) \times 9.8 \times 40 = 0 + \frac{\rho_g v^2}{2} + 9 \times \frac{\rho_g v^2}{2}$$

$$117.6 + 0 + 156.8 = 10 \frac{\rho_g v^2}{2}$$

则气体的动压为

$$\frac{\rho_g v^2}{2} = 27.44\text{Pa}$$

压强损失

$$p_l = 9 \frac{\rho_g v^2}{2} = 9 \times 27.44 = 246.96\text{Pa}$$

流速

$$v = \sqrt{27.44 \times 2 / 0.8} = 8.28\text{m/s}$$

流量

$$Q = vA = 8.28 \times \frac{\pi}{4} \times 0.1^2 = 0.0650\text{m}^3/\text{s}$$

B 点压强

$$p_B + \frac{\rho_g v^2}{2} + (1.2 - 0.8) \times 9.8 \times \frac{40}{2} = 0 + \frac{\rho_g v^2}{2} + \frac{1}{2} \times 9 \times \frac{\rho_g v^2}{2}$$

$$p_B = 45.08\text{Pa}$$

选取零压线 ABC，如图 6.36（c）所示。

绘总压线：A 断面总压为 $117.6 + 156.8 = 274.4\text{Pa}$，减去压强损失 246.96Pa 得 C 断面总压 $p_{zC} = 27.44\text{Pa}$，按比例绘 a、c 点，用直线连接即得总压线 ac。

绘势压线：由总压线 ac 向下作铅直距离等于动压 $\rho_g v^2 / 2$ 的平行线，即为势压线 $a'c'$，此时 c' 点位于轴线上。

绘位压线：A 断面的位压 156.8Pa，C 断面位压为零，分别绘出 a''、c'' 点，用直线连接这两点即为位压线 $a''c''$，此时 c' 与 c'' 重合。本题中（$\rho_a - \rho$）g 为正，说明位压是由有效浮力作用；（$z_2 - z_1$）为正，说明气流向上流动；气流方向和浮力方向一致，因此位压为正。位压随断面高程的增加而减少。

总压线、势压线和位压线，分别如图 6.36（c）中的实线、虚线和点划线所示。图上线段 $b'b''$ 的距离所代表的压强值即 B 点的静压，由式（4.16）得

$$p_B = p_{zB} - \frac{\rho_g v^2}{2} - \frac{1}{2}(\rho_a - \rho_g)g(z_2 - z_1) = \frac{274.4 + 27.44}{2} - 27.44 - \frac{156.8}{2} = 45.08 \text{Pa}$$

可以看到该值与上面用式（4.13）算得的 p_B 完全相同。另外因在位压线上方，故中点 B 的静压为正。

【例 6.11】自然排烟锅炉，如图 6.37 所示。空气由炉口 a 流入，燃烧后的废气经 b、c、d 由烟囱流出。烟气密度 $\rho = 0.6 \text{kg/m}^3$，外部空气密度 $\rho_a = 1.2 \text{kg/m}^3$，由 a 到 c 的压强损失 $p_{lac} = 9\dfrac{\rho v^2}{2}$，$c$ 到 d 的压强损失 $p_{lcd} = 20\dfrac{\rho v^2}{2}$。

（1）计算出口流速和 c 处静压 p_c。

（2）绘制气流经过烟囱的总压线、势压线和位压线。

（3）在绘出的各压头线上求出 c 点的总压、势压、静压和全压。

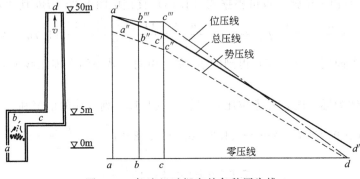

图 6.37　气流经过烟囱的各种压头线

【解】（1）选锅炉进口前零高程处为断面 1—1，烟囱出口 50m 高程处为断面 2—2，由式（4.13）得

$$0 + 0 + (1.2 - 0.6) \times 9.8 \times (50 - 0) = 0 + \frac{\rho v^2}{2} + (9 + 20) \times \frac{\rho v^2}{2}$$

$$294 = 30\frac{\rho v^2}{2}$$

即 a 断面的总压与位压相等 $p_{za} = 294 \text{Pa}$，同时可求出气流的动压 $\dfrac{\rho v^2}{2} = 9.8 \text{Pa}$，则出口流速

$$v = \sqrt{2 \times 9.8/0.6} = 5.715 \text{m/s}$$

取 c、d 断面列气体伯努利方程得 c 处静压 p_c

$$p_c + \frac{\rho v^2}{2} + (1.2 - 0.6) \times 9.8 \times (50 - 5) = 0 + \frac{\rho v^2}{2} + 20 \times \frac{\rho v^2}{2}$$

$$p_c + 264.6 = 0 + 20 \times \frac{\rho v^2}{2}$$

$$p_c = -68.6 \text{Pa}$$

根据上述计算结果，还可求出 ac 段压强损失 $p_{lac} = 9\dfrac{\rho v^2}{2} = 88.2 \text{Pa}$，$cd$ 段压强损失 $p_{lcd} = 20\dfrac{\rho v^2}{2} = 196 \text{Pa}$。

（2）绘总压线、势压线和位压线　选取零压线，按比例标出 a、b、c、d 各点。a 断面总压为 $p_{za}=294$Pa，以后逐段减去损失，绘出总压线 $a'c'd'$。其中

$$p_{zc}=294-88.2=205.8\text{Pa}$$

$$p_{zd}=205.8-196=9.8\text{Pa}$$

烟囱断面面积不变，各段势压低于总压的动压值相同，所以各段势压线与总压线分别平行，出口断面势压为零。绘出势压线 $a''b''c''d$。

a 断面位压为 294Pa，从 b 到 c 位压不变，均为 264.6Pa，出口位压为零。绘出位压线 $a'b'''c'''d$。

（3）在绘出的各压头线上求出 c 点的各压强值　总压和势压以零压线为基础量取：$p_{zc}=205.8$Pa，$p_{sc}=196$Pa。全压、静压的起算点是位压线。从 c 点所对应的位压线上 c''' 到总压线、势压线的铅直线段 $c'''c'$ 及 $c'''c''$ 分别为 c 点的全压和静压值：$p_{qc}=-58.8$Pa，$p_c=-68.6$Pa。由图 6.37 可看出，整个烟囱内部都处于负压区。

【例 6.12】风机管道系统如图 6.38 所示。吸入管直径 $d_1=300$mm，管长 $l_1=10$m，压出管直径 $d_2=250$mm，管长 $l_2=20$m，压出管中间处阀门的局部阻力系数 $\zeta_v=3.0$，沿程阻力系数皆为 $\lambda=0.024$，空气密度 $\rho=1.2$kg/m³，气流通过风机其全压的增值为 $\Delta p=1.2$kPa。试求风量并绘出系统的全压线和静压线。

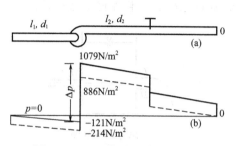

图 6.38　风机管道系统的压头线

【解】取进风口前不远但空气流速近似为零处为断面 1—1，压出管出口断面为断面 2—2，由式（4.17）列气流的伯努利方程

$$\Delta p=0+\frac{\rho v^2}{2}+p_l$$

其中总压强损失为

$$p_l=\left(\lambda\frac{l_1}{d_1}+\zeta_e\right)\frac{\rho v_1^2}{2}+\left(\lambda\frac{l_2}{d_2}+\zeta_v\right)\frac{\rho v_2^2}{2}$$

由连续性方程式（3.27）得

$$v_1=v_2\left(\frac{d_2}{d_1}\right)^2$$

将上两式代入伯努利方程中，其中的进口局部阻力系数 $\zeta_e=0.5$，则风量为

$$\Delta p=\left(\lambda\frac{l_1}{d_1}+\zeta_e\right)\times\left(\frac{d_2}{d_1}\right)^4\frac{\rho v_2^2}{2}+\left(1+\lambda\frac{l_2}{d_2}+\zeta_v\right)\frac{\rho v_2^2}{2}$$

$$1200=\left(0.024\times\frac{10}{0.3}+0.5\right)\times\left(\frac{0.25}{0.3}\right)^4\frac{\rho v_2^2}{2}+\left(1+0.024\times\frac{20}{0.25}+3.0\right)\frac{\rho v_2^2}{2}=6.547\times\frac{1.2\times v_2^2}{2}$$

$$v_2=17.5\text{m/s}$$

$$Q=v_2\times\frac{\pi}{4}\times0.25^2=0.86\text{m}^3/\text{s}$$

选取管道的水平轴线为零压线，设其上侧为正压，下侧为负压。由于起始断面的压强和流速均为零，故全压线的起点在基准线上。气流沿吸入管流动，沿程有压强损失，故吸入管呈现负压，至风机入口处负压最大。气流经风机后全压陡然升高，然后由沿途下降，至出口处静压为零，全压等于动压。本题系统的全压线和静压线如图 6.38 所示，图中的数字分别为风机入口、出口处的全压和静压。

思　考　题

6.1　两个管径不同的管道，通过不同黏性的流体，它们的临界流速是否相同？临界雷

诺数是否相同？

6.2 紊流中存在脉动现象，具有非恒定性质，但是在紊流中又有恒定流的概念，其中有无矛盾？为什么？

6.3 若管道的管径、管长及粗糙高度不变，沿程阻力系数 λ 是否随流量的增加而增大？沿程水头损失 h_f 是否随流量的增加而增大？

6.4 有一根给定的输水管道，怎样实测它的沿程阻力系数？

6.5 是否表面上几何光滑的管道一定是"水力光滑"管，而表面上几何粗糙的管道一定是"水力粗糙"管？为什么？

6.6 如思考题6.6图所示的实际流体流动，若水位恒定，管长分别为 $2L$ 和 L，管径分别为 D 和 $2D$，试比较流量 Q_1 和 Q_2、流速 v_1 和 v_2 的大小。

6.7 管路的流动装置如思考题6.7图所示，当阀门开度减小，则阀门前后两测压管的液面高度 h_1、h_2 将如何变化？为什么？

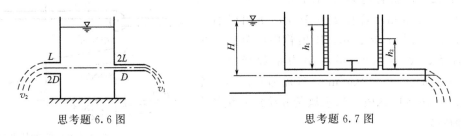

思考题6.6图　　　　　　　　　　思考题6.7图

6.8 变直径管道如思考题6.8图所示，有同种流体，以相同的流量自左向右或自右向左流动，试问两种情况下的局部水头损失是否相同，为什么？

6.9 弯管内装导流叶片可降低弯管的局部阻力系数，试问其能降低局部阻力系数的原因，并指出如思考题6.9图所示的（a）、（b）两种情况哪一种正确？为什么？

6.10 在断面既要由 d_1 扩大到 d_2，方向又转 $90°$ 的流动中，如思考题6.10图所示的两种情况下，（a）先扩后弯和（b）先弯后扩，哪种的总局部水头损失大一些？为什么？

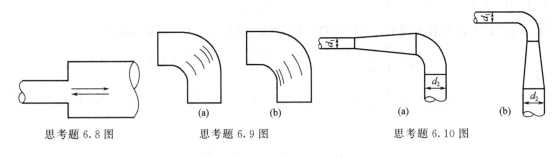

思考题6.8图　　　　　思考题6.9图　　　　　　思考题6.10图

习　题

6.1 用直径 $d=100\text{mm}$ 的管道，输送质量流量 $Q_m=10\text{kg/s}$ 的水，如水温为 $5℃$，试判别此时水的流态；若用该管道输送相同质量流量的石油，已知石油密度 $\rho=850\text{kg/m}^3$，运动黏滞系数为 $1.14\text{cm}^2/\text{s}$，试确定石油的流态。

6.2 圆形通风管道直径为 250mm，输送的空气温度为 $20℃$，试求保持层流的最大流量。若输送空气的质量流量为 200kg/h，其流态是层流还是紊流？

6.3 如题6.3图所示，某蒸汽冷凝器内有250根平行的黄铜管，通过的冷却水流量 $Q=8\text{L/s}$，水温为 $10℃$，为了使黄铜管内冷却水保持为紊流（此时黄铜管的热交换性能比层流时好），问黄铜管的直径不得超过多少?

6.4 散热器由 8mm×12mm 的矩形断面水管组成，水的运动黏滞系数为 0.0048cm²/s，要确保每根水管中的流态为紊流（取 $Re \geqslant 4000$）以利散热，试问水管中的流量应为多少?

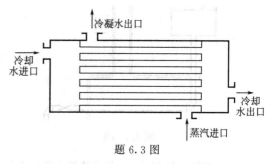

题 6.3 图

6.5 为了率定圆管内径，在管内通过运动黏滞系数为 0.013cm²/s 的水，实测流量为 35cm³/s，长 15m 管段上的水头损失为 2cm 水柱，试求此圆管的内径。

6.6 圆管直径 $d = 78.5mm$，测得粗糙区的 $\lambda = 0.0215$，试分别用莫迪图和尼古拉兹粗糙管公式求该管道的当量粗糙高度 k_s。

6.7 钢板制风道的断面尺寸为 300mm×500mm，长度为 30m，风量 $Q = 2.1m³/s$，空气温度为 20℃，试分别按莫迪图和阿里特苏里公式计算该管道的压强损失。

6.8 水在环形断面的水平管道中流动，水温为 10℃，流量 $Q = 400L/min$，管道的当量粗糙高度 k_s 为 0.15mm，内管的外径 $d = 75mm$，外管的内径 $D = 100mm$。试求在管长为 100m 的管段上的沿程水头损失。

6.9 某管路流动的雷诺数为 1×10^6，通水多年后，由于管路锈蚀，发现在水头损失相同的条件下，流量减少了一半，试估算此旧管管壁的相对粗糙高度 k_s/d。（假设新管时流动处于光滑区，采用布拉修斯公式计算；锈蚀后流动处于粗糙区，采用希弗林松公式计算）

6.10 光滑铜管的直径为 75mm，壁面当量粗糙高度为 0.05mm，求当通过流量 $Q = 0.005m³/s$ 时，每 100m 管长中的沿程水头损失 h_f，此时的壁面切应力 τ_0、阻力速度 v_* 和黏性底层厚度 δ 值（已知水的运动黏滞系数为 $1.007 \times 10^{-6} m²/s$）。

6.11 两条断面面积、长度、相对粗糙高度都相等的风管，断面形状分别为圆形和正方形，试求:

(1) 若两者通过的流量相等，当其管内流动分别处在层流和紊流粗糙区两种情况下时，两种管道的沿程水头损失之比 $h_{f圆}/h_{f方}$ 分别为多少?

(2) 若两者的沿程水头损失相等，且流动都处在紊流粗糙区，哪条管道的过流能力大? 大多少?

6.12 如题 6.12 图所示，水管直径为 50mm，1—1、2—2 两断面相距 15m，高差 3m，通过流量 $Q = 6L/s$，水银压差计读值为 250mm，试求管道的沿程阻力系数。

6.13 如题 6.13 图所示，输水管道中设有阀门，已知管道直径为 50mm，通过流量为 3.34L/s，水银压差计读值 $\Delta h = 150mm$，沿程水头损失不计，试求阀门的局部损失系数。

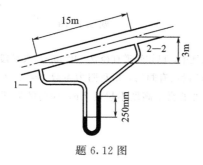

题 6.12 图

题 6.13 图

6.14 题 6.14 图所示为测定 90°弯头的局部阻力系数 ζ，可采用图所示的装置。已知 AB 段管长 10m，管径为 50mm，沿程阻力系数为 0.03。实测 AB 两断面测压管水头差 $\Delta h = 0.629m$ 且经两分钟流入量水箱的水量为 0.329m³。求弯头的局部阻力系数 ζ。

6.15 如题 6.15 图所示，测定某阀门的局部阻力系数 ζ，在阀门的上下游共设三个测压管，其间距 $L_1 = 1m$，$L_2 = 2m$。若直径 $d = 50mm$，实测 $H_1 = 150cm$，$H_2 = 125cm$，$H_3 = 40cm$，流速 $v = 3m/s$，求阀门的 ζ 值。

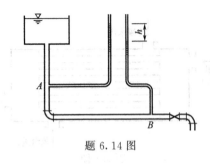

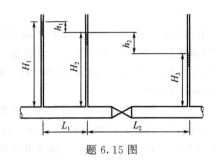

题 6.14 图　　　　　　　　　　　　　　　　题 6.15 图

6.16　如题 6.16 图所示，用突然扩大使管道的平均流速由 v_1 减到 v_2，若直径 d_1 及流速 v_1 一定，试求使测压管液面差 h 成为最大的 v_2 及 d_2 是多少？并求最大的 h 值。

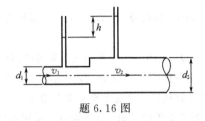

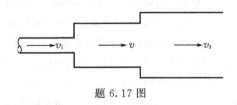

题 6.16 图　　　　　　　　　　　　　　　　题 6.17 图

6.17　如题 6.17 图所示，流速由 v_1 变到 v_2 的突然扩大管，如分两次扩大，中间流速 v 取何值时局部水头损失最小？此时的局部水头损失为多少？并与一次扩大时比较。

6.18　如题 6.18 图所示，水箱中的水通过等直径的垂直管道向大气流出。已知水箱的水深 H，管道直径 d，管道长 l，沿程阻力系数 λ，局部阻力系数之和为 $\sum\zeta$，试问在什么条件下：

（1）流量 Q 不随管长 l 而变化？

（2）Q 随 l 的增加而减小？

（3）Q 随管 l 的增加而增加？

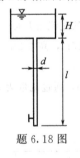

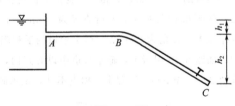

题 6.18 图　　　　　　　　　　　　　　　　题 6.19 图

6.19　如题 6.19 图所示，水池中的水经弯管流入大气中，已知管道直径 $d=100\mathrm{mm}$，水平段 AB 和倾斜段 BC 的长度均为 $l=50\mathrm{m}$，高差 $h_1=2\mathrm{m}$，$h_2=25\mathrm{m}$，BC 段设有阀门，沿程阻力系数 $\lambda=0.035$，管道入口及转弯的局部水头损失不计。试求：为使 AB 段末端 B 处的真空高度不超过 $7\mathrm{m}$，阀门的局部阻力系数 ζ 最小应是多少？此时的流量是多少？

6.20　针对如题 6.20 图所示管路系统：

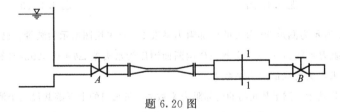

题 6.20 图

（1）绘制水头线。

（2）若将上游阀门 A 关小，各段水头线如何变化？若将下游阀门 B 关小，各段水头线又如何变化？

（3）若分别将上游阀门 A、B 关小或开大，对固定断面 1—1 的压强产生什么影响？

6.21　两水池水位恒定（题 6.21 图），已知管道直径 $d=10\text{cm}$，管长 $l=20\text{m}$，沿程阻力系数 $\lambda=0.042$，局部阻力系数：弯头 $\zeta_b=0.8$，阀门 $\zeta_v=0.26$，通过流量 $Q=65\text{L/s}$，试求水池水面高差 H。

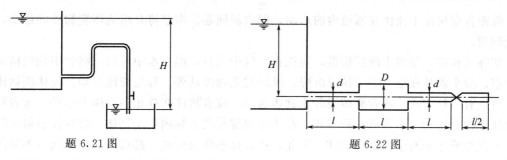

题 6.21 图　　　　　　　　　　　　　　　　题 6.22 图

6.22　自水池中引出一根具有三段不同直径的水管（题 6.22 图），已知直径 $d=50\text{mm}$，$D=200\text{mm}$，长度 $l=100\text{m}$，水位 $H=12\text{m}$，沿程阻力系数 $\lambda=0.03$，阀门的局部阻力系数 $\zeta_v=5.0$，试求通过水管的流量并绘总水头线及测压管水头线。

6.23　某闸板阀的直径 $d=100\text{mm}$，该阀门在开度 $e/d=0.125$ 时局部阻力系数 $\zeta_1=97.3$，开度 $e/d=0.5$ 时的 $\zeta_2=2.06$，该管道的沿程阻力系数为 0.03。试求两不同开度情况下的折算长度 l_{zh}。

第7章 边界层和绕流运动

前面各章讨论了流体在通道内的运动，即内流问题。本章将介绍流体绕物体的运动，即外流问题。

实际工程中，如河水流过桥墩，飞机在空气中飞行，船在水中航行，锅炉中烟气横向流过管束，粉尘颗粒在空气中飞扬或沉降，风绕建筑物流动等，都是绕流运动。流体绕物体运动，可以有多种方式。或者流体绕静止物体运动，或者物体在静止的流体中运动，或者物体和流体作相对运动。不管哪一种方式，在研究时都是把坐标固结于物体，将物体看做是静止的，而探讨流体相对于物体的运动。因此，所有这些绕流运动，都可以看成是同一类型的绕流问题。在绕流中，流体作用在物体上的力可以分解为垂直于来流方向的分力，叫做升力；平行于来流方向的分力，叫做绕流阻力。绕流阻力又可认为由两部分组成，即摩擦阻力和形状阻力。流体在绕过物体运动时，其摩擦阻力主要发生在紧靠物体表面的一个流速梯度很大的流体薄层内，该薄层即为边界层（或称附面层）。形状阻力主要指流体绕曲面体或具有锐缘棱角的物体流动时，边界层将发生分离，产生旋涡所造成的阻力，这种阻力与物体形状有关，故称为形状阻力（或称压差阻力），可见摩擦阻力和形状阻力都与边界层有关。

本章主要讨论绕流阻力，由于绕流阻力和边界层有密切的关系，故先介绍边界层的概念。

7.1 边界层的基本概念

在第 4 章中已经指出，黏性流体的运动微分方程（N-S 方程）只有在边界条件简单的情况下才能求得准确解；有些问题只能采用近似方法求得近似解。例如，在小雷诺数时，惯性力较黏滞力小很多，略去惯性项后，便可求得实际流体绕圆球的阻力公式。但是在实际工程中，大多是高雷诺数的情况，黏滞力较惯性力小得多，似乎可以略去黏性项，可这是不允许的。最明显的例子是黏性流体绕圆柱的绕流运动，如果略去黏性项，则作用在圆柱体上的合力等于零（见 4.5 中的【例 4.15】），也就是说圆柱在静止流体中向前作等速运动时没有阻力，显然这与实际不符，这就是著名的达朗伯疑题。该疑题直到 1904 年普朗特提出边界层理论后，才得到了较圆满的解释，可以说边界层理论为解决边界复杂的实际流体运动问题开辟了途径，对于流体力学的发展有着极其重要的意义。

在实际流体流经固体时，不管流动的雷诺数多大，固体边界上的流速必为零，称无滑移条件。由于这个条件，在固体边界的外法线方向上的流体速度从零迅速增大。这样，在边界附近的流动区域存在着相当大的流速梯度，在这个流动区域内黏性的作用就不能忽略。边界附近的这个区域就是边界层。边界层以外的流动区域，黏性的作用可以略去，可按理想流体来处理。这样，就将高雷诺数下的流动视为由两个性质不同的流动所组成：一个是边界层以外的流动，可按理想流体来处理；另一个是固体边界附近的边界层内的流动，黏性作用不能略去。这样一来，就可根据第 4 章的势流理论求出边界层外边界的压强分布和流速分布，将其作为边界层内流动的外边界条件；同时在边界层很薄的条件下，N-S 方程可以大为简化，使得边界层内的流动求解成为可能。

为了说明边界层内的流动特征，现考察一个最典型的例子。设在二维恒定均速流场中（各点流速都是 u_0），放置一块与流动平行的且静止的水平平板，如图 7.1 所示。由于平板是不动的，根据无滑移条件和流体的黏性作用，与平板接触的流体质点的流速都要降为零。在平板附近的流体质点由于受到平板的阻滞作用，流速都有不同程度的降低。离平板越远，阻滞作用越小。当流动的雷诺数很大时，这种阻滞作用只反映在平板两侧的一个较薄的流层内，这个流层就是边界层。

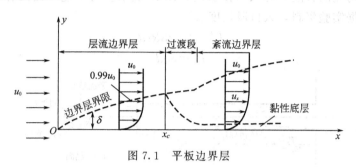

图 7.1 平板边界层

边界层的厚度 δ，从理论上讲，应该是由平板的表面流速为零的地方沿平板表面的外法线方向一直到流速达到外界主流流速 u_0 的地方，也就是黏性正好不再起作用的地方。对于极薄平板的边界层来说，外界主流流速就是来流的流速 u_0。严格地讲，这个界限在无穷远处，因为平板的影响是逐渐消失而不是突然终止的，流速也应在无穷远处才能真正达到 u_0。根据实验观察，在离平板表面一定距离后，流速就非常接近来流的速度 u_0。因此一般规定以 $u_x = 0.99 u_0$ 的地方作为边界层的界限，边界层的厚度就是根据这个界限来定义的。由图 7.1 可以看出，在平板的前端 O 处，流速为零，在这一点上边界层的厚度也为零。随着流体的运动，平板的阻滞作用向流体内部扩展，边界层的厚度顺流增加。因此边界层厚度 δ 是 x 的函数。

一般地对曲面物面的绕流，边界层外边界的定义为：设 u_e 为按势流理论求得的物面上的速度分布，则在物面每一点的法线方向上速度恢复到 $0.99 u_e$ 的点的连接面，称为边界层的外边界。速度 u_e 沿着曲面物面的切向是变化的，只有对于来流方向与平板平行的平板绕流，u_e 才等于来流速度 u_0，是常数。

边界层内的流动也有两种流态——层流和紊流。如图 7.1 所示，在边界层的前部，由于厚度 δ 较小，流速梯度很大，黏滞切应力也很大，这时边界层内的流动属层流，称层流边界层。边界层内流动的雷诺数 Re_x 可表示为

$$Re_x = \frac{u_0 x}{\nu} \tag{7.1}$$

当雷诺数达到一定数值时，边界层内的流动经过一过渡段后转变为紊流，成为紊流边界层。由层流边界层转变为紊流边界层的点 x_c 称为转折点，其雷诺数为临界雷诺数 Re_{xc}。对于光滑平板来说，当边界层内压强梯度 $\frac{\mathrm{d}p}{\mathrm{d}x} = 0$ 时，Re_{xc} 的范围为

$$Re_{xc} = \frac{u_0 x_c}{\nu} = (3.5 \sim 5.0) \times 10^5 \tag{7.2}$$

影响临界雷诺数的因素很多，其中最主要的因素有边界层外流动的压强分布、固体边界的壁面性质、来流本身的紊动强度等。

边界层概念对于管流或明渠流同样是有效的。事实上，管流或明渠流内部的流动除入口

段外，都处于受壁面影响的边界层内。图 7.2 (a)、(b) 分别是管流、明渠流入口段的情况，它表示了管流或明渠流中边界层的发展过程。假设以均匀速度流入，则在入口段的始端将保持均匀的速度分布。由于管壁或渠壁的作用，靠近壁面的流体将受阻滞而形成边界层，其厚度 δ 将随离入口距离的增加而增加。当边界层发展到管轴或渠道自由表面后，流体的运动都处于边界层内，自此以后流动将保持这个状态不变，才成为均匀流动，如图 7.2 所示。从入口发展到均匀流的长度，称入口段长度，以 L' 表示。对于进口处没有特别干扰的光滑圆管流来说，根据实验资料，入口段长度 L'

对于层流 $$L'=0.028Red \tag{7.3}$$
对于紊流 $$L'=50d \tag{7.4}$$

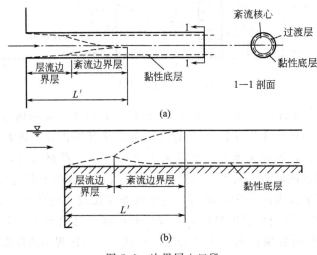

图 7.2 边界层入口段

显然，入口段的流动情况不同于均匀流，因此进行有关实验时，需避开入口段的影响，测试段须取在入口段后。在实际工程中计算沿程损失时，一般不考虑这一点，即管长从入口处算起。

综上所述，边界层的特性可归纳如下。

(1) 与任何流动的特性尺寸相比较，例如流动截面的宽度、绕过物体的长度等，边界层的厚度 δ 是极小的。

(2) 在边界层内流速变化非常急剧，即从边壁上的零变到外边界上的 u_0。

(3) 在边界层内黏滞力与惯性力是同一量级，均不能忽略。

(4) 边界层内的流动状态，可以在整个边界层内是层流，也可以一部分为层流而其余部分是紊流。

提出边界层这一概念的重要意义，在于将流场划分为两个计算方法不同的区域，即势流区和边界层。由于边界层很薄，故可先假设边界层并不存在，全部流场都是势流区，用势流理论来计算物体表面速度。并用理想流体能量方程，根据势流速度求相应压强。然后把按上述势流理论计算的物体表面的流速和压强认为是边界层外边界的流速和压强。边界层内边界就是物体表面，其流速为零。可以证明，在一阶近似下，边界层内沿物体表面的法线 y 方向上压强不变，等于按势流理论求解得到的物面上的相应点压强。这就是所谓的"压力穿过边界层不变"的边界层特性。这样确定的边界层外边界上的流速和压强分布就是边界层和外部势流区域流动的主要衔接条件。

7.2 边界层动量方程

如上所述，绕流物体的阻力作用，主要表现在边界层内流速的降低，引起动量的变化。下面来分析阻力和边界层动量变化的关系，即边界层动量方程。

图 7.3 （a） 所示，沿物体的表面取 x 轴，沿物体表面的法线取 y 轴。在物体表面取边界层微段 $ABDCA$，把微段放大，x 轴便成为直线，如图 7.3 （b） 所示。微段 BD 长为 $\mathrm{d}x$，AC 为边界层外边界。AB、CD 垂直于物体表面。对微段写动量平衡方程，引入如下假设条件。

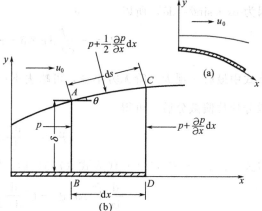

图 7.3　边界层动量方程

假设一：不计质量力。

假设二：流动是恒定的平面流动。

假设三：$\mathrm{d}x$ 为无限小，因此微小边界层的底边 BD 和外边界 AC 可看成是直线。

根据动量定理

$$K_{CD}-K_{AB}-K_{AC}=P_x \tag{7.5}$$

式中　K_{CD}，K_{AB}，K_{AC}——单位时间内通过 CD、AB 和 AC 面的流体动量在 x 轴的投影；

　　　　P_x——作用在周界 $ABDCA$ 上所有表面力在 x 轴上的投影。

取垂直于纸面的宽度为 1，则通过 AB、CD 和 AC 面的质量流量分别为

$$\rho Q_{AB}=\int_0^\delta \rho u_x \mathrm{d}y$$

$$\rho Q_{CD}=\rho Q_{AB}+\frac{\partial \rho Q_{AB}}{\partial x}\mathrm{d}x=\int_0^\delta \rho u_x \mathrm{d}y+\frac{\partial}{\partial x}\left(\int_0^\delta \rho u_x \mathrm{d}y\right)\mathrm{d}x$$

$$\rho Q_{AC}=\rho Q_{CD}-\rho Q_{AB}=\frac{\partial}{\partial x}\left(\int_0^\delta \rho u_x \mathrm{d}y\right)\mathrm{d}x$$

通过 AB、CD 和 AC 面的动量流量分别为

$$K_{AB}=\int_0^\delta \rho u_x^2 \mathrm{d}y \tag{7.6}$$

$$K_{CD}=K_{AB}+\frac{\partial K_{AB}}{\partial x}\mathrm{d}x=\int_0^\delta \rho u_x^2 \mathrm{d}y+\frac{\partial}{\partial x}\left(\int_0^\delta \rho u_x^2 \mathrm{d}y\right)\mathrm{d}x \tag{7.7}$$

$$K_{AC}=\rho Q_{AC}U=U\frac{\partial}{\partial x}\left(\int_0^\delta \rho u_x \mathrm{d}y\right)\mathrm{d}x \tag{7.8}$$

式中　U——边界层外边界上速度 u_e 在 x 轴上的投影。

这里将边界层外边界 AC 面上的速度看成是各点相等的，都等于 A 点的速度 U。

现分析式（7.5）中的 P_x。为此，需分析所有作用在 $ABDCA$ 周界上的表面力（包括压力和切力）。由于 $\frac{\partial p}{\partial y}=0$，所以 AB 和 CD 面上作用着均匀的压强。设 AB 面上作用的压强为 p，则由泰勒级数展开可知，作用在 CD 面上的压强为 $p_{CD}=p+\frac{\partial p}{\partial x}\mathrm{d}x$。作用在 AC 面上的压强一般来说是不均匀的，在 A 点为 p，在 C 点为 $p+\frac{\partial p}{\partial x}\mathrm{d}x$，所以平均压强为 $p+\frac{1}{2}$

$\times \dfrac{\partial p}{\partial x}\mathrm{d}x$。$\tau_0$ 表示物体表面对流体作用的切应力。因为边界层外可以当做理想流体，所以在边界层外边界上没有切应力。这样，各表面力在 x 轴方向投影之和为

$$P_x = p\delta - \left(p + \frac{\partial p}{\partial x}\mathrm{d}x\right) \times (\delta + \mathrm{d}\delta) + \left(p + \frac{1}{2}\frac{\partial p}{\partial x}\mathrm{d}x\right)\mathrm{d}s \times \sin\theta - \tau_0\mathrm{d}x$$

因为 $\mathrm{d}s \times \sin\theta = \mathrm{d}\delta$，所以

$$P_x = -\frac{\partial p}{\partial x}\mathrm{d}x \times \delta - \tau_0\mathrm{d}x - \frac{1}{2} \times \frac{\partial p}{\partial x}\mathrm{d}x \times \mathrm{d}\delta$$

上式中最后一项为高阶无穷小量，可略去不计。并考虑到 $\dfrac{\partial p}{\partial y} = 0$，即 p 与 y 无关，因此用全微分代替偏微分后，可得

$$P_x = -\frac{\mathrm{d}p}{\mathrm{d}x}\mathrm{d}x \times \delta - \tau_0\mathrm{d}x \tag{7.9}$$

将式（7.6）～式（7.9）代入式（7.5）后，则可得出边界层的动量方程为

$$\frac{\mathrm{d}}{\mathrm{d}x}\int_0^\delta \rho u_x^2 \mathrm{d}y - U\frac{\mathrm{d}}{\mathrm{d}x}\int_0^\delta \rho u_x \mathrm{d}y = -\delta\frac{\mathrm{d}p}{\mathrm{d}x} - \tau_0 \tag{7.10}$$

边界层动量方程中有五个未知数：δ、p、u_x、U 和 τ_0，其中 U 可以用理想流体的势流理论求得，$\dfrac{\mathrm{d}p}{\mathrm{d}x}$ 可以按能量方程求得，剩下三个未知数 τ_0、δ 和 u_x。因此要解边界层动量方程，还需补充两个方程，即

（1）边界层内的速度分布，$u_x = f_1(y)$。

（2）τ_0 与 δ 的关系，$\tau_0 = f_2(\delta)$ 可根据边界层内的速度分布求得。

通常在解边界层动量方程时，先假定速度分布 $u_x = f_1(y)$，这个假定越接近实际，则所得结果越正确。

7.3 曲面边界层的分离现象与卡门涡街

7.3.1 曲面边界层的分离现象

当流体绕曲面体流动时，沿边界层外边界上的速度和压强都不是常数。根据理想流体的势流理论，在图 7.4 所示的曲面体 MM' 断面以前，由于过流断面的收缩，流速沿程增加，因而压强沿程减小（即 $\dfrac{\partial p}{\partial x} < 0$）。在 MM' 断面以后，由于断面不断扩大，速度不断减小，因而压强沿程增加（即 $\dfrac{\partial p}{\partial x} > 0$）。由此可见，在边界层的外边界上，$M'$ 必然具有速度的最大值和压强的最小值。由于在边界层内，沿壁面法线方向的压强都是相等的，故以上关于压强沿程的变化规律，不仅适用于边界层的外边界，也适用于边界层内。在 MM' 断面前，边界层为减压加速区域，流体质点一方面受到黏性力的阻滞作用，另一方面又受到顺压梯度的推动作用，即部分压力势能转为流体的动能，故边界层内的流动可以维持。当流体质点进入 MM' 断面后面的增压减速区，情况就不同了；不仅逆压梯度

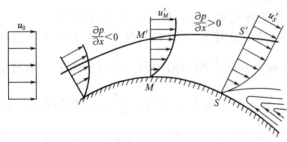

图 7.4 曲面边界层的分离

阻止着流体前进，而且流体质点受到黏性力的阻滞作用，越是靠近壁面的流体，受到的摩擦阻力越大，因此靠近壁面的流速迅速趋近于零。S 点以后的流体质点在与主流方向相反的压差作用下，将产生反方向的回流。但是离物体壁面较远的流体，由于边界层外部流体对它的带动作用，仍能保持前进的速度。这样，回流和前进这两部分运动方向相反的流体相接触，就形成旋涡。旋涡的出现势必使边界层与壁面脱离，这种现象称为边界层分离，而 S 点称为分离点。由上述分析可知，边界层分离只能发生在断面逐渐扩大而压强沿程增加的区段内，即增压减速区。

在绕流体边界层分离点下游形成的旋涡区统称为尾流区（或称为尾流）。绕流体除了沿物体表面的摩擦阻力耗能，还有尾流区旋涡耗能，使得尾流区物体表面的压强低于来流的压强，而迎流面的压强大于来流的压强，这两部分的压强差，造成作用于绕流体的形状阻力。形状阻力的大小决定于尾流区的大小，也就是决定于边界层分离点的位置，分离点沿绕流体的表面后移，尾流区减少，则形状阻力减少，摩擦阻力增加。

7.3.2　卡门涡街

当流体绕圆柱体流动时，在圆柱体后半部分，流体处于减速增压区，边界层发生分离。圆柱绕流中尾流的形态变化主要取决于

$$Re = \frac{u_0 d}{\nu}$$

式中　u_0——来流速度；

　　　d——圆柱体直径；

　　　ν——流体的运动黏滞系数。

当 $Re<40$ 时，边界层对称地在 S 处分离，形成两个旋转方向相反的对称旋涡。随着 Re 增大，分离点不断向前移，如图 7.5（a）所示。Re 再升高，则旋涡的位置已不稳定。在 $Re=40\sim70$ 时，可观察到尾流中有周期性的振荡，如图 7.5（b）所示。当 Re 数达到 90 左右，旋涡从柱体后部交替释放出来，旋涡的排列如图 7.6 所示。1911 年卡门对这种绕流物体后面有规则、交错排列的旋涡组合进行了研究，故称其为卡门涡街。

图 7.5　卡门涡街的层流振荡　　　　　　图 7.6　卡门涡街的排列

卡门涡街不仅在圆柱体后部产生，也可在其他形状的绕流物体后形成，如高层建筑物、烟囱和铁塔等。由于旋涡周期性地交替形成和脱落，在绕流物体上产生垂直于流动方向的交替变向的侧向力，由此引起绕流物体的横向振动。一旦横向振动的频率与绕流物体的固有频率相耦合时，就会发生共振，对绕流物体造成危害。如 1940 年秋美国华盛顿州长 853m 的塔科马（Tocoma）悬索桥在大风中遭破坏，就是风致振动造成的。此外，旋涡交替发生并脱落造成的声响效应，是输电线在大风中啸叫、锅炉内烟气流过管束时发出噪声的原因。

随着雷诺数的增大，尾流区的大尺度旋涡分解为随机的紊流运动，绕流物体后部有规则的涡街也随之消失。

7.4　绕流阻力和升力

绕流阻力的计算式于 1726 年由牛顿提出，该式也可由 π 定理得到（见【例 5.4】）

$$D = C_d \frac{\rho u_0^2}{2} A \tag{7.11}$$

式中　D——物体所受的绕流阻力；

　　　C_d——绕流阻力系数；

　　　A——物体与来流速度垂直方向的迎流投影面积；

　　　u_0——未受干扰时的来流速度；

　　　ρ——流体的密度。

7.4.1　绕流阻力的一般分析

下面以圆球绕流为例来说明绕流阻力的变化规律。

设圆球作匀速直线运动，如果流动的雷诺数 $Re = \dfrac{u_0 d}{\nu}$（d 为圆球直径）很小，在忽略惯性力的前提下，可以推导出斯托克斯公式（推导过程从略）

$$D = 3\pi \mu d u_0 \tag{7.12}$$

将式（7.12）写成式（7.11）的形式，则

$$D = 3\pi \mu d u_0 = \frac{24}{\dfrac{u_0 d \rho}{\mu}} \times \frac{\pi d^2}{4} \times \frac{\rho u_0^2}{2} = \frac{24}{Re} A \times \frac{\rho u_0^2}{2}$$

由此得
$$C_d = \frac{24}{Re} \tag{7.13}$$

如以雷诺数 Re 为横坐标，绕流阻力系数 C_d 为纵坐标，绘在对数纸上，则式（7.13）是一条直线，如图 7.7 所示。如把不同雷诺数下的实测数据绘在同一图上，则由图中可见，在 $Re < 1$ 的情况下，斯托克斯公式是正确的。但这样小的雷诺数只能出现在黏性很大的流体（如油类），或黏性虽不大但球体直径很小的情况。故斯托克斯公式只能用来计算空气中微小尘埃或雾珠运动时的阻力，以及静水中直径 $d < 0.05\text{mm}$ 的泥沙颗粒的沉降速度等情况。当 $Re > 1$ 时，因惯性力不能完全忽略，因此斯托克斯公式偏离实验曲线。

如将圆球绕流的阻力系数曲线和垂直于流动方向的圆盘绕流进行比较，由图 7.7 可见，$Re > 3 \times 10^3$ 以后，圆盘的 C_d 仍然为常数，而圆球绕流的阻力系数 C_d 却随 Re 而变化。这是因为圆盘绕流只有形状阻力，没有摩擦阻力，边界层的分离点将固定在圆盘的边线上。圆球是光滑的曲面，圆球绕流既有摩擦阻力，又有形状阻力。当流体以不同的 Re 绕它流动时，边界层分离点的位置随 Re 的增大而逐渐前移。旋涡区的加大使形状阻力随之加大，而摩擦阻力则有所减小，因此 C_d 随 Re 而变化。当 $Re \approx 3 \times 10^5$ 时，C_d 值在该处突然下降，这是由于边界层内出现了紊流，而紊流的掺混作用，使边界层内的流体质点获得更多的动能补充，因此分离点位置后移，旋涡区显著减少，从而大大降低了形状阻力；虽然此时摩擦阻力有所增加，但总的绕流阻力还是减小了。专业中还常遇到绕圆柱体的运动，其绕流阻力系数 C_d 的实验曲线如图 7.8 所示。

综上所述，绕流阻力的变化规律如下。

（1）细长流线形物体，以平板为典型，绕流阻力主要由摩擦阻力来决定，绕流阻力系数 C_d 与雷诺数 Re 有关。

（2）有钝形曲面或曲率很大的曲面物体，以圆球或圆柱为典型，绕流阻力既与摩擦阻力有关，又与形状阻力有关。但在低雷诺数时，绕流阻力主要为摩擦阻力，绕流阻力系数 C_d 与 Re 有关；在高雷诺数时，摩擦阻力较形状阻力小得多，绕流阻力主要为形状阻力，绕流阻力系数 C_d 与边界层分离点的位置有关。分离点位置不变，C_d 不变；分离点前移，旋涡区

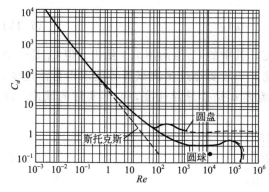

图 7.7　圆球和圆盘的阻力系数

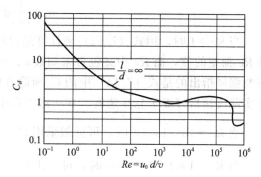

图 7.8　无限长圆柱体的阻力系数

加大，绕流阻力系数 C_d 也增加，反之亦然。

（3）有尖锐边缘的物体，以迎流方向的圆盘为典型。边界层分离点位置固定在尖角处，旋涡区大小不变，阻力系数基本不变。因为越是流线形的物体，分离点越靠后，故工程中为了减少绕流阻力，尽量将飞机、汽车和潜艇等的外形做成流线型，就是为了推后分离点，缩小旋涡区，从而达到减小形状阻力的目的。

7.4.2　悬浮速度

根据作用力和反作用力关系的原理，固体对流体的阻力，也就是流体对固体的推动力，正是这个数值上等于阻力的推动力，控制着固体或液体颗粒在流体中的运动。为了研究在气力输送中，固体颗粒在何种条件下才能被气体带走；在除尘室中，尘粒在何种条件下才能沉降；在燃烧技术中，无论是层燃式、沸腾燃烧式还是悬浮燃烧式，都要研究固体或液体颗粒在气流中的运动条件，这就提出了悬浮速度这个概念。

设在上升的气流中，小球的密度为 ρ_m，大于气体的密度 ρ，即 $\rho_m > \rho$。小球受力情况如下。

方向向上的力：

绕流阻力　　$D = C_d A \dfrac{\rho u_0^2}{2} = \dfrac{1}{8} C_d \pi d^2 \rho u_0^2$

浮力　　$B = \dfrac{1}{6} \pi d^3 \rho g$

方向向下的力：

小球重量　　$G = \dfrac{1}{6} \pi d^3 \rho_m g$

当 $D + B > G$ 时，小球随气流上升；当 $D + B < G$ 时，小球沉降；当 $D + B = G$ 时，小球处于悬浮状态。

悬浮速度即颗粒所受的绕流阻力、浮力和重力平衡时的流体速度。此时，颗粒处于悬浮状态，因此

$$\frac{1}{8} C_d \pi d^2 \rho u^2 + \frac{1}{6} \pi d^3 \rho g = \frac{1}{6} \pi d^3 \rho_m g$$

故　　　　　　　　$$u = \sqrt{\frac{4}{3 C_d} \times \left(\frac{\rho_m - \rho}{\rho} \right) g d} \qquad (7.14)$$

当 $Re < 1$ 时，$C_d = \dfrac{24}{Re}$，代入上式可得

$$u = \frac{1}{18\mu}d^2(\rho_m - \rho)g \qquad (7.15)$$

当 $Re > 1$ 时，用式（7.14）来计算悬浮速度，其中的 C_d 值由图 7.7 给出。但 C_d 是一个随 Re 而变的值，而 Re 中又包含未知数 u。因此，一般要经过多次试算才能求得悬浮速度。需要强调指出的是式（7.14）中的 C_d 所隐含的流速 u 是指悬浮速度，而非实际的流速，除非实际流速恰好等于悬浮速度。在一般工程中

$$\left.\begin{array}{l} \text{当 } Re = 10 \sim 1 \times 10^3 \text{ 时，可近似采用 } C_d = \dfrac{13}{\sqrt{Re}} \\[3mm] \text{当 } Re = 1 \times 10^3 \sim 2 \times 10^5 \text{ 时，可采用 } C_d = 0.48 \end{array}\right\} \qquad (7.16)$$

7.4.3 绕流升力的一般概念

当绕流物体为非对称形，如图 7.9（a）所示，或虽为对称形，但其对称轴与来流方向不平行，如图 7.9（b）所示，由于绕流的物体上下侧所受的压力不相等，因此，在垂直于流动方向存在着升力 L。由图 7.9 可见，在绕流物体的上部流线较密，而下部的流线较稀，也就是说，上部的流速大于下部的流速。根据能量方程，速度大则压强小，而流速小则压强大，因此物体下部的压强较物体上部的压强大，这就说明了升力的存在。升力对于轴流水泵和轴流风机的叶片设计有着重要意义。良好的叶片形状应具有较大的升力和较小的阻力。升力的计算公式为

$$L = C_L A \frac{\rho u_0^2}{2} \qquad (7.17)$$

式中，C_L 为升力系数，一般由实验确定，其余符号意义同前。

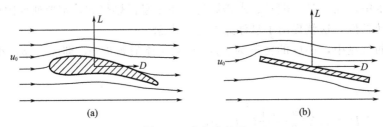

图 7.9 升力示意图

【例 7.1】一圆柱形烟囱，高 $l = 20\text{m}$，直径 $d = 0.6\text{m}$。求以风速 $u_0 = 18\text{m/s}$ 横向吹过时，烟囱所受的总推力。已知空气密度 $\rho = 1.293\text{kg/m}^3$，运动黏滞系数 $\nu = 13.7 \times 10^{-6}\text{m}^2/\text{s}$。

【解】流动的雷诺数

$$Re = \frac{u_0 d}{\nu} = \frac{18 \times 0.6}{13.7 \times 10^{-6}} = 7.9 \times 10^5$$

可近似由图 7.8 查得阻力系数 $C_d = 0.35$，烟囱所受的总推力即绕流阻力 D

$$D = C_d l d \frac{\rho u_0^2}{2} = 0.35 \times 20 \times 0.6 \times \frac{1.293 \times 18^2}{2} = 880\text{N}$$

【例 7.2】在煤粉炉膛中，若上升气流的速度 $u_0 = 0.5\text{m/s}$，烟气的 $\nu = 223 \times 10^{-6}\text{m}^2/\text{s}$，试计算在这种流速下，烟气中 $d = 90 \times 10^{-6}\text{m}$ 的煤粉颗粒是否会沉降。已知烟气密度 $\rho = 0.2\text{kg/m}^3$，煤的密度 $\rho_m = 1.1 \times 10^3\text{kg/m}^3$。

【解】先求直径 $d = 90 \times 10^{-6}\text{m}$ 的煤粉颗粒的悬浮速度，如气流速度大于悬浮速度，则煤粉不会沉降，反之煤粉就沉降。由于悬浮速度未知，无法求出其相应的雷诺数 Re 值，这样也就不能确定阻力系数 C_d 应采用的公式，因此要应用试算法。不妨先假设悬浮速度相对

应的雷诺数小于1，因此可用式（7.15）计算悬浮速度

$$u=\frac{d^2(\rho_m-\rho)g}{18\mu}=\frac{d^2(\rho_m-\rho)g}{18\nu\rho}=\frac{(90\times10^{-6})^2\times(1.1\times10^3-0.2)\times9.8}{18\times223\times10^{-6}\times0.2}=0.109\text{m/s}$$

校核悬浮速度相对应的雷诺数

$$Re=\frac{u_0d}{\nu}=\frac{0.109\times90\times10^{-6}}{223\times10^{-6}}=0.044<1$$

故假设成立，悬浮速度 $u=0.109\text{m/s}$ 的计算结果正确。如果校核计算所得 Re 值不在假设范围内，则需重新假设 Re 范围，重复上述步骤，直至 Re 值在假设范围内。

由于气流速度大于悬浮速度，所以这种尺寸的煤粉颗粒不会沉降，而是随烟气流动。

思 考 题

7.1 试讨论物体在实际流体中运动和在理想流体中运动，其边界条件有何差别？

7.2 圆管内流动的雷诺数和沿平板流动的雷诺数的定义有何不同？

7.3 物体绕流产生的边界层分离后引起的物体形状阻力增大还是减少？

7.4 流线型物体表面的边界层是否一定不会形成分离？

7.5 物体表面上的边界层分离后引起摩擦阻力的变化情况怎样？

7.6 边界层分离与哪些因素有关？试举例说明。

习 题

7.1 在管径 $d=100\text{mm}$ 的管道中，试分别计算层流和紊流时的入口段长度（层流按 $Re=2300$ 计算）。

7.2 若球形尘粒的密度 $\rho_m=2500\text{kg/m}^3$，空气温度为 20℃，求允许采用斯托克斯公式计算尘粒在空气中悬浮速度的最大粒径（相当于 $Re=1$）。

7.3 某气力输送管路，要求风速 u_0 为砂粒悬浮速度 u 的 5 倍，已知砂粒粒径 $d=0.3\text{mm}$，密度 $\rho_m=2650\text{kg/m}^3$，空气温度为 20℃，求风速 u_0 值。

7.4 已知煤粉炉炉膛中上升烟气流的最小速度为 0.5m/s，烟气的运动黏滞系数 $\nu=230\times10^{-6}\text{m}^2/\text{s}$，问直径 $d=0.1\text{mm}$ 的煤粉颗粒是沉降下来还是被烟气带走？已知烟气的密度 $\rho=0.2\text{kg/m}^3$，煤粉的密度 $\rho_m=1.3\times10^3\text{kg/m}^3$。

7.5 一竖井式的磨煤机中，空气流速 $u_0=2\text{m/s}$，空气的运动黏滞系数 $\nu=20\times10^{-6}\text{m}^2/\text{s}$，密度 $\rho=1\text{kg/m}^3$，煤的密度 $\rho_m=1000\text{kg/m}^3$。试求此气体能带走的最大煤粉颗粒的直径 d 为多少？

7.6 风速为 20m/s 的均匀气流，横向吹过高 $H=40\text{m}$，直径 $d=0.6\text{m}$ 的烟囱，空气的密度 $\rho_a=1.29\text{kg/m}^3$，温度为 20℃，求烟囱所受风力。

7.7 有两辆迎风面积相同的汽车，$A=2\text{m}^2$，其一为 20 世纪 20 年代的老式车，绕流阻力系数 $C_d=0.8$，另一为 20 世纪 90 年代有良好外形的新式车绕流阻力系数 $C_d=0.28$。若两车在气温 20℃，无风的条件下，均以 90km/h 的车速行驶，试求为克服空气阻力各需多大功率。

第 8 章 不可压缩流体的管道流动

管道流动是工程中最常见的流动方式,在建筑热能、市政、环境和石油化工等领域,水、气、油等的输送基本上是通过管道流动来完成的,可见研究流体的管道流动有很大的实用意义。本章将应用前面阐述的流体运动的基本规律,结合具体流动条件,对工程中最常见的孔口、管嘴出流和有压管流等流动现象进行分类研究。

管道流动的水力计算,实际上是总流连续性方程、能量方程和水头损失规律的具体运用。其中的有压管流是指流体沿管道满管流动的水力现象,是输送液体和气体的主要方式。有压管流一般沿流程的长度较大,水头损失包括沿程损失和局部损失。工程上为了简化计算,按两类水头损失在全部损失中所占比重不同,将管道分为短管和长管。所谓短管是指水头损失中,沿程水头损失和局部水头损失都占相当比重,两者都不可忽略的管道,如室内供暖管道、水泵吸水管、虹吸管、铁路涵管以及送风管等;长管是指水头损失以沿程水头损失为主,局部水头损失和流速水头的总和同沿程水头损失相比很小,可按沿程水头损失的某一百分数估算,或忽略不计,仍能满足工程要求的管道,如城市室外给水管道。

此外还按管线的布置情况,将管路分为简单管道和复杂管道。前者是指沿程直径不变,流量不变的管道;后者是指由两根以上管段合成的管道系统,包括串联、并联管道以及管网等。

因为在供热、通风、空调及燃气工程中涉及的多是恒定流,故本章除有压管道中的水击一节外,所述均为恒定流。

8.1 孔口出流

容器侧壁或底壁上开孔,容器内的液体经孔口出流到大气中的水力现象称为孔口自由出流。自然通风中空气通过门窗,容器壁上开出的泄流孔,市政和水利工程中常用的取水孔、泄水闸孔以及某些量测流量设备(如节流孔板等)均属孔口出流。由于孔口沿流动方向边界长度很短,此时只需考虑孔口的局部损失,不计沿程损失。

8.1.1 薄壁小孔口恒定自由出流

具有锐缘的孔口出流时,出流流股与孔壁仅在一条周线上接触,壁厚对出流无影响,这样的孔口称为薄壁孔口,如图 8.1 所示。若孔壁厚度和形状促使流股收缩后又扩开,与孔壁接触形成面而不是线,这种孔口称为厚壁孔口或管嘴。

由于孔口上、下缘在水面下的深度不同,其作用水头不同。在实际计算中,当孔口的直径 d(或高度 e)与孔口形心在水面下的深度 H 相比很小,$d \leqslant H/10$,便可忽略孔中心与上下边缘高差的影响,认为孔口断面上各点的作用水头相等,出流流速相等,这样的孔口是小孔口。当 $d > H/10$,应考虑孔口不同高度上的作用水头不等,这样的孔口是大孔口。

图 8.1 所示的薄壁小孔口自由出流,容器内的液体不断地被补充,保持水头 H 不变,是恒定出流。容器内液体的流

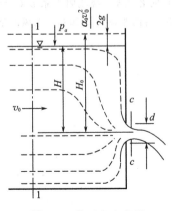

图 8.1 孔口自由出流

线自上游各个方向向孔口汇集，由于质点的惯性作用，当绕过孔口边缘时，流线不能突然改变方向，要有一个连续的变化过程，即以圆滑曲线逐渐弯曲。因此在孔口断面的流线并不平行，仍然继续弯曲且向中心收缩，造成孔口断面处的急变流。直至出流流股距孔口约为 $d/2$ 处，断面收缩达到最小，流线趋于平行，成为渐变流，该断面称为收缩断面，即图 8.1 中的 c—c 断面。设孔口断面面积为 A，收缩断面面积为 A_c，则收缩系数 ε 表示为

$$\varepsilon = \frac{A_c}{A} \tag{8.1}$$

为推导孔口出流的基本公式，选通过孔口形心的水平面为基准面，取容器内符合渐变流条件的过流断面 1—1，收缩断面 c—c，列伯努利方程

$$H + \frac{p_0}{\rho g} + \frac{\alpha_0 v_0^2}{2g} = 0 + \frac{p_c}{\rho g} + \frac{\alpha_c v_c^2}{2g} + h_m$$

式中孔口的局部水头损失 $h_m = \zeta_0 \dfrac{v_c^2}{2g}$，又 $p_0 = p_c = p_a$，化简上式

$$H + \frac{\alpha_0 v_0^2}{2g} = (\alpha_c + \zeta_0)\frac{v_c^2}{2g}$$

令 $H_0 = H + \dfrac{\alpha_0 v_0^2}{2g}$，代入上式整理得收缩断面流速

$$v_c = \frac{1}{\sqrt{\alpha_c + \zeta_0}}\sqrt{2gH_0} = \varphi \sqrt{2gH_0} \tag{8.2}$$

式中　H_0——作用水头是促使出流的全部能量，如流速 $v_0 \approx 0$，则 $H_0 = H$；

　　　ζ_0——孔口的局部阻力系数；

　　　φ——孔口的流速系数。

$$\varphi = \frac{1}{\sqrt{\alpha_c + \zeta_0}} \approx \frac{1}{\sqrt{1 + \zeta_0}} \tag{8.3}$$

因为在通风空调设备中，很多过流设备的计算都可简化为孔口出流问题，此时主要应解决的是孔口的过流问题，即流量的大小，所以由式（8.1）和式（8.2）可推导出孔口出流的流量公式

$$Q = v_c A_c = \varphi \varepsilon A \sqrt{2gH_0} = \mu A \sqrt{2gH_0} \tag{8.4}$$

式中　μ——孔口流量系数，$\mu = \varepsilon\varphi$。

孔口出流的流速系数 φ 值接近于 1，流量系数 μ 取决于孔口的形状、在壁面的位置和边缘情况。实验表明，对于小孔口来说，孔口形状不同，μ 值的差别不大。孔口在壁面开设的位置对收缩系数 ε 有直接的影响，图 8.2 所示的孔 Ⅰ，其孔口的全部边界距底边和侧边较远，其出流流束能在各方向全部发生收缩，同时容器壁对流线的弯曲无影响，称为全部收缩孔口；同时孔口边缘与侧边的距离大于 3 倍的孔宽，称为完善收缩。所以薄壁小孔口 Ⅰ 为全部完善收缩孔口，其各项系数可采用表 8.1 所示值；孔 Ⅱ 虽为全部收缩孔口，但孔口边界与侧边的距离较小，故产生不完善收缩；孔Ⅲ、孔Ⅳ部分边界与侧边的重合，故产生部分收缩。孔口的边缘对收缩系数 ε 也有影响，薄壁小孔口的收缩系数最小，圆边孔口的最大，直至等于 1。

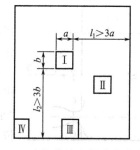

图 8.2　全部收缩和部分收缩孔口

表 8.1　圆形薄壁小孔口各项系数	
收缩系数 ε	0.64
损失系数 ζ_0	0.06
流速系数 φ	0.97
流量系数 μ	0.62

表 8.2　大孔口的流量系数	
收缩情况	μ
全部不完善收缩	0.70
底部无收缩侧向很小收缩	0.70～0.75
底部无收缩,侧向过度收缩	0.66～0.70
底部无收缩侧向极小收缩	0.80～0.90

另外小孔口出流的基本公式（8.4）也适用于大孔口和其他孔口出流情况。因为孔口的边缘对收缩系数 ε 有影响，薄壁小孔口的 ε 值最小，大孔口的 ε 值相应增加，直至等于 1。因而大孔口的流量系数 μ 值也比较大，见表 8.2。

8.1.2　孔口淹没出流

液体经孔口直接流入另一部分充满液体的空间时，称为孔口淹没出流，如图 8.3 所示。

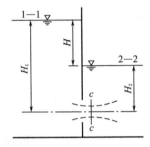

孔口淹没出流与自由出流一样，由于惯性作用，水流经孔口流束也形成收缩断面 $c—c$，然后再扩大。选通过孔口形心的水平面为基准面，取上下游过流断面 1—1、2—2，列伯努利方程，式中水头损失项包括孔口的局部损失和收缩断面 $c—c$ 至 2—2 断面流束突然扩大的局部损失

$$H_1 + 0 + \frac{\alpha_1 v_1^2}{2g} = H_2 + 0 + \frac{\alpha_2 v_2^2}{2g} + \zeta_0 \frac{v_c^2}{2g} + \zeta_{se} \frac{v_c^2}{2g}$$

图 8.3　孔口淹没出流

令 $H_0 = H_1 - H_2 + \dfrac{\alpha_1 v_1^2}{2g}$，又 v_2 忽略不计，代入上式整理，得收缩断面流速

$$v_c = \frac{1}{\sqrt{\zeta_0 + \zeta_{se}}} \sqrt{2gH_0} = \varphi \sqrt{2gH_0} \tag{8.5}$$

式中　　H_0——作用水头，如流速 $v_1 \approx 0$，则 $H_0 = H_1 - H_2 = H$；

ζ_0——孔口的局部阻力系数，与自由出流相同；

ζ_{se}——水流自收缩断面后突然扩大的局部阻力系数，由式（6.52）知，当 $A_2 \gg A_c$ 时，$\zeta_{se} \approx 1$。

于是淹没出流的流速系数

$$\varphi = \frac{1}{\sqrt{\zeta_{se} + \zeta_0}} \approx \frac{1}{\sqrt{1 + \zeta_0}} \tag{8.6}$$

对比式（8.3）和式（8.6）可知，在孔口形状和尺寸相同的情况下，自由出流和淹没出流的 φ 值相等，但其含义有所不同。自由出流时 $\alpha_c \approx 1$，淹没出流时 $\zeta_{se} \approx 1$。引入淹没孔口的流量系数 $\mu = \varepsilon \varphi$ 后，淹没出流时孔口的流量为

$$Q = v_c A_c = \varphi \varepsilon A \sqrt{2gH_0} = \mu A \sqrt{2gH_0} \tag{8.7}$$

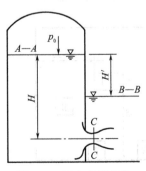

比较孔口出流的基本公式式（8.4）和式（8.7），两者形式相同，各项系数值也相同。但应注意，自由出流的作用水头 H 是液面至孔口形心的深度，而淹没出流的乃是上下游液面高差。因为淹没出流孔口断面各点的作用水头 H_0 相同，所以淹没出流无“大”、“小”孔口之分，只要 H_0 一定，出流流量与孔口在液面下开设的位置高低无关。

图 8.4　压力容器出流

当有压容器内的液体经孔口出流时，如图 8.4 所示，其表面

152

压强（相对压强）为 p_0。当自由出流时，流量可用式（8.4）计算，此时式中的 $H_0 = H + \frac{p_0}{\rho g} + \frac{\alpha_A v_A^2}{2g}$；当淹没出流时，流量可用式（8.7）计算，此时式中的 $H_0 = H' + \frac{p_0}{\rho g} + \frac{\alpha_A v_A^2 - \alpha_B v_B^2}{2g}$。

气体出流一般为淹没出流，流量计算要用压强差 Δp_0 代替式（8.7）中的作用水头差 H_0

$$Q = \mu A \sqrt{\frac{2\Delta p_0}{\rho}} \tag{8.8}$$

式中 Δp_0 是促使气体出流的全部能量，由伯努利方程得

$$\Delta p_0 = (p_A - p_B) + \frac{\rho}{2}(\alpha_A v_A^2 - \alpha_B v_B^2) \tag{8.9}$$

8.1.3 孔口的变水头出流

孔口出流（或入流）过程中，容器内水位随时间变化（降低或升高），导致孔口的流量随时间变化的流动，称为孔口的变水头出流。变水头出流是非恒定流，但如容器中水位的变化缓慢，则可把整个出流过程划分为许多微小时段，在每一微小时段内，认为水位不变，孔口出流的基本公式仍适用，这样就把非恒定流问题转化为恒定流处理。容器泄流时间、蓄水库的流量调节等问题，都可按变水头出流计算。

下面分析截面积为 F 的柱形容器，水经孔口变水头自由出流，如图 8.5 所示。设孔口出流过程中，某时刻容器中水面高度为 h，在微小时段 dt 内，孔口流出的体积为

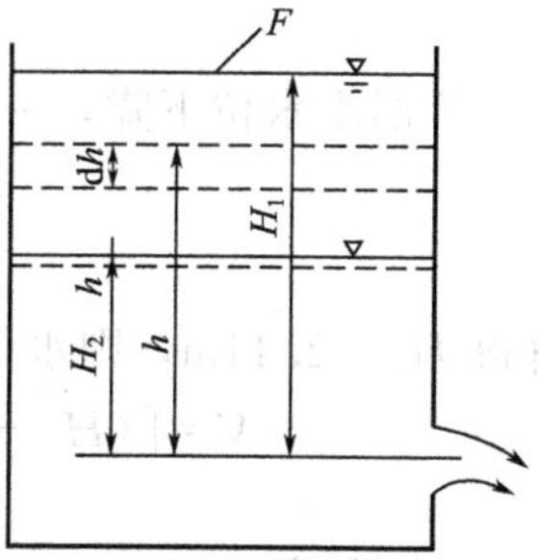

$$dV = Q\,dt = \mu A \sqrt{2gh}\,dt$$

等于该 dt 时段，水面下降 dh 后，容器内减少的体积

$$dV = -F\,dh$$

由此得

$$\mu A \sqrt{2gh}\,dt = -F\,dh$$

$$dt = -\frac{F}{\mu A \sqrt{2g}} \times \frac{dh}{\sqrt{h}}$$

图 8.5 变水头出流

对上式积分，得到水位由 H_1 降至 H_2 所需时间

$$t = \int_{H_1}^{H_2} -\frac{F}{\mu A \sqrt{2g}} \times \frac{dh}{\sqrt{h}} = \frac{2F}{\mu A \sqrt{2g}}\left(\sqrt{H_1} - \sqrt{H_2}\right) \tag{8.10}$$

令 $H_2 = 0$，即得容器放空时间

$$t = \frac{2F\sqrt{H_1}}{\mu A \sqrt{2g}} = \frac{2FH_1}{\mu A \sqrt{2gH_1}} = \frac{2V}{Q_{max}} \tag{8.11}$$

式中 V——容器放空的体积；

Q_{max}——初始出流时的最大流量。

式（8.11）表明，变水头出流容器的放空时间，等于在起始水头 H_1 作用下，流出同体积水所需时间的 2 倍。

【例 8.1】房间顶部设置夹层，把处理过的清洁空气用风机送入夹层中，并使层中保持 $\Delta p = 300\text{Pa}$ 的压强。清洁空气在此压强作用下，通过孔板上的孔口向房间流出，这就是孔板送风，如图 8.6 所示，求每个孔口出流的流量及速度（孔口的

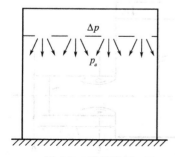

图 8.6 孔板送风

直径为 1cm）。

【解】从相应手册中查到孔板的流量系数 $\mu=0.60$，流速系数 $\varphi=0.97$，空气密度 $\rho=1.2\text{kg/m}^3$，根据式（8.8）求得每个孔口出流的流量

$$Q=\mu A\sqrt{\frac{2\Delta p_0}{\rho}}=0.60\times\frac{\pi}{4}\times0.01^2\times\sqrt{\frac{2\times300}{1.2}}=0.00105\text{m}^3/\text{s}$$

每个孔口的出流速度

$$v=\varphi\sqrt{\frac{2\Delta p_0}{\rho}}=0.97\times\sqrt{\frac{2\times300}{1.2}}=21.69\text{m/s}$$

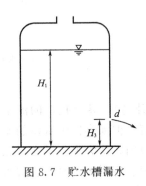

图 8.7 贮水槽漏水

【例 8.2】贮水槽如图 8.7 所示，底面积 $F=3\text{m}\times2\text{m}$，贮水深 $H_1=4\text{m}$。由于锈蚀，距槽底 $H_3=0.2\text{m}$ 处形成一个直径 $d=5\text{mm}$ 的孔洞，试求水位恒定和因漏水水位下降两种情况下，一昼夜的漏水量。

【解】水位恒定时，孔口出流量按薄壁小孔口恒定出流公式（8.4）计算

$$Q=\mu A\sqrt{2gH_0}=0.62\times\frac{\pi}{4}\times0.005^2\times\sqrt{2\times9.8\times(4-0.2)}$$
$$=1.05\times10^{-4}\text{m}^3/\text{s}$$

水位恒定时一昼夜的漏水量为

$$V=Qt=1.05\times10^{-4}\times3600\times24=9.07\text{m}^3$$

因漏水水位下降，一昼夜的漏水量可按孔口变水头出流计算，由式（8.10）得

$$t=\frac{2F}{\mu A\sqrt{2g}}\left(\sqrt{H_1-H_3}-\sqrt{H_2}\right)$$

解得 $H_2=2.44\text{m}$，则水位下降时一昼夜的漏水量为

$$V=[(H_1-H_3)-H_2]\times F=(4-0.2-2.44)\times(3\times2)=8.16\text{m}^3$$

8.2 管嘴出流

当在孔口处对接一段 $l=(3\sim4)d$ 的短管或圆孔壁厚 $\delta=(3\sim4)d$ 时，液体经此短管并在出口断面满管流出的水力现象称为管嘴出流，此短管称为管嘴，例如水力机械化施工用水枪及消防水枪都是管嘴的应用。管嘴出流沿流动方向边界长度很小，虽有沿程损失，但与局部损失相比甚微可以忽略。故进行管嘴出流的水力计算时，只需考虑局部水头损失，不计沿程水头损失。

8.2.1 圆柱形外管嘴恒定出流

液流流入管嘴时同孔口出流一样，在距进口不远处流股发生收缩，在收缩断面 c—c 处主流与壁面脱离，并形成旋涡区。其后流股逐渐扩张，在管嘴出口断面完全充满管嘴断面出流，如图 8.8 所示。

设开口容器，水由管嘴自由出流，取容器内过流断面 1—1 和管嘴出口断面 b—b 列伯努利方程

$$II\mid 0\mid\frac{\alpha_0 v_0^2}{2g}=0+0+\frac{\alpha v^2}{2g}+\zeta_n\frac{v^2}{2g}$$

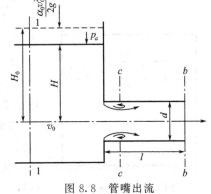

图 8.8 管嘴出流

令 $H_0 = H + \dfrac{\alpha_0 v_0^2}{2g}$，代入上式整理得圆柱形外管嘴出口流速计算公式

$$v = \frac{1}{\sqrt{\alpha + \zeta_n}}\sqrt{2gH_0} = \varphi_n\sqrt{2gH_0} \tag{8.12}$$

圆柱形外管嘴出口流量计算公式

$$Q = vA = \varphi_n A\sqrt{2gH_0} = \mu_n A\sqrt{2gH_0} \tag{8.13}$$

式中　H_0——作用水头，如流速 $v_0 \approx 0$，则 $H_0 = H$；

　　　　ζ_n——管嘴局部阻力系数，相当于管道锐缘进口的损失系数，$\zeta_n = 0.5$；

　　　　φ_n——管嘴的流速系数，$\varphi_n = \dfrac{1}{\sqrt{\alpha + \zeta_n}} = \dfrac{1}{\sqrt{1 + 0.5}} = 0.82$；

　　　　μ_n——管嘴的流量系数，因出口断面无收缩（不同于孔口），$\mu_n = \varphi_n = 0.82$。

比较基本公式式（8.13）和式（8.4），两者形式上完全相同，然而流量系数 $\mu_n = 1.32\mu$，可见在相同的作用水头下，同样断面面积管嘴的过流能力是孔口过流能力的 1.32 倍。

8.2.2　收缩断面的真空

孔口外接短管成为管嘴增加了阻力，但流量不减反而增加的原因是收缩断面处存在真空现象，这是管嘴出流不同于孔口出流的基本特点。对收缩断面 c—c 和出口断面 b—b 列伯努利方程

$$\frac{p_c}{\rho g} + \frac{\alpha_c v_c^2}{2g} = \frac{p_a}{\rho g} + \frac{\alpha v^2}{2g} + \zeta_{se}\frac{v^2}{2g}$$

则

$$\frac{p_a - p_c}{\rho g} = \frac{\alpha_c v_c^2}{2g} - \frac{\alpha v^2}{2g} - \zeta_{se}\frac{v^2}{2g}$$

其中 $v_c = \dfrac{A}{A_c}v = \dfrac{1}{\varepsilon}v$，同时局部水头损失主要发生在主流扩大上，由式（6.53）得

$$\zeta_{se} = \left(\frac{A}{A_c} - 1\right)^2 = \left(\frac{1}{\varepsilon} - 1\right)^2$$

得到

$$\frac{p_v}{\rho g} = \left[\frac{\alpha_c}{\varepsilon^2} - \alpha - \left(\frac{1}{\varepsilon} - 1\right)^2\right]\frac{v^2}{2g} = \left[\frac{\alpha_c}{\varepsilon^2} - \alpha - \left(\frac{1}{\varepsilon} - 1\right)^2\right]\varphi^2 H_0$$

将各项系数 $\alpha_c = \alpha = 1$，$\varepsilon = 0.64$，$\varphi = 0.82$ 代入上式，得收缩断面的真空高度

$$\frac{p_v}{\rho g} = 0.75H_0 \tag{8.14}$$

比较孔口自由出流和管嘴出流，前者收缩断面在大气中，而后者的收缩断面为真空区，真空高度达作用水头的 0.75 倍。相当于把孔口的作用水头增大 75%，这正是圆柱形外管嘴的流量比孔口流量大的原因。

8.2.3　圆柱形外管嘴的正常工作条件

由式（8.14）可知，作用水头 H_0 越大，管嘴内收缩断面的真空高度也越大。但实际上，当收缩断面的真空高度超过 7m 水柱时，收缩断面汽化，汽化区被水流带出，和外界大气相通，空气将会从管嘴出口断面"吸入"，使得收缩断面的真空被破坏，管嘴不能保持满管出流，从而变为孔口出流。为保证正常的管嘴出流，应限制收缩断面的真空高度 $p_v/\rho g \leqslant 7\text{m}$，这样就决定了管嘴作用水头的极限值

$$[H_0] = \frac{7}{0.75} = 9\text{m} \tag{8.15}$$

其次，对管嘴的长度也有一定限制。过短则流束在管嘴内收缩后，来不及扩大到整个出口断面，不能阻断空气进入而成非满流流出，收缩断面不能形成真空，管嘴不能发挥作用，实际成为孔口出流；过长则沿程水头损失不容忽略，管嘴出流变为将要在下一节介绍的短管流动。所以，圆柱形外管嘴的正常工作条件是：

（1）作用水头 $H_0 \leqslant 9\text{m}$。

（2）管嘴长度 $l = (3 \sim 4) d$。

8.2.4 其他类型的管嘴出流

对于其他类型的管嘴出流，Q 和 v 的计算公式与圆柱形外管嘴公式完全相同，只是流速系数 φ 和流量系数 μ 不同。工程上常用的几种管嘴形式如图 8.9 所示，其中图 8.9（a）为流线形管嘴，适用于要求流量大，水头损失小的情况，如水利工程中拱坝内的泄水孔，其 $\varphi = \mu = 0.97$。图 8.9（b）为圆锥形收缩管嘴，适用于要求加大喷射速度的情况，如消防水枪；其出流量与收缩角 θ 有关，当 $\theta = 30.4°$ 时，$\varphi_{\max} = 0.963$，$\mu_{\max} = 0.943$。图 8.9（c）为圆锥形扩大管嘴，适用于要求将动能恢复为压能，以加大流量的情况，如引射器的扩压管；当 $\theta = 5° \sim 7°$ 时，$\varphi = \mu = 0.42 \sim 0.50$。

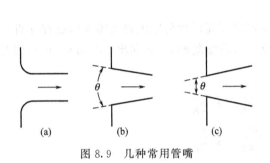

图 8.9 几种常用管嘴

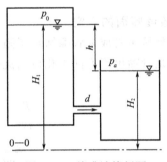

图 8.10 管嘴计算例题

【例 8.3】液体从封闭的立式容器中经管嘴流入开口水池，如图 8.10 所示。管嘴直径 $d = 80\text{mm}$，$h = 3\text{m}$，要求流量 $Q = 0.05\text{m}^3/\text{s}$。试求作用于密闭容器内液面上的压强。

【解】由管嘴出流量公式（8.13），求得作用水头

$$H_0 = \frac{Q^2}{2g\mu_n^2 A^2} = \frac{0.05^2}{2 \times 9.8 \times 0.82^2 \times (\pi \times 0.08^2/4)^2} = 7.5\text{m}$$

在本题的具体条件下，忽略上下游液面速度，则

$$H_0 = \frac{p_0}{\rho g} + (H_1 - H_2) = \frac{p_0}{\rho g} + h$$

于是解得

$$p_0 = \rho g (H_0 - h) = 1000 \times 9.8 \times (7.5 - 3) = 44.1\text{kPa}$$

8.3 简单管道

简单管道可分为简单短管和简单长管，是组成各种复杂管道的基本单元。简单管道的计算是一切复杂管道水力计算的基础。

8.3.1 简单短管的水力计算

简单短管的水力计算一般都可直接列伯努利方程和水头损失计算式解决，但对于复杂短管，直接用方程求解很不方便，为此需建立一个形式简单的短管水力计算基本公式，为分析计算复杂管道系统提供方便。

短管的水力计算包括三类基本问题：第一类为已知作用水头 H、管道长度 l、直径 d、管材（管壁粗糙情况）、局部阻碍的组成，求流量 Q；第二类为已知流量 Q、管道长度 l、直径 d、管材、局部阻碍的组成，求作用水头 H；第三类为已知流量 Q、作用水头 H、管道长度 l、管材、局部阻碍的组成，求直径 d。其中的主要问题是第一类过流能力的计算，过流能力是由作用水头和阻力条件决定的，建立起直接表示过流能力、作用水头和阻力三者关系的公式就是管道水力计算的基本公式，为此进行如下推导。

设自由出流短管，如图 8.11 所示，水箱水位恒定，管长 l 和管径 d 沿程不变。取出口处管轴所在水平面为基准面，对水箱内过流断面 1—1、管道出口断面 2—2 列伯努利方程，其中 $v_1 \approx 0$

$$H + 0 + 0 = 0 + 0 + \frac{\alpha v^2}{2g} + h_l$$

$$h_l = \lambda \frac{l}{d} \times \frac{v^2}{2g} + \sum \zeta \frac{v^2}{2g}$$

其中动能修正系数 α 与局部阻力系数 ζ 为同一数量级，归并入 $\sum \zeta$ 中，将上两式整理为

$$H = \left(\lambda \frac{l}{d} + \sum \zeta \right) \frac{v^2}{2g}$$

将流速 $v = 4Q/\pi d^2$ 代入上式整理得

$$H = \frac{8 \left(\lambda \dfrac{l}{d} + \sum \zeta \right)}{\pi^2 d^4 g} Q^2$$

根据上式可以定义一个综合反映管道流动阻力情况的系数，即管道阻抗 S

$$S = \frac{8 \left(\lambda \dfrac{l}{d} + \sum \zeta \right)}{\pi^2 d^4 g} \tag{8.16}$$

管道阻抗 S 也可简称作阻抗，单位 $\mathrm{s^2/m^5}$，则简单管道水力计算基本公式

$$H = SQ^2 \tag{8.17}$$

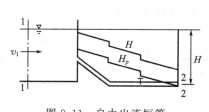

图 8.11　自由出流短管

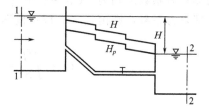

图 8.12　淹没出流短管

对于图 8.12 中管道出口在下游液面以下的淹没出流短管，式（8.17）仍适用，此时作用水头 H 为上、下游液面差，管道阻抗 S 中的 $\sum \zeta$ 内没有动能修正系数 α 项，但比自由出流增加了出口局部阻力系数 ζ_0，两者数值相同，即 $\alpha = \zeta_0 = 1$。

对于图 8.13 中风机带动的气体管道，式（8.17）也适用，此时常表示成压强形式

$$p = \rho g H = \rho g S Q^2$$

根据上式可以定义气体管道阻抗 S_p 为

$$S_p = \rho g S = \frac{8 \left(\lambda \dfrac{l}{d} + \sum \zeta \right) \rho}{\pi^2 d^4} \tag{8.18}$$

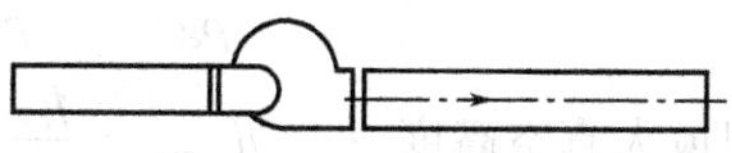

气体管道阻抗 S_p 的单位为 $\mathrm{kg/m^7}$，则风机的全压强表示为

图 8.13　气体管道

$$p = S_p Q^2 \qquad (8.19)$$

式（8.19）多用于不可压缩气体的管路计算，如通风空调管路；而式（8.17）多用于液体管路的计算，如给水管路。

阻抗这一概念对分析管道流动较为方便，式（8.16）和式（8.18）即为阻抗的两种表达方式，两者在形式上的区别仅在于有无容重 ρg。由阻抗的定义可知，不可压缩流体在 d、l 已给定时，阻抗 S 只随 λ 和 $\sum \zeta$ 变化。从第 6 章知 λ 值与流动状态有关，当流动处于阻力平方区时，λ 仅与 k_s/d 有关，所以在管路的管材已确定的情况下，λ 为常数；$\sum \zeta$ 项中只有进行调节的阀门的 ζ 值可以改变，而其他局部阻碍的 ζ 值是不变的。因此对于给定的管路 S、S_p 是定值，它们综合反映了管路上的沿程阻力和局部阻力的情况，此时根据式（8.17）和式（8.19）可知，简单管路中总阻力损失与体积流量的平方成正比。

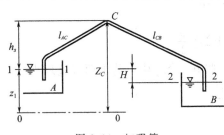

图 8.14　虹吸管

首先以虹吸管为例，介绍第一类水力计算问题。虹吸管是指管道轴线的一部分高出无压的上游供水水面的管道，如图 8.14 所示。应用虹吸管输水，具有能跨越高地、减少挖方、便于自动操作等优点，在农田水利和市政工程中广为应用。由于虹吸管的一部分高出无压的供水水面，管内必存在真空区段。随真空度的增大，溶解在水中的空气分离出来，并在虹吸管顶部聚集，挤缩有效过流断面，阻碍水流运动，直至造成断流。为保证虹吸管正常过流，工程上限制管内最大真空高度不超过允许值 $[h_v] = 7 \sim 8.5$m 水柱。可见，有真空区段是虹吸管的水力特点，其最大真空高度不超过允许值，则是虹吸管正常过流的工作条件。

设虹吸管各部分尺寸及局部阻碍如图 8.14 所示，由式（8.16）得虹吸管的管道阻抗

$$S = \frac{8\left(\lambda \dfrac{l_{AB}}{d} + \sum\limits_{AB} \zeta\right)}{\pi^2 d^4 g}$$

此时局部阻力系数之和为 $\sum \zeta_{AB} = \zeta_e + 3\zeta_b + \zeta_0$，式中 ζ_e、ζ_b 和 ζ_0 分别为管道进口、转弯和出口的局部阻力系数，则由式（8.17）整理得到虹吸管的流量和流速

$$Q = \sqrt{\frac{H}{S}} = \frac{\frac{1}{4}\pi d^2}{\sqrt{\lambda \dfrac{l_{AB}}{d} + \sum\limits_{AB} \zeta}} \sqrt{2gH} \qquad (8.20)$$

$$v = \frac{1}{\sqrt{\lambda \dfrac{l_{AB}}{d} + \sum\limits_{AB} \zeta}} \sqrt{2gH} \qquad (8.21)$$

为了计算最大真空高度，取 1—1、C—C 断面列伯努利方程

$$z_1 + \frac{p_1}{\rho g} + \frac{\alpha_1 v_1^2}{2g} = z_c + \frac{p_c}{\rho g} + \frac{\alpha v^2}{2g} + \left(\lambda \frac{l_{AC}}{d} + \sum\limits_{AC} \zeta\right)\frac{v^2}{2g}$$

此时局部阻力系数之和为 $\sum \zeta_{AC} = \zeta_e + 2\zeta_b$，在图 8.14 中，$p_1 = p_a$，$v_1 \approx 0$，则

$$\frac{p_a - p_C}{\rho g} = \frac{p_v}{\rho g} = (z_C - z_1) + \left(\alpha + \lambda \frac{l_{AC}}{d} + \sum\limits_{AC} \zeta\right)\frac{v^2}{2g}$$

则最大真空高度　　$h_{v\,\max} = \dfrac{p_v}{\rho g} = h_s + \left(\alpha + \lambda \dfrac{l_{AC}}{d} + \sum\limits_{AC} \zeta\right)\dfrac{v^2}{2g} < [h_v] \qquad (8.22)$

或
$$h_{v\,\max}=\frac{p_v}{\rho g}=h_s+\frac{\alpha+\lambda\dfrac{l_{AC}}{d}+\sum_{AC}\zeta}{\lambda\dfrac{l_{AB}}{d}+\sum_{AB}\zeta}H<[h_v] \tag{8.23}$$

为保证虹吸管正常工作,必须满足 $h_{v\,\max}=\dfrac{p_v}{\rho g}<[h_v]$。因此虹吸管的最大允许超高 h_s 和作用水头 H 都受到真空度 $[h_v]$ 的制约。在虹吸管上设计安装阀门时,为了不加大真空度,应将阀门安装在 C—C 断面的下游。

【例 8.4】 虹吸管管长 $l_{AC}=15\mathrm{m}$,$l_{CB}=20\mathrm{m}$,管径 $d=200\mathrm{mm}$,上下游水池的水位差 $H=2\mathrm{m}$,如图 8.14 所示。沿程阻力系数 $\lambda=0.025$,入口局部阻力系数 $\zeta_e=1$,各转弯的局部阻力系数 $\zeta_b=0.2$,管顶允许真空高度 $[h_v]=7\mathrm{m}$。试求通过流量 Q 及管道最大允许超高 h_s。

【解】 由式(8.21)得虹吸管的流速和流量

$$v=\frac{1}{\sqrt{\lambda\dfrac{l_{AB}}{d}+\zeta_e+3\zeta_b+1}}\sqrt{2gH}$$

$$=\frac{1}{\sqrt{0.025\times\dfrac{35}{0.2}+1+0.6+1}}\sqrt{2\times9.8\times2}=2.37\mathrm{m/s}$$

$$Q=vA=v\frac{\pi d^2}{4}=2.37\times\frac{\pi\times0.2^2}{4}=0.074\mathrm{m^3/s}$$

虹吸管最大允许超高 h_s 可由式(8.22)得出,式中 $h_{v\,\max}$ 以 $[h_v]=7\mathrm{m}$ 代入,则

$$h_s=[h_v]-\left(\alpha+\lambda\frac{l_{AC}}{d}+\zeta_e+2\zeta_b\right)\frac{v^2}{2g}$$

$$=7-\left(1+0.025\times\frac{15}{0.2}+1+0.4\right)\times\frac{2.37^2}{19.6}=5.78\mathrm{m}$$

第二类水力计算问题主要是求作用水头,以离心泵吸水管的水力计算为例,此时是要确定泵的安装高度,即泵轴线在吸水池水面上的高度 H_s,如图 8.15 所示。取吸水池水面 1—1 和水泵进口断面 2—2 列伯努利方程,忽略吸水池水面流速,则

$$0+\frac{p_a}{\rho g}+0=H_s+\frac{p_2}{\rho g}+\frac{\alpha v^2}{2g}+h_l$$

$$H_s=\frac{p_a-p_2}{\rho g}-\frac{\alpha v^2}{2g}-h_l=h_v-\left(\alpha+\lambda\frac{l}{d}+\sum\zeta\right)\frac{v^2}{2g} \tag{8.24}$$

$$h_v=\frac{p_a-p_2}{\rho g}$$

式中　H_s——水泵安装高度;

　　　　h_v——水泵进口断面真空高度;

　　　　λ——吸水管沿程阻力系数;

　　　　$\sum\zeta$——吸水管各项局部阻力系数之和。

式(8.24)表明,水泵的安装高度与进口的真空高度有关。进口断面的真空高度是有限制的,当该断面绝对压强低于该水温下的汽化压强时,水汽化生成大量气泡,气泡随水流进入泵内,受到压缩而突然溃灭,引起周围的水以极大的速度向溃灭点冲击,在

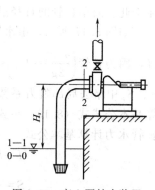

图 8.15　离心泵抽水装置

该点造成高达数百大气压以上的压强。这个过程发生在水泵部件的表面，就会使部件很快损坏，这种现象称为汽蚀。为防止汽蚀，通常水泵的生产厂家根据实验给出允许吸水真空高度$[h_v]$，作为水泵的性能指标之一。

【例 8.5】 离心泵抽水装置如图 8.15 所示，实际抽水量 $Q=8.11\text{L/s}$，吸水管长度 $l=7.5\text{m}$，直径 $d=100\text{mm}$。沿程阻力系数 $\lambda=0.045$。局部阻力系数为：有滤网的底阀 $\zeta_v=7.0$，直角弯管 $\zeta_b=0.3$。泵的允许吸水真空高度 $[h_v]=5.7\text{m}$，确定水泵的最大安装高度 H_s。

【解】 将吸水管的局部阻力系数总和 $\sum\zeta=7+0.3=7.3$、管中流速 $v=4Q/\pi d^2=1.03\text{m/s}$ 和允许吸水真空高度 $[h_v]=5.7\text{m}$ 代入式（8.24），得水泵的最大安装高度

$$H_s=h_v-\left(\alpha+\lambda\frac{l}{d}+\sum\zeta\right)\frac{v^2}{2g}$$

$$=5.7-\left(1+0.045\times\frac{7.5}{0.1}+7.3\right)\times\frac{1.03^2}{19.6}=5.07\text{m}$$

第三类水力计算问题中，管道直径的确定最后都化简为解高次代数方程，难以直接求解。一般可采用试算法，或进行编程电算。

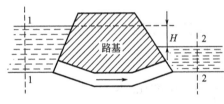

图 8.16 有压涵管

【例 8.6】 圆形有压涵管，如图 8.16 所示。管长 $l=50\text{m}$，上、下游水位差 $H=3\text{m}$。涵管为钢筋混凝土管，沿程阻力系数 $\lambda=0.03$。各局部阻力系数：进口 $\zeta_e=0.5$，转弯 $\zeta_b=0.65$，出口 $\zeta_0=1$，通过流量 $Q=2.9\text{m}^3/\text{s}$，计算所需管径。

【解】 取上、下游过流断面 1—1、断面 2—2 列伯努利方程。忽略上、下游流速得

$$H=h_l=\left(\lambda\frac{l}{d}+\zeta_e+2\zeta_b+\zeta_0\right)\times\frac{1}{2g}\times\left(\frac{4Q}{\pi d^2}\right)^2$$

代入已知数值，化简得

$$3d^5-1.949d-1.044=0$$

用试算法求 d，设 $d=1.0\text{m}$ 代入上式

$$3\times1^5-1.949\times1-1.044\approx0$$

采用规格管径 $d=1.0\text{m}$。

8.3.2 简单长管的水力计算

长管是有压管道的简化模型，其特点是不计流速水头和局部水头损失，使水力计算大为简化，并可利用专门编制的计算表进行辅助计算，一般将有压管道分为短管和长管的目的就在于此。简单长管的直径沿程不变，流量也不变，现分析其水力特点和计算方法。

如图 8.17 所示，由水箱引出简单长管，长度 l、直径 d、水箱水面距管道出口高度为 H，因为长管 $\left(\frac{\alpha_2 v_2^2}{2g}+h_m\right)\ll h_f$ 可以忽略不计，即在阻抗 S、S_p 中略去局部阻力系数项 $\sum\zeta$，则由简单短管水力计算基本公式式（8.16）~式（8.19），可得到相应的简单长管水力计算基本公式

$$H=h_f=SQ^2 \qquad (8.25)$$

$$S-\frac{8\lambda l}{\pi^2 d^5 g} \qquad (8.26)$$

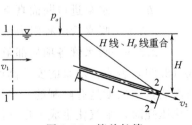

图 8.17 简单长管

$$p = p_f = S_p Q^2 \tag{8.27}$$

$$S_p = \frac{8\lambda l \rho}{\pi^2 d^5} \tag{8.28}$$

式 (8.25) 表明，长管的全部作用水头都消耗于沿程水头损失，总水头线是连续下降的直线，并与测压管水头线重合。

在供热和空调工程中，经常采用比摩阻进行长管的水力计算。因长管的作用水头全部消耗于沿程损失，则水力坡度（即单位长度的水头损失）为

$$J = \frac{H}{l} = \frac{h_f}{l} = \lambda \ \frac{1}{d} \times \frac{v^2}{2g} \tag{8.29}$$

即液流的作用水头可表示为 $H = h_f = Jl$，将上式写成压强表达式

$$R_m = \frac{p_f}{l} = \lambda \ \frac{1}{d} \times \frac{\rho v^2}{2} \tag{8.30}$$

式中 R_m——单位长度的压强损失，Pa/m。

于是作用压头可表示为 $p = p_f = R_m l$。在供热通风工程中习惯上将 R_m 称为比摩阻，工程上常按有关规范选取沿程阻力系数 λ 的计算式，代入比摩阻公式 (8.30) 中运算，编制成各种直径的管道通过不同流量时的比摩阻计算表，见表 8.3。

表 8.3 钢板圆形通风管道比摩阻计算表 （部分）

100mm		140mm		200mm		220mm	
$Q/(\text{m}^3/\text{h})$	$R_m/(\text{Pa/m})$	$Q/(\text{m}^3/\text{h})$	$R_m/(\text{Pa/m})$	$Q/(\text{m}^3/\text{h})$	$R_m/(\text{Pa/m})$	$Q/(\text{m}^3/\text{h})$	$R_m/(\text{Pa/m})$
524	50.869	508	8.524	481	1.280	472	0.779
527	51.392	514	8.699	493	1.366	486	0.820
529	51.917	519	8.816	504	1.393	499	0.863
532	52.445	524	9.055	515	1.451	513	0.906
535	52.976	530	9.235	526	1.510	526	0.951
538	53.509	535	9.417	537	1.571	540	0.997
540	54.045	541	9.601	549	1.632	553	1.043
543	54.584	546	9.786	560	1.695	567	1.091

注：本表用于钢板圆形通风管道，当量粗糙高度 $k_s = 0.15$mm，标准状态空气，沿程阻力系数按式 (6.40) 计算制表。

此外在市政工程中，特别是给排水管道的设计计算中，还经常用到比阻 a 的概念

$$a = \frac{8\lambda}{\pi^2 d^5 g} \tag{8.31}$$

式中 a——比阻，也称为比阻抗，s^2/m^6。

将上式代入式 (8.26) 得

$$S = al \tag{8.32}$$

将舍维列夫公式代入式 (8.31) 后进行相应的计算，便可编制出不同管径的比阻计算表，方便设计计算。

8.4 复杂管道

任何复杂管道都是由简单管道经串联、并联组合而成。因此研究串联、并联管道的流动规律十分重要。

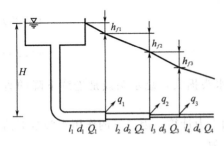

图 8.18 串联管道

8.4.1 串联管道

由直径不同的管段顺序连接起来的管道，称为串联管道，如图 8.18 所示，此时管道首尾相接。串联管道常用于沿程向几处输送流体，经过一段距离便有流量分出，随着沿程流量减少，所采用的管径也相应减小的情况。

串联管道中，两管段的连接点称为节点。设串联管道各管段的长度分别为 l_1、l_2…直径为 d_1、d_2…通过流量为 Q_1、Q_2…节点出流量为 q_1、q_2…在每个节点上都满足节点流量平衡，即流入节点的流量等于流出节点的流量

$$Q_1 = q_1 + Q_2$$
$$Q_2 = q_2 + Q_3$$

一般形式
$$Q_i = q_i + Q_{i+1} \qquad (8.33)$$

串联管道的总水头损失等于各管段水头损失之和

$$H = \sum_{i=1}^{n} h_{li} = \sum_{i=1}^{n} S_i Q_i^2 \qquad (8.34)$$

同理，由风机带动的串联管道，风机的压头

$$p = \sum_{i=1}^{n} p_{li} = \sum_{i=1}^{n} S_{pi} Q_i^2 \qquad (8.35)$$

当节点无流量分出，此时通过串联管道各管段的流量相等，即 $Q_1 = Q_2 = \cdots = Q$；总管路的阻抗 S 等于各管段的阻抗叠加

$$S = \sum_{i=1}^{n} S_i \qquad (8.36)$$

故式（8.34）化简为
$$H = SQ^2 = Q^2 \sum_{i=1}^{n} S_i \qquad (8.37)$$

由此得出结论：串联管道若无中途分流或合流，则各管段流量相等，阻力可叠加，总管路的阻抗等于各管段的阻抗叠加，这就是串联管道的计算原则。图 8.18 中串联管道的水头线是一条折线，这是因为各管段的水力坡度不等之故。

8.4.2 并联管道

在两节点之间，并接两根以上管段的管道称为并联管道，此时并联的各管段头头相连，尾尾相连，并联管道常用于要求提高流体输送可靠性的情况，图 8.19 中节点 A、B 之间就是三根并接的并联管道。

分析并联管段的水头损失，因各管段的首端 A 和末端 B 是共同的，A、B 两断面的总水头差只有一个，所以单位重量流体由断面 A 通过 A、B 间任一根管段至断面 B 的水头损失，均等于 A、B 两断面的总水头差，即并联各管段的水头损失相等

$$h_{l1} = h_{l2} = h_{l3} = h_{AB} \qquad (8.38)$$

设 S 为并联管道的总阻抗，Q 为总流量，则将上式以阻抗和流量表示

$$S_1 Q_1^2 = S_2 Q_2^2 = S_3 Q_3^2 = SQ^2 \qquad (8.39)$$

并联管道满足节点流量平衡

$$Q = Q_1 + Q_2 + Q_3 \qquad (8.40)$$

由式（8.17）可得并联各管段的流量

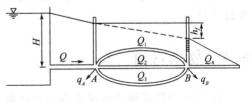

图 8.19 并联管道

$$Q_1 = \frac{\sqrt{h_{l1}}}{\sqrt{S_1}}$$

$$Q_2 = \frac{\sqrt{h_{l2}}}{\sqrt{S_2}}$$

$$Q_3 = \frac{\sqrt{h_{l3}}}{\sqrt{S_3}}$$

$$Q = \frac{\sqrt{h_{lAB}}}{\sqrt{S}}$$

将上述表达式和式（8.38）代入式（8.40）整理得

$$\frac{1}{\sqrt{S}} = \frac{1}{\sqrt{S_1}} + \frac{1}{\sqrt{S_2}} + \frac{1}{\sqrt{S_3}} \tag{8.41}$$

于是得到并联管道计算原则：并联节点上的总流量为各支管中流量之和；并联各支管的阻力损失相等；总阻抗平方根的倒数等于各支管阻抗平方根倒数之和。

现在进一步分析式（8.39），将它改写为

$$\frac{Q_1}{Q_2} = \sqrt{\frac{S_2}{S_1}}$$

$$\frac{Q_2}{Q_3} = \sqrt{\frac{S_3}{S_2}}$$

$$\frac{Q_3}{Q_1} = \sqrt{\frac{S_1}{S_3}} \tag{8.42}$$

将上式写成连比形式　　$Q_1 : Q_2 : Q_3 = \dfrac{1}{\sqrt{S_1}} : \dfrac{1}{\sqrt{S_2}} : \dfrac{1}{\sqrt{S_3}}$ \hfill (8.43)

上述两式反映了并联管道流量分配的规律，即并联各管段的流量分配与各管段阻抗的平方根成反比，其中式（8.43）得出并联管段的流量之间的关系，将其代入节点流量平衡关系式，就可求得各并联管段分配的流量 Q_1、Q_2、Q_3。一旦确定了并联管道各分支管段的几何尺寸、局部阻碍，就可按照节点间各分支管段的阻力损失相等，来分配各支管上的流量，阻抗大的支管其流量小，阻抗小的支管其流量大。因此在并联管道的设计计算中，必须进行"阻力平衡"，它的实质就是应用并联管道中流量分配规律，在满足用户需要的流量下，设计合适的管道尺寸及局部阻碍，使各支管上阻力损失相等。

8.4.3　沿程均匀泄流管道

前面所述管道流动，在每根管段间通过的流量是不变的，称为流量转输 Q_z（或通过流量）。在实际工程中如供热通风中的某些设备、灌溉用人工降雨管道和水处理设备中的穿孔管等，管道中除转输流量外，还有沿管长由开在管壁上的孔口不断泄出的流量，称为途泄流量 Q_t（或沿线流量），其中最简单的情况是单位长度上泄出的流量相等，即沿程均匀泄流管道。

设沿程均匀泄流管道长度为 l，直径为 d，转输流量 Q_z，总途泄流量 Q_t，如图 8.20 所示。根据质量守恒原理可知，通过某断面的流量 Q_x 等于管段的转输流量与该断面以后的总途泄流量之和

$$Q_x = Q_z + Q_t - \frac{Q_t}{l}x \tag{8.44}$$

沿程均匀泄流管段流量沿程变化，整个管段不能按简

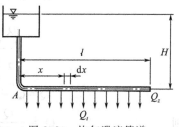

图 8.20　均匀泄流管道

单管道计算。如在距开始泄流断面为 x 的断面处，取长度为 dx 的微小管段，可认为通过此微小管段的流量 Q_x 不变，当不计局部阻力时，其水头损失近似按简单长管式（8.25）计算

$$dh_f = SQ_x^2$$

将式（8.32）代入上式，则微小管段（$l=dx$）的水头损失可以表示为

$$dh_f = aQ_x^2 dx$$

将式（8.44）代入上式，积分后得到整个泄流管段的水头损失

$$h_f = \int_0^l dh_f = \int_0^l a\left(Q_z + Q_t - \frac{Q_t}{l}x\right)^2 dx$$

当管段直径和粗糙情况一定，且流动处于紊流粗糙区，比阻 a 是常量，将上式积分得

$$h_f = al\left(Q_z^2 + Q_z Q_t + \frac{1}{3}Q_t^2\right) \tag{8.45}$$

由于

$$Q_z^2 + Q_z Q_t + \frac{1}{3}Q_t^2 \approx (Q_z + 0.55Q_t)^2$$

同时引入折算流量 Q_c

$$Q_c = Q_z + 0.55Q_t$$

那么式（8.45）可近似写为

$$h_f = al(Q_z + 0.55Q_t)^2 = SQ_c^2 \tag{8.46}$$

引入折算流量 Q_c 后，使沿程均匀泄流管道计算式（8.46）与简单管道的基本公式形式相同，为分析更复杂的管道系统提供方便。

若管段只有途泄流量，无转输流量，即 $Q_z = 0$，由式（8.45）得

$$h_f = \frac{1}{3}alQ_t^2 = \frac{1}{3}SQ_t^2 \tag{8.47}$$

上式表明，只有途泄流量的管道，水头损失是通过相同数量转输流量的水头损失的 1/3。

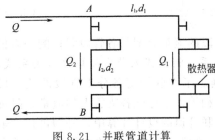

图 8.21 并联管道计算

【例 8.7】两层供暖立管，如图 8.21 所示。管段 1 的直径 $d_1 = 20\text{mm}$，总长度 $l_1 = 20\text{m}$；管段 2 的直径 $d_2 = 20\text{mm}$，总长度 $l_2 = 10\text{m}$。管道的沿程阻力系数 $\lambda = 0.025$，局部阻力系数 $\sum\zeta_1 = \sum\zeta_2 = 15$，干管中的流量 $Q = 0.001\text{m}^3/\text{s}$，热水的密度 $\rho = 980\text{kg}/\text{m}^3$。试求立管的流量 Q_1 及 Q_2。

【解】管段 1、2 为节点 A、B 间的并联管段，由 $S_1 Q_1^2 = S_2 Q_2^2$ 得

$$\frac{Q_1}{Q_2} = \frac{\sqrt{S_2}}{\sqrt{S_1}}$$

将式（8.16）代入上式，整理得

$$\frac{Q_1}{Q_2} = \frac{\sqrt{S_2}}{\sqrt{S_1}} = \sqrt{\frac{8\left(\lambda\dfrac{l_2}{d_2} + \sum\zeta_2\right)}{\pi^2 d_2^4 g}} \Bigg/ \sqrt{\frac{8\left(\lambda\dfrac{l_1}{d_1} + \sum\zeta_1\right)}{\pi^2 d_1^4 g}}$$

$$= \sqrt{\frac{\lambda\dfrac{l_2}{d_2} + \sum\zeta_2}{\lambda\dfrac{l_1}{d_1} + \sum\zeta_1}} = \sqrt{\frac{0.025\times\dfrac{10}{0.02} + 15}{0.025\times\dfrac{20}{0.02} + 15}} = 0.829$$

$$Q = Q_1 + Q_2 = 0.829Q_2 + Q_2 = 1.829Q_2$$

则

$$Q_2 = \frac{Q}{1.829} = \frac{0.001}{1.829} = 0.55\times10^{-3}\text{m}^3/\text{s}$$

$$Q_1 = 0.829 Q_2 = 0.45 \times 10^{-3} \, \text{m}^3/\text{s}$$

由上述计算可见，阻抗 $S_1 > S_2$，流量 $Q_1 < Q_2$。为了使各组散热器中流量相等，即 $Q_1 = Q_2$，必须调整现有的管径 d 及 $\sum \zeta$，以使阻抗 $S_1 = S_2$，即 $h_{l1} = h_{l2}$。这种重新的调整就是"阻力平衡"计算。

【例8.8】 水塔供水的输水管道，由三段铸铁管串联而成，中段 BC 为均匀泄流管段，如图8.22。其中 $l_1 = 500\text{m}$，$d_1 = 200\text{mm}$；$l_2 = 150\text{m}$，$d_2 = 150\text{mm}$；$l_3 = 200\text{m}$，$d_3 = 125\text{mm}$。节点 B 分出流量 $q = 0.01\text{m}^3/\text{s}$，转输流量 $Q_z = 0.02\text{m}^3/\text{s}$，途泄流量 $Q_t = 0.015\text{m}^3/\text{s}$，沿程阻力系数 $\lambda = 0.03$，局部阻力不计，试求需要的作用水头。

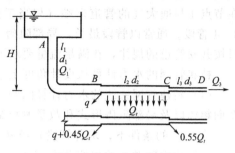

图 8.22 复杂管道计算

【解】 首先将 BC 段泄流量折算成转输流量，按式（8.46）把 $0.55Q_t$ 加在节点 C，其余 $0.45Q_t$ 加在节点 B，则各管段流量为

$$Q_1 = q + Q_t + Q_z = 0.045\text{m}^3/\text{s}$$
$$Q_2 = 0.55Q_t + Q_z = 0.028\text{m}^3/\text{s}$$
$$Q_3 = Q_z = 0.02\text{m}^3/\text{s}$$

由式（8.26）得到各管段的阻抗为

$$S_1 = \frac{8\lambda_1 l_1}{\pi^2 d_1^5 g} = \frac{8 \times 0.03 \times 500}{3.14^2 \times 0.2^5 \times 9.8} = 3881.02 \, \text{s}^2/\text{m}^5$$

$$S_2 = \frac{8\lambda_2 l_2}{\pi^2 d_2^5 g} = \frac{8 \times 0.03 \times 150}{3.14^2 \times 0.15^5 \times 9.8} = 4906.38 \, \text{s}^2/\text{m}^5$$

$$S_3 = \frac{8\lambda_3 l_3}{\pi^2 d_3^5 g} = \frac{8 \times 0.03 \times 200}{3.14^2 \times 0.125^5 \times 9.8} = 16278.18 \, \text{s}^2/\text{m}^5$$

整个管道由三段串联而成，作用水头等于各管段水头损失之和

$$H = \sum h_f = S_1 Q_1^2 + S_2 Q_2^2 + S_3 Q_3^2$$
$$= 3881.02 \times 0.045^2 + 4906.38 \times 0.028^2 + 16278.18 \times 0.02^2 = 18.22\text{m}$$

8.5 管网水力计算基础

在实际工程中，为满足向更多用户供水、供热、供燃气，往往将许多简单管路进行串联、并联组合成为管网。管网按其布置图形可分为枝状管网和环状管网。

8.5.1 枝状管网

枝状管网的管道在某节点分出后，不再汇合到一起，管线总长度较短，造价较低，常用于通风工程的管网及较小区域的供水管网。图8.23是由3个吸风口、6根简单管道串并联而成的排风枝状管网；图8.24是由4个供水点、7根简单管道串并联而成的供水枝状管网。

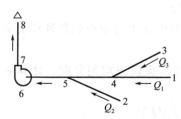

图 8.23 枝状管网（排风）

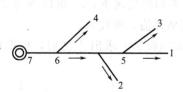

图 8.24 枝状管网（供水）

以图 8.23 为例，根据串联、并联管道的计算原则，风机应具有的压头为

$$H = \frac{p}{\rho g} = h_{l1-4} + h_{l4-5} + h_{l5-6} + h_{l7-8} \tag{8.48}$$

风机的风量为
$$Q = Q_1 + Q_2 + Q_3$$

在节点 4 与通大气的管道末端（相当于另一节点）间，存在着两根并联的支管 1—4 管段、3—4 管段。通常以管段最长，局部阻碍最多的一支参加阻力叠加；而另外一支则不应加入，只按并联管道的规律，在满足流量要求下，与第一支管段进行阻力平衡。

枝状管网的水力计算从设计角度上基本可分为如下两类。

（1）新建管网系统的水力计算问题　往往是管网布置已定，包括各管段长度 l_i、管材的壁面粗糙以及局部阻碍形式和数量都已确定。在已知各用户所需流量 Q 和末端要求的压头 p_c（或 h_c）的条件下，求各管段直径 d 及风机风压 p（或作用水头 H）。

计算这类问题，首先按节点流量平衡，由末梢节点向风机或水泵逐段计算各管段流量 Q_i。其次计算各管段管径 d，由 $Q_i = v_e \dfrac{\pi d_i^2}{4}$ 得到

$$d = \sqrt{\frac{4Q}{\pi v_e}} = 1.13 \sqrt{\frac{Q}{v_e}} \tag{8.49}$$

式中的限定流速 v_e 是根据不同专业的技术经济比较所规定的设计流速，涉及的因素很多，但在这个速度下输送流量经济合理。如除尘管路中，为防止灰尘沉积堵塞管路而限定的管中最小速度；热水采暖供水干管中，为了防止抽吸作用造成的支管流量过少，而限定了干管的最大速度；给水管网 v_e 取给水总成本（包括建造费和运营费等）最低的经济流速。各类管路有不同的限定流速，可在相关专业设计手册中查得。在管径确定后，便可对图 8.24 所示的枝状管网按式（8.48）进行阻力计算，然后按总水头损失及总流量选择泵和风机。最后调整支线管径，进行阻力平衡。

（2）扩建已有管网系统的水力计算问题　这时往往已有泵或风机（即作用水头 H 已定），由于管网已存在，所以管路布置情况已知，各用户所需流量 Q_i 和末端要求压头 h_c 已定，要求确定各段管径 d_i。

对于这类问题，首先也是按节点流量平衡，由末梢节点向风机或水泵逐段计算各管段流量 Q_i，然后计算各管段管径 d_i。由于是扩建已有的管网系统，按原设计流速计算管径，不能保证技术经济要求。这种情况下，应按 $H - h_c$ 求得单位长度上允许损失的水头 J，作为主干线的控制标准

$$J = \frac{H - h_c}{l + l_{zh}} \tag{8.50}$$

式中 l_{zh} 为局部损失的折算长度，可按式（6.54）计算。引入 l_{zh} 后，计算总水头损失 h_l 较为方便

$$h_l = \lambda \frac{l + l_{zh}}{d} \times \frac{v^2}{2g} \tag{8.51}$$

在管径 d 未知的情况下，l_{zh} 难以确切得出，可在专业设计手册中查到各种局部阻碍的当量长度 l_{zh} 的估计值，再代入。

在由式（8.50）求出 J 之后，根据此控制标准将水头损失均匀分配，计算主干线各管段直径

$$J = \frac{\lambda}{d} \times \frac{v^2}{2g} = \frac{\lambda}{d} \times \frac{1}{2g} \left(\frac{4Q}{\pi d^2} \right)^2$$

$$d_i = \left(\frac{8\lambda Q_i^2}{\pi^2 g J}\right)^{1/5} \tag{8.52}$$

实际选用时，可取部分主干线管段水力坡度大于计算值 J，部分却小于计算值 J，使得这些管段的总损失之和正好满足作用压头。求出主干线各管段的直径后，还可定出局部阻碍形式及尺寸，然后进行校核计算，计算出总阻力与已知水头核对。最后根据确定的主干线各管段直径，算出各节点压头，并作为已知条件，继续计算各支线管段的直径。

8.5.2 环状管网

环状管网的特点是管段在某一共同的节点分支，然后又在另一共同点汇合。环状管网是由很多个并联管道组合而成的，遵循串并联管道的计算原则。由于环状管网的管道连成闭合环路，所以不会因管网内某一处故障而中断该点以后用户所需流量，从而提高了管网工作的可靠性，一般城镇配水管网、燃气管网多采用环状管网，图 8.25 所示就是二环和三环管网。

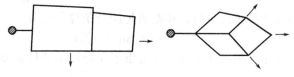

图 8.25　环状管网（二环、三环）

计算环状管网时，通常是已确定了管网的管线布置和各管段的长度，并且已知管网各用户所需流量 q_i（节点流量）和末端压头。因此，环状管网水力计算的目的是决定各管段的通过流量 Q_i 和管径 d_i，求出各段的水头损失 h_{li}，（以后写作 h_i）并进而确定管网所需压头 p（或 H）。

研究任一形状的环状管网，可知管段数 n_g 和环数 n_k，及节点数 n_p 存在下列关系

$$n_g = n_k + n_p - 1$$

如上所述，管网中的每一管段均有两个未知数：Q 和 d。因此环状管网水力计算的未知数的总数为 $2n_g = 2(n_k + n_p - 1)$ 个。环状管网的水流特点，为求解上述未知量提供如下两个水力条件。

（1）根据连续性条件，任一节点流入和流出的流量相等。如设流入节点的流量为正值，流出节点的流量为负值，则流入和流出节点流量的代数和应等于零。

$$\sum Q_i = 0 \tag{8.53}$$

（2）对任一闭合环路，如规定顺时针方向流动的水头损失为正，反之为负值，则该环路上各管段水头损失的代数和必等于零。

$$\sum h_i = \sum (S_i Q_i^2) = 0 \tag{8.54}$$

根据式（8.53）可以列出 $(n_p - 1)$ 个独立方程（即不包括最后一个节点），根据式（8.54）可以列出 n_k 个方程，因此对环状管网可列出 $(n_k + n_p - 1)$ 个方程式。但未知数却有 $2(n_k + n_p - 1)$ 个，说明问题将有任意解。

实际计算时，往往是用限定流速 v_e 确定各管段直径，从而使未知数减半，满足未知量与方程式数目一致，代数方程组有确定解。因此，环状管网水力计算就是求方程（8.53）和（8.54）的数值解。然而，这样求解非常繁杂，工程上多用逐步渐近法。首先按各节点用户所需流量，初拟各管段的流向，并根据式（8.53）第一次分配流量 Q_i。按所分配流量，用 v_e 算出管径 d_i，再计算各管段的水头损失，进而验算每一环的 h_i 是否满足式（8.54）；如不满足，需对所分配的流量进行调整。重复以上步骤，依次逼近，直至各环同时满足第二个水力条件式（8.54）或闭合差 $\Delta h_i = \sum h_i$ 小于规定值。

工程上环状管网的计算方法有多种，应用较广的有哈代-克罗斯（Hardy-Cross）法，现介绍如下。

首先，根据节点流量平衡条件 $\sum Q_i = 0$ 分配各管段流量 Q_i，根据分配的流量计算水头

损失，并按式（8.54）计算各环路闭合差

$$h_i = S_i Q_i^2$$

$$\Delta h_i = \sum h_i$$

当最初分配的流量不满足闭合条件时，在各环路加入校正流量 ΔQ，各管段相应得到水头损失增量 Δh_i，即

$$h_i + \Delta h_i = S_i(Q_i + \Delta Q)^2 = S_i Q_i^2 \left(1 + \frac{\Delta Q}{Q_i}\right)^2$$

上式按二项式展开，取前两项得

$$h_i + \Delta h_i = S_i Q_i^2 \left(1 + 2\frac{\Delta Q}{Q_i}\right) = S_i Q_i^2 + 2 S_i Q_i \Delta Q$$

如加入校正流量后，环路满足闭合条件，则有

$$\sum(h_i + \Delta h_i) = \sum h_i + \sum \Delta h_i = \sum h_i + 2 \sum S_i Q_i \Delta Q = 0$$

根据上式就 ΔQ 求解，便得出了闭合环路的校正流量 ΔQ 的计算公式

$$\Delta Q = -\frac{\sum h_i}{2\sum S_i Q_i} = -\frac{\sum h_i}{2\sum \frac{S_i Q_i^2}{Q_i}} = -\frac{\sum h_i}{2\sum \frac{h_i}{Q_i}} \tag{8.55}$$

将 ΔQ 与各管段第一次分配流量相加得第二次分配流量，并以同样步骤逐次计算，直到满足所要求的精度。

近年来，对实际管网的水力计算都是应用计算机进行，特别是对于多环管网的计算，更具迅速、准确的优越性。

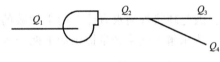

图 8.26 【例 8.9】图

【例 8.9】枝状送风管道由薄钢板制造，如图 8.26 所示，各段长度 $l_1 = l_2 = 30\text{m}$、$l_3 = 25\text{m}$、$l_4 = 23\text{m}$，风量 $Q_3 = 30000\text{m}^3/\text{h}$、$Q_4 = 40000\text{m}^3/\text{h}$，空气温度 $t = 20℃$，限定风速 v 不超过 15m/s，局部阻力不计，试求各管段直径及风机风压。

【解】计算各管段流量

$$Q_2 = Q_3 + Q_4 = \frac{30000}{3600} + \frac{40000}{3600} = 8.33 + 11.11 = 19.44\text{m}^3/\text{s}$$

$$Q_1 = Q_2 = 19.44\text{m}^3/\text{s}$$

由式（8.49），按限定流速计算各管段直径

$$d_3 = \sqrt{\frac{4Q}{\pi v_e}} = 1.13\sqrt{\frac{Q}{v_e}} = 1.13\sqrt{\frac{8.33}{15}} = 0.84\text{m}$$

同理 $d_1 = d_2 = 1.29\text{m}$，$d_4 = 0.97\text{m}$

计算各管段压强损失，管段 3 的雷诺数为

$$Re_3 = \frac{vd_3}{\nu} = \frac{15 \times 0.84}{15.7 \times 10^{-6}} = 8.03 \times 10^5$$

查表 6.2，选当量粗糙高度 $k_s = 0.15\text{mm}$，则相对粗糙 $k_s/d_3 = 0.00018$，由莫迪图 6.17 查得 $\lambda_3 = 0.0146$。本题依题意可按长管计算，不计流速水头和局部阻力，故由式（8.28）得管段 3 阻抗

$$S_{p3} = \frac{8\lambda_3 l_3 \rho}{\pi^2 d_3^5} = \frac{8 \times 0.0146 \times 25 \times 1.2}{3.14^2 \times 0.84^5} = 0.850\text{kg/m}^7$$

由式（8.27）得压强为

$$p_3 = p_{f3} = S_{p3} Q_3^2 = 0.850 \times 8.33^2 = 59.0\text{Pa}$$

同理 $p_1=p_2=41.6\text{Pa}$，$p_4=45.7\text{Pa}$，则风机的风压为
$$p=p_1+p_2+p_3=41.6+41.6+59.0=142.2\text{Pa}$$

因管段 3、管段 4 出口外均为大气空间，全压为零，出口条件相同，两管段为并联管道，支线（管段 4）的阻力平衡可通过在该管段加设阀门调节（增加 ζ）实现。

【例 8.10】如图 8.27 给出两个闭合环路的管网，各管段的 l、Q、d、λ 已标在图上，忽略局部损失，试求第一次校正后的流量。

【解】（1）按节点分配各管段的流量，列在表 8.4 中假定流量栏内。

（2）计算各管段水头损失 h_i

$$h_i=\lambda_i\frac{l_i}{d_i}\times\frac{v_i^2}{2g}=S_iQ_i^2$$

$$S_i=\frac{8\lambda_il_i}{\pi^2d_i^5g}$$

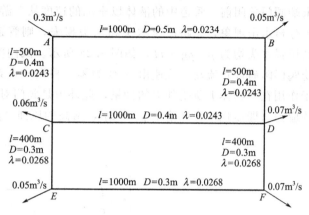

图 8.27 环状管网计算图

先算出 S_i 填入表中 S_i 栏，再计算出 h_i 填入相应栏内。列出各管段 h_i/Q_i 之比值，并计算 $\sum h_i$、$\sum(h_i/Q_i)$。

（3）按校正流量公式（8.55），计算出环路中的校正流量 ΔQ。

（4）将求得的 ΔQ 加到原假定流量上，便得出第一次校正后流量。

（5）注意：在两环路的共同管段上，相邻环路的 ΔQ 符号应反号再加上去，参看表 8.4 中 CD、DC 管段的校正流量。

表 8.4　环状管网计算表

环　路	管　段	假定流量 Q_i	S_i	h_i	h_i/Q_i	ΔQ	管段校正流量	校正后流量 Q_i	备　注
Ⅰ	AB	$+0.15$	59.76	$+1.3346$	8.897		-0.0014	0.1486	
	BD	$+0.10$	98.21	$+0.9821$	9.821		-0.0014	0.0986	
	DC	-0.01	196.42	-0.0196	1.960	-0.0014	-0.0014	-0.0289	
	CA	-0.15	98.21	-2.2097	14.731		-0.0175	-0.1514	
	共计（$\sum$）			0.0874	35.410		-0.0014		
Ⅱ	CD	$+0.01$	196.42	$+0.0196$	1.960		$+0.0175$	0.0289	
	DF	$+0.04$	364.42	$+0.5830$	14.575		$+0.0014$	0.0575	
	FE	-0.03	911.05	-0.8199	27.330	0.0175	$+0.0175$	-0.0125	
	EC	-0.08	364.42	-2.3323	29.154		$+0.0175$	-0.0625	
	共计（$\sum$）			-2.5496	73.019		$+0.0175$		

8.6　有压管道中的水击

在前面各章节中所研究的水流运动，没有也不需要考虑液体的压缩性，但液体在有压管道中所发生的水击现象，则必须考虑液体的可压缩性，同时还要考虑管壁材料的弹性。与前面讨论的有压管道恒定流动不同，本节有压管道中的水击属于非恒定流动问题。

8.6.1　水击现象

在有压管道中运动着的液体，由于某种原因（如阀门突然启闭，换向阀突然变换工位，水泵机组突然停车等），使得液体流速和动量发生突然变化，同时引起液体压强大幅度波动的现象，称为水击，或水锤。水击所产生的增压波和减压波交替进行的频率很高，对管壁

和阀门的作用如锤击一样，有很大的破坏性，可导致管道系统强烈振动、噪声，造成阀门破坏，管件接头断开，甚至管道炸裂等重大事故，故又称为水锤。由水击引起的瞬时压强称为水击压强，可达管道正常工作压强的几十倍至数百倍。

现以简单管道末端阀门突然关闭为例，说明水击发生的原因。设简单管道长 l，直径 d，末端阀门关闭前，管道中的液体以 $+v_0$ 的速度从上游水池流向下游出口，为恒定流动。为便于分析水击现象，忽略流速水头和水头损失，则管道的沿程各断面压强相等，以 p_0 表示，其压强水头均为 $p_0/\rho g=H$，如图 8.28 所示。阀门突然关闭，使紧靠阀门的水层（mn 段）受阀门阻碍停止流动，流速由 v_0 变为零。根据质点系的动量定理，该段液体动量的变化等于作用在该物体上所受外力的冲量，此外力是阀门对液体的作用力。因外力作用，该层液体的应力（即压强）突然增至 $p_0+\Delta p$，增高的压强 Δp 即为水击压强。

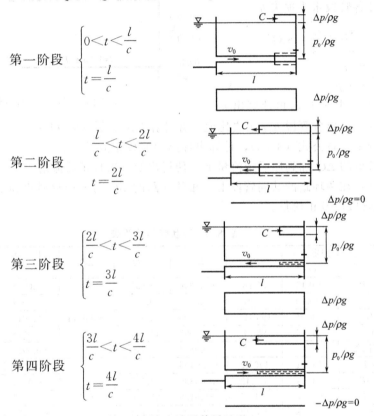

图 8.28　水击波的传播过程

很大的水击压强，使停止流动的 mn 段发生液体压缩和管壁膨胀两种变形。由于这两种变形，紧靠阀门的液层停止流动后，后面的水层要在进占前面一层因体积压缩、管壁膨胀而空出的空间后才停止流动。同时压强增高，体积压缩，管壁膨胀，如此连续向管道进口传播。可见阀门瞬时关闭，管道中的液体不是在同一时刻全部停止流动，压强也不是在同一时刻增高 Δp，而是以波的形式由阀门传向管道进口，出现了全管液体暂时的静止受压和整个管壁胀大的状态。从以上分析不难看出，引起管道内液体流速突然变化的因素（如阀门突然关闭等）是发生水击的条件，液体本身具有惯性和压缩性则是发生水击的内在原因。

水击以波的形式传播，称为水击波。典型传播过程如图 8.28 所示。

（1）第一阶段　增压波从阀门向管道进口传播。设阀门在 $t=0$ 瞬时关闭，增压波从阀门向管道进口传播，传到之处水停止运动，压强增至 $p_0+\Delta p$。未传到之处，水仍以 v_0 流动，压强为 p_0。如以 c 表示水击波的传播速度，在 $t=l/c$ 时，水击波传到管道进口，全管压强均为 $p_0+\Delta p$，处于增压状态。

（2）第二阶段 减压波从管道进口向阀门传播。$t=l/c$（第一阶段末第二阶段始）时，管内压强 $p_0+\Delta p$ 大于进口外侧静水压强 p_0，在压强差 Δp 作用下，紧靠管道进口的液体，以速度 $-v_0$（负号表示与原流速 v_0 的方向相反）向水池倒流，同时压强恢复为 p_0，于是该段又与管内相邻的液体出现压强差，这样液体自管道进口起逐层向水池倒流。这个过程相当于第一阶段的反射波。在 $t=2l/c$ 时，减压波传至阀门断面，全管压强恢复为原来状态。

（3）第三阶段 减压波从阀门向管道进口传播。在 $t=2l/c$ 时，液体因惯性作用，继续以速度 $-v_0$ 向水池倒流。因阀门处无液体补充，紧靠阀门的一层液体停止流动，流速由 $-v_0$ 变为零，同时压强降低 Δp。随之后续各层相继停止流动，流速由 $-v_0$ 变为零，压强降低 Δp。在 $t=3l/c$ 时，减压波传至管道进口，全管压强为 $p_0-\Delta p$，处于减压状态。

（4）第四阶段 增压波从管道进口向阀门传播。$t=3l/c$ 时，因管道进口外侧静水压强 p_0 大于管内压强 $p_0-\Delta p$，在压强差 Δp 作用下，液体以流速 v_0 向管内流动。压强自进口起逐层恢复为 p_0。在 $t=4l/c$ 时，增压波传至阀门断面，全管压强为 p_0，恢复为阀门关闭前的状态。此时因惯性作用，液体继续以流速 v_0 流动，受到阀门阻止，于是和第一阶段开始时，阀门瞬时关闭的情况相同，增压波从阀门向管道进口传播，重复上述四个阶段。

至此，水击波的传播完成了一个周期。在一个周期内，水击波由阀门传到进口，再由进口传至阀门，共往返两次，往返一次所需时间 $T=2l/c$ 称为相或相长。实际水击波传播速度很快，前述各阶段是在极短时间内连续进行的。

在水击波的传播过程中，管道各断面的流速和压强皆随时间变化，所以水击过程是非恒定流。图 8.29 是阀门断面压强随时间的变化曲线，在 $t=0$ 时，阀门瞬时关闭，压强由 p_0 增至 $p_0+\Delta p$，一直保持到 $t=2l/c$ 时，即水击波往返一次所需的时间；在 $t=2l/c$ 时，压强由 $p_0+\Delta p$ 突然降至 $p_0-\Delta p$，直到 $t=4l/c$ 时，压强由 $p_0-\Delta p$ 增至 p_0，然后周期性变化。

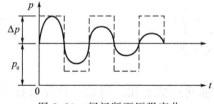
图 8.29 阀门断面压强变化

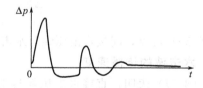
图 8.30 实测阀门断面水击压强变化

若水击波传播过程中无能量损失，它将一直周期性地传播下去，如图 8.29 所示。但实际上水击波传播过程中，能量不断损失，水击压强迅速衰减，实测阀门断面的水击压强随时间变化，如图 8.30 所示。

8.6.2 水击压强的计算

在认识水击发生的原因和传播过程的基础上，进行水击压强 Δp 的计算，为设计压力管道及控制运行提供依据。

（1）直接水击 在前面的讨论中，阀门是瞬时关闭的。实际上阀门关闭总有一个过程，如关闭时间小于一个相长（$T_z < 2l/c$），那么最早发出的水击波的反射波回到阀门以前，阀门已全关闭，这时阀门处的水击压强和阀门瞬时关闭时的压强相同，这种水击称为直接水

击。下面应用质点系动量原理推导直接水击压强公式。

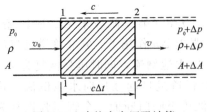

图 8.31 直接水击压强计算

设有压管流（见图 8.31），因阀门突然关小，流速突然变化，发生水击，水击波的传播速度为 c，在微小时段 Δt，水击波由断面 2—2 传至断面 1—1。分析 1—2 段水体：水击波通过前，原流速 v_0、压强 p_0、密度 ρ、过流断面面积 A；水击波通过后，流速降至 v，压强、密度、过流断面面积分别增至 $p_0+\Delta p$、$\rho+\Delta\rho$、$A+\Delta A$。根据质点系动量定理，质点系在 Δt 时段内，动量的变化等于该质点系所受外力在同一时段内的冲量

$$\left[p_0 A-(p_0+\Delta p)(A+\Delta A)\right]\Delta t=(\rho+\Delta\rho)(A+\Delta A)c\,\Delta t v-\rho A c\,\Delta t v_0$$

考虑到 $\Delta\rho\ll\rho$，$\Delta A\ll A$，化简上式，得直接水击压强计算公式

$$\Delta p=\rho c(v_0-v) \tag{8.56}$$

当阀门瞬时关闭，$v=0$，得水击压强最大值计算公式

$$\Delta p=\rho c v_0 \tag{8.57}$$

或表示为压强水头的形式

$$\frac{\Delta p}{\rho g}=\frac{c v_0}{g} \tag{8.58}$$

直接水击压强的计算公式是由俄国流体力学家儒科夫斯基在 1898 年导出的，又称为儒科夫斯基公式。

（2）间接水击　如阀门关闭时间 $T_z>2l/c$，则开始关闭时发出的水击波的反射波，在阀门尚未完全关闭前，已返回阀门断面，随即变为负的水击波向管道进口传播。由于负水击压强和阀门继续关闭所产生的正水击压强相叠加，使阀门处最大水击压强小于直接水击压强，这种情况的水击称为间接水击。间接水击由于正水击波与反射波相互作用，计算更为复杂。一般情况下，间接水击压强可近似由下式计算

$$\Delta p=\rho c v_0\frac{T}{T_z}$$

或

$$\frac{\Delta p}{\rho g}=\frac{c v_0}{g}\times\frac{T}{T_z}=\frac{v_0}{g}\times\frac{2l}{T_z} \tag{8.59}$$

由式（8.59）可见，间接水击压强与水击波传播速度无关。

8.6.3　水击波的传播速度

式（8.57）表明，直接水击压强与水击波的传播速度成正比。因此，计算直接水击压强，需要知道水击波的传播速度 c。考虑到水的压缩性和管壁的弹性变形，可得水管中水击波的传播速度（推导过程从略）。

$$c=\frac{c_0}{\sqrt{1+\dfrac{K}{E}\times\dfrac{d}{\delta}}} \tag{8.60}$$

式中　c_0——水中声波的传播速度，水温 $10℃$ 左右，压强为 $1\sim25$ 大气压时，$c_0=1435$ m/s；

K——水的体积模量，$K=2.1\times10^9\,\mathrm{Pa}$；

E——管壁材料的弹性模量，见表 8.5；

d——管道直径，m；

δ——管壁厚度，m。

表 8.5　管壁材料的弹性模量

管　材	钢　管	铸　铁　管	钢筋混凝土管	木　管
E/Pa	20.6×10^{10}	9.8×10^{10}	19.6×10^{9}	9.8×10^{9}

对于普通钢管 $(d/\delta)\approx100$，$(K/E)\approx0.01$，代入式（8.60），得 $c\approx1000\text{m/s}$。如阀门关闭前流速 $v_0=1\text{m/s}$，阀门突然关闭引起的直接水击压强，由式（8.57）算得 $\Delta p=\rho cv_0\approx10^6$ Pa，可见直接水击压强是很大的。

8.6.4　防止水击危害的措施

通过研究水击发生的原因及影响因素，可找到防止水击危害的措施。

（1）限制管中流速。式（8.58）和式（8.59）表明，水击压强与管道中流速 v_0 成正比，减小流速，水击压强 Δp 呈线性降低，因此一般给水管网中，流速不大于 3m/s。

（2）控制阀门关闭或开启时间。控制阀门关闭或开启时间，以避免直接水击，也可减少间接水击压强。

（3）缩短管道长度和增加管道的弹性。缩短管长，即缩短了水击波相长，可使直接水击变为间接水击，也可降低间接水击压强；增加管道的弹性，即采用弹性模量 E 较小的管材，使水击波传播速度减缓，从而降低直接水击压强。

（4）设置安全阀，进行水击过载保护。

思　考　题

8.1　思考题 8.1 图中穿孔板上各孔眼的大小形状相同，问每个孔口的出流量是否相同？

8.2　薄壁小孔口的自由出流和淹没出流的流量系数和流速系数有何异同？

8.3　在管道的水力计算中，长管和短管是如何区分的？

8.4　为什么在管网的水力计算中一般不考虑局部水头损失？

8.5　什么叫阻抗 S（综合阻力数）？该量为什么有两种单位（kg/m^7、s^2/m^5）？在何情况下，S 与管中流量无关，而仅决定于管道的尺寸和构造？

8.6　并联管路中各支管的流量分配遵循什么原理？如果要得到各支管的流量相等，该如何设计管路？

8.7　供热系统的凝结水箱回水系统如思考题 8.7 图所示，试写出水泵应具有的作用水头表达式。

8.8　产生水击的内因和外因都是什么？有哪些措施可减少水击压强？

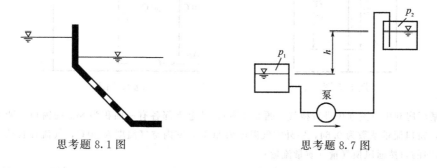

思考题 8.1 图　　　　　　　　　思考题 8.7 图

习　题

8.1　薄壁孔口出流如题 8.1 图所示，直径 $d=2\text{cm}$，水箱水位恒定 $H=2\text{m}$，试求：
（1）孔口流量 Q。

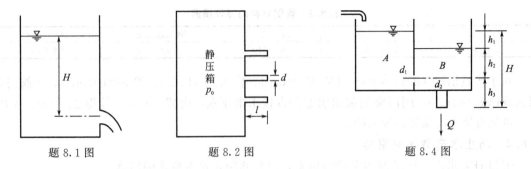

| 题8.1图 | 题8.2图 | 题8.4图 |

（2）此孔口外接圆柱形管嘴的流量 Q_n。

（3）管嘴收缩断面的真空。

8.2 如题8.2图所示，某诱导器的静压箱上装有圆柱形管嘴，管径 $d=4\text{mm}$，长度 $l=100\text{mm}$，沿程阻力系数 $\lambda=0.02$，从管嘴入口到出口的局部阻力系数 $\sum\zeta=0.5$，试求：

（1）管嘴的流速系数和流量系数。

（2）当管嘴外为当地大气压，空气密度 $\rho_a=1.2\text{kg/m}^3$，若要求管嘴的出流速度为30m/s，此时静压箱内的压强应保持多大？

8.3 某恒温室采用孔板送风，风道中的静压为200Pa，孔口直径 $d=20\text{mm}$，空气温度为20℃，孔口流量系数为0.8，要求通风量 $Q=1.0\text{m}^3/\text{s}$，问需要布置多少孔口？

8.4 水箱用隔板分为 A、B 两室（题8.4图），隔板上开一孔口，其直径 $d_1=4\text{cm}$，在 B 室底部装有圆柱形外管嘴，其直径 $d_2=3\text{cm}$。已知 $H=3\text{m}$，$h_3=0.5\text{m}$，试求：

（1）出流恒定的条件。

（2）在恒定出流时的 h_1，h_2。

（3）流出水箱 B 的流量 Q。

8.5 水从 A 水箱通过直径 $d=10\text{cm}$ 的孔口流入 B 水箱，孔口流量系数为0.62（题8.5图）。设 A 水箱的作用水头 $H_1=3\text{m}$ 保持不变，试求在下列三种情况下，通过孔口的流量。

（1）B 水箱中无水，即 $H_2=0$。

（2）B 水箱中的作用水头 $H_2=2\text{m}$。

（3）A 水箱水面压力为2000Pa，$H_1=3\text{m}$，同时 B 水箱水面与大气相通，$H_2=2\text{m}$。

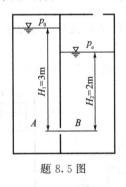

题8.5图

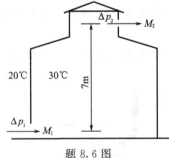

题8.6图

8.6 某厂房利用自然通风进行换气（题8.6图），其上下部各有一面积为 8m^2 的窗口，两窗口的中心高差为7m，窗口流量系数为0.64，室外空气温度为20℃，室内空气温度为30℃，气流在自然压头作用下流动，求车间的自然通风换气量（质量流量）。

8.7 有一平底空船（题8.7图），其水平面积 $\Omega=8\text{m}^2$，船舷高 $h=0.5\text{m}$，船自重 $G=9.8\text{kN}$。现船底破一直径10cm的圆孔，水自圆孔漏入船中，试问经过多长时间后船将沉没。

8.8 游泳池长 $l=25\text{m}$，宽 $B=10\text{m}$，水深 $H=1.5\text{m}$，池底设有直径 $d=0.1\text{m}$ 的放水孔直通排水地沟，试问放空池水所需时间。

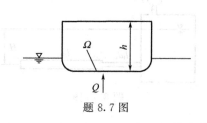

题 8.7 图

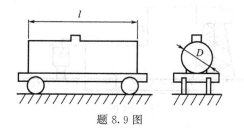

题 8.9 图

8.9 油槽车的油槽长度为 l，直径为 D，油槽底部设有卸油孔，孔口面积为 A，流量系数为 μ，试求该车充满油后所需卸空时间（题 8.9 图）。

8.10 自然排烟锅炉（题 8.10 图），烟囱直径 $d=0.9\text{m}$，烟气流量 $Q=7.0\text{m}^3/\text{s}$，烟气密度 $\rho=0.7\text{kg/m}^3$，外部空气密度 $\rho_a=1.2\text{kg/m}^3$，烟囱的沿程阻力系数 $\lambda=0.035$，为使底部真空度不小于 $10\text{mmH}_2\text{O}$，试求烟囱的高度 H。

8.11 虹吸管将 A 池中的水输入 B 池（题 8.11 图），已知长度 $l_1=3\text{m}$，$l_2=5\text{m}$，直径 $d=75\text{mm}$，两池水面高差 $H=2\text{m}$，最大超高 $h=1.8\text{m}$，沿程阻力系数 $\lambda=0.02$，局部阻力系数为：进口 $\zeta_a=0.5$，转弯 $\zeta_b=0.2$，出口 $\zeta_c=1$。试求流量 Q 及管道最大超高断面的真空度。

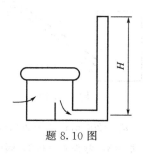

题 8.10 图

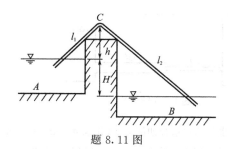

题 8.11 图

8.12 用虹吸管将钻井里的水输送到集水井（题 8.12 图），上下游水位差为 1.5m，虹吸管全长 60m，直径 0.2m，沿程阻力系数 $\lambda=0.031$，管道入口和弯头的局部阻力系数为 $\zeta_e=0.5$ 和 $\zeta_b=0.5$。试求虹吸管的流量。

8.13 水从密闭容器 A（题 8.13 图），沿直径 $d=25\text{mm}$，长 $l=10\text{m}$ 的管道流入容器 B，已知容器 A 水面的相对压强 $p_1=2\text{at}$，水面高 $H_1=1\text{m}$，$H_2=5\text{m}$，沿程阻力系数 $\lambda=0.025$，局部阻力系数：阀门 $\zeta_v=4.0$，弯头 $\zeta_b=0.3$，试求流量 Q。

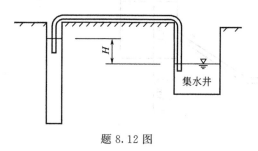

题 8.12 图

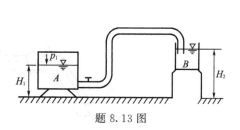

题 8.13 图

8.14 水车由直径 $d=150\text{mm}$，长 $l=80\text{m}$ 的管道供水（题 8.14 图），该管道中共有两个闸阀和 4 个 90°弯头，局部阻力系数：闸阀全开时 $\zeta_a=0.12$，弯头 $\zeta_b=0.18$，沿程阻力系数 $\lambda=0.03$。已知水车的有效容积 $V=25\text{m}^3$，水塔的作用水头 $H=18\text{m}$，试求水车充满水所需的最短时间。

8.15 自密闭容器经两段串联管道输水（题 8.15 图），已知压力表读值 $p_M=1\text{at}$，水头 $H=2\text{m}$，管长 $l_1=10\text{m}$，$l_2=20\text{m}$，直径 $d_1=100\text{mm}$，$d_2=200\text{mm}$，沿程阻力系数 $\lambda_1=\lambda_2=0.03$，试求流量 Q 并绘总水头线和测压管水头线。

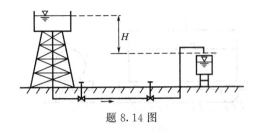
题 8.14 图

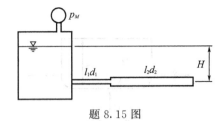
题 8.15 图

8.16 两水池水面高差恒定（题 8.16 图），$H=3.82\mathrm{m}$，用直径 $d_1=100\mathrm{mm}$、$d_2=200\mathrm{mm}$，长度为 $l_1=6\mathrm{m}$、$l_2=10\mathrm{m}$ 的串联管道相连接，沿程阻力系数 $\lambda_1=\lambda_2=0.02$。试求：

(1) 流量并绘出总水头线和测压管水头线。

(2) 若直径改为 $d_1=d_2=200\mathrm{mm}$，λ 不变，流量增大多少倍？

8.17 贮气箱中的煤气经管道 ABC 流入大气中（题 8.17 图），已知测压管读值为 $h=0.01\mathrm{mH_2O}$，断面标高 $z_A=0$、$z_B=10\mathrm{m}$、$z_C=5\mathrm{m}$，管道直径 $d=100\mathrm{mm}$，长度 $l_{AB}=20\mathrm{m}$，$l_{BC}=10\mathrm{m}$，沿程阻力系数 $\lambda=0.03$，管道入口和转弯的局部阻力系数分别为：$\zeta_e=0.6$，弯头 $\zeta_b=0.4$，煤气密度 $\rho=0.6\mathrm{kg/m^3}$，空气密度 $\rho_a=1.2\mathrm{kg/m^3}$，试求流量并绘制总压线、势压线和位压线。

题 8.16 图   题 8.17 图

8.18 水泵抽水系统如题 8.18 图所示，$d_1=250\mathrm{mm}$，$l_1=20\mathrm{m}$，$d_2=200\mathrm{mm}$，$l_2=260\mathrm{m}$，流量 $Q=0.04\mathrm{m^3/s}$，沿程阻力系数 $\lambda=0.03$。各局部阻力系数为：吸水管入口 $\zeta_e=3$，弯头 $\zeta_b=0.2$，阀门 $\zeta_v=0.5$。试求：

(1) 吸水管和压水管的阻抗 S。

(2) 管路的总水头损失。

(3) 绘出总水头线。

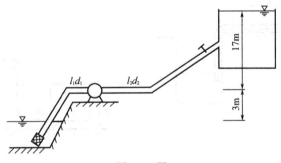
题 8.18 图

8.19 某供热系统的流量为 $0.005\mathrm{m^3/s}$，总水头损失为 $5\mathrm{mH_2O}$，现在要把流量增加到 $0.0085\mathrm{m^3/s}$，试问水泵应供给多大压头？

8.20 如题 8.20 图所示的管路，流量 $Q_A=0.6\mathrm{m^3/s}$，沿程阻力系数 $\lambda=0.02$，$d_1=0.6\mathrm{m}$，$l_1=1000\mathrm{m}$，$d_2=0.35\mathrm{m}$，$l_2=1100\mathrm{m}$，$d_3=0.3\mathrm{m}$，$l_3=800\mathrm{m}$，$d_4=0.4\mathrm{m}$，$l_4=900\mathrm{m}$，$d_5=0.7\mathrm{m}$，$l_5=1500\mathrm{m}$，不计局部水头损失，求 A、D 两点间的水头损失。

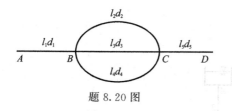

题 8.20 图

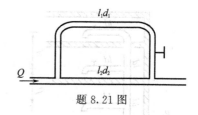

题 8.21 图

8.21 并联管道如题 8.21 图，总流量 $Q=0.025\text{m}^3/\text{s}$，管段 1 的管长 $l_1=50\text{m}$、直径 $d_1=100\text{mm}$、沿程阻力系数 $\lambda_1=0.03$、阀门的局部阻力系数 $\zeta_v=3$；管段 2 的管长 $l_2=30\text{m}$、直径 $d_2=50\text{mm}$、$\lambda_2=0.04$。试求各管段的流量及并联管道的水头损失。

8.22 水平放置的通风机如题 8.22 图所示，吸入管 $d_1=200\text{mm}$，$l_1=10\text{m}$，压出管为直径不同的两段风管串联组成，$d_2=200\text{mm}$，$d_3=100\text{mm}$，$l_2=l_3=50\text{m}$。总风量 $Q=0.15\text{m}^3/\text{s}$，空气密度 $\rho=1.2\text{kg/m}^3$，沿程阻力系数 $\lambda=0.02$，不计局部水头损失，试求：

（1）风机应产生的总压强。

（2）如风机与管道垂直安装，但管路情况不变，风机的总压有无变化？

（3）如果流量提高到 $0.16\text{m}^3/\text{s}$，风机总压变化为多少？

（4）绘出全压线和静压线。

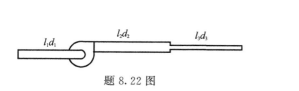

题 8.22 图

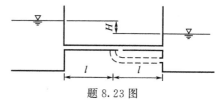

题 8.23 图

8.23 在长为 $2l$，直径为 d 的管道上，并联一根直径相同，长为 l 的支管（题 8.23 图中虚线），若水头 H 不变，不计局部损失，试求并联支管前后的流量比。

8.24 有一泵循环管道（题 8.24 图），各支管阀门全开时，支管流量分别为 Q_1、Q_2，若将阀门 A 开度关小，其他条件不变，试论证主管流量 Q 怎样变化，支管流量 Q_1、Q_2 怎样变化。

8.25 通风机向水平风道系统送风，如题 8.25 图所示，末端接两支管：一条支管长度 $l_2=20\text{m}$、直径 $d_2=150\text{mm}$；另一条支管是截面为 $0.15\text{m}\times0.2\text{m}$ 的矩形管，长度 $l_3=15\text{m}$。通风机送风量 $Q_1=0.5\text{m}^3/\text{s}$，干管直径 $d_1=300\text{mm}$，长度 $l_1=30\text{m}$，各管段的沿程阻力系数均为 $\lambda=0.04$，空气密度 $\rho_a=1.29\text{kg/m}^3$，忽略局部阻力，试求通风机的风压。

8.26 应用长度同为 l 的两根管道从水池 A 向水池 B 输水（题 8.26 图），其中粗管直径为细管直径的两倍 $d_1=2d_2$，两管的沿程阻力系数相同，局部水头损失不计，试求两管中的流量比。

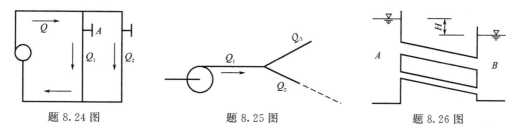

题 8.24 图   题 8.25 图   题 8.26 图

8.27 三层楼的自来水管道（题 8.27 图），已知各楼层管长 $l=4\text{m}$、直径 $d=60\text{mm}$，各层供水口高差 $H=3.5\text{m}$，沿程阻力系数均为 $\lambda=0.03$，水龙头全开时的局部阻力系数 $\zeta=3$，不计其他局部水头损失。试求当水龙头全开时，供给每层用户的流量不少于 $0.003\text{m}^3/\text{s}$，进户压强 p_M 应为多少？

8.28 供水系统如题 8.28 图所示，已知各管段直径 $d_1=d_2=150\text{mm}$，$d_3=250\text{mm}$，$d_4=200\text{mm}$，管长 $l_1=350\text{m}$、$l_2=700\text{m}$、$l_3=500\text{m}$、$l_4=300\text{m}$，流量 $Q_D=20\text{L/s}$，$q_B=45\text{L/s}$，$q_{CD}=0.1\text{L/(s·m)}$，比阻 $a_1=a_2=41.85\text{s}^2/\text{m}^6$、$a_3=2.752\text{s}^2/\text{m}^6$、$a_4=9.029\text{s}^2/\text{m}^6$，$D$ 点要求的自由水头 $H_z=8\text{m}$，采用铸铁

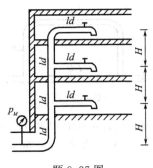

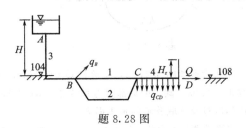

题 8.27 图　　　　　　　　　　　　　　　　题 8.28 图

管，试求水塔高度 H。

8.29　电厂引水钢管直径 $d=180\text{mm}$，壁厚 $\delta=10\text{mm}$，流速 $v=2\text{m/s}$，阀门前压强为 $1\times10^6\text{Pa}$，当阀门突然关闭时，管壁中的应力比原来增加多少倍？

8.30　输水钢管直径 $d=100\text{mm}$，壁厚 $\delta=7\text{mm}$，流速 $v=1.2\text{m/s}$，试求阀门突然完全关闭时的水击压强，又如该管道改用铸铁管水击压强有何变化？

178

第 9 章　明渠均匀流

9.1　概述

明渠是一种具有自由表面水流的渠道。根据它的形成可分为天然明渠和人工明渠，如图 9.1 所示，前者如天然河道；后者如人工渠道（输水渠、排水渠等）、运河等。

图 9.1　明渠

明渠水流与有压管流不同，它具有自由表面，表面上各点受大气压强作用，其相对压强为零，所以又称为无压流动。

明渠水流根据其运动要素是否随时间变化分为恒定流与非恒定流。明渠恒定流又可根据流线是否为平行直线分为均匀流与非均匀流。

明渠水流由于自由表面不受约束，当遇有河渠建筑物或流量变化时，往往形成非均匀流。但在工程实际中，如铁道、公路、给排水和水利工程中的沟渠，其排水或输水能力的计算，常按明渠均匀流处理。此外，明渠均匀流理论对于进一步研究明渠非均匀流具有重要意义。

9.1.1　明渠流动的特点

同有压管流相比较，明渠流动具有以下特点。

（1）明渠流动具有自由液面，沿程各断面的表面压强都是大气压，重力对流动起主导作用。

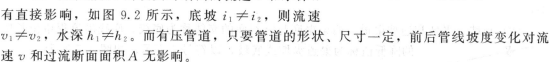

图 9.2　底坡影响

（2）明渠底坡 i 的改变对断面的流速 v 和水深 h 有直接影响，如图 9.2 所示，底坡 $i_1 \neq i_2$，则流速 $v_1 \neq v_2$，水深 $h_1 \neq h_2$。而有压管道，只要管道的形状、尺寸一定，前后管线坡度变化对流速 v 和过流断面面积 A 无影响。

（3）明渠局部边界的变化，如设置控制设备、渠道形状和尺寸的变化、改变底坡等，都会造成水深在很长的流程上发生变化。因此，明渠流动存在均匀流和非均匀流，如图 9.3 所示。而在有压管流中，局部边界变化影响的范围很短，只需计入局部水头损失，仍按均匀流计算，如图 9.4 所示。

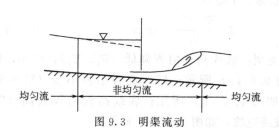

图 9.3　明渠流动

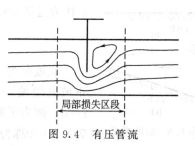

图 9.4　有压管流

9.1.2 明渠的分类

由于过水断面形状、尺寸与底坡的变化对明渠水流运动有重要影响，因此将明渠分为以下类型。

(1) 棱柱形渠道与非棱柱形渠道　根据渠道的几何特性，分为棱柱形渠道和非棱柱形渠道。断面形状、尺寸沿程不变的长直渠道称为棱柱形渠道，例如棱柱形梯形渠道，其底宽 b 和边坡 m 皆沿程不变，如图9.5所示。对于棱柱形渠道，过流断面面积只随水深改变，即

$$A = f(h)$$

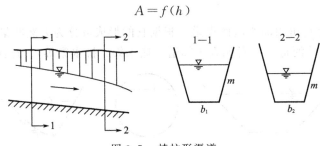

图9.5　棱柱形渠道

断面的形状、尺寸沿程有变化的渠道是非棱柱形渠道，例如非棱柱形梯形渠道，其底宽 b 或边坡 m 沿程有变化，如图9.6所示。对于非棱柱形渠道，过流断面面积既随水深改变，又随位置改变，即

$$A = f(h, s)$$

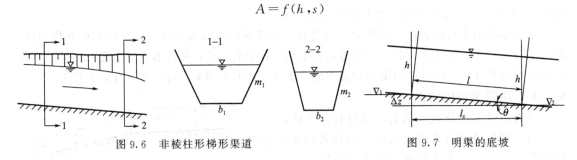

图9.6　非棱柱形梯形渠道　　　　　图9.7　明渠的底坡

渠道的连接过渡段是典型的非棱柱形渠道，天然河道的断面不规则，都属于非棱柱形渠道。

(2) 顺坡、平坡和逆坡渠道　明渠渠底与纵剖面的交线称为底线，底线沿流程单位长度的降低值称为渠道纵坡或底坡，以符号 i 表示，如图9.7所示。

$$i = \frac{\nabla_1 - \nabla_2}{l} = \sin\theta \tag{9.1}$$

通常渠道底坡 i 很小，即 θ 角很小，为便于测量和计算，以水平距离 l_x 代替流程长度 l，同时以铅垂断面作为过流断面，以铅垂深度 h 作为过流断面的水深，于是有

$$i = \frac{\nabla_1 - \nabla_2}{l_x} = \tan\theta \tag{9.2}$$

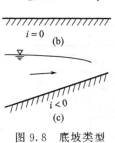

图9.8　底坡类型

底坡分为三种类型：底线高程沿程降低（$\nabla_1 > \nabla_2$），$i > 0$，称为正坡或顺坡，如图9.8（a）所示；底线高程沿程不变（$\nabla_1 = \nabla_2$），$i = 0$，称为平坡，如图9.8（b）所示；底线高程沿程抬高（$\nabla_1 < \nabla_2$），$i < 0$ 称为反坡或逆坡，如图9.8（c）所示。

9.2 明渠均匀流的特征及其形成条件

9.2.1 明渠均匀流的特征

明渠均匀流是流线为平行直线的明渠水流，它是明渠流动最简单的流动形式。均匀流的运动规律是明渠水力设计的基本依据。明渠均匀流的主要特征如下。

(1) 明渠均匀流过流断面的形状和尺寸、水深、流量、断面平均流速及其分布均沿程保持不变。

(2) 明渠均匀流的总水头线、测压管水头线和渠底线三者互相平行。如图 9.9 所示，在均匀流中取过流断面 1—1、2—2 列伯努利方程

$$(h_1 + \Delta z) + \frac{p_1}{\rho g} + \frac{\alpha_1 v_1^2}{2g} = h_2 + \frac{p_2}{\rho g} + \frac{\alpha_2 v_2^2}{2g} + h_l$$

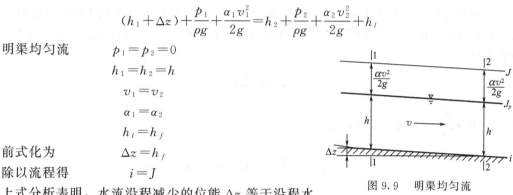

明渠均匀流
$$p_1 = p_2 = 0$$
$$h_1 = h_2 = h$$
$$v_1 = v_2$$
$$\alpha_1 = \alpha_2$$
$$h_l = h_f$$

前式化为 $\Delta z = h_f$

除以流程得 $i = J$

图 9.9　明渠均匀流

上式分析表明，水流沿程减少的位能 Δz 等于沿程水头损失 h_f，而水流的动能保持不变，此时一定存在 $i > 0$。

因为明渠均匀流是等深流，水面线（即测压管水头线）与渠底线平行，坡度相等
$$J_p = i$$
明渠均匀流又是等速流，总水头线与测压管水头线平行，坡度相等
$$J = J_p$$
由以上分析得出，明渠均匀流的水力坡度、测压管水头线坡度和渠底坡度三者相等，即

$$J = J_p = i \tag{9.3}$$

9.2.2 明渠均匀流的形成条件

由于明渠均匀流具有上述特性，它的形成就需要一定的条件。例如当 $i \leqslant 0$ 时，不可能满足式（9.3），也就不可能发生均匀流。因此，明渠均匀流的形成条件如下。

(1) 明渠中水流是恒定的，流量沿程不变。

(2) 渠槽是长直的棱柱形顺坡渠道。

(3) 渠道表面粗糙系数沿程不变。

(4) 沿程没有建筑物的局部干扰。

明渠均匀流由于种种条件的限制，往往难以完全实现，在渠道中大量存在的是非均匀流动。只有在顺直的正底坡棱柱形渠道里，具有足够的长度，而且只有在离渠道进口一定距离、边界层充分发展以后才有可能形成均匀流动。天然河道一般不容易形成均匀流，但对于某些顺直河段，可按均匀流作近似的计算。人工非棱柱形渠道通常采用分段计算，在各段上按均匀流考虑，一般情况下也可以满足工程上的要求。因此，均匀流动理论是分析明渠水流的一个基础。

9.3 明渠均匀流的水力计算

9.3.1 明渠均匀流的水力计算公式

（1）谢才公式　1769年法国工程师谢才提出如下公式

$$v = C\sqrt{RJ} \tag{9.4}$$

式中　v——断面平均流速，m/s；

　　　R——水力半径，m；

　　　J——水力坡度；

　　　C——谢才系数，$m^{0.5}/s$。

该公式是水力学最古老的公式之一，称为谢才公式。尽管最初它是由谢才根据渠道和塞纳河的实测资料提出的，但也适用于有压管道均匀流的水力计算。将达西公式［式（6.1）］变换形式得

$$v^2 = \frac{2g}{\lambda} d \frac{h_f}{l}$$

以 $d=4R$ 和 $\dfrac{h_f}{l}=J$ 代入上式，整理得

$$v = \sqrt{\frac{8g}{\lambda}} \times \sqrt{RJ} = C\sqrt{RJ}$$

由此可得

$$C = \sqrt{\frac{8g}{\lambda}} \tag{9.5}$$

式（9.5）给出了谢才系数 C 和沿程阻力系数 λ 的关系，该式表明 C 和 λ 一样是反映沿程阻力的系数，但它的数值通常都是另由经验公式计算。其中1895年爱尔兰工程师曼宁（Manning）提出经验公式

$$C = \frac{1}{n} R^{\frac{1}{6}} \tag{9.6}$$

式中　n——粗糙系数，是综合反映壁面对水流阻滞作用的系数，其取值见表9.1。

表 9.1 （a）　各种人工管道粗糙系数 n

管渠类别	n	管渠类别	n
缸瓦管（带釉）	0.013	水泥砂浆抹面渠道	0.013
混凝土和钢筋混凝土的雨水管	0.013	砖砌渠道（不抹面）	0.015
混凝土和钢筋混凝土的污水管	0.014	砂浆块石渠道（不抹面）	0.017
石棉水泥管	0.012	干砌块石渠道	0.020~0.025
铸铁管	0.013	土明渠（包括带草皮的）	0.025~0.030
钢管	0.012	木槽	0.012~0.014

由于曼宁公式形式简单，粗糙系数 n 可依据长期积累的丰富资料确定。在 $n<0.02$，$R<0.05m$ 范围内，进行输水管道及较小渠道的计算，结果与实际相符，至今仍被各国工程界广泛采用。

还须指出，就谢才公式［式（9.4）］本身而言，可用于有压或无压均匀流的各阻力区。但是，曼宁公式［式（9.6）］计算的 C 值，只与 n、R 有关，与 Re 无关。由于使用曼宁公式计算的 C 值，谢才公式在理论上仅适用于紊流粗糙区。

表 9.1 （b）　　渠道及天然河床的粗糙系数 n

壁面性质	壁面状况			
	十分良好	良　好	普　通	不　好
排水渠道				
形状规则的土渠	0.017	0.020	0.0225①	0.025
缓流而弯曲的土渠	0.0225	0.025①	0.0275	0.030
挖土机挖成的土渠	0.025	0.0275①	0.030	0.033
形状规则而清洁的凿石渠	0.025	0.030	0.033①	0.035
土底石砌坡岸的渠道	0.028	0.030①	0.033①	0.035
砾石底有杂草坡岸的渠道	0.025	0.030	0.035①	0.040
在岩石中粗凿成的断面不规则的渠道	0.035	0.040	0.045	
天然河床				
没有崩塌和深洼穴的清洁笔直的河床	0.025	0.0275	0.030	0.033
没有崩塌和深洼穴的清洁笔直的河床,但有石子,并生长一些杂草者	0.030	0.033	0.035	0.040
有一些洼穴、浅滩及弯曲的河床	0.033	0.035	0.040	0.045
有一些洼穴、浅滩及弯曲的河床,但生长一些杂草并有石子者	0.035	0.040	0.045	0.050
有一些洼穴、浅滩及弯曲的河床,但其下游坡度小,有效断面较小者	0.040	0.045	0.050	0.055
有些洼穴、浅滩,稍长杂草并有石子及弯曲的河床,以及有石子的河段	0.045	0.050	0.055	0.060
有大量杂草、深穴,水流很缓慢的河段	0.050	0.060	0.070	0.080
杂草极多的河段	0.075	0.100	0.125	0.150

注：①为实际计算上一般采用的数字。

该表引自《给水排水设计手册》第一册（第二版），北京：中国建筑工业出版社，2000。

（2）明渠均匀流的基本公式　明渠均匀流水力计算的基本公式是连续性方程和谢才公式

$$Q = vA$$

$$v = C\sqrt{RJ}$$

在明渠均匀流中，水力坡度 J 与渠道底坡 i 相等，$J = i$，故有

流速　　　　　　　　　　　$v = C\sqrt{Ri}$　　　　　　　　　　　　　（9.7）

流量　　　　　　$Q = vA = AC\sqrt{Ri} = K\sqrt{i}$　　　　　　　　　（9.8）

$$K = AC\sqrt{R}$$

式中　　K——流量模数，具有流量的量纲，它表示在一定断面形状和尺寸的棱柱形渠道中，当底坡 $i = 1$ 时通过的流量；

　　　　C——谢才系数，按曼宁公式（9.6）计算。

式（9.7）、式（9.8）即为明渠均匀流的基本计算公式，反映了 Q、A、R、i、n 等几个物理量间的相互关系。明渠均匀流的水力计算，就是应用这些公式，由某些已知量推求一些未知量。当然，在实际进行计算时，还必须考虑渠道的工作条件、施工条件等因素，进行必要的技术经济比较。例如在设计渠道断面时，要考虑输水性能最优的水力最优断面和在既定流量情况下通过渠道的允许流速等问题。

9.3.2　明渠过流断面的几何要素

明渠断面以梯形最具代表性，如图 9.10 所示，其几何要素包括如下基本量。

（1）底宽 b

（2）水深 h　　均匀流的水深沿程不变，称为正常水深，习惯上以 h_0 表示。

（3）边坡系数 m　　表示边坡倾斜程度的系数

$$m = \frac{a}{h} = \cot\alpha \qquad (9.9)$$

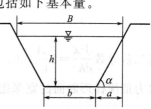

图 9.10　梯形明渠断面

边坡系数的大小，取决于渠壁土壤或护面的性质，见表9.2，其导出量如下。

水面宽 B

$$B=b+2mh \tag{9.10a}$$

过流断面面积 A

$$A=(b+mh)h \tag{9.10b}$$

湿周 χ

$$\chi=b+2h\sqrt{1+m^2} \tag{9.10c}$$

水力半径 R

$$R=\frac{A}{\chi}=\frac{(b+mh)h}{b+2h\sqrt{1+m^2}} \tag{9.10d}$$

表 9.2　梯形明渠边坡

土　壤　种　类	边坡系数 m	土　壤　种　类	边坡系数 m
细粒沙土	3.0～3.5	重壤土,密实黄土,普通黏土	1.0～1.5
砂壤土或松散土壤	2.0～2.5	密实重黏土	1.0
密实砂壤土,轻黏壤土	1.5～2.0	各种不同硬度的岩石	0.5～1.0
砾石、砂砾石土	1.5		

9.3.3　明渠水力最优断面和允许流速

（1）水力最优断面　修建渠道往往涉及大量建筑材料、土石方量和工程投资，因此如何从水力条件出发，选择输水性能最优的过流断面具有重要意义。根据明渠均匀流基本公式（9.8）

$$Q=AC\sqrt{Ri}=\frac{1}{n}AR^{\frac{2}{3}}i^{\frac{1}{2}}=\frac{i^{\frac{1}{2}}}{n}\times\frac{A^{\frac{5}{3}}}{\chi^{\frac{2}{3}}}$$

上式指出明渠均匀流输水能力的影响因素，其中底坡 i 随地形条件而定，粗糙系数 n 取决于壁面材料，在这种情况下输水能力 Q 只决定于过流断面的大小和形状。当 i、n 和 A 一定，使所通过的流量 Q 最大的断面形状，或者使水力半径 R 最大，即湿周 χ 最小的断面形状定义为水力最优断面。在所有面积相等的几何图形中，圆形具有最小的周边，因而管道的断面形式通常为圆形，对渠道来说则为半圆形。但是，半圆形断面施工困难，通常仅在钢筋混凝土或钢丝网水泥渡槽中采用底部为半圆的 U 形断面。

在天然土壤中开挖的渠道一般为梯形断面，边坡系数 m 取决于土体稳定和施工条件，于是渠道断面的形状只由宽深比 b/h 决定。下面讨论梯形渠道边坡系数 m 一定时的水力最优断面。由梯形渠道断面的几何关系得

$$\chi=\frac{A}{h}-mh+2h\sqrt{1+m^2}$$

水力最优断面是面积 A 一定时，湿周 χ 最小的断面，对上式求 $\chi=f(h)$ 的极小值，令

$$\frac{\mathrm{d}\chi}{\mathrm{d}h}=-\frac{A}{h^2}-m+2\sqrt{1+m^2}=0 \tag{9.11}$$

其二阶导数 $\dfrac{\mathrm{d}^2\chi}{\mathrm{d}h^2}=2\dfrac{A}{h^3}>0$，故有 $\chi_{\min}$ 存在。以 $A=(b+mh)h$ 代入式（9.11）求解，便得到水力最优梯形断面的宽深比为

$$\beta_h=\left(\frac{b}{h}\right)_h=2(\sqrt{1+m^2}-m) \tag{9.12}$$

上式中取边坡系数 $m=0$，便得到水力最优矩形断面的宽深比为

$$\beta_h=2$$

即水力最优矩形断面的底宽为水深的两倍 $b=2h$。

对于梯形断面的渠道，其水力半径为

$$R=\frac{A}{\chi}=\frac{(b+mh)h}{b+2h\sqrt{1+m^2}}$$

将水力最优条件 $b=2(\sqrt{1+m^2}-m)h$ 代入上式，得到

$$R_h=\frac{h}{2} \tag{9.13}$$

上式证明，在任何边坡系数 m 的情况下，水力最优梯形断面的水力半径 R_h 为水深 h 的一半。

以上有关水力最优断面的概念，只是按渠道边壁对流动的影响最小提出的，所以"水力最优"不同于"技术经济最优"。对于工程造价基本上由土方及衬砌量决定的小型渠道，水力最优断面接近于技术经济最优断面。对于较大型渠道，按水力最优条件设计的渠道断面往往是渠底窄而水深大。这类渠道的施工需要深挖高填，因此工程造价除取决于土方量外，还取决于开挖深度。挖土越深，土方单价就越高，且渠道的施工、养护也较困难，因此，对这类渠道来说，水力最优断面就未必是渠道的经济断面。

（2）渠道的允许流速　渠中流速过大会引起渠道的冲刷和破坏，过小又会导致水中悬浮泥沙在渠道中淤积，且易在河滩上滋生杂草，从而影响渠道的输水能力。因此，在设计渠道时，除考虑上述水力最优条件及经济因素外，还应使渠道的断面平均流速 v 在允许流速范围内，即

$$[v]_{\max}>v>[v]_{\min} \tag{9.14}$$

式中　　$[v]_{\max}$——渠道不被冲刷的最大允许流速，即不冲允许流速；

$[v]_{\min}$——渠道不被淤积的最小允许流速，即不淤允许流速。

渠道的不冲允许流速 $[v]_{\max}$ 的大小取决于土质情况、护面材料以及通过流量等因素，具体数值见表 9.3。在防止悬浮泥沙的淤积的情况下，不淤允许流速 $[v]_{\min}=0.4\text{m/s}$；在防止水草滋生的情况下，不淤允许流速 $[v]_{\min}=0.6\text{m/s}$。

表 9.3　渠道的不冲允许流速

(a) 坚硬岩石和人工护面渠道

岩石或护面种类	渠道流量/(m³/s)		
	<1	1~10	>10
软质水成岩（泥灰岩、页岩、软砾岩）	2.5	3.0	3.5
中等硬质水成岩（致密砾岩、多孔石灰岩、层状石灰岩、白云石灰岩、灰质砂岩）	3.5	4.25	5.0
硬质水成岩（白云砂岩、硬质石灰岩）	5.0	6.0	7.0
结晶岩、火成岩	8.0	9.0	10.0
单层块石铺砌	2.5	3.5	4.0
双层块石铺砌	3.5	4.5	5.0
混凝土护面（水流中不含砂和砾石）	6.0	8.0	10.0

(b) 土质渠道

均质黏性土质	不冲允许流速/（m/s）	
轻壤土	0.6~0.8	
中壤土	0.65~0.85	
重壤土	0.70~1.0	
黏土	0.75~0.95	

均质无黏性土质	粒径/mm	不冲允许流速/（m/s）
极细砂	0.05~0.1	0.35~0.45
细砂和中砂	0.25~0.5	0.45~0.60
粗砂	0.5~2.0	0.60~0.75
细砾石	2.0~5.0	0.75~0.90
中砾石	5.0~10.0	0.90~1.10
粗砾石	10.0~20.0	1.10~1.30

说　明

（1）均质黏性土质渠道中各种土质的干容重为 $12.74\times10^3\sim16.66\times10^3\text{N/m}^3$

（2）表中所列为水力半径 $R=1.0\text{m}$ 的情况，如 $R\neq1.0\text{m}$ 时，则将表中数值乘以 R^α 才得相应的不冲允许流速值。对于砂、砾石、卵石、疏松的壤土、黏土，$\alpha=\frac{1}{4}\sim\frac{1}{3}$；对于密实的壤土、黏土，$\alpha=\frac{1}{5}\sim\frac{1}{4}$

9.3.4 明渠均匀流水力计算的基本问题

明渠均匀流的水力计算，可分为三类基本问题，以梯形断面渠道为例分述如下。

（1）验算渠道的输水能力 由于渠道已经建成，过流断面的形状、尺寸（b、h、m），渠道的壁面材料 n 及底坡 i 都已知，只需由式（9.10）和式（9.6）算出 A、R、C 值，代入明渠均匀流基本公式（9.8），便可算出通过的流量。

（2）决定渠道底坡 此时过流断面的形状、尺寸（b、h、m），渠道的壁面材料 n 以及输水流量 Q 都已知，只需算出流量模数 K，代入式（9.8）便可决定渠道底坡

$$i = \frac{Q^2}{K^2}$$

（3）设计渠道断面 设计渠道断面是在已知通过流量 Q，渠道底坡 i，边坡系数 m 及粗糙系数 n 的条件下，决定底宽 b 和水深 h。而用一个基本公式计算 b、h 两个未知量，将有多组解答，为得到确定解，需要另外补充条件。

条件一：水深 h 已定，确定相应的底宽 b。如水深 h 另由通航或施工条件限定，底宽 b 有确定解。为避免直接由式（9.8）求解的困难，给底宽以不同值，计算相应的流量模数 K，作 $K = f(b)$ 曲线，如图 9.11 所示。再由已知 Q、i，算出应有的流量模数 $K_A = Q/\sqrt{i}$。并由图 9.11 找出 K_A 所对应的 b 值，即为所求。

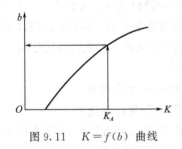 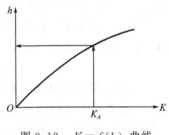

图 9.11 $K = f(b)$ 曲线   图 9.12 $K = f(h)$ 曲线

条件二：底宽 b 已定，确定相应的水深 h。如底宽另由施工机械的开挖作业宽度限定，用与上面相同的方法，作 $K = f(h)$ 曲线，如图 9.12 所示，然后找出 $K_A = Q/\sqrt{i}$ 所对应的 h 值，即为所求。

条件三：宽深比 $\beta = \dfrac{b}{h}$ 已定，确定相应的 b、h。小型渠道的宽深比 β 可按水力最优条件式（9.12）$\beta = \beta_h = 2 \left(\sqrt{1+m^2} - m \right)$ 给出。大型渠道的宽深比 β 由综合技术经济比较给出。因宽深比 β 已定，b、h 只有一个独立未知量，用与上面相同的方法，作 $K = f(b)$ 或 $K = f(h)$ 曲线，找出 $K_A = Q/\sqrt{i}$ 对应的 b 或 h 值。

条件四：限定最大允许流速 $[v]_{\max}$，确定相应的 b、h。以渠道不发生冲刷的最大允许流速 $[v]_{\max}$ 为控制条件，则渠道的过流断面积 A 和水力半径 R 为定值

$$A = \frac{Q}{[v]_{\max}} \quad R = \left[\frac{nv_{\max}}{i^{\frac{1}{2}}} \right]^{\frac{3}{2}}$$

再由几何关系式（9.10）得

$$\left. \begin{array}{l} A = (b + mh)h \\[2mm] R = \dfrac{(b + mh)h}{b + 2h\sqrt{1+m^2}} \end{array} \right\}$$

两式联立就可解得 b、h。

【例 9.1】灌溉渠道经过密实砂壤土地段，断面为梯形，边坡系数 $m=1.5$，粗糙系数 $n=0.025$，根据地形底坡采用 $i=0.0003$，设计流量 $Q=9.68\text{m}^3/\text{s}$，选定底宽 $b=7\text{m}$。试确定断面深度 h。

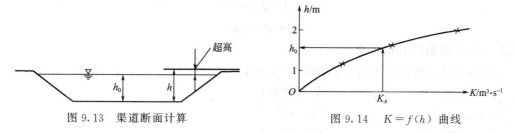

图 9.13　渠道断面计算　　　　　　图 9.14　$K=f(h)$ 曲线

【解】断面深度等于正常水深加超高，如图 9.13 所示。设不同的正常水深 h_0，计算相应的流量模数 K，列入表 9.4 中，并作 $K=f(h)$ 曲线，如图 9.14 所示。

表 9.4　$K=AC\sqrt{R}$ 计算

h/m	A/m²	χ/m	R/m	C/(m^0.5/s)	K/(m³/s)
1.0	8.5	10.6	0.8	38.5	292.7
1.5	13.87	12.4	1.12	40.6	595.95
2.0	20.0	14.2	1.43	42.5	1016.45

根据已知 Q、i 计算所需流量模数

$$K_A=\frac{Q}{\sqrt{i}}=\frac{9.68}{\sqrt{0.0003}}=558.88\text{m}^3/\text{s}$$

由图 9.14 找出 K_A 对应的 $h_0=1.45\text{m}$，此外超高与渠道的级别和流量有关，本题取 0.25m，则断面深度 $h=h_0+0.25=1.70\text{m}$。

【例 9.2】在土层中开挖梯形渠道，边坡系数 $m=1.5$，底坡 $i=0.0005$，粗糙系数 $n=0.025$，设计流量 $Q=1.5\text{m}^3/\text{s}$，按水力最优条件设计渠道断面尺寸。

【解】水力最优宽深比

$$\frac{b}{h}=2(\sqrt{1+m^2}-m)=2(\sqrt{1+1.5^2}-1.5)=0.606$$

则
$$b=0.606h$$
$$A=(b+mh)h=(0.606h+1.5h)h=2.106h^2$$

水力最优断面的水力半径
$$R=0.5h$$

将 A、R 代入式（9.8）
$$Q=AC\sqrt{Ri}=\frac{A}{n}R^{\frac{2}{3}}i^{\frac{1}{2}}=1.188h^{\frac{8}{3}}$$

$$h=\left(\frac{Q}{1.188}\right)^{\frac{3}{8}}=1.09\text{m}$$

$$b=0.606\times1.09=0.66\text{m}$$

9.4　无压圆管均匀流

无压圆管是指圆形断面不满流的长管道，主要用于排水管道中。由于排水流量经常变化，为避免在流量增大时，管道承压，污水涌出排污口污染环境，以及为保持管道内通风，避免污水中溢出的有毒、可燃气体聚集，所以排水管道通常为非满管流，以一定的充满度

流动。

9.4.1 无压圆管均匀流的特征

无压圆管均匀流只是明渠均匀流特定的断面形式，它的形成条件、水力特征以及基本公式都和前述明渠均匀流相同

$$J = J_p = i$$

$$Q = AC\sqrt{Ri}$$

9.4.2 过流断面的几何要素

无压圆管过流断面的几何要素如图 9.15 所示。

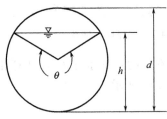

图 9.15 无压圆管过流断面

基本量如下。

(1) 直径 d。

(2) 水深 h。

(3) 充满度 $\alpha = \dfrac{h}{d}$，也可用水深 h 对应的圆心角——充满角 θ 来表示。充满度 α 与充满角 θ 的关系为

$$\alpha = \sin^2\frac{\theta}{4} \tag{9.15}$$

导出量如下。

过流断面面积 A 　　　　　$A = \dfrac{d^2}{8}(\theta - \sin\theta)$

湿周 χ 　　　　　　　　$\chi = \dfrac{d}{2}\theta$ 　　　　　　　(9.16)

水力半径 R 　　　　　$R = \dfrac{d}{4}\left(1 - \dfrac{\sin\theta}{\theta}\right)$

不同充满度的圆管过流断面的几何要素见表 9.5。

表 9.5　圆管过流断面的几何要素

充满度 α	过水断面面积 A/m^2	水力半径 R/m	充满度 α	过水断面面积 A/m^2	水力半径 R/m
0.05	$0.0147d^2$	$0.0326d$	0.55	$0.4426d^2$	$0.2649d$
0.10	$0.0400d^2$	$0.0635d$	0.60	$0.4920d^2$	$0.2776d$
0.15	$0.0739d^2$	$0.0929d$	0.65	$0.5404d^2$	$0.2881d$
0.20	$0.1118d^2$	$0.1206d$	0.70	$0.5872d^2$	$0.2962d$
0.25	$0.1535d^2$	$0.1466d$	0.75	$0.6319d^2$	$0.3017d$
0.30	$0.1982d^2$	$0.1709d$	0.80	$0.6736d^2$	$0.3042d$
0.35	$0.2450d^2$	$0.1935d$	0.85	$0.7115d^2$	$0.3033d$
0.40	$0.2934d^2$	$0.2142d$	0.90	$0.7445d^2$	$0.2980d$
0.45	$0.3428d^2$	$0.2331d$	0.95	$0.7707d^2$	$0.2865d$
0.50	$0.3927d^2$	$0.2500d$	1.00	$0.7854d^2$	$0.2500d$

9.4.3 无压圆管的水力计算

无压圆管的水力计算也可以分为如下三类问题。

(1) 验算输水能力　因为管道已经建成，管道直径 d、管壁粗糙系数 n 及管线坡度 i 都已知，充满度由室外排水设计规范确定。从而只需按已知 d、α，由表 9.5 查得 A、R，并算出谢才系数 C，代入式（9.8）便可得到通过流量。

（2）决定管道坡度　此时管道直径 d、充满度 α、管壁粗糙系数 n 以及输水流量 Q 都已知。只需按已知 d、α，由表 9.5 查得 A、R，计算出谢才系数 C 和流量模数 K，代入式（9.8）便可决定管道坡度 i

$$i = \frac{Q^2}{K^2}$$

（3）计算管道直径　这是在通过流量 Q、管道坡度 i、管壁粗糙系数 n 都已知，充满度 α 按有关规范预先设定的条件下，求管道直径 d。按所设定的充满度 α，由表 9.5 查得 A、R 与直径 d 的关系，代入式（9.8）

$$Q = AC\sqrt{Ri} = f(d)$$

便可解出管道直径 d。

9.4.4　输水性能最优充满度

对于一定的无压管道（d、n、i 一定），流量 Q 随水深 h 变化，由基本公式（9.8）得

$$Q = AC\sqrt{Ri} = \frac{1}{n}AR^{\frac{2}{3}}i^{\frac{1}{2}} = \frac{i^{\frac{1}{2}}}{n} \times \frac{A^{\frac{5}{3}}}{\chi^{\frac{2}{3}}} \tag{9.17}$$

分析过流断面积 A 和湿周 χ 随水深 h 的变化。在水深很小时，随着水深增加，水面增宽，过流断面积增加很快，接近管轴处增加最快。水深超过半管后，随着水深增加，水面宽减小，过流断面积增势减慢，在满流前增加最慢。湿周随水深的增加与过流断面积不同，接近管轴处增加最慢，在满流前增加最快。由此可知，在满流前（$h < d$），输水能力达最大值，相应的充满度是最优充满度。

将几何关系 $A = \frac{d^2}{8}(\theta - \sin\theta)$，$\chi = \frac{d}{2}\theta$ 代入式（9.17）

$$Q = \frac{i^{\frac{1}{2}}}{n} \frac{\left[\frac{d^2}{8}(\theta - \sin\theta)\right]^{\frac{5}{3}}}{\left[\frac{d}{2}\theta\right]^{\frac{2}{3}}}$$

对上式求导，并令 $\frac{\mathrm{d}Q}{\mathrm{d}\theta} = 0$，解得水力最优充满角 $\theta_h = 308°$。

由式（9.15），得水力最优充满度

$$\alpha_h = \sin^2\frac{\theta_h}{4} = 0.95$$

用同样方法

$$v = \frac{1}{n}R^{\frac{2}{3}}i^{\frac{1}{2}} = \frac{i^{\frac{1}{2}}}{n}\left[\frac{d}{4}\left(1 - \frac{\sin\theta}{\theta}\right)\right]^{\frac{2}{3}}$$

令 $\frac{\mathrm{d}v}{\mathrm{d}\theta} = 0$，解得过流速度最大时对应的充满角和充满度为

$$\theta_h = 257.5°$$

$$\alpha_h = 0.81$$

由以上分析得出，无压圆管均匀流在水深 $h = 0.95d$，即充满度 $\alpha_h = 0.95$ 时，输水能力最优；在水深 $h = 0.81d$，即充满度 $\alpha_h = 0.81$ 时，过流速度最大。需要说明的是，水力最优充满度并不是设计充满度，实际采用的设计充满度，尚需根据管道的工作条件以及直径的大小来确定。

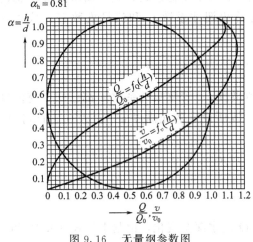

图 9.16　无量纲参数图

无压圆管均匀流的流量和流速随水深变化，可用无量纲参数图表示，如图 9.16 所示。

$$\frac{Q}{Q_0}=\frac{AC\sqrt{Ri}}{A_0C_0\sqrt{R_0i}}=\frac{A}{A_0}\left(\frac{R}{R_0}\right)^{\frac{2}{3}}=f_Q\left(\frac{h}{d}\right)$$

$$\frac{v}{v_0}=\frac{C\sqrt{Ri}}{C_0\sqrt{Ri}}=\left(\frac{R}{R_0}\right)^{\frac{2}{3}}=f_v\left(\frac{h}{d}\right)$$

式中　Q_0，v_0——满流（$h=d$）时的流量和流速；

　　Q，v——不满流（$h<d$）时的流量和流速。

由图可见，当 $\frac{h}{d}=0.95$ 时 $\frac{Q}{Q_0}$ 达最大值，

$\left(\frac{Q}{Q_0}\right)_{\max}=1.087$，此时管中通过的流量 $Q_{\max}$ 超过管内满管时流量的 8.7%；当 $\frac{h}{d}=0.81$ 时，$\frac{v}{v_0}$ 达最大值，$\left(\frac{v}{v_0}\right)_{\max}=1.16$，此时管中流速超过满流时流速的 16%。

9.4.5　最大设计充满度、允许流速

在工程上进行无压管道的水力计算，还需符合有关的规范规定。对于污水管道，为避免因流量变化形成有压流，充满度不能过大。现行室外排水规范规定，污水管道最大充满度见表 9.6。

至于雨水管道和合流管道，允许短时承压，可按满管流进行水力计算。

为防止管道发生冲刷和淤积，最大设计流速金属管为 10m/s，非金属管为 5m/s；最小设计流速（在设计充满度下）$d\leqslant500$mm 时，取 0.7m/s；$d>500$mm 时，取 0.8m/s。

此外，对最小管径和最小设计坡度均有规定。

【例 9.3】钢筋混凝土圆形污水管，管径 $d=1000$mm，管壁粗糙系数 $n=0.014$，管道坡度 $i=0.002$。求最大设计充满度时的流速和流量。

【解】由表 9.6 查得管径为 1000mm 的污水管最大设计充满度为 $\alpha=\frac{h}{d}=0.75$。再由表 9.5 查得 $\alpha=0.75$ 时过流断面的几何要素为

$$A=0.6319d^2=0.6319\mathrm{m}^2$$
$$R=0.3017d=0.3017\mathrm{m}$$

表 9.6　最大设计充满度

管径 d 或暗渠高 H /mm	最大设计充满度 $\alpha=\dfrac{h}{d}$ 或 $\dfrac{h}{H}$
200~300	0.55
350~450	0.65
500~900	0.70
≥1000	0.75

谢才系数　　$$C=\frac{1}{n}R^{1/6}=\frac{1}{0.014}(0.3017)^{1/6}=58.5\mathrm{m}^{0.5}/\mathrm{s}$$

流速　　$$v=C\sqrt{Ri}=58.5\times\sqrt{0.3017\times0.002}=1.44\mathrm{m/s}$$

流量　　$$Q=vA=1.44\times0.6319=0.91\mathrm{m}^3/\mathrm{s}$$

在实际工程中，还需验算流速 v 是否在允许流速范围之内。本题为钢筋混凝土管，最大设计流速 $[v]_{\max}$ 为 5m/s，最小设计流速 $[v]_{\min}$ 为 0.8m/s，管道流速 v 在允许范围之内，$[v]_{\max}>v>[v]_{\min}$。

思 考 题

9.1 试从能量观点分析，在 $i=0$ 和 $i<0$ 的棱柱形渠道中为什么不能产生均匀流？而在 $i>0$ 的棱柱形渠道中的流动总是趋向于均匀流？明渠均匀流的形成条件和特征是什么？

9.2 今欲将产生均匀流的渠道中的流速减少，以减少冲刷，但水流量仍然保持不变，试问有几种可能的办法可以达到此目的？

9.3 水力最优断面是根据怎样的力学概念提出的？其特点是什么？

9.4 明渠均匀流的正常水深与哪些因素有关？

9.5 有两条梯形断面的长直渠道，已知流量 $Q_1=Q_2$，边坡系数 $m_1=m_2$，若下列参数不同（其他参数均相同），试求：

(1) 粗糙系数 $n_1=n_2$。

(2) 底宽 $b_1=b_2$。

(3) 底坡 $i_1=i_2$。

比较两渠道的均匀流正常水深如何变化。

习 题

9.1 梯形断面土渠，底宽 $b=3\text{m}$，边坡系数 $m=2$，水深 $h=1.2\text{m}$，底坡 $i=0.0002$，渠道受到中等养护。试求通过流量。

9.2 修建混凝土砌面（较粗糙）的矩形渠道，要求通过流量 $Q=9.7\text{m}^3/\text{s}$，底坡 $i=0.001$，试按水力最优断面条件设计断面尺寸。

9.3 修建梯形断面渠道，要求通过流量 $Q=1\text{m}^3/\text{s}$，渠道边坡系数 $m=1.0$，底坡 $i=0.0022$，粗糙系数 $n=0.03$，试按最大允许流速（不冲流速 $[v]_{\text{max}}=0.8\text{m/s}$）设计此断面尺寸。

9.4 已知一钢筋混凝土圆形排水管道，污水流量 $Q=0.2\text{m}^3/\text{s}$，底坡 $i=0.005$，粗糙系数 $n=0.014$，试决定管道的直径。

9.5 矩形断面渠道如题 9.5 图所示，$b=3\text{m}$，$h=1\text{m}$，若粗糙系数 n 与底坡 i 不变，试求具有相同流量的半圆形渠道的半径 R_0 应为多大？并比较两种形状的湿周长度，半圆形比矩形减少了百分之多少？

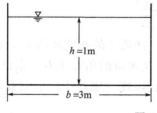
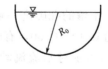

题 9.5 图

第 10 章 渗 流

流体在孔隙介质中的流动称为渗流。流体包括水、石油及天然气等各种流体；孔隙介质包括土壤、岩层等各种多孔和裂隙介质。本章将着重讨论水在土壤或岩石空隙中的流动，也称为地下水运动。

10.1 渗流的基本概念

10.1.1 水在土壤中的状态

水在土壤中的存在可分为气态水、附着水、薄膜水、毛细水和重力水等不同状态。气态水以蒸汽状态散逸于孔隙中，存量极少，不需考虑。附着水和薄膜水也称结合水，其中附着水以极薄的分子层吸附在土壤颗粒表面，呈现固态水的性质；薄膜水则以厚度不超过分子作用半径的薄层包围土壤颗粒，性质和液态水近似，结合水数量很少，在渗流运动中可不考虑。毛细水因毛细管作用保持在土壤孔隙中，除特殊情况外，一般也可忽略。当土壤含水量很大时，除少许结合水和毛细水外，大部分水是在重力的作用下，在土壤孔隙中运动，这种水就是重力水。重力水是渗流理论研究的对象。

10.1.2 土壤的渗流特性与岩土分类

影响渗流运动规律的土壤性质称为土壤的渗流特性。例如，土壤的透水性即是其重要的渗流特性。土壤的透水性与土壤孔隙的大小、形状、分布等有关，也与土壤颗粒的粒径、形状、均匀程度、排列方式等有关。

土壤的密实程度可用孔隙度 n 来表示。孔隙度是表示一定体积的土壤中，孔隙体积 $\Delta V'$ 与土壤总体积 ΔV（包括孔隙体积）的比值，即

$$n = \frac{\Delta V'}{\Delta V} \tag{10.1}$$

由式（10.1）可知，土壤的孔隙度一般小于 1。沙质土的孔隙度约为 0.35～0.45，天然黏土和淤泥的孔隙度约为 0.40～0.60，有时更高。从渗流的角度来看，水仅在部分孔隙中流动，如果以有效孔隙度 n_e 表示对水流流动有效的孔隙度，则沙土中有效孔隙度与孔隙度接近，而黏土则两者相差很大。

土壤颗粒的均匀程度，常用土壤的不均匀系数 η 表示，即

$$\eta = \frac{d_{60}}{d_{10}} \tag{10.2}$$

式中　d_{60}——土壤经过筛分后，占总质量 60% 的土粒所能通过的筛孔直径；

　　　d_{10}——筛分时占总质量 10% 的土粒所能通过的筛孔直径。

η 值越大，表示土壤颗粒越不均匀。均匀颗粒组成的土壤，不均匀系数 $\eta = 1$。

根据渗流特性可以将土壤分为以下两大类。

（1）非均匀土壤　渗透性与各点的位置有关。

（2）均质土壤　渗透性与各点的位置无关。又可分为各向同性土壤和各向异性土壤。各向同性土壤的渗透性与渗流的方向无关，例如砂土；各向异性土壤的渗透性与渗流方向有

关，例如黄土、沉积岩等。本章主要讨论均质各向同性土壤中的渗流问题。

10.1.3 渗流模型

由于土壤孔隙的形状、大小及分布情况极其复杂，要详细地确定渗流在土壤孔隙通道中的流动情况极其困难，也无此必要。工程中所关心的是渗流的宏观平均效果，而不是孔隙内的流动细节，为此引入简化的渗流模型来代替实际的渗流运动。

渗流模型是渗流区域（流体和孔隙介质所占据的空间）的边界条件保持不变，略去全部土壤颗粒，认为渗流区连续充满流体，而流量与实际渗流相同，压力和渗流阻力也与实际渗流相同的替代流场。按渗流模型的定义，渗流模型中某一过水断面积 ΔA（其中包括土壤颗粒面积和孔隙面积）通过的实际流量为 ΔQ，则 ΔA 上的平均速度，简称为渗流速度

$$u = \frac{\Delta Q}{\Delta A}$$

而水在孔隙中的实际平均速度

$$u' = \frac{\Delta Q'}{\Delta A'} = \frac{u \Delta A}{\Delta A'} = \frac{1}{n} u > u$$

式中 $\Delta A'$ 为 ΔA 中的孔隙面积。若土壤是均质的，则孔隙度 n 与面积孔隙度相等，由式（10.1）得

$$n = \frac{\Delta V'}{\Delta V} = \frac{\Delta A'}{\Delta A}$$

由于土壤的孔隙度 $n < 1$，故渗流速度小于土壤孔隙中的实际速度。

渗流模型将渗流作为连续空间内连续介质的运动，使得前面基于连续介质建立起来的描述流体运动的方法和概念，能直接应用于渗流中，使得在理论上研究渗流问题成为可能。

10.1.4 渗流的分类

在渗流模型的基础上，渗流也可按欧拉法的概念进行分类，例如，根据各渗流空间点上的运动要素是否随时间变化，分为恒定渗流和非恒定渗流；根据运动要素与坐标的关系，分为一元渗流、二元渗流、三元渗流；根据流线是否为平行直线，分为均匀渗流和非均匀渗流，而非均匀渗流又可分为渐变渗流和急变渗流。此外从有无自由水面，又可分为有压渗流和无压渗流。

10.1.5 流速水头的处理

渗流的速度很小，流速水头 $\frac{\alpha v^2}{2g}$ 则更小可忽略不计，此时过流断面的总水头等于测压管水头，即

$$H = H_p = z + \frac{p}{\rho g}$$

既然渗流的测压管水头等于总水头，那么测压管水头差就是水头损失，测压管水头线的坡度就是水力坡度，$J_p = J$。

10.2 渗流基本定律

流体在孔隙介质中流动时，由于黏性作用，必然存在有能量损失。法国工程师达西通过实验研究，总结出渗流水头损失与渗流速度之间的关系式，后人称之为达西定律，是渗流理论中最基本的定律。

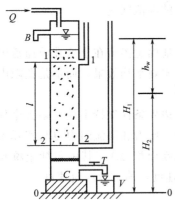

图 10.1 达西渗流实验装置

10.2.1 达西定律

达西渗流实验装置如图 10.1 所示。该装置为上端开口的直立圆筒，筒壁上、下两断面装有测压管，圆筒下部距筒底不远处装有滤板 C。圆筒内充填均匀砂层，由滤板托住。水由上端注入圆筒，并以溢水管 B 使水位保持恒定。水在渗流流动中即可测量出测压管水头差，同时透过砂层的水经排水管流入计量容器 V 中，以便计算实际渗流量。

由于渗流不计流速水头，实测的测压管水头差即为两断面间的水头损失

$$h_l = H_1 - H_2$$

水力坡度为

$$J = \frac{h_l}{l} = \frac{H_1 - H_2}{l}$$

达西由实验得出，圆筒内的渗流量 Q 与过流断面面积（圆筒截面积） A 及水力坡度 J 成正比，并和土壤的透水性能有关，基本关系式为

$$Q = kAJ \tag{10.3}$$

或

$$v = \frac{Q}{A} = kJ \tag{10.4}$$

式中　v——渗流断面平均流速，称渗流速度；

k——渗透系数，具有速度的量纲。

达西实验是在等直径圆筒内均质砂土中进行的，属于均匀渗流，可以认为各点的流动状况相同，各点的速度等于断面平均流速，式（10.4）可写为

$$u = kJ \tag{10.5}$$

式（10.5）称为达西定律，该定律表明渗流的水力坡度，即单位距离上的水头损失与渗流速度的一次方成正比，因此也称为渗流线性定律。

10.2.2 达西定律的适用范围

达西定律是渗流线性定律，但大量实验表明，随着渗流速度的加大，水头损失将与流速的 $1 \sim 2$ 次方成比例，即 $h_f \propto v^{1\sim2}$；当流速大到一定数值后，$h_f \propto v^2$，可见达西定律有一定的适用范围。

达西定律的适用范围，可用雷诺数进行判别。因为土壤孔隙的大小、形状和分布在很大的范围内变化，相应的判别雷诺数为

$$Re = \frac{vd}{\nu} \leqslant 1 \sim 10 \tag{10.6}$$

式中　ν——水的运动黏滞系数；

d——土壤颗粒的有效直径，一般用 d_{10} 表示。

为安全起见，可把 $Re = 1.0$ 作为线性定律适用的上限。本章所讨论的内容，仅限于符合达西定律的渗流。

10.2.3 渗透系数的确定

渗透系数是反映土壤性质和流体性质综合影响渗流的系数，是分析计算渗流问题最重要的参数。由于该系数取决于土壤颗粒大小、形状、分布情况及地下水的物理化学性质等多种因素，要准确地确定其数值相当困难。确定渗透系数的方法大致分为三类。

（1）实验室测定法　利用类似图 10.1 所示的渗流实验设备，实测水头损失 h_l 和流量

Q，按式（10.3）求得渗透系数

$$k=\frac{Ql}{Ah_l}$$

该法简单可靠，但往往因实验用的土样受到扰动，和实际土壤有一定差别。

（2）现场测定法　在现场钻井或挖试坑，作抽水或注水试验，再根据相应的理论公式，反算渗透系数。

（3）经验方法　在有关手册或规范资料中，给出了各种土壤的渗透系数值或计算公式，但它们大都是经验性的，各有其局限性，可作为初步估算用。现将各类土壤的渗透系数列于表 10.1 中。

表 10.1　土壤的渗透系数

土　壤　名　称	渗透系数 k		土　壤　名　称	渗透系数 k	
	/(m/d)	/(cm/s)		/(m/d)	/(cm/s)
黏土	<0.005	$<6\times10^{-6}$	粗砂	20～50	$2\times10^{-2}\sim6\times10^{-2}$
粉质黏土	0.005～0.1	$6\times10^{-5}\sim1\times10^{-4}$	均质粗砂	60～75	$7\times10^{-2}\sim8\times10^{-2}$
粉土	0.1～0.5	$1\times10^{-4}\sim6\times10^{-4}$	圆砾	50～100	$6\times10^{-2}\sim1\times10^{-2}$
黄土	0.25～0.5	$3\times10^{-4}\sim6\times10^{-4}$	卵石	100～500	$1\times10^{-1}\sim6\times10^{-1}$
粉砂	0.5～1.0	$6\times10^{-4}\sim1\times10^{-3}$	无填充物卵石	500～1000	$6\times10^{-1}\sim1\times10$
细纱	1.0～5.0	$1\times10^{-3}\sim6\times10^{-3}$	稍有裂隙岩石	20～60	$2\times10^{-2}\sim7\times10^{-2}$
中砂	5.0～20.0	$6\times10^{-3}\sim2\times10^{-3}$	裂隙多的岩石	>60	$>7\times10^{-2}$
均质中砂	35～50	$4\times10^{-2}\sim6\times10^{-2}$			

注：本表资料引自中国建筑工业出版社的《工程地质手册》，1975 年版。

【例 10.1】在两个容器之间，连接一条水平放置的方管，如图 10.2 所示，边长 a 均为 20cm，长度 $l=100$cm，管中填满粗砂，其渗透系数 $k=0.05$cm/s，如容器水深 $H_1=80$cm，$H_2=40$cm，求通过管中的流量。若管中后一半换为细砂，渗透系数 $k=0.005$cm/s，求通过管中的流量。

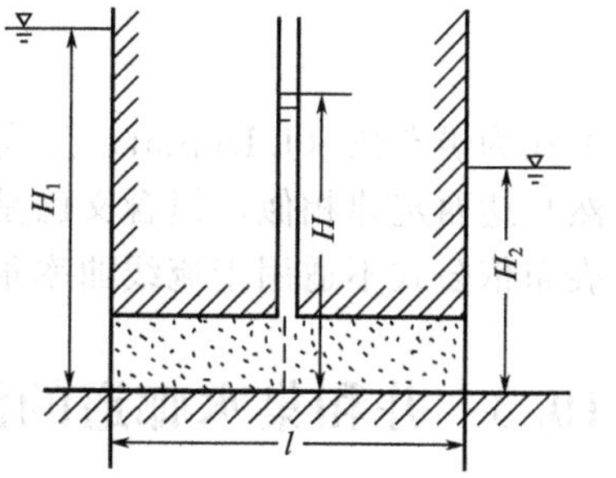

【解】（1）管中填满粗砂时，过流断面面积 $A=a^2$，水力坡度 $J=\frac{H_1-H_2}{l}$，由式（10.3）得

图 10.2　【例 10.1】图

$$Q=ka^2\frac{H_1-H_2}{l}=0.05\times20^2\times\frac{80-40}{100}=8\text{cm}^3/\text{s}=0.008\text{L/s}$$

（2）前一半为粗砂 $k_1=0.05$cm/s，后一半为细砂 $k_2=0.005$cm/s，设管道中点过流断面上的测压管水头为 H，则由式（10.3）可知，通过粗砂段和细砂段的渗透流量分别为

$$Q_1=k_1\frac{H_1-H}{0.5l}A$$

$$Q_2=k_2\frac{H-H_2}{0.5l}A$$

由连续性方程 $Q_1=Q_2$，即

$$k_1\frac{H_1-H}{0.5l}A=k_2\frac{H-H_2}{0.5l}A$$

可得

$$H=\frac{k_1H_1+k_2H_2}{k_1+k_2}=\frac{0.05\times80+0.005\times40}{0.05+0.005}=76.36\text{cm}$$

渗流量为

$$Q=Q_1=k_1 \frac{H_1-H}{0.5l}A=0.05 \times \frac{80-76.36}{0.5 \times 100} \times 20^2 = 1.456 \text{cm}^3/\text{s}$$

10.2.4 无压恒定渐变渗流的基本公式

达西定律所给出的计算式（10.4）和式（10.5）是用于均匀渗流断面平均流速及渗流区域任意点上渗流流速的计算。工程上常见的地下水运动，大多是在底宽很大的不透水层基底上的流动，流线簇近似于平行的直线，属于无压恒定渐变渗流，可视为平面问题。为了研究其运动规律，还必须建立无压恒定渐变渗流的断面平均流速 v 的计算公式。

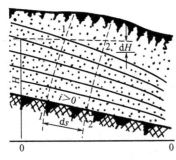

图 10.3　渐变渗流

在图 10.3 所示的渐变渗流中，所有流线近乎于平行直线，过流断面近乎于平面，面上各点的测压管水头皆相等。又由于忽略流速水头，故同一过流断面上各点的总水头也相等。因而断面 1—1 和 2—2 间任一流线上的水头损失也都相等，以水头差 dH 表示。另外，因渐变渗流的流线曲率很小，两断面间各条流线的长度 ds 也近乎相等。所以同一过流断面上各点水力坡度 $J=-\dfrac{\mathrm{d}H}{\mathrm{d}s}$ 也相等，各点的渗流流速为

$$u=kJ=-k\frac{\mathrm{d}H}{\mathrm{d}s}=\text{const} \tag{10.7}$$

上式表明渐变渗流同一断面上的流速分布为平行直线，所以断面平均流速 v 即等于同一断面上各点的流速

$$v=u=-k\frac{\mathrm{d}H}{\mathrm{d}s} \tag{10.8a}$$

上式为裘布依（J. Dupuit）公式，是法国学者裘布依在 1857 年首先提出的。该公式形式虽然与达西定律相似，但含义已是渐变渗流过流断面上，平均速度与水力坡度的关系。显然，裘布依公式不适用于流线曲率很大的急变渗流。

10.3　井和集水廊道的渗流计算

井和集水廊道是汲取地下水源和降低地下水位的集水构筑物，应用十分广泛。在具有自由水面的潜水层中凿的井，称为普通井或潜水井。井贯穿整个含水层，井底直达不透水层者称为完整井，井底未达到不透水层者称不完整井。含水层位于两个不透水层之间，含水层顶面压强大于大气压强，这样的含水层称为承压含水层。汲取承压地下水的井，称为承压井或自流井。

10.3.1 普通完整井

水平不透水层上的普通完整井如图 10.4 所示。管井的直径为 50～1000mm，井深可达 1000m 以上。

设含水层中地下水的天然水面 A—A，含水层厚度为 H，井的半径为 r_0。从井内抽水时，井内水位下降，四周地下水向井中补给，并形成对称于井轴的漏斗形浸润面，此时浸润面与纵剖面的交线称为浸润曲线，简称浸润线。如抽水流量不过大且恒定时，经过一段时间，向井内渗流达到恒定状态，井中水深和浸润漏斗面均保持不变。

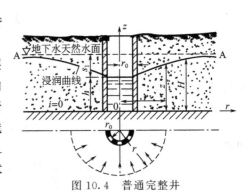

图 10.4　普通完整井

取距井轴为 r，浸润面高为 z 的圆柱形过流断面。井的渗流运动，严格来说属于三维渗流问题，通常忽略运动要素在 z 方向的变化，并采用轴对称的假设，除井壁附近外的大部分地区，浸润曲线的曲率很小，可视为一维恒定渐变渗流。可以运用裘布依公式进行分析计算。由裘布依公式得

$$v = kJ = -k \frac{\mathrm{d}H}{\mathrm{d}s}$$

将 $H = z$，$\mathrm{d}s = -\mathrm{d}r$ 代入上式，得

$$v = k \frac{\mathrm{d}z}{\mathrm{d}r} \tag{10.8b}$$

渗流量

$$Q = Av = 2\pi r z k \frac{\mathrm{d}z}{\mathrm{d}r}$$

分离变量并积分

$$\int_h^z z \mathrm{d}z = \int_0^r \frac{Q}{2\pi k} \times \frac{\mathrm{d}r}{r}$$

得到普通完整井浸润线方程

$$z^2 - h^2 = \frac{Q}{\pi k} \ln \frac{r}{r_0} \tag{10.9}$$

或

$$z^2 - h^2 = \frac{0.732Q}{k} \lg \frac{r}{r_0} \tag{10.10}$$

从理论上讲，浸润线是以地下水天然水面线为渐近线。当 $r \to \infty$，$z = H$。但从工程实用观点来看，认为渗流区存在影响半径 R，R 以外的地下水位不受影响，即 $r = R$，$z = H$。代入式（10.10），得井的产水量 Q（或称出水量）公式

$$Q = 1.366 \frac{k(H^2 - h^2)}{\lg \dfrac{R}{r_0}} \tag{10.11}$$

以抽水深度 S（或称抽水降深）代替井水深 h，即 $S = H - h$，则式（10.11）变为

$$Q = 2.732 \frac{kHS}{\lg \dfrac{R}{r_0}} \left(1 - \frac{S}{2H}\right) \tag{10.12}$$

当 $\dfrac{S}{2H} \ll 1$ 时，式（10.12）可简化为

$$Q = 2.732 \frac{kHS}{\lg \dfrac{R}{r_0}} \tag{10.13}$$

式中的影响半径 R 可由现场抽水试验测定。估算 R 时，可根据经验数据选取：对于细砂 $R = 100 \sim 200\mathrm{m}$，中等粒径砂 $R = 250 \sim 500\mathrm{m}$，粗砂 $R = 700 \sim 1000\mathrm{m}$。或用以下经验公式计算

$$R = 3000S\sqrt{k} \tag{10.14}$$

或

$$R = 575S\sqrt{Hk} \tag{10.15}$$

式中，k 以 $\mathrm{m/s}$ 计，R、S 和 H 均以 m 计。

【例 10.2】有一普通完整井，其半径为 $0.1\mathrm{m}$，含水层厚度 $H = 8\mathrm{m}$，土壤的渗透系数为 $0.001\mathrm{m/s}$，抽水时井中水深为 $3\mathrm{m}$。试估算井的出流量。

【解】最大抽水深度 $s = H - h = 8 - 3 = 5\mathrm{m}$，由式（10.14）求井的影响半径

$$R = 3000S\sqrt{k} = 3000 \times 5 \times \sqrt{0.001} = 474.3\mathrm{m}$$

由式（10.11）求出井的产水量

$$Q = 1.366 \frac{k(H^2 - h^2)}{\lg \dfrac{R}{r_0}} = 1.366 \times \frac{0.001 \times (8^2 - 3^2)}{\lg \dfrac{474.3}{0.1}} = 0.02\mathrm{m}^3/\mathrm{s}$$

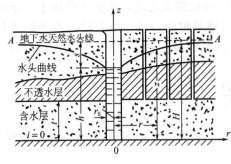

图 10.5　自流完整井

10.3.2　自流完整井

自流完整井如图 10.5 所示。含水层位于两不透水层之间，设底板与不透水层底面齐平，间距为 t。凿井穿透含水层。未抽水时地下水位上升到 H，为自流含水层的总水头，井中水面高于含水层厚 t，有时甚至高出地表面向外喷涌。

自井中抽水，井中水深由 H 降至 h，井周围测压管水头线形成漏斗形曲面。取距井轴 r 处，测压管水头为 z 的过水断面，由裴布依公式（10.8b）得

$$v = k \frac{\mathrm{d}z}{\mathrm{d}r}$$

流量

$$Q = Av = 2\pi rtk \frac{\mathrm{d}z}{\mathrm{d}r}$$

分离变量积分

$$\int_h^z \mathrm{d}z = \frac{Q}{2\pi kt} \int_{r_0}^r \frac{\mathrm{d}r}{r}$$

自流完整井浸润线方程为

$$z - h = 0.366 \frac{Q}{kt} \lg \frac{r}{r_0} \tag{10.16}$$

同样引入影响半径的概念，当 $r = R$ 时，$z = H$，代入上式，解得自流完整井涌水量公式

$$Q = 2.732 \frac{kt(H-h)}{\lg \frac{R}{r_0}} = 2.732 \frac{ktS}{\lg \frac{R}{r_0}} \tag{10.17}$$

【例 10.3】 对自流井进行抽水试验以确定土壤的渗透系数 k 值。在距井轴 $r_1 = 10\mathrm{m}$ 和 $r_2 = 20\mathrm{m}$ 处分别钻一个观测孔，当自流井抽水后，实测两个观测孔中水面的稳定降深 $S_1 = 2.0\mathrm{m}$ 和 $S_2 = 0.8\mathrm{m}$。设承压含水层厚度 $t = 6\mathrm{m}$，稳定的抽水量 $Q = 24\mathrm{L/s}$，求土壤的渗透系数 k 值。

【解】 由式（10.16），可得　$S_1 = z - h_1 = 0.366 \frac{Q}{kt} \lg \frac{r}{r_1}$

$$S_2 = z - h_2 = 0.366 \frac{Q}{kt} \lg \frac{r}{r_2}$$

两式相减，得　　　$S_1 - S_2 = 0.366 \frac{Q}{kt} (\lg r_2 - \lg r_1)$

$$k = \frac{0.366Q}{t(S_1 - S_2)} (\lg r_2 - \lg r_1) = \frac{0.366 \times 0.024}{6 \times (2 - 0.8)} \times (\lg 20 - \lg 10) = 0.00037\mathrm{m/s} = 32\mathrm{m/d}$$

10.3.3　集水廊道

设有一条位于水平不透水层上的矩形断面集水廊道，如图 10.6 所示。若从廊道中向外抽水，则在其两侧的地下水均流向廊道，水面不断下降，当抽水稳定出流后，将形成对称于廊道轴线的浸润曲面，由于浸润曲面曲率很小，可近似看为无压恒定渐变渗流。廊道很长，所有垂直于廊道轴线的剖面，渗流情况相同，可视为平面渗流问题。

取廊道右侧的单位长度来看，设 Oxz 坐标，由裴布依公式 $v = kJ$ 和 $J = \frac{\mathrm{d}z}{\mathrm{d}x}$ 得

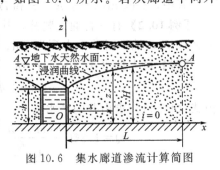

图 10.6　集水廊道渗流计算简图

$$v = k \frac{\mathrm{d}z}{\mathrm{d}x}$$

设 q 为集水廊道单位长度上自一侧渗入的单宽流量，则

$$q = k \frac{\mathrm{d}z}{\mathrm{d}x} z$$

积分上式，边界条件由集水廊道边 $x=0$，$z=h$ 确定，得集水廊道浸润曲线方程

$$z^2 - h^2 = \frac{2q}{k} x \qquad (10.18)$$

由式（10.18）可知，x 值越大时地下水位的降落越小。设在 $x=L$ 处，$z \approx H$，即 $x \geqslant L$ 区域，地下水位已不受抽水的影响，则称 L 是集水廊道的影响范围。将上述条件代入式（10.18），得集水廊道单位长度每侧的渗流量为

$$q = \frac{k(H^2 - h^2)}{2L} \qquad (10.19)$$

10.3.4 大口井

大口井是集取浅层地下水的一种井，井径较大，约 $2 \sim 10\mathrm{m}$ 或更大。由于大口井过流断面面积增大，以及井壁处阻力减少，在相同的水位降低情况下，其出水量远大于管井流量。大口井一般为不完全井，井底的产水量是总产水量的重要部分。

设一大口井，井壁四周为不透水层。水由井底进入井内，假设井底为半球形，并位于深度为无穷大的含水层中，如图 10.7 所示。此时大口井底的渗流流线是径向的，过流断面为与井底同心的半球面，于是有

$$Q = Av = 2\pi r^2 k \frac{\mathrm{d}z}{\mathrm{d}r}$$

设抽水稳定后的抽水深度为 S，影响半径为 R，大口井半径为 r_0，将上式分离变量后积分

$$Q \int_0^R \frac{\mathrm{d}r}{r^2} = 2\pi k \int_{H-S}^H \mathrm{d}z$$

得

$$Q = \frac{2\pi k S}{\dfrac{1}{r_0} - \dfrac{1}{R}}$$

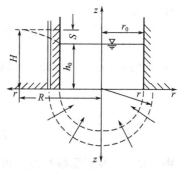

图 10.7 半球形底面的大口井渗流计算简图

因 $r_0 \ll R$，得到半球形底大口井的产水量公式

$$Q = 2\pi k r_0 S \qquad (10.20)$$

10.4 井群的渗流计算

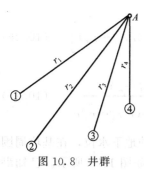

图 10.8 井群

在工程中为了大量汲取地下水源，或更有效地降低地下水位，常需在一定范围内开凿多口井共同工作，这些井统称为井群。因为井群中各单井之间距离不很大，每一口井都处于其他井的影响半径之内，各井的相互影响使渗流区内地下水浸润面形状复杂化，总的产水量也不等于按单井计算产水量的总和。

10.4.1 普通完整井的井群

设由 n 个普通完整井组成的井群如图 10.8 所示。各井的半径、

出水量、至某点 A 的水平距离分别为 r_{01}，$r_{02}\cdots r_{0n}$，Q_1，$Q_2\cdots Q_n$ 及 r_1，$r_2\cdots r_n$。若各井单独工作时，它们的井水深分别为 h_1，$h_2\cdots h_n$，在 A 点形成的渗流水位分别为 z_1，$z_2\cdots z_n$，由式（10.10）可知各单井的浸润面方程为

$$z_1^2 = \frac{0.732Q_1}{k}\lg\frac{r_1}{r_{01}} + h_1^2$$

$$z_2^2 = \frac{0.732Q_2}{k}\lg\frac{r_2}{r_{02}} + h_2^2$$

$$\vdots$$

$$z_n^2 = \frac{0.732Q_n}{k}\lg\frac{r_n}{r_{0n}} + h_n^2$$

各井同时抽水，在 A 点形成共同的浸润面高度 z，按势流叠加原理，其方程为

$$z^2 = \sum_{i=1}^{n} z_i^2 = \sum_{i=1}^{n}\left(\frac{0.732Q_i}{k}\lg\frac{r_i}{r_{0i}} + h_i^2\right) \tag{10.21}$$

当各井抽水状况相同，$Q_1 = Q_2 = \cdots = Q_n$、$h_1 = h_2 = \cdots = h_n$ 时，则

$$z^2 = \frac{0.732Q}{k}\left[\lg(r_1 r_2\cdots r_n) - \lg(r_{01} r_{02}\cdots r_{0n})\right] + nh^2 \tag{10.22}$$

同样，井群也具有影响半径 R，若 A 点处于影响半径处，可认为 $r_1 \approx r_2 \approx \cdots \approx r_n = R$，而 $z = H$，得

$$H^2 = \frac{0.732Q}{k}\left[n\lg R - \lg(r_{01} r_{02}\cdots r_{0n})\right] + nh^2 \tag{10.23}$$

式（10.22）与式（10.23）相减，得井群的浸润面方程

$$z^2 = H^2 - \frac{0.732Q}{k}\left[n\lg R - \lg(r_1 r_2\cdots r_n)\right]$$

$$= H^2 - \frac{0.732Q_0}{k}\left[\lg R - \frac{1}{n}\lg(r_1 r_2\cdots r_n)\right] \tag{10.24}$$

式中　R——井群影响半径，可由抽水试验测定或 $Q_0 = nQ$ 由经验公式（10.15）估算；

　　　S——井群中心点在抽水稳定后的抽水深度；

　　　Q_0——井群产出水量。

若各井的产水量不等，则井群的浸润线方程为

$$z^2 = H^2 - \frac{0.732}{k}\left[Q_1\lg\frac{R}{r_1} + Q_2\lg\frac{R}{r_2} + \cdots + Q_n\lg\frac{R}{r_n}\right] \tag{10.25}$$

式中　Q_1，$Q_2\cdots Q_n$——各井的产水量，其余符号同前。

10.4.2　自流完全井的井群

对于含水层厚度为 t 的自流完全井井群，采用上述普通完全井井群的分析方法，按势流叠加原理，同样可求得井群的浸润面方程为

$$z = H - \frac{0.366Q_0}{kt}\left[\lg R - \frac{1}{n}\lg(r_1 r_2\cdots r_n)\right] \tag{10.26}$$

井群的总出水量

$$Q = 2.732\frac{kt(H-z)}{\lg R - \frac{1}{n}\lg(r_1 r_2\cdots r_n)} \tag{10.27}$$

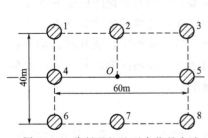

图 10.9　降低基坑地下水位的方法

【例 10.4】为了降低基坑中的地下水位，在基坑周围设置了 8 个普通完整井，其布置如图 10.9 所示。已知潜

水层的厚度 $H=10$m，井群的影响半径 $R=500$m，渗透系数 $k=0.001$m/s，总抽水量 $Q_0=0.02$m^3/s。试求井群中心 O 点地下水水位降。

【解】各单井至 O 点的距离

$$r_4=r_5=30\text{m}, r_2=r_7=20\text{m},$$

$$r_1=r_3=r_6=r_8=\sqrt{30^2+20^2}=36\text{m}$$

其中 $n=8$，代入式（10.24），得

$$z=\sqrt{H^2-\frac{0.732Q_0}{k}\left[\lg R-\frac{1}{n}\lg(r_1r_2\cdots r_n)\right]}$$

$$=\sqrt{10^2-\frac{0.732\times0.02}{0.001}\times\left[\lg500-\frac{1}{8}\lg(30^2\times20^2\times36^4)\right]}$$

$$=9.06\text{m}$$

O 点地下水位降 $\qquad\qquad S=H-z=0.94$m

思 考 题

10.1　何谓渗流模型？它与实际渗流相比较有何区别？为何提出渗流模型？

10.2　达西定律的适用条件是什么？与裴布依公式的含义有何不同？

10.3　渗透系数值与哪些因素有关？如何确定？

10.4　井的影响半径如何定义？引用这一概念的实用意义和理论缺陷是什么？

10.5　井群的渗流计算有什么限制条件？

习 题

10.1　在实验室中用达西实验装置来测定土样的渗流系数。如圆筒直径为 20cm，土层厚度为 40cm（即两测压管间距为 40cm）。测得通过流量 Q 为 100mL/min，两测压管的水头差为 20cm，试计算土样的渗透系数。

10.2　某工地以潜水为给水水源。由钻探测知含水层为夹有砂粒的卵石层，厚度 $H=6$m，渗流系数 $k=0.00116$m/s。现打一普通完整井，井的半径 $r_0=0.15$m，影响半径 $R=150$m，试求井中水位降深 S 为 3m 时井的涌水量 Q。

10.3　从一承压井取水（见题 10.3 图）。井的半径 $r_0=0.1$m，含水层厚度 $t=5$m，在离井中心 10m 处钻一观测钻孔。在未抽水前，测得地下水的水位 $H=12$m。现抽水量 $Q=36$m^3/h，井中水位降深 $S_0=2$m，观测孔中水位降深 $S_1=1$m，试求含水层的渗流系数 k 值及承压井 S_0 为 3m 时的涌水量。

10.4　上、下游水箱中间有一连接管，水箱水位恒定（见题 10.4 图），连接管内充填两种不同的砂层（$k_1=0.003$m/s，$k_2=0.001$m/s），管道断面积为 0.01m^2，试求渗流量。

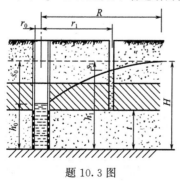
题 10.3 图

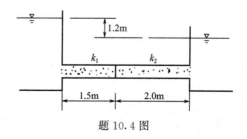
题 10.4 图

10.5　河中水位为 65.8m，距河 300m 处有一钻孔，孔中水位为 68.5m，不透水层为水平面，高程为 55.0m，土的渗透系数 $k=16$m/d（见题 10.5 图），试求单宽渗流量。

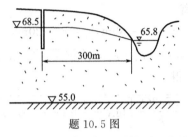

题 10.5 图

10.6　有一普通完全井，其直径为 0.5m，含水层厚度 $H=10$m，土壤渗透系数 $k=2.5$m/h，抽水稳定后的井中水深 $h=7$m，试估算井的出水量。

第 11 章　气体紊流射流

射流是指流体自孔口、管嘴或条缝向外界流体空间喷射所形成的流动。当流动不受外界固体边壁的限制时称为自由射流（或无限空间射流），否则为受限射流（或有限空间射流）。建筑环境与设备工程中所应用的射流多为气体紊流射流，例如空调送风、空气幕运行等问题均与此有关。

11.1　气体自由射流的结构与特征

11.1.1　射流的结构

以半径为 R 的喷嘴圆断面射流为例讨论。设出口断面上速度分布均匀，皆为 u_0，则出口断面上平均速度也为 u_0。由于存在速度差异及紊流脉动，射出流体与周围静止流体之间不断发生质量、动量交换，不断把周围流体卷吸进来，使射流的横断面积、质量流量沿程不断增加，而速度沿程不断衰减，形成了向周围扩散的锥体状流场，如图 11.1 所示。喷嘴附近速度保持 u_0 的区域称为射流核心区，核心区消失的横断面称为过渡断面。过渡断面之前具有核心区的部分称为射流起始段，其中速度小于 u_0 的部分称为起始段边界层。过渡断面之后的部分称为射流主体段，主体段中任一过流断面上轴心速度最大，边界处速度为零。实际射流的边界难以严格分辨，这里应从统计意义上理解。

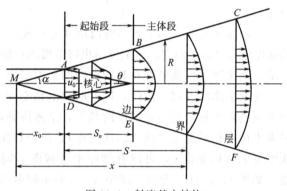

图 11.1　射流基本结构

11.1.2　射流的基本特征

实验结果及半经验理论都证明气体紊流自由射流有如下三个基本特征。

（1）几何特征　射流外边界近似是一条直线，见图 11.1 上的 AB 及 DE 线。AB、DE 反向延长至喷嘴内相交于极点 M，$\angle AMD = 2\alpha$，其中 α 称为极角或扩散角。对于圆断面射流有

$$\tan\alpha = K = 3.4a \qquad (11.1)$$

式中　K——试验系数；

　　　a——紊流系数。

a 值的大小与出口断面上紊流强度有关，各种不同形状喷嘴 a 的实测值列于表 11.1 中。

表 11.1　紊流系数与扩散角

喷嘴种类	紊流系数 a	2α	喷嘴种类	紊流系数 a	2α
带有收缩口的喷嘴	0.066	25°20′	带金属网格的轴流风机	0.24	78°40′
圆柱形管	0.08	29°00′	收缩极好的平面喷口	0.108	29°30′
带有导风板的轴流式通风机	0.12	44°30′	平面壁上锐缘狭缝	0.118	32°10′
带导流板的直角弯管	0.20	68°30′	具有导叶且加工磨圆边口的风道上纵向缝	0.155	41°20′

由式（11.1）知，紊流系数 a 值确定后，射流边界层的外边界线也就被确定，射流即按一定的扩散角 α 向前作扩散运动。对圆断面射流可求出射流半径 R（或射流直径 D）沿程的变化规律。

设 s 为射流某断面至喷嘴的距离，x_0 为极点至喷嘴的距离，r_0 为喷嘴半径，d_0 为喷嘴直径。由三角形相似可知

$$\frac{R}{r_0}=\frac{x_0+s}{x_0}=1+\frac{s}{r_0}\tan\alpha$$

将式（11.1）代入上式得

$$\frac{R}{r_0}=3.4\left(\frac{as}{r_0}+0.294\right) \tag{11.2a}$$

以直径表示

$$\frac{D}{d_0}=6.8\left(\frac{as}{d_0}+0.147\right) \tag{11.2b}$$

以极点起算的无因次距离 $\bar{x}=\dfrac{x_0+s}{r_0}$ 表示，则有

$$\frac{R}{r_0}=3.4a\bar{x} \tag{11.2c}$$

式（11.2c）说明了射流半径与射程的关系，即无因次半径正比于极点起算的无因次距离。

（2）运动特征　为了找出射流速度分布规律，许多学者做了大量实验，对不同横截面上的速度分布进行了测定。这里仅给出特留彼尔在轴对称射流主体段的实验结果，如图 11.2（a）所示，以及阿勃拉莫维奇在起始段内的实验结果，如图 11.3（a）所示。

无论主体段或起始段内，同一断面上轴心速度 u_m 最大，至边缘速度逐渐减小至零。而且距喷嘴距离越远处边界层厚度越大，主体段轴心速度则越小，速度分布曲线越扁平化。如果纵坐标用相对速度（或无因次速度）、横坐标用相对距离（或无因次距离）代替原图中的速度 u 和横向距离 y，可以看到原来各截面不同的速度分布线变为同一条无因次速度分布线，如图 11.2（b）所示。图中 $y_{0.5u_m}$ 表示同截面上速度为 $0.5u_m$ 的点至轴心的距离。这说明射流各截面上速度分布具有相似性。射流起始段边界层速度分布也具有和主体段类似的性质，如图 11.3（b）所示。射流的这种运动特征可用半经验公式表示为

$$\frac{u}{u_m}=\left[1-\left(\frac{y}{R}\right)^{1.5}\right]^2 \tag{11.3a}$$

令

$$\frac{y}{R}=\eta$$

则

$$\frac{u}{u_m}=(1-\eta^{1.5})^2 \tag{11.3b}$$

式（11.3）如用于主体段，则式中 y 为横截面上任意点至轴心距离，R 为该截面的射流半径，u 为 y 点上的速度，u_m 为该截面的轴心速度；如用于起始段边界层，则式中 y 为截面上任意点至核心边界的距离，R 为同截面上边界层厚度，u 为截面上边界层中 y 点的速度，u_m 为该截面轴心速度即核心速度 u_0。

（3）动力特征　实验证明，射流中任意点上的压强均等于周围气体的压强，射流轴向外力之和为零。由动量方程可知，任意横截面上动量均等于出口截面上的动量（动量守恒）。这就是射流的动力特征，以公式表达为

$$\pi\rho r_0^2 u_0^2=\int_0^R 2\pi\rho u^2 y\,\mathrm{d}y \tag{11.4}$$

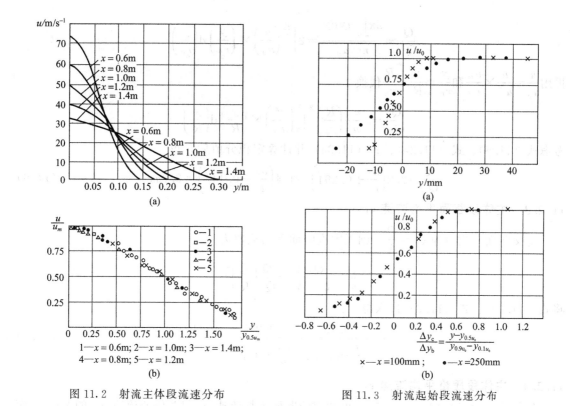

图 11.2　射流主体段流速分布

图 11.3　射流起始段流速分布

11.2　圆断面射流的运动分析

根据射流的基本特征可对圆断面射流主要参数（轴心速度 u_m、流量 Q 等）的变化规律进行分析。

11.2.1　主体段轴心速度 u_m

将式（11.4）两端除以得 $\pi\rho R^2 u_m^2$ 得

$$\left(\frac{r_0}{R}\right)^2 \times \left(\frac{u_0}{u_m}\right)^2 = 2\int_0^1 \left(\frac{u}{u_m}\right)^2 \times \frac{y}{R} \times \mathrm{d}\left(\frac{y}{R}\right)$$

以运动特征式（11.3b）代入上式，则有

$$\left(\frac{r_0}{R}\right)^2 \times \left(\frac{u_0}{u_m}\right)^2 = 2\int_0^1 \left[(1-\eta^{1.5})^2\right]^2 \eta \mathrm{d}\eta$$

上式右端的积分 $\int_0^1 \left[(1-\eta^{1.5})^2\right]^2 \eta \mathrm{d}\eta = 0.046$，再以几何特征式（11.2）代入左端并整理，得轴心速度 u_m 的沿程变化规律

$$\frac{u_m}{u_0} = \frac{0.965}{\dfrac{as}{r_0}+0.294} = \frac{0.48}{\dfrac{as}{d_0}+0.147} = \frac{0.965}{a\bar{x}} \tag{11.5}$$

11.2.2　主体段断面流量 Q

若出口流量为 Q_0，则无因次流量

$$\frac{Q}{Q_0} = \frac{2\pi \int_0^R u y \, \mathrm{d}y}{\pi r_0^2 u_0} = 2\int_0^{\frac{R}{r_0}} \left(\frac{u}{u_0}\right) \times \left(\frac{y}{r_0}\right) \mathrm{d}\left(\frac{y}{r_0}\right)$$

再用 $\dfrac{u}{u_0} = \dfrac{u}{u_m} \times \dfrac{u_m}{u_0}$ 和 $\dfrac{y}{r_0} = \dfrac{y}{R} \times \dfrac{R}{r_0}$ 代换

$$\frac{Q}{Q_0} = 2\frac{u_m}{u_0}\left(\frac{R}{r_0}\right)^2 \int_0^1 \left(\frac{u}{u_m}\right) \times \left(\frac{y}{R}\right) \mathrm{d}\left(\frac{y}{R}\right)$$

考虑式 (11.5)、式 (11.2a)、式 (11.3a) 并计算定积分值后，得

$$\frac{Q}{Q_0} = 2.2\left(\frac{as}{r_0} + 0.294\right) = 4.4\left(\frac{as}{d_0} + 0.147\right) = 2.2a\overline{x} \tag{11.6}$$

11.2.3 主体段断面平均流速 v_1

定义断面平均流速 $v_1 = \dfrac{Q}{A}$，则无因次断面平均流速为

$$\frac{v_1}{u_0} = \frac{Q/A}{Q_0/A_0} = \frac{Q}{Q_0}\left(\frac{r_0}{R}\right)^2$$

将式 (11.2a)、式 (11.6) 代入得

$$\frac{v_1}{u_0} = \frac{0.19}{\dfrac{as}{r_0} + 0.294} = \frac{0.095}{\dfrac{as}{d_0} + 0.147} = \frac{0.19}{a\overline{x}} \tag{11.7}$$

11.2.4 主体段质量平均流速 v_2

比较式 (11.5) 和式 (11.7)，可知射流断面平均流速 v_1 仅为轴心流速 u_m 的 20%，而工程上通常使用的是轴心附近较高的速度区。说明断面平均流速不能恰当的反映被使用区的速度，故引入质量平均流速 v_2，定义为用 v_2 乘以质量即得真实动量

$$v_2 = \frac{\rho Q_0 u_0}{\rho Q}$$

考虑 (11.6) 式，得

$$\frac{v_2}{u_0} = \frac{0.4545}{\dfrac{as}{r_0} + 0.294} = \frac{0.23}{\dfrac{as}{d_0} + 0.147} = \frac{0.4545}{a\overline{x}} \tag{11.8}$$

比较式 (11.5) 和式 (11.8)，可见质量平均流速 v_2 约为轴心流速 u_m 的 50%，能够较好的反映高速区的状况。使用时应注意不可与断面平均流速混淆。

11.2.5 起始段核心长度 s_n 及核心收缩角 θ

由图 11.1 可知，起始段核心长度即为过渡断面至喷嘴的距离。以 $s = s_n$，$u_m = u_0$ 代入式 (11.5)，得

$$\frac{u_0}{u_0} = \frac{0.965}{\dfrac{as_n}{r_0} + 0.294}$$

故核心长度为

$$s_n = 0.671\frac{r_0}{a} \tag{11.9}$$

核心收缩角为

$$\tan\theta = \frac{r_0}{s_n} = 1.49a \tag{11.10}$$

11.2.6 起始段流量 Q

由于起始段核心区内保持着出口速度 u_0，同时起始段边界层中速度小于 u_0，由图 11.1

知核心区半径 r 为

$$r = r_0 - s\tan\theta = r_0 - 1.49as \qquad (11.11)$$

则起始段核心区内无因次流量为

$$\frac{Q'}{Q_0} = \frac{\pi r^2 u_0}{\pi r_0^2 u_0} = \left(\frac{r}{r_0}\right)^2 = \left(1 - 1.49\frac{as}{r_0}\right)^2$$

起始段边界层中无因次流量为（推导从略）

$$\frac{Q''}{Q_0} = 3.74\frac{as}{r_0} - 0.90\left(\frac{as}{r_0}\right)^2$$

因此起始段整个截面上的流量 Q 为

$$\frac{Q}{Q_0} = \frac{Q'+Q''}{Q_0} = 1 + 0.76\frac{as}{r_0} + 1.32\left(\frac{as}{r_0}\right)^2 \qquad (11.12)$$

11.2.7 起始段断面平均流速 v_1

定义 $v_1 = \dfrac{Q'+Q''}{A}$，则

$$\frac{v_1}{u_0} = \frac{1 + 0.76\dfrac{as}{r_0} + 1.32\left(\dfrac{as}{r_0}\right)^2}{1 + 6.8\dfrac{as}{r_0} + 11.56\left(\dfrac{as}{r_0}\right)^2} \qquad (11.13)$$

11.2.8 起始段质量平均流速 v_2

定义 $v_2 = \dfrac{\rho Q_0 u_0}{\rho\,(Q'+Q'')}$，则

$$\frac{v_2}{u_0} = \frac{1}{1 + 0.76\dfrac{as}{r_0} + 1.32\left(\dfrac{as}{r_0}\right)^2} \qquad (11.14)$$

【例 11.1】已知空气淋浴地带要求射流半径为 1.2m，质量平均流速 $v_2 = 3$m/s，圆形喷嘴直径 0.3m。试求：

（1）喷口至工作地带的距离 s。

（2）喷嘴流量。

【解】（1）由表 11.1 查得紊流系数 $a = 0.08$，由式（11.2a）知

$$\frac{R}{r_0} = 3.4\left(\frac{as}{r_0} + 0.294\right)$$

代入数据

$$\frac{1.2}{0.15} = 3.4 \times \left(\frac{0.08}{0.15}s + 0.294\right)$$

则

$$s = 3.86\text{m}$$

（2）由式（11.9）知核心区长度为

$$s_n = 0.671\frac{r_0}{a} = 0.671 \times \frac{0.15}{0.08} = 1.26\text{m} < s$$

故所求横截面在主体段内。同时由式（11.8）得

$$\frac{3}{u_0} = \frac{0.4545}{\dfrac{0.08 \times 3.86}{0.15} + 0.294}$$

$$u_0 = 15.5\text{m/s}$$

则喷嘴流量为 $\qquad Q_0 = \dfrac{\pi}{4} d_0^2 u_0 = \dfrac{\pi}{4} \times 0.3^2 \times 15.5 = 1.095 \text{m}^3/\text{s}$

11.2.9 公式小结

气体紊流自由射流参数计算公式小结于表 11.2 中，其中最后一列对应的是平面射流公式。所谓平面射流即气体从宽度 $2b_0$ 的狭长缝隙中向外界气体空间喷射所形成的流动。只要条缝相对于 $2b_0$ 足够长，流动就可视为平面运动，其基本特征与圆断面射流相似，公式推导过程从略。

表 11.2　射流参数计算公式

分段名	参 数 名 称	符 号	圆 断 面 射 流	平 面 射 流
主体段	扩散角	α	$\tan\alpha = 3.4a$	$\tan\alpha = 2.44a$
	射流直径或半宽度	D、b	$\dfrac{D}{d_0} = 6.8\left(\dfrac{as}{d_0} + 0.147\right)$	$\dfrac{b}{b_0} = 2.44\left(\dfrac{as}{b_0} + 0.41\right)$
	轴心速度	u_m	$\dfrac{u_m}{u_0} = \dfrac{0.48}{\dfrac{as}{d_0} + 0.147}$	$\dfrac{u_m}{u_0} = \dfrac{1.2}{\sqrt{\dfrac{as}{b_0} + 0.41}}$
	流量	Q	$\dfrac{Q}{Q_0} = 4.4\left(\dfrac{as}{d_0} + 0.147\right)$	$\dfrac{Q}{Q_0} = 1.2\sqrt{\dfrac{as}{b_0} + 0.41}$
	断面平均流速	v_1	$\dfrac{v_1}{u_0} = \dfrac{0.095}{\dfrac{as}{d_0} + 0.147}$	$\dfrac{v_1}{u_0} = \dfrac{0.492}{\sqrt{\dfrac{as}{b_0} + 0.41}}$
	质量平均流速	v_2	$\dfrac{v_2}{u_0} = \dfrac{0.23}{\dfrac{as}{d_0} + 0.147}$	$\dfrac{v_2}{u_0} = \dfrac{0.833}{\sqrt{\dfrac{as}{b_0} + 0.41}}$
起始段	流量	Q	$\dfrac{Q}{Q_0} = 1 + 0.76\dfrac{as}{r_0} + 1.32\left(\dfrac{as}{r_0}\right)^2$	$\dfrac{Q}{Q_0} = 1 + 0.43\dfrac{as}{b_0}$
	断面平均流速	v_1	$\dfrac{v_1}{u_0} = \dfrac{1 + 0.76\dfrac{as}{r_0} + 1.32\left(\dfrac{as}{r_0}\right)^2}{1 + 6.8\dfrac{as}{r_0} + 11.56\left(\dfrac{as}{r_0}\right)^2}$	$\dfrac{v_1}{u_0} = \dfrac{1 + 0.43\dfrac{as}{b_0}}{1 + 2.44\dfrac{as}{b_0}}$
	质量平均流速	v_2	$\dfrac{v_2}{u_0} = \dfrac{1}{1 + 0.76\dfrac{as}{r_0} + 1.32\left(\dfrac{as}{r_0}\right)^2}$	$\dfrac{v_2}{u_0} = \dfrac{1}{1 + 0.43\dfrac{as}{b_0}}$
	核心长度	s_n	$s_n = 0.671\dfrac{r_0}{a}$	$s_n = 1.03\dfrac{b_0}{a}$
	喷嘴至极点距离	x_0	$x_0 = 0.294\dfrac{r_0}{a}$	$x_0 = 0.41\dfrac{b_0}{a}$
	核心收缩角	θ	$\tan\theta = 1.49a$	$\tan\theta = 0.97a$

11.3　温差射流与浓差射流

所谓温差、浓差射流就是射流本身的温度或浓度与周围气体的温度、浓度有差异。在采暖通风空调工程中，送冷风降温、送热风采暖或者控制有害气体及灰尘浓度时会遇到此类问题。温差、浓差射流的运动分析主要研究射流温度差、浓度差沿射程的变化规律，以及引起射流弯曲的轴心轨迹。

11.3.1 温差射流的基本特征

（1）**几何特征** 由于此时热量扩散比动量扩散要快些，因此温度边界层比速度边界层发展得要快些厚些，如图 11.4（a）所示，实线为速度边界层，虚线为温度边界层的内外界线。实际应用中为简化起见，可以认为温度内外的边界与速度内外的边界相同，于是参数 R、Q、u_m、v_1、v_2 均可使用上节所述公式。

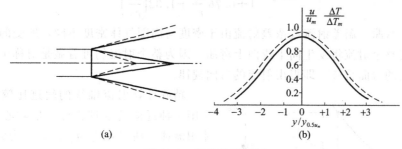

图 11.4 温差射流特征

（2）**温差分布特征** 设 T_e 为周围环境气体温度，T_0 为射流出口断面温度，T 为横截面上任一点温度，T_m 为轴心温度。相对于环境温度，则出口断面温差 $\Delta T_0 = T_0 - T_e$，轴心温差 $\Delta T_m = T_m - T_e$，截面上任一点温差 $\Delta T = T - T_e$。实验表明，截面上无因次温差分布如图 11.4（b）中的虚线所示，可用如下公式表示

$$\frac{\Delta T}{\Delta T_m} = \sqrt{\frac{u}{u_m}} = 1 - \left(\frac{y}{R}\right)^{1.5} \tag{11.15}$$

（3）**热力特征** 据热力学得知，在等压的情况下，以周围气体的焓值作为起算点，射流各横截面上的相对焓值不变，这就是其热力特征。若 c 为定压比热容，热力特征可用公式表示为

$$\rho Q_0 c \Delta T_0 = \int_A \rho c \Delta T \, dQ \tag{11.16}$$

等式左端表示喷嘴出口断面的相对焓值，等式右端表示任意断面的相对焓值。

11.3.2 圆断面温差射流运动分析

（1）**主体段轴心温差** ΔT_m

根据式（11.16）相对焓值相等 $\qquad \rho Q_0 c \Delta T_0 = \int_0^R u \rho c \Delta T_2 \pi y \, dy$

两端除以 $\rho \pi R^2 u_m c \Delta T_m$，并将式（11.15）代入积分，得

$$\left(\frac{r_0}{R}\right)^2 \times \left(\frac{u_0}{u_m}\right) \times \left(\frac{\Delta T_0}{\Delta T_m}\right) = 2 \int_0^1 \left[1 - \left(\frac{y}{R}\right)^{1.5}\right]^3 \frac{y}{R} d\left(\frac{y}{R}\right)$$

考虑式（11.2）、式（11.5）并计算定积分值，得出主体段轴心温差的变化规律为

$$\frac{\Delta T_m}{\Delta T_0} = \frac{0.706}{\dfrac{as}{r_0} + 0.294} = \frac{0.35}{\dfrac{as}{d_0} + 0.147} \tag{11.17}$$

（2）**主体段质量平均温差** ΔT_2

定义质量平均温差为 $\qquad \Delta T_2 = \dfrac{\rho c Q_0 \Delta T_0}{\rho Q c}$

即 ΔT_2 乘以 $\rho Q c$ 等于喷嘴出口断面的相对焓值。同时由式（11.6）可得主体段质量平均温差与出口断面温差之比为

$$\frac{\Delta T_2}{\Delta T_0}=\frac{0.455}{\dfrac{as}{r_0}+0.294}=\frac{0.23}{\dfrac{as}{d_0}+0.147} \qquad (11.18)$$

（3）起始段质量平均温差 ΔT_2　起始段轴心温差 ΔT_m 不变，无需讨论。由式（11.12）知

$$\frac{\Delta T_2}{\Delta T_0}=\frac{1}{1+0.76\dfrac{as}{r_0}+1.32\left(\dfrac{as}{r_0}\right)^2} \qquad (11.19)$$

（4）射流弯曲　温差射流或浓差射流由于密度与周围气体密度不同，所受的重力与浮力不相平衡，使整个射流将发生向下或向上弯曲。因为整个射流仍可看做是对称于轴心线，所以研究轴心线的弯曲轨迹，即得出射流的弯曲规律。

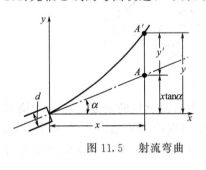

图 11.5　射流弯曲

精确计算射流轴线的轨迹比较复杂，这里采用一种近似的处理方法。取轴心线上的单位体积流体，所受重力为 $\rho_m g$，浮力为 $\rho_e g$，根据牛顿第二定律得

$$(\rho_e-\rho_m)g=\rho_m\frac{\mathrm{d}^2 y'}{\mathrm{d}t^2}$$

式中　y'——射流轴心处 A 点的纵向偏离距离；

ρ_m，ρ_e——轴心附近及周围流体的密度，如图 11.5 所示。

积分上式得

$$y'=\int\mathrm{d}t\int\left(\frac{\rho_e}{\rho_m}-1\right)g\,\mathrm{d}t$$

考虑气体等压过程状态方程

$$\frac{\rho_e}{\rho_m}=\frac{T_m}{T_e}$$

则

$$y'=\int\mathrm{d}t\int\left(\frac{T_m}{T_e}-1\right)g\,\mathrm{d}t=\int\mathrm{d}t\int\frac{\Delta T_m}{\Delta T_0}\times\frac{\Delta T_0}{T_e}g\,\mathrm{d}t$$

将轴心温差转换为轴心速度的关系，以式（11.5）和式（11.17）代入上式整理得

$$y'=\frac{0.73g}{u_0^2 T_e}\times\frac{\Delta T_0}{T_e}\int\frac{\dfrac{as}{r_0}+0.294}{0.965}s\,\mathrm{d}s=\frac{g\Delta T_0}{u_0^2 T_e}\left(0.51\frac{a}{2r_0}s^3+0.11s^2\right)$$

将括号中 0.11 改为 0.35 后更符合实验数据，即有

$$y'=\frac{g\Delta T_0}{u_0^2 T_e}\left(0.51\frac{a}{2r_0}s^3+0.35s^2\right) \qquad (11.20)$$

式（11.20）给出了射流轴心轨迹偏离值 y' 随 s 变化的规律。由图 11.5 可知 $y=x\tan\alpha+y'$，α 为喷嘴轴线与 x 轴的夹角，$s=x/\cos\alpha$，因此，射流弯曲轴心坐标的无因次轨迹方程为

$$\frac{y}{d_0}=\frac{x}{d_0}\tan\alpha+Ar\left(\frac{x}{d_0\cos\alpha}\right)^2\times\left(0.51\frac{ax}{d_0\cos\alpha}+0.35\right) \qquad (11.21)$$

$$Ar=\frac{gd_0\Delta T_0}{u_0^2 T_e}$$

式中　Ar——阿基米德准数，为无量纲量。

11.3.3　温差、浓差射流公式小结

若以浓度 x 代替温度 T，以浓度差 Δx 代替温度差 ΔT，则可对浓差射流进行同样的分析，平面射流亦如此，推导过程从略。相关公式列于表 11.3 中。

表 11.3 温差、浓差射流计算公式

段 名	参数名称	符 号	圆断面射流	平 面 射 流
主体段	轴心温差	ΔT_m	$\dfrac{\Delta T_m}{\Delta T_0}=\dfrac{0.35}{\dfrac{as}{d_0}+0.147}$	$\dfrac{\Delta T_m}{\Delta T_0}=\dfrac{1.032}{\sqrt{\dfrac{as}{b_0}+0.41}}$
	质量平均温差	ΔT_2	$\dfrac{\Delta T_2}{\Delta T_0}=\dfrac{0.23}{\dfrac{as}{d_0}+0.147}$	$\dfrac{\Delta T_2}{\Delta T_0}=\dfrac{0.833}{\sqrt{\dfrac{as}{b_0}+0.41}}$
	轴心浓差	Δx_m	$\dfrac{\Delta x_m}{\Delta x_0}=\dfrac{0.35}{\dfrac{as}{d_0}+0.147}$	$\dfrac{\Delta x_m}{\Delta x_0}=\dfrac{1.032}{\sqrt{\dfrac{as}{b_0}+0.41}}$
	质量平均浓差	Δx_2	$\dfrac{\Delta x_2}{\Delta x_0}=\dfrac{0.23}{\dfrac{as}{d_0}+0.147}$	$\dfrac{\Delta x_m}{\Delta x_0}=\dfrac{0.833}{\sqrt{\dfrac{as}{b_0}+0.41}}$
起始段	质量平均温差	ΔT_2	$\dfrac{\Delta T_2}{\Delta T_0}=\dfrac{1}{1+0.76\dfrac{as}{r_0}+1.32\left(\dfrac{as}{r_0}\right)^2}$	$\dfrac{\Delta T_2}{\Delta T_0}=\dfrac{1}{1+0.43\dfrac{as}{b_0}}$
	质量平均浓差	Δx_2	$\dfrac{\Delta x_2}{\Delta x_0}=\dfrac{1}{1+0.76\dfrac{as}{r_0}+1.32\left(\dfrac{as}{r_0}\right)^2}$	$\dfrac{\Delta x_2}{\Delta x_0}=\dfrac{1}{1+0.43\dfrac{as}{b_0}}$
	轴线轨迹方程		$\dfrac{y}{d_0}=\dfrac{x}{d_0}\tan\alpha+Ar\left(\dfrac{x}{d_0\cos\alpha}\right)^2\times\left(0.51\dfrac{ax}{d_0\cos\alpha}+0.35\right)$	$\dfrac{y}{2b_0}=\dfrac{0.226Ar\left(a\dfrac{x}{2b_0}+0.205\right)^{2.5}}{a^2\sqrt{T_e/T_0}}$

【例 11.2】工作地点质量平均风速要求 3m/s，工作面直径 $D=2.5$m，送风温度为 15℃，车间空气温度 30℃，要求工作地点的质量平均温度降到 25℃，采用带导叶的通风机，其紊流系数为 0.12。试求：

（1）风口的直径及速度。

（2）风口到工作面的距离。

（3）射流在工作面的下降值。

【解】（1）由式（11.18）和式（11.2b）得

$$\frac{\Delta T_2}{\Delta T_0}=\frac{0.23}{\dfrac{as}{d_0}+0.147}$$

$$\frac{D}{d_0}=6.8\left(\frac{as}{d_0}+0.147\right)$$

两式联立得

$$\frac{D}{d_0}=6.8\times0.23\frac{\Delta T_0}{\Delta T_2}$$

$$d_0=\frac{D\Delta T_2}{6.8\times0.23\Delta T_0}=\frac{2.5\times(25-30)}{6.8\times0.23\times(15-30)}=0.533\text{m}$$

又由式（11.8）和式（11.18）得

$$\frac{v_2}{u_0}=\frac{0.23}{\dfrac{as}{d_0}+0.147}=\frac{\Delta T_2}{\Delta T_0}$$

$$\frac{3}{u_0}=\frac{25-30}{15-30}$$

则

$$u_0=9\text{m/s}$$

（2）由式（11.8）得

$$\frac{3}{9}=\frac{0.23}{\dfrac{0.12s}{0.533}+0.147}$$

$$s = 2.41\text{m}$$

（3）周围气体温度 $T_e = 273 + 30 = 303\text{K}$，出口温差 $\Delta T_0 = -15\text{K}$，根据式（11.20）得

$$y' = \frac{g \Delta T_0}{u_0^2 T_e}\left(0.51\,\frac{a}{2r_0}s^3 + 0.35s^2\right)$$

$$= \frac{9.8 \times (-15)}{9^2 \times 303} \times \left(0.51 \times \frac{0.12}{0.533} \times 2.41^3 + 0.35 \times 2.41^2\right) = -0.022\text{m}$$

11.4 旋转射流

11.4.1 旋转射流概述

气流通过具有旋流作用的喷嘴向外射出，此时气流本身一面旋转、一面向周围介质中扩散前进，这种射流方式称为旋转射流。

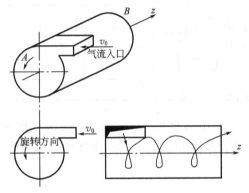

图 11.6 切向引入气流

喷嘴使气流具有旋转作用主要通过两种方式。一种是采用切向导入管，如图 11.6 所示，气流在切向导入管口以初速 v_0 进入圆柱形设备，它对 z 轴存在着动量矩，从而促使气流在圆柱形设备中旋转，同时向 B 端出口推进。一种是在喷嘴内安装导向叶片，气流沿叶片流动被迫产生旋转。

旋流喷嘴的旋转作用来源于流入气流施加的动量矩，但动量矩在流出过程中受各种阻力作用而降低，因此定义速度保持系数 ε 为

$$\varepsilon = \frac{\text{旋流室内实际动量矩}}{\text{进口处计算动量矩}}$$

不同旋转室其 ε 值也不同，变化范围为 $0.25 \sim 0.95$。

对于几何相似的旋转室，ε 应有相同的数值，它不随进风量的多少而变化，因此，ε 值是评价旋流室空气动力特性的重要指标。

由于离心力的作用，旋转射流比一般自由射流扩散角大、射程短、紊动性强。如果一般射流的扩散角是 $28°$，则旋转射流的扩散角可达 $90°$ 以上，这样就极大地促进了射流与周围介质的动量、热量和浓度交换，因此旋转射流被广泛用于工程燃烧技术及旋流送风中。旋流作用所产生的离心力，改变了一般射流的压强分布，低压中心将吸入射流前方的介质使之回流，形成一个包含在射流内部的回流区。在燃烧过程中，这个回流区促使大量高温烟气回流到火炬根部，保证燃料顺利稳定地着火。

旋转射流是一种轴对称射流，但比一般轴对称直射流复杂得多。理论分析还不能完善地求出其速度场，仅能根据一些典型试验简述它的运动特征和动力特征。

11.4.2 旋转射流的流速分布

旋转射流的速度分解为如下三个分量。

（1）沿射流前进方向的轴向速度 v_x。

（2）在横截面上沿半径方向的径向速度 v_r。

（3）在横截面上做圆周运动的切向速度 v_θ。

实验发现，由于切向速度、径向速度沿半径方向上分布不均匀，使得沿半径方向上静压强分布也不均匀，则对于周围介质的静压差也不相等。上述特征与轴对称圆断面自由射流是不同

的。关于上述三个分速度的具体分析和讨论详见有关书籍。

11.4.3 旋转射流的压强分布

图 11.7 给出了由旋转设备射出的旋转射流沿 $\dfrac{x}{d}$ 的无因次

静压强 $\bar{p}$ 的变化曲线，其中 x 为射流轴线方向距离，d 为射流出口直径，无因次静压强 $\bar{p}$ 表示为

$$\bar{p} = \frac{p_a - p}{\dfrac{\rho}{2} v_0^2} \tag{11.22}$$

式中　p_a——大气压强；

　　　p——旋转射流轴线上的静压强；

　　　$\dfrac{\rho}{2} v_0^2$——射流出口断面上的动压强。

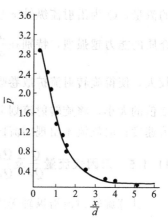

图 11.7　旋转射流静压图

由图 11.7 可见，旋流器出口的旋转射流中心压强低于大气压强，随着旋转射流沿轴向前进，静压强 p 越来越接近 p_a，这表明旋转射流中心有很强烈的卷吸能力。

11.4.4 旋转强度

旋转射流是由于旋流喷嘴的外射流动形成的，因此旋流喷嘴本身的旋转强度 Ω 可用来表征旋转射流的特性，Ω 定义为

$$\Omega = \frac{L_0}{K_0 \dfrac{d}{4}} \tag{11.23}$$

式中　L_0——流体进入旋流器时，相对于旋转轴的动量矩；

　　　K_0——旋流器出口断面上的平均动量；

　　　d——旋流器出口断面直径。

Ω 是一个无因次数，可反应产生旋转射流的旋转强弱程度。Ω 值越大，旋转射流的旋转越厉害，切向速度 v_θ 越大，回流区越大，射流扩散角也越大，射程越短。图 11.8 中比较了不同 Ω 的射流的无因次速度 $\bar{v}_{x\max} = \dfrac{v_{x\max}}{v_0}$ 沿射流纵轴的变化情况。曲线为 1 为 $\Omega = 0$ 的自由射流，曲线 2（$\Omega = 0.7$）至曲线 5（$\Omega = 2.07$）说明随 Ω 值增大，射流速度衰减越快，射程越短。Ω 值越大，表明旋转射流与周围介质进行掺混的能力越强，这正是旋转射流的特点之一。

图 11.9 是在不同 Ω 下，射流无因次流量 $\dfrac{Q}{Q_0}$ 的变化曲线。其中，Q_0 为喷口出口断面上

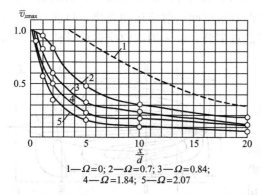

1—$\Omega = 0$；2—$\Omega = 0.7$；3—$\Omega = 0.84$；
4—$\Omega = 1.84$；5—$\Omega = 2.07$

图 11.8　旋转射流的无因次速度沿射流纵轴的变化

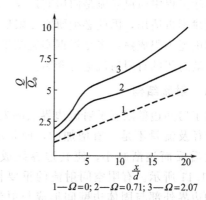

1—$\Omega = 0$；2—$\Omega = 0.71$；3—$\Omega = 2.07$

图 11.9　旋转射流的无因次流量沿射流纵轴的变化

的流量，Q 为沿射流纵轴 x 所在截面的流量。从图中可见，Ω 值越大，旋转射流卷吸周围介质的能力越强烈，特别在 $\dfrac{x}{d} \leqslant 5$ 范围内，$\dfrac{Q}{Q_0}$ 增长速度特快。因为在这个区段中，v_θ、v_r 较大，使得旋转射流扩散卷吸及进行动量交换的能力加强，从而使 $\dfrac{Q}{Q_0}$ 增长迅速。又可根据 Ω 值的大小，将旋转射流划分为强旋流及弱旋流两种。强旋流有较长的的回流区及较大回流速度；弱旋流不出现回流区，轴向速度多为正，只是存在一段低速区。

11.4.5 无因次流量 $\dfrac{Q}{Q_0}$ 及 $\dfrac{Q_h}{Q_0}$

计算旋转射流沿纵轴无因次流量 $\dfrac{Q}{Q_0}$ 的经验公式为

$$\frac{Q}{Q_0} = 1 + 0.5\Omega + 0.207(1+\Omega)\frac{x}{d} \tag{11.24}$$

若 Q_h 为回流流量，定义为

$$Q_h = 2\pi \int_0^{rh} r v_x \, \mathrm{d}r \tag{11.25}$$

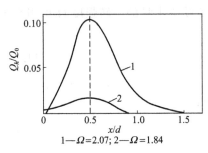

1—$\Omega=2.07$; 2—$\Omega=1.84$

图 11.10 旋转射流无因次回流
流量沿纵轴的变化

图 11.10 给出了无因次回流流量 $\dfrac{Q_h}{Q_0}$ 沿 $\dfrac{x}{d}$ 的变化情况，并对比了不同 Ω 值的回流情况。从图中可以看出：

(1) Ω 值大，回流流量显著增加，回流区长度也增长。

(2) 无论 Ω 值多大，最大无因次回流流量都出现在 $\dfrac{x}{d}=0.5$ 处，也就是出现在旋转射流的起始段。

以上给出的试验曲线及结果是在特定结构旋流喷嘴上所测得的性能情况，对不同结构的旋流喷嘴，只能作为定性的参考，具体数值仍需借助试验手段进行研究。

11.5 有限空间射流

实际工程中通风射流是向房间送风，因房间的围护结构等限制了射流的扩散运动，自由射流规律不再适用，因此必须研究受限后的射流即有限空间的射流运动规律。目前有限空间射流理论还不很成熟，多是根据实验结果整理成的近似公式或无因次曲线供设计使用。下面仅对末端封闭的有限射流进行介绍。

11.5.1 射流结构

由于房间边壁限制了射流边界层的发展扩散，射流半径及流量不是一直增加的，而是增大到一定程度后反而逐渐减小，使其边界线成橄榄形，如图 11.11 所示。有限空间射流的重要特征是橄榄形的边界外部与固体边壁间形成与射流方向相反的回流区，于是流线呈闭合状。这些闭合流线

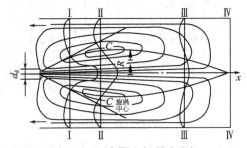

图 11.11 有限空间射流流场

环绕的中心 C，就是射流与回流共同形成的旋涡中心。

射流出口至断面Ⅰ—Ⅰ，因为固体边壁尚未妨碍射流边界层的扩展，各运动参数的变化规律与自由射流一样，计算也可用自由射流公式。称断面Ⅰ—Ⅰ为第一临界断面，从喷口至断面Ⅰ—Ⅰ为自由扩张段。

从Ⅰ—Ⅰ断面开始，射流边界层扩展受到影响，卷吸周围气体的作用减弱，因而射流半径和流量的增加速率逐渐减慢，与此同时射流中心速度减小的速率也变慢。但总的趋势还是半径递增，流量递增。达到Ⅱ—Ⅱ断面，即包含旋涡中心的断面，射流各运动参数发生了根本转折，射流流线开始越出边界层产生回流。射流主体流量开始沿程减少。仅在Ⅱ—Ⅱ断面上主体流量为最大值，称Ⅱ—Ⅱ为第二临界断面，从Ⅰ—Ⅰ至Ⅱ—Ⅱ断面为有限扩张段。

在Ⅱ—Ⅱ断面处实验得知：回流的平均流速、回流流量也为最大，而射流半径则在Ⅱ—Ⅱ断面稍后一点达最大值。

从Ⅱ—Ⅱ断面以后，射流主体流量、回流流量、回流平均流速都逐渐减少，直到射流主体流量减至为零，即Ⅳ—Ⅳ。从Ⅱ—Ⅱ至Ⅳ—Ⅳ断面为收缩段。

各横截面上的速度分布情况，见图 11.11 中Ⅰ—Ⅰ、Ⅱ—Ⅱ、Ⅲ—Ⅲ断面上速度曲线图。橄榄形边界的内部为射流主体的速度分布线，外部是回流的速度分布线。

射流结构与喷嘴安装的位置有关。如喷嘴安置在房间高度、宽度的中央处，射流结构上下对称，左右对称。射流主体呈橄榄状，四周为回流区。但实际送风时多将喷嘴靠近顶棚安置，如安置高度 h 与房高 H 为 $h \geqslant 0.7H$ 时，射流出现贴附现象，整个贴附于顶棚上，而回流区全部集中在射流主体下部与地面间，称这种射流为贴附射流。贴附现象的产生是由于靠近顶棚流速增大静压减少，而射流下部静压大，上下压差致使射流不能脱离顶棚。贴附射流可以看成上述完整射流的一半，规律相同。

11.5.2　动力特征

由实验可知，射流内部的压强是变化的，随射程的增大，压强增大，直至末端压强最大。达到稳定后，数值比周围大气压强要高些。受限射流中各横截面上动量是不相等的，沿程减少，在第二临界断面后，动量很快减少以至消失。由于动量不守恒，有限空间射流研究起来较自由射流困难得多。

11.5.3　半经验公式

有限空间射流主要用在空气调节房间的送风上，这时常常要求工作区处在射流的回流区中，并限定具体风速值。所以仅介绍回流区平均流速 v 的半经验公式

$$\frac{v}{v_0} \times \frac{\sqrt{F}}{d_0} = 0.177(10\bar{x}) \, \mathrm{e}^{10.7\bar{x}-37\bar{x}^2} = f(\bar{x}) \tag{11.26}$$

$$\bar{x} = \frac{ax}{\sqrt{F}}$$

式中　v_0，d_0——喷嘴出口速度、直径；

　　　　F——垂直于射流的房间横截面积；

　　　　$\bar{x}$——射流截面至极点的无因次距离；

　　　　a——喷嘴紊流系数。

在断面Ⅱ—Ⅱ上，回流流速为最大，以 v_1 表示。断面Ⅱ—Ⅱ距离喷嘴出口的无因次距离通过实验已得出 $\bar{x} = 0.2$，代入式（11.26）得到最大回流速度为

$$\frac{v_1}{v_0} \times \frac{\sqrt{F}}{d_0} = 0.69 \tag{11.27}$$

若设计计算中所需射流作用长度（即距离）为 L，则相应的无因次距离为

$$\bar{L} = \frac{aL}{\sqrt{F}} \tag{11.28}$$

在设计要求的 L 处，射流回流平均速度 v_2 是设计所限定的值，将 $\bar{x} = \bar{L}$ 及 v_2 代入式 (11.26) 中得

$$\frac{v_2}{v_0} \times \frac{\sqrt{F}}{d_0} = f(\bar{L}) \tag{11.29}$$

联立式 (11.27) 和式 (11.29) 可得

$$f(\bar{L}) = 0.69 \frac{v_2}{v_1} \tag{11.30}$$

由于 v_2、v_1 是由设计限定，所以 $f(\bar{L})$ 也是可知，故可用式 (11.26) 求出 $\bar{L}$。为简化计算，给出表 11.4。在求出 $\bar{L}$ 后，可用式 (11.28) 求出 L。

表 11.4　无因次距离 $\bar{L}$

$v_1/(\text{m/s})$	$v_2/(\text{m/s})$					
	0.07	0.10	0.15	0.20	0.30	0.40
0.50	0.42	0.40	0.37	0.35	0.31	0.28
0.60	0.43	0.41	0.38	0.37	0.33	0.30
0.75	0.44	0.42	0.40	0.38	0.35	0.33
1.00	0.46	0.44	0.42	0.40	0.37	0.35
1.25	0.47	0.46	0.43	0.41	0.39	0.37
1.50	0.48	0.47	0.44	0.43	0.40	0.38

以上所给公式适用于喷嘴高度 $h \geqslant 0.7H$ 的贴附射流。当 $h = 0.5H$ 时，射流上下对称，向两个方向同时扩散，因此射程较贴附射流短，仅是贴附射流的 70%。将上式中的 $\sqrt{F}$ 以 $\sqrt{0.5F}$ 代替进行计算，即可得到 $h = 0.5H$ 时的射程 L。

【例 11.3】车间长 70m、高 11.5m、宽 30m。在一端布置送风口及回风口，送风口高为 6m，流量为 10m³/s。试设计送风口尺寸。

【解】与射流垂直的房间横截面积 $F = 30 \times 11.5 = 345\text{m}^2$，限定工作区内空气流速 $v_1 = 0.5\text{m/s}$；接近末端的射流回流平均速度 $v_2 = 0.15\text{m/s}$。通过表 11.4 可查出 $\bar{L} = 0.37$。

选用带有收缩口的圆喷嘴，查表 11.1 得 $a = 0.07$，已知送风口高 $h = 6\text{m}$，约为 $0.5H$，则射程为

$$L = \frac{\bar{L}}{a}\sqrt{0.5F} = \frac{0.37}{0.07} \times \sqrt{0.5 \times 345} = 69.4\text{m}$$

也可以从 $h = 0.5H$ 时，射程仅为贴附射流的 70% 计算 L

$$L = 0.7\frac{\bar{L}}{a}\sqrt{F} = 0.7 \times \frac{0.37}{0.07}\sqrt{345} = 68.7\text{m}$$

二者所得结果应基本相符。

送风口直径 d_0 可从此两式联立求出

$$\begin{cases} Q_0 = \dfrac{\pi}{4} d_0^2 v_0 \\[2mm] \dfrac{v_1}{v_2} \times \dfrac{\sqrt{F}}{d_2} = 0.69 \end{cases}$$

$$d_0 = \frac{0.69 Q_0}{\dfrac{\pi}{4} v_1 \sqrt{F}} = \frac{0.69 \times 10}{\dfrac{\pi}{4} \times 0.5 \times \sqrt{345}} = 0.946\text{m}$$

11.5.4 末端涡流区

从喷嘴出口截面至收缩段终了断面Ⅳ—Ⅳ的射程长度 l_4，可用下列半经验公式计算。

$$\frac{l_4}{d_0} = 3.58 \frac{\sqrt{F}}{d_0} + \frac{1}{a}\left(0.147 \frac{\sqrt{F}}{d_0} - 0.133\right)$$

(11.31)

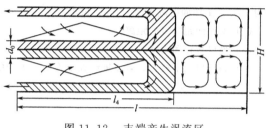

在房间长度 l 大于 l_4 的情况下，实验证明在封闭末端产生涡流区，如图 11.12 所示。涡流区的出现是通风空调工程所不希望的，应清除。

图 11.12　末端产生涡流区

【例 11.4】条件如【例 11.3】，试判断有无涡流区出现。

【解】用式（11.31）求 l_4

$$l_4 = 0.95\left[3.58 \frac{\sqrt{345}}{0.95} + \frac{1}{0.07}\left(0.147 \frac{\sqrt{345}}{0.95} - 0.133\right)\right] = 103.7\text{m}$$

房间长度为 70m，小于 l_4，故不会出现涡流区。若房间长度超过 103.7m，仍用带收缩的圆喷嘴，直径为 0.945m，将出现涡流区，此时可采用双侧射流送风等措施，消除涡流区。

思 考 题

11.1　射流的基本特征是什么？为什么用无因次量研究射流运动？

11.2　何谓过渡断面？何谓起始段和主体段？

11.3　何谓断面平均速度和质量平均速度？为什么要定义质量平均速度 v_2？

11.4　温差射流中，无因次温度分布曲线为什么在无因次速度曲线的外侧？　（参看图 11.4）

11.5　温差射流的基本特征是什么？为什么射流轨迹会发生弯曲？如何建立轨迹方程？

11.6　旋转射流、受限射流与自由淹没射流有哪些不同？试对比说明。

习 题

11.1　射流以 $Q_0 = 0.55\text{m}^3/\text{s}$，从 $d_0 = 0.3\text{m}$ 管嘴流出。试求 2.1m 处射流半宽 R、轴心速度、断面平均流速和质量平均流速。

11.2　某体育馆的圆柱形送风口，$d_0 = 0.6\text{m}$。风口至比赛区风速（质量平均风速）不得超过 0.3m，求送风口的送风量应不超过多少 m^3/s？

11.3　岗位送风所设风口向下，距地面 4m。要求在工作区（距地面 1.5m 高范围）造成直径为 1.5m 的射流，限定轴心速度为 2m/s，求喷嘴直径及出口流量。

11.4　室外空气经过墙壁上距地 6m 处的扁平窗口（$b_0 = 0.3\text{m}$）射入室内，室外温度 0℃，室内温度 25℃，射流出口速度为 2m/s。试求距壁面 $s = 6\text{m}$ 处 v_2、t_2 及冷射流轴心坐标。

217

11.5 圆断面射流出口流速 50m/s，某断面处轴心速度 5m/s。问该断面上气体流量是初始流量的多少倍？

11.6 喷口直径 150mm，紊流系数 0.075，射出气体温度 300K，周围介质温度 290K，求距喷口 5m，距轴心 1m 处的气体温度。

11.7 圆形喷口半径 200mm，要求射程 12m 处距轴心 1.5m 的地方流速为 3m/s。求喷口流量。

11.8 温度为 40℃的空气从直径 200mm 的圆形喷口射出，喷口流速 3m/s，周围空气温度为 18℃。求射程 5m 处的轴心温度及质量平均温度。

11.9 喷口半径 0.4m，比地面高 5m，沿水平方向以 2m/s 流速向室内喷射 10℃的冷空气，室内温度为 27℃。求距喷口 6m 处射流的质量平均速度、轴心温度及射流轴线离地面的距离。

11.10 圆形喷口送风温度 5℃，车间温度为 30℃。要求工作地点的质量平均风速为 2.4m/s，轴心温度为 15℃，工作面射流直径为 2m。试求：

（1）工作面距喷口的距离。

（2）喷口直径和流速。

（3）如喷口水平放置，射流轴线在工作面处下降的高度。

第12章 一元气体动力学基础

当气体流动速度较高或气体在长距离管道内流动时，由于压强变化较大，会引起气体密度和温度的显著变化，从而不能再把气体作为不可压缩流体看待，必须考虑气体的可压缩性。本章主要研究这种可压缩流体在管道内的流动规律。

可压缩气体流动，除了速度、压强外还必须考虑气体的密度和温度的变化，经常要用到气体状态方程等热力学知识。一般计算时压强用绝对压强，温度用开尔文温标。

12.1 理想气体一元恒定流动基本方程

12.1.1 连续性方程

由第 3 章知可压缩流体恒定总流的连续性方程为

$$\rho v A = c$$

对上式微分，$d(\rho v A) = 0$，即得微分形式的一元恒定气流的连续性方程

$$\frac{d\rho}{\rho} + \frac{dv}{v} + \frac{dA}{A} = 0 \tag{12.1}$$

12.1.2 状态方程

完全气体的状态方程

$$\frac{p}{\rho} = RT \tag{12.2a}$$

其微分形式为

$$\frac{dp}{p} = \frac{d\rho}{\rho} + \frac{dT}{T} \tag{12.2b}$$

12.1.3 动量方程

在一元恒定气流中 dl 微段上取两个过流断面，如图 12.1 所示。设断面 1—1 的过流面积、压强、密度和速度分别为 A、p、ρ 和 v，断面 2—2 的过流面积、压强、密度和速度分别为 $A+dA$、$p+dp$、$\rho+d\rho$ 和 $v+dv$，侧壁上平均压强为 $p+\dfrac{dp}{2}$。若壁面摩擦力为 δF_τ，且忽略质量力，则可对断面 1—1、断面 2—2 之间的流段取控制体并列动量方程

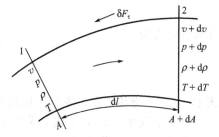

图 12.1 动量方程控制体

$$pA - (p+dp) \times (A+dA) + \left(p + \frac{dp}{2}\right)dA - \delta F_\tau = \rho v A\left[(v+dv) - v\right]$$

整理上式，略去高阶小量，得微分形式的一元恒定气流的动量方程为

$$v\,dv + \frac{dp}{\rho} + \frac{\delta F_\tau}{\rho A} = 0 \tag{12.3}$$

对于理想流体，$\delta F_\tau = 0$，则动量方程为

$$v\,dv + \frac{dp}{\rho} = 0 \tag{12.4}$$

12.1.4 能量方程

在壁面固定的情况下，控制体侧面与外界无机械功交换，但可能有热量交换。用 δq 表

示单位质量流体在单位时间内所吸收的热量，用 e 表示单位质量流体所具有的内能，用 i 表示单位质量流体所具有的焓。由热力学第一定律有

$$\delta q = \left[(e+\mathrm{d}e)-e\right] + \left[\frac{1}{2}(v+\mathrm{d}v)^2 - \frac{1}{2}v^2\right] + \frac{(p+\mathrm{d}p)\times(A+\mathrm{d}A)\times(v+\mathrm{d}v)-pAv}{\rho Q}$$

整理上式，略去高阶小量，得可压缩气体定常一元流动能量方程为

$$v\mathrm{d}v + \mathrm{d}i = \delta q \tag{12.5}$$

$$i = e + \frac{p}{\rho}$$

12.1.5　理想气体过程方程

（1）定容过程　热力学中定容过程是指气体在比容不变的条件下进行的热力过程。因此气体定容流动即密度不变的不可压缩流动。在 $\mathrm{d}\rho=0$ 时，动量方程式（12.4）可积分得

$$\frac{p}{\rho} + \frac{v^2}{2} = c \tag{12.6}$$

此式与忽略质量力的不可压缩流体能量方程相同。

（2）等温过程　等温过程是指气体在温度不变的条件下所进行的热力过程。若气体等温流动则有 $\mathrm{d}T=0$，即气体的状态方程式（12.2a）变为

$$\frac{p}{\rho} = RT = c \tag{12.7}$$

将式（12.7）代入式（12.4）中积分得

$$RT\ln p + \frac{v^2}{2} = c \tag{12.8}$$

（3）绝热过程　绝热过程是指系统与外界无热量交换的热力过程，即 $\delta q=0$ 的过程。对于理想流体就是无能量损失的绝热过程，又称为等熵过程或可逆的绝热过程。等熵过程方程为

$$\frac{p}{\rho^\gamma} = c \tag{12.9}$$

其微分形式为

$$\frac{\mathrm{d}p}{\mathrm{d}\rho} = \gamma\frac{p}{\rho} \tag{12.10}$$

$$\gamma = \frac{c_p}{c_v}$$

式中　γ——绝热指数，即定压比热与定容比热之比。

对于空气 $\gamma=1.4$，干饱和蒸汽 $\gamma=1.135$，过热蒸汽 $\gamma=1.33$。

将式（12.9）代入式（12.4）中积分得

$$\frac{\gamma}{\gamma-1}\times\frac{p}{\rho} + \frac{v^2}{2} = \frac{\gamma}{\gamma-1}RT + \frac{v^2}{2} = c \tag{12.11}$$

由于气体常数 $R=c_p-c_v$，焓 $i=c_p T$，故上式又可表示为

$$i + \frac{v^2}{2} = c \tag{12.12}$$

此式也可由能量方程式（12.5）积分获得。

（4）多变过程　多变过程是气体更一般化的热力过程，其过程方程为

$$\frac{p}{\rho^n} = c \tag{12.13}$$

式中　n——多变指数，对不同的多变过程可以有不同的值，等温过程 $n=1$，绝热过程 $n=\gamma$，定容过程 $n=\infty$。

将式（12.13）代入式（12.4）中积分可得

$$\frac{n}{n-1} \times \frac{p}{\rho} + \frac{v^2}{2} = \frac{n}{n-1}RT + \frac{v^2}{2} = c \quad (12.14)$$

【例 12.1】 压缩空气通过高压喷嘴，进口 1—1 断面上参数 $p_1 = 1177200Pa$，$v_1 = 100m/s$，$t_1 = 27℃$。出口 2—2 断面上参数 $p_2 = 981000Pa$。求喷嘴出口速度 v_2。

【解】 对于空气 $R = 287J/kg \cdot K$，$\gamma = 1.4$。由于速度较高，气流来不及与外界进行热量交换，且喷嘴较短，能量损失也可忽略，因此可按等熵流动处理。由状态方程得

$$\frac{p_1}{\rho_1} = RT_1$$

得

$$\rho_1 = \frac{p_1}{RT_1} = \frac{1177200}{287 \times (273+27)} = 13.67kg/m^3$$

由绝热过程方程式（12.9）得

$$\frac{p_1}{\rho_1^{\gamma}} = \frac{p_2}{\rho_2^{\gamma}} = c$$

$$\rho_2 = \rho_1 \left(\frac{p_2}{p_1} \right)^{\frac{1}{\gamma}} = 13.67 \times \left(\frac{981000}{1177200} \right)^{\frac{1}{1.4}} = 12.0kg/m^3$$

$$T_2 = \frac{p_2}{\rho_2 R} = \frac{981000}{12.0 \times 287} = 284.8K$$

根据式（12.11）

$$\frac{\gamma}{\gamma-1}RT_1 + \frac{v_1^2}{2} = \frac{\gamma}{\gamma-1}RT_2 + \frac{v_2^2}{2} = c$$

得

$$v_2 = \sqrt{\frac{2\gamma R}{\gamma-1}(T_1 - T_2) + v_1^2} = \sqrt{\frac{2 \times 1.4 \times 287}{1.4-1} \times (300 - 284.8) + 100^2} = 201.3m/s$$

12.2 声速和马赫数

12.2.1 声速

可压缩流体中的小幅振动称为声波或小扰动波。声波将引起流体压强和密度的交替变化即压缩和稀疏，并且会通过周围流体从一点传播到另外一点。这种小扰动波在流体中的传播速度称为声速，用符号 a 表示。

小扰动波传播的物理过程如图 12.2 所示。设截面为 A 的长直管道中充满可压缩流体，管道左端装有活塞，管内流体原先处于静止状态。若推动活塞以微小速度 dv 向右运动，紧贴活塞的流体也随之以微小速度 dv 向右运动，并产生微小压强增量 dp 和微小密度增量 $d\rho$。密度的增大使扰动区域的流体体积有所减小，延迟一小段时间后会推动右侧流体产生同样的运动，这个过程将以速度 a 逐渐向右传递，这就是声波或小扰动波传播的物理过程。扰动区域与未扰动区域的分界面称为波峰。波峰到达前流体处于静止状态，设其压强为 p，密度为 ρ。波峰过后速度变为 dv，压强变为 $p+dp$，密度变为 $\rho+d\rho$。将坐标系固定在波峰上，如图 12.2 所示，则对于动坐标系来说，波峰右侧流体以速度 a 向左运动，波峰左侧流体以速度 $(a-dv)$ 向左运动。在波峰前后

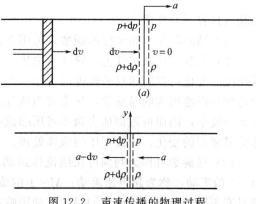

图 12.2　声速传播的物理过程

微小距离处取两过流断面列连续方程

$$\rho a A = (\rho + \mathrm{d}\rho)(a - \mathrm{d}v)A$$

略去二阶小量，得
$$\frac{\mathrm{d}\rho}{\rho} = \frac{\mathrm{d}v}{a} \tag{12.15}$$

再列动量方程为
$$pA - (p + \mathrm{d}p)A = \rho a A[(a - \mathrm{d}v) - a]$$

整理得
$$\mathrm{d}p = \rho a \, \mathrm{d}v \tag{12.16}$$

式（12.15）和式（12.16）消去 $\mathrm{d}v$ 即得声速的表达式为

$$a = \sqrt{\frac{\mathrm{d}p}{\mathrm{d}\rho}} \tag{12.17}$$

此式对于气体和液体都适用。

由式（1.8）可知液体的体积模量 $K = \rho \dfrac{\mathrm{d}p}{\mathrm{d}\rho}$，故声波在液体中的传播速度又可表示为

$$a = \sqrt{\frac{K}{\rho}} \tag{12.18}$$

对于气体，由于小扰动波传播的速度很快，与外界来不及进行热量交换，且参数的变化都为小量。因此可以认为声速的传播过程是一个即绝热又没有能量损失的等熵过程。将等熵过程方程式（12.10）和气体状态方程式（12.2a）代入式（12.17）即得气体中的声速公式

$$a = \sqrt{\gamma \frac{p}{\rho}} = \sqrt{\gamma R T} \tag{12.19}$$

由式（12.17）和式（12.19）可以看出，声速具有下列性质。

（1）声速与密度对压强变化率的平方根成反比。说明声速越小，流体越容易被压缩；声速越大，流体越不容易被压缩。对于不可压缩流体，$a = \infty$。因此，声速是反映当地流体可压缩性大小的一个指标。

（2）声速与气体绝对温度的平方根成正比。在气体动力学中，温度是空间坐标的函数，因此声速也是空间坐标的函数。一般称 a 为当地声速。

（3）声速与绝热指数及气体常数有关，所以不同的气体各有自己的声速值。对于空气，$\gamma = 1.4$，$R = 287\mathrm{J/kg \cdot K}$，代入式（12.19）得

$$a = 20.1\sqrt{T} \tag{12.20}$$

12.2.2　马赫数

当地气流速度与当地声速之比称为马赫数，以符号 M 表示。

$$M = \frac{v}{a} \tag{12.21}$$

马赫数具有下列性质。

（1）马赫数是空间坐标的函数。可用点速度或平均速度代入上式计算。

（2）马赫数反映惯性力与弹性力之比。马赫数是空气动力学中一个重要的相似准数。气流速度的变化可以间接反映密度的变化。速度越大的地方，压强越小，密度也越小。因此气流速度与声速组成的马赫数，标志着当地气流的压缩程度。马赫数小意味着气体运动引起的膨胀程度小，因而可近似地当做不可压缩流体处理。马赫数大表示气流膨胀得很厉害，必须考虑其密度的变化，应按可压缩流体处理。

（3）马赫数可作为判别可压缩流体运动类型的判据。$M < 1$ 的流动，称为亚声速流动；$M > 1$ 的流动，称为超声速流动；$M = 1$ 的流动，称为跨声速流动。亚声速气流与超声速气流具有不同的特点。首先我们讨论扰动影响区域的不同。

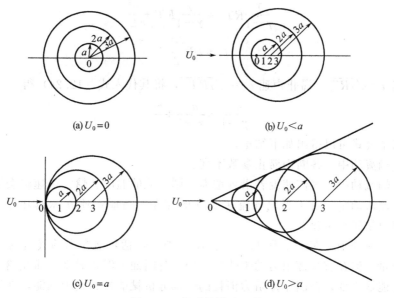

(a) $U_0 = 0$ (b) $U_0 < a$

(c) $U_0 = a$ (d) $U_0 > a$

图 12.3　扰动的影响区域

设 O 点为一扰动源，连续不断地对气流发出小扰动。若气体是静止的，扰动波将以声速 a 向四周传播。不同时刻波面为不同半径的球面，球心与 O 点重合，如图 12.3（a）所示；扰动波可以传播到整个空间。如扰动源处于亚声速的等速均匀流场中，由于扰动波一方面以声速向外传播，另一方面又被气流以速度 U_0 带向下游，不同时刻形成的波面，如图 12.3（b）所示；扰动波沿流动方向传播得快，沿反方向传播得慢，但只要时间足够，扰动波仍能传播到整个空间。如扰动源处于等声速的流场中，不同时刻的扰动波面如图 12.3（c）所示；扰动波只能传播到 O 点下游的半无限空间内，O 点前方的半无限空间为不受扰动区域，感觉不到扰动源的存在。如流场速度加大到超声速，扰动波面被整个带向下游，不同时刻的扰动波面如图 12.3（d）所示；此时扰动波只能传播到球面的包络面内。包络面是一个圆锥体，通常称它为马赫锥；锥的半顶角 α 称为马赫角，马赫角与声速 a、气流速度 U_0 的关系为

$$\sin\alpha = \frac{a}{U_0} = \frac{1}{M_0}\tag{12.22}$$

式中　M_0——来流马赫数。

如周围气体静止不动，而扰动源以速度 U_0 向前运动，则扰动波在不同速度时的传播情况和图 12.3 是一样的。这就是为什么当我们听到超声速飞机的声音时，飞机早已越过头顶的原因。

12.2.3　滞止参数

气流某断面的流速，设想以无摩擦绝热过程降低至零时，该断面上各参数所达到的值，称为滞止参数。滞止参数以下标"0"表示。例如，p_0、ρ_0、T_0、i_0、a_0 分别表示滞止压强、滞止密度、滞止温度、滞止焓和滞止声速。

当气体由较大的容器流出时，容器内各流动参数就是滞止参数；在气体对固体的绕流中，驻点处速度为零，该处的流动参数也是滞止参数。断面滞止参数可根据等熵流动方程及该断面上的参数值求出。

根据式（12.11）和式（12.12）可得

$$\frac{\gamma}{\gamma-1} \times \frac{p_0}{\rho_0} = \frac{\gamma}{\gamma-1} \times \frac{p}{\rho} + \frac{v^2}{2}\tag{12.23}$$

$$\frac{\gamma}{\gamma-1}RT_0=\frac{\gamma}{\gamma-1}RT+\frac{v^2}{2} \tag{12.24}$$

$$i_0=i+\frac{v^2}{2} \tag{12.25}$$

又因当地声速 $a=\sqrt{\gamma RT}$，滞止声速 $a_0=\sqrt{\gamma RT_0}$，将其代入式（12.24）得

$$\frac{a_0^2}{\gamma-1}=\frac{a^2}{\gamma-1}+\frac{v^2}{2} \tag{12.26}$$

从以上四个公式可以得出如下结论。

（1）在等熵流动中，各断面滞止参数不变。

（2）在等熵流动中，气流速度若沿程增大，则气流的温度、焓、声速将会沿程减小。

（3）在等熵流动中，由于当地气流速度 v 的存在，当地声速 a 永远小于滞止声速 a_0，气流中最大声速是滞止声速 a_0。

（4）在等熵流动中，滞止参数 T_0、i_0、a_0 反映了包括热能在内的气流的全部能量，p_0 则反映机械能量。但在有摩擦阻力的绝热气流中，各断面上滞止温度、滞止焓、滞止声速值不变，表示总能量不变，但因摩擦阻力消耗的一部分机械能量转化为热能，使滞止压强沿程降低。在有摩擦阻力的等温气流中，气流和外界不断交换热量，使滞止温度 T_0 沿程变化。

滞止参数与断面参数的比值可表示为马赫数的函数。因为 $M=\dfrac{v}{a}=\dfrac{v}{\sqrt{\gamma RT}}$，代入式（12.24）得

$$\frac{T_0}{T}=1+\frac{\gamma-1}{2}M^2 \tag{12.27}$$

考虑气体状态方程式及绝热过程方程，以同样的方法可推出

$$\frac{p_0}{p}=\left(\frac{T_0}{T}\right)^{\frac{\gamma}{\gamma-1}}=\left(1+\frac{\gamma-1}{2}M^2\right)^{\frac{\gamma}{\gamma-1}} \tag{12.28}$$

$$\frac{\rho_0}{\rho}=\left(\frac{T_0}{T}\right)^{\frac{1}{\gamma-1}}=\left(1+\frac{\gamma-1}{2}M^2\right)^{\frac{1}{\gamma-1}} \tag{12.29}$$

$$\frac{a_0}{a}=\left(\frac{T_0}{T}\right)^{\frac{1}{2}}=\left(1+\frac{\gamma-1}{2}M^2\right)^{\frac{1}{2}} \tag{12.30}$$

12.2.4 气流按不可压缩处理的限度

马赫数是衡量气体可压缩程度的指标。下面通过计算绕流问题驻点的滞止压强来说明马赫数在怎样的限度以内才可以忽略压缩性的影响。

设气流以速度 v 绕过圆柱体，在驻点处速度为零，此处的压强可视为滞止压强，如图 12.4 所示。首先按不可压缩流体的能量方程计算滞止压强，得

$$p'_0=p+\frac{\rho v^2}{2}$$

其次按可压缩流体的能量方程式（12.28）计算滞止压强，即

$$\frac{p_0}{p}=\left(1+\frac{\gamma-1}{2}M^2\right)^{\frac{\gamma}{\gamma-1}}\approx1+\frac{\gamma}{2}M^2+\frac{\gamma}{8}M^4$$

约等号后取的是二项式定理展开式的前三项，将 $M=\dfrac{v}{a}=$

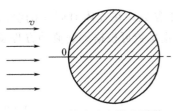

图 12.4　绕流驻点滞止压强

$\sqrt{\dfrac{\rho v^2}{\gamma p}}$ 代入上式整理得

$$p_0 = p + \frac{\rho v^2}{2} + \frac{\rho v^2}{2} \times \frac{M^2}{4} \qquad (12.31)$$

于是按不可压缩流体计算所引起的绝对误差为

$$\Delta p_0 = p_0 - p'_0 = \frac{\rho v^2}{2} \times \frac{M^2}{4} \qquad (12.32)$$

相对误差为

$$\frac{\Delta p_0}{\rho v^2 / 2} = \frac{M^2}{4} \qquad (12.33)$$

若限定相对误差小于 1%，即 $\frac{M^2}{4} < 0.01$，则 $M < 0.2$ 时可忽略压缩性，按不可压缩流体处理。例如，对于 15℃ 的空气，声速 $a = \sqrt{\gamma R T} = \sqrt{1.4 \times 287 \times (273+15)} = 340\text{m/s}$，相当于气流速度 $v < 68\text{m/s}$ 时，按不可压缩流体处理引起的误差不超过 1%。然而当 $v = 136\text{m/s}$ 时，误差达到 4%；当 $v = 217\text{m/s}$ 时，误差达 10%。可见随着气流速度的增大，压缩性必须考虑。

【例 12.2】容器中的压缩空气经一收缩喷嘴射出，喷嘴出口处的绝对压强为 100kPa，温度为 -30℃，流速为 250m/s。试求容器中的压强和温度。

【解】容器中空气的流速为零，其流动参数为滞止参数。喷口处声速为

$$a = \sqrt{\gamma R T} = \sqrt{1.4 \times 287 \times (273-30)} = 312.5\text{m/s}$$

马赫数为

$$M = \frac{v}{a} = \frac{250}{312.5} = 0.8$$

由式（12.27）和式（12.28）求滞止压强和滞止温度

$$p_0 = p\left(1 + \frac{\gamma-1}{2}M^2\right)^{\frac{\gamma}{\gamma-1}} = 100 \times \left(1 + \frac{1.4-1}{2} \times 0.8^2\right)^{\frac{1.4}{1.4-1}} = 152.4\text{kPa}$$

$$T_0 = T\left(1 + \frac{\gamma-1}{2}M^2\right) = (273-30) \times \left(1 + \frac{1.4-1}{2} \times 0.8^2\right) = 274.1\text{K}$$

$$t_0 = T_0 - 273 = 1.1℃$$

【例 12.3】空气流经一收缩喷嘴等熵流动，进口截面流动参数为压强 $p_1 = 140\text{kPa}$，流速 $v_1 = 80\text{m/s}$，温度 $T_1 = 293\text{K}$。出口截面压强 $p_2 = 100\text{kPa}$。求出口密度和流速。

【解】由气体状态方程得

$$\rho_1 = \frac{p_1}{R T_1} = \frac{140000}{287 \times 293} = 1.665\text{kg/m}^3$$

由等熵过程方程式（12.9）得

$$\rho_2 = \rho_1 \left(\frac{p_2}{p_1}\right)^{\frac{1}{\gamma}} = 1.665 \times \left(\frac{100}{140}\right)^{\frac{1}{1.4}} = 1.309\text{kg/m}^3$$

由式（12.11）得

$$\frac{\gamma}{\gamma-1} R T_1 + \frac{v_1^2}{2} = \frac{\gamma}{\gamma-1} \times \frac{p_2}{\rho_2} + \frac{v_2^2}{2}$$

即

$$\frac{1.4}{1.4-1} \times 287 \times 293 + \frac{80^2}{2} = \frac{1.4}{1.4-1} \times \frac{100000}{1.309} + \frac{v_2^2}{2}$$

故出口流速

$$v_2 = 245.5\text{m/s}$$

12.3　变截面喷管中的等熵流动

可压缩气流通过喷管时，行程短，流速高，与外界来不及进行热交换，摩擦损失也可忽

略，因此可按等熵流动处理。

12.3.1 流动参数与截面积的关系

描述可压缩气体运动的基本方程组为连续方程、状态方程、动量方程（或能量方程）和等熵过程方程，由 12.1 节知它们的微分形式如下

$$\frac{\mathrm{d}\rho}{\rho} + \frac{\mathrm{d}v}{v} + \frac{\mathrm{d}A}{A} = 0$$

$$\frac{\mathrm{d}p}{p} = \frac{\mathrm{d}\rho}{\rho} + \frac{\mathrm{d}T}{T}$$

$$v\,\mathrm{d}v + \frac{\mathrm{d}p}{\rho} = 0$$

$$\frac{\mathrm{d}p}{\mathrm{d}\rho} = \gamma\,\frac{p}{\rho}$$

将式（12.4）代入式（12.17）得

$$v\,\mathrm{d}v = -\frac{\mathrm{d}p}{\rho} = -\frac{\mathrm{d}p}{\mathrm{d}\rho} \times \frac{\mathrm{d}\rho}{\rho} = -a^2\,\frac{\mathrm{d}\rho}{\rho}$$

即

$$\frac{\mathrm{d}\rho}{\rho} = -M^2\,\frac{\mathrm{d}v}{v} \tag{12.34}$$

将式（12.34）代入式（12.1）得

$$\frac{\mathrm{d}v}{v} = \frac{1}{M^2 - 1} \times \frac{\mathrm{d}A}{A} \tag{12.35}$$

$$\frac{\mathrm{d}\rho}{\rho} = -\frac{M^2}{M^2 - 1} \times \frac{\mathrm{d}A}{A} \tag{12.36}$$

将式（12.36）代入式（12.10）得

$$\frac{\mathrm{d}p}{p} = -\frac{\gamma M^2}{M^2 - 1} \times \frac{\mathrm{d}A}{A} \tag{12.37}$$

将式（12.36）和式（12.37）代入式（12.2）得

$$\frac{\mathrm{d}T}{T} = -\frac{(\gamma - 1)M^2}{M^2 - 1} \times \frac{\mathrm{d}A}{A} \tag{12.38}$$

以上四个公式反映了喷管中气流速度、密度、压强及温度的相对变化与截面积相对变化之间的关系，据此可分析 v、ρ、p、T 在变截面喷管中沿程变化的趋势。例如在渐缩喷管中，截面积沿程减小，$\mathrm{d}A < 0$。对于亚声速流动，$M < 1$，因此 $\mathrm{d}v > 0$，$\mathrm{d}\rho < 0$，$\mathrm{d}p < 0$，$\mathrm{d}T < 0$。说明流速沿程增大，密度、压强、温度皆沿程减小。对于超声速流动 $M > 1$，因此 $\mathrm{d}v < 0$，$\mathrm{d}\rho > 0$，$\mathrm{d}p > 0$，$\mathrm{d}T > 0$。说明流速沿程减小，密度、压强、温度皆沿程增大。表 12.1 列出了各流动参数沿程变化的趋势。

表 12.1 流动参数沿程变化的趋势

流　动　参　数		速度 v	密度 ρ	压强 p	温度 T	单位面积质量流量 ρv
亚声速 $M < 1$	渐缩管 $\mathrm{d}A < 0$	增大	减小	减小	减小	增大
	渐扩管 $\mathrm{d}A > 0$	减小	增大	增大	增大	减小
超声速 $M > 1$	渐缩管 $\mathrm{d}A < 0$	减小	增大	增大	增大	增大
	渐扩管 $\mathrm{d}A > 0$	增大	减小	减小	减小	减小

由以上四个公式消去面积后可得速度、密度、压强及温度的相对变化之间的关系为

$$\frac{\mathrm{d}p}{p} = \frac{\gamma}{\gamma - 1} \times \frac{\mathrm{d}T}{T} = \gamma\,\frac{\mathrm{d}\rho}{\rho} = -\gamma M^2\,\frac{\mathrm{d}v}{v} \tag{12.39}$$

讨论如下问题。

（1）密度、压强、温度的变化趋势与速度的变化趋势相反。如果 v 沿程增大，ρ、p、T 必然沿程减小。

（2）在亚声速流动中，速度随截面的变化趋势与不可压缩流体一致，即在渐缩管中速度沿程增大，在渐扩管管中速度沿程减小，如图 12.5（a）所示。而且马赫数越大流速随截面的变化更为明显。

（3）在超声速气流中，速度随截面的变化趋势与不可压缩流体相反，即在渐缩管中速度沿程减小，在渐扩管管中速度沿程增大，如图 12.5（b）所示。如何理解这种变化呢？由式（12.36）可以看出，当 $M>1$ 时，$-\dfrac{M^2}{M^2-1}<0$ 且 $\left|-\dfrac{M^2}{M^2-1}\right|>1$。说明在渐缩管中密度的相对增大值大于截面积的相对减小值，在渐扩管中密度的相对减小值大于截面积的相对增大值。而连续性方程要求 $\rho v A = c$，因此速度只能在渐缩管中沿程减小，在渐扩管管中沿程增大。

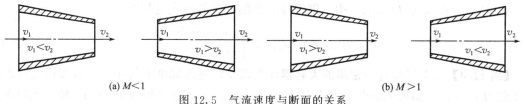

(a) $M<1$ (b) $M>1$

图 12.5　气流速度与断面的关系

（4）若 $M=1$，由式（12.35）知 $\mathrm{d}A=0$，这表明声速只能出现在管道的最小截面处。使亚声速气流在渐缩段内加速，在最小截面处达到声速，进入渐扩段后继续加速为超声速气流。这样的喷管称为拉伐尔喷管，如图 12.6（b）所示。图 12.6（c）表示了拉伐尔喷管在长度方向上，断面面积 A、气流速度 v、压强 p 的变化规律。

使用拉伐尔喷管可以把气体的压力降低到临界值以下，得到超声速气流，由于拉伐尔喷管是由一定形状的渐缩管和渐扩管组成的，因而在不同进出口压强比的情况下，它的工作特性与收缩喷管有很大不同。由于存在摩擦，实际喷管的性能与拉伐尔喷管稍有不同，但因为偏差很小，所以在设计喷管时，可先按等熵流的公式计算，然后利用由实验确定的喷管效率和流量系数进行修正。

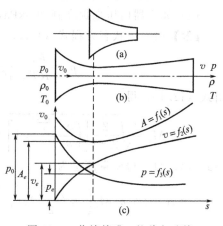

图 12.6　收缩管嘴、拉伐尔喷管

12.3.2　通过收缩喷管的最大流量

可压缩流体在大容器中经收缩喷嘴（即渐缩喷管）流出，其质量流量 G 以及最大流量 $G_{\max}$ 均可求出。设大容器内速度 $v_0=0$，压强 p_0、密度 ρ_0 已知，喷嘴出口截面积为 A_e，外界环境的压强为 p_e。根据式（12.28）可求得出口截面上的马赫数为

$$M_e=\sqrt{\frac{2}{\gamma-1}\left[\left(\frac{p_0}{p_e}\right)^{\frac{\gamma-1}{\gamma}}-1\right]} \tag{12.40}$$

如 $M_e<1$，则质量流量为 $\quad G=\rho_e v_e A_e=\rho_0 a_0 \dfrac{\rho_e}{\rho_0}\times\dfrac{a_e}{a_0}M_e A_e$

将式（12.19）、式（12.29）和式（12.30）代入上式得质量流量为

$$G=A_e\sqrt{\gamma p_0 \rho_0}\,M_e\left(1+\frac{\gamma-1}{2}M_e^2\right)^{-\frac{\gamma+1}{2(\gamma-1)}} \tag{12.41}$$

由式（12.40）可知，随着 $\dfrac{p_0}{p_e}$ 增大，M_e 将增大，G 也将增加，但存在极大值，不能无限增加

$$\frac{\mathrm{d}G}{\mathrm{d}M_e}=\left[1-\frac{\gamma+1}{2}M_e^2\left(1+\frac{\gamma-1}{2}M_e^2\right)^{-1}\right]\frac{G}{M_e}=0$$

上式当一阶导数 $\mathrm{d}G/\mathrm{d}M_e=0$ 时，$M_e=1$，表明马赫数等于 1 时通过的流量最大。由容器进入渐缩喷管的亚声速气流不可能达到超声速，在渐缩喷管中增速的极限状态是声速。此后，不论 $\dfrac{p_0}{p_e}$ 增加多少，出口截面的速度都不可能再增大，流量也达到了极限。此时喷管出口截面处的压强不再是 p_e，而是式（12.40）中相当于马赫数等于 1 时的压强，这个压强称为极限压强。

以 $M_e=1$ 代入式（12.41）中，即得通过渐缩喷管的最大流量为

$$G_{\max}=A_e\sqrt{\gamma p_0\rho_0}\left(\frac{2}{\gamma+1}\right)^{\frac{\gamma+1}{2(\gamma-1)}} \tag{12.42}$$

【例 12.4】完全气体自一密闭的大容器经收缩喷管流入标准大气中，如容器内气体的绝对压强为 170kPa，温度为 60℃，该气体 $R=167\mathrm{J/kg\cdot K}$，绝热指数 $\gamma=1.4$，喷管出口截面积为 12.57cm²。试求：

（1）流经喷管的质量流量。

（2）如容器内压强提高到 300kPa，其他条件不变，求通过的流量。

【解】（1）由状态方程式（12.2a）得

$$\rho_0=\frac{p_0}{RT}=\frac{170000}{167\times(273+60)}=3.057\mathrm{kg/m^3}$$

由式（12.40）得

$$M_e=\sqrt{\frac{2}{\gamma-1}\left[\left(\frac{p_0}{p_e}\right)^{\frac{\gamma-1}{\gamma}}-1\right]}=\sqrt{\frac{2}{1.4-1}\left[\left(\frac{170}{101.325}\right)^{\frac{1.4-1}{1.4}}-1\right]}=0.893<1$$

由式（12.41）得质量流量为

$$G=A_e\sqrt{\gamma p_0\rho_0}\,M_e\left(1+\frac{\gamma-1}{2}M_e^2\right)^{-\frac{\gamma+1}{2(\gamma-1)}}$$

$$=12.57\times10^{-4}\times\sqrt{1.4\times170\times10^3\times3.057}\times0.893\times\left(1+\frac{1.4-1}{2}\times0.893^2\right)^{-\frac{1.4+1}{2(1.4-1)}}$$

$$=0.614\mathrm{kg/s}$$

（2）$p_0=300\mathrm{kPa}$ 时 $\quad\rho_0=\dfrac{p_0}{RT}=\dfrac{300\times10^3}{167\times(273+60)}=5.395\mathrm{kg/m^3}$

$$M_e=\sqrt{\frac{2}{\gamma-1}\left[\left(\frac{p_0}{p_e}\right)^{\frac{\gamma-1}{\gamma}}-1\right]}=\sqrt{\frac{2}{1.4-1}\left[\left(\frac{300}{101.325}\right)^{\frac{1.4-1}{1.4}}-1\right]}=1.348>1$$

通过的流量为最大流量，应按式（12.42）计算

$$G_{\max}=A_e\sqrt{\gamma p_0\rho_0}\left(\frac{2}{\gamma+1}\right)^{\frac{\gamma+1}{2(\gamma-1)}}$$

$$=12.57\times10^{-4}\times\sqrt{1.4\times300\times10^3\times5.395}\times\left(\frac{2}{1.4+1}\right)^{\frac{1.4+1}{2(1.4-1)}}=1.09\mathrm{kg/s}$$

12.4 可压缩气体管道流动

只有在流程很短、流速较大的情况下，可压缩流体才能按等熵流动处理。对于流速不太高的长管路气力输送问题，应该考虑摩擦阻力和热交换的影响，不能再按等熵流动处理。这就是实际气体的流动。如实际工程中的高压蒸汽管道、煤气管道等。本节讨论等截面管道中等温和绝热两种流动。

12.4.1 等温流动

在实际工程中如果管道很长，流速不太大，气体与外界能进行充分的热交换，使气流的温度基本保持与周围环境温度相同，这类管道可按等温流动处理。

（1）基本方程　在等截面等温流动中，因 $A=c$，$T=c$，故

连续性方程为
$$\rho v = c \tag{12.43}$$

由式（12.1）得
$$\frac{\mathrm{d}\rho}{\rho} + \frac{\mathrm{d}v}{v} = 0 \tag{12.44}$$

由式（12.2）得状态方程为
$$\frac{p}{\rho} = c \tag{12.45}$$

$$\frac{\mathrm{d}p}{p} = \frac{\mathrm{d}\rho}{\rho} \tag{12.46}$$

若管壁对流体的摩擦阻力表示为 $\delta F_\tau = \tau_0 \pi D \mathrm{d}l = \dfrac{\lambda}{8}\rho v^2 \pi D \mathrm{d}l$

式中 D 为管径，τ_0 为管壁切应力，将上式代入式（12.3），得到等截面管道中的动量方程

$$v\mathrm{d}v + \frac{\mathrm{d}p}{\rho} + \lambda \frac{\mathrm{d}l}{D} \times \frac{v^2}{2} = 0 \tag{12.47}$$

（2）流动参数的沿程变化　因为 $v = aM = M\sqrt{\gamma RT}$，对于等温流动 T 为常数，a 也为常数，故

$$\mathrm{d}v = a\,\mathrm{d}M \tag{12.48}$$

将式（12.48）代入式（12.47）中整理，同时考虑式（12.44）和式（12.46）后可得

$$\frac{\mathrm{d}p}{p} = \frac{\mathrm{d}\rho}{\rho} = -\frac{\mathrm{d}v}{v} = -\frac{\mathrm{d}M}{M} = -\frac{\gamma M^2}{1-\gamma M^2} \times \frac{\lambda}{2D}\mathrm{d}l \tag{12.49}$$

设沿流动方向 $\mathrm{d}l$ 为正值，则由上式可以看出流动参数沿程变化的趋势。当 $M < \dfrac{1}{\sqrt{\gamma}}$ 时，压强和密度沿程减小，流速和马赫数沿程增大；当 $M > \dfrac{1}{\sqrt{\gamma}}$ 时，压强和密度沿程增大，流速和马赫数沿程减小。

对于滞止温度，已知式（12.27）
$$\frac{T_0}{T} = 1 + \frac{\gamma-1}{2}M^2$$

微分得
$$\frac{\mathrm{d}T_0}{T_0} = \frac{\gamma-1}{2+(\gamma-1)M^2}\mathrm{d}M^2$$

上式与式（12.49）联立得
$$\frac{\mathrm{d}T_0}{T_0} = \frac{\gamma(\gamma-1)M^4}{(1-\gamma M^2) \times [2+(\gamma-1)M^2]} \times \frac{\lambda}{D}\mathrm{d}l \tag{12.50}$$

当 $M<\dfrac{1}{\sqrt{\gamma}}$ 时，滞止温度沿程增大。这时随着压强沿程减小，流体体积膨胀，需要由外界输入热量才能保持等温流动。当 $M>\dfrac{1}{\sqrt{\gamma}}$ 时，则有热量从流体输出。表 12.2 列出了等温流动各参数沿程变化的趋势。

表 12.2　等温流动各参数沿程变化趋势

流动参数	$M<\dfrac{1}{\sqrt{\gamma}}$	$M>\dfrac{1}{\sqrt{\gamma}}$
流速 v	增大	减小
马赫数 M	增大	减小
压强 p	减小	增大
密度 ρ	减小	增大
滞止温度 T_0	增大	减小

（3）压降和流量计算　以 $\dfrac{2}{v^2}$ 乘以式（12.47）中的各项得

$$2\dfrac{\mathrm{d}v}{v}+2\dfrac{\mathrm{d}p}{\rho v^2}+\dfrac{\lambda}{D}\mathrm{d}l=0 \tag{12.51}$$

如图 12.7 所示，设 p_1、v_1 为管道进口断面的压强和流速，p_2、v_2 为管道出口断面的压强和流速。由式（12.43）和式（12.45）得

$$\dfrac{\rho}{\rho_1}=\dfrac{v_1}{v}=\dfrac{p}{p_1}$$

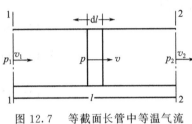

图 12.7　等截面长管中等温气流　故

$$\dfrac{1}{\rho v^2}=\dfrac{1}{\rho_1 v_1^2}\times\dfrac{p}{p_1}$$

将上式代入式（12.51）中并从 1—1 断面至 2—2 断面积分得

$$2\int_{v_1}^{v_2}\dfrac{\mathrm{d}v}{v}+\dfrac{2}{\rho_1 v_1^2 p_1}\int_{p_1}^{p_2}p\,\mathrm{d}p+\int_0^l\dfrac{\lambda}{D}\mathrm{d}l=0$$

因 $\lambda=f\left(Re,\dfrac{k}{D}\right)$，而 $Re=\dfrac{\rho v D}{\mu}$，等截面管道中 $\rho v=c$，等温流动中 $\mu=c$，故流体在等截面管道中等温流动时 λ 沿程不变，其值可参照不可压缩流体的情况选取。则上式积分得

$$p_1^2-p_2^2=\rho_1 v_1^2 p_1\left(2\ln\dfrac{v_2}{v_1}+\lambda\dfrac{l}{D}\right) \tag{12.52}$$

如果管道较长，此时 $2\ln\dfrac{v_2}{v_1}\ll\lambda\cdot\dfrac{l}{D}$，则 $2\ln\dfrac{v_2}{v_1}$ 可忽略不计。于是得到出口断面压强的近似计算公式

$$p_2=p_1\sqrt{1-\dfrac{\rho_1 v_1^2}{p_1}\times\dfrac{\lambda l}{D}}=p_1\sqrt{1-\dfrac{v_1^2}{RT}\times\dfrac{\lambda l}{D}} \tag{12.53}$$

将 $v_1=\dfrac{G}{\rho_1\dfrac{\pi D^2}{4}}$ 代入上式即得等温流动质量流量的计算公式

$$G=\sqrt{\dfrac{\pi^2 D^5}{16\lambda l RT}(p_1^2-p_2^2)} \tag{12.54}$$

（4）极限管长　无论进口断面的马赫数大于还是小于 $\dfrac{1}{\sqrt{\gamma}}$，M 沿流程总是向着趋近于 $\dfrac{1}{\sqrt{\gamma}}$ 变化，因此管道中间不可能出现马赫数等于 $\dfrac{1}{\sqrt{\gamma}}$ 的临界断面，临界断面只能出现在管道出口

断面上。流速沿流向只能单调增大或单调减小，但管道是可以任意加长的，而流速的变化只能以 $M_2 = \frac{1}{\sqrt{\gamma}}$ 为极限，这就提出了极限管长的问题。当管道出口断面的马赫数 $M_2 = \frac{1}{\sqrt{\gamma}}$ 时，相应的管长就是极限管长 l_{max}。如实际管长大于极限管长，则管内流动将出现阻塞现象。此时，管内通过的流量不是按式（12.54）算出的流量，实际流量将减小到进口断面马赫数 M_1 正好使出口断面的马赫数 $M_2 = \frac{1}{\sqrt{\gamma}}$。

如 M_1 已知，对式（12.49）的最后两项积分

$$\frac{\lambda}{D}\int_0^{l_{max}} \mathrm{d}l = \frac{1}{\gamma}\int_{M_1}^{\frac{1}{\sqrt{\gamma}}} \frac{1-\gamma M^2}{M^4}\mathrm{d}M^2$$

得极限管长计算公式

$$\frac{\lambda}{D}l_{max} = \frac{1-\gamma M_1^2}{\gamma M_1^2} + \ln(\gamma M_1^2) \tag{12.55}$$

再对式（12.49）积分

$$\int_{p_1}^{p_2} \frac{\mathrm{d}p}{p} = -\frac{1}{2}\int_{M_1}^{M_2} \frac{\mathrm{d}M^2}{M^2}$$

得

$$\frac{p_2}{p_1} = \frac{M_1}{M_2}$$

令上式中的 $M_2 = \frac{1}{\sqrt{\gamma}}$，$p_2$ 就是管长为极限管长时出口断面的压强，它是管道内可能出现的最小压强，以 p_{min} 表示，即

$$p_{min} = p_1\sqrt{\gamma}M_1 \tag{12.56}$$

【例 12.5】氦气在直径 $D=200\mathrm{mm}$、长 $l=600\mathrm{m}$ 的管道中作等温流动。已知进口断面的速度 $v_1=90\mathrm{m/s}$，压强 $p_1=1380\mathrm{kPa}$，温度 $t=25\,℃$，氦气的气体常数 $R=2077\mathrm{J/kg \cdot K}$，绝热指数 $\gamma=1.67$，沿程阻力系数 $\lambda=0.015$。试求：

（1）出口断面的压强和流速。

（2）如按不可压缩流体计算，出口断面压强为多少？

（3）如管长 $l=1200\mathrm{m}$，出口断面压强为多少？

（4）进口断面的流动参数不变，求极限管长。

（5）如管长为极限管长，求出口断面的压强、速度和马赫数。

【解】（1）由状态方程式（12.2a）得

$$\rho_1 = \frac{p_1}{RT_1} = \frac{1380\times10^3}{2077\times(273+25)} = 2.23\mathrm{kg/m^3}$$

由式（12.53）得出口断面压强为

$$p_2 = p_1\sqrt{1-\frac{\rho_1 v_1^2}{p_1}\times\frac{\lambda l}{D}} = 1380\times\sqrt{1-\frac{2.23\times90^2\times0.015\times600}{1380\times10^3\times0.2}} = 884.7\mathrm{kPa}$$

由连续方程式（12.43）及状态方程式（12.45）得出口断面流速为

$$v_2 = v_1\frac{\rho_1}{\rho_2} = v_1\frac{p_1}{p_2} = 90\times\frac{1380}{884.7} = 140.4\mathrm{m/s}$$

（2）如按不可压缩流体计算，则

$$p_1 - p_2 = \lambda\frac{l}{D}\times\frac{\rho v^2}{2} = 0.015\times\frac{600\times2.23\times90^2}{0.2\times2\times10^3} = 406.4\mathrm{kPa}$$

$$p_2 = p_1 - 406.6 = 1380 - 406.4 = 973.6\text{kPa}$$

（3）如管长 $l = 1200\text{m}$，由式（12.53）得

$$p_2 = p_1 \sqrt{1 - \frac{\rho_1 v_1^2}{p_1} \frac{\lambda l}{D}} = 1380 \times \sqrt{1 - \frac{2.23 \times 90^2 \times 0.015 \times 1200}{1380 \times 10^3 \times 0.2}} = 1380 \times \sqrt{-0.178}\text{kPa}$$

结果没有意义。表明在本题所给条件下，要在 1200m 管长范围内保持等温流动是不可能的。

（4）进口断面马赫数

$$M_1 = \frac{v_1}{\sqrt{\gamma R T_1}} = \frac{90}{\sqrt{1.67 \times 2077 \times (273 + 25)}} = 0.0885$$

由极限管长公式（12.55）得

$$\frac{\lambda}{D} l_{\max} = \frac{1 - \gamma M_1^2}{\gamma M_1^2} + \ln(\gamma M_1^2)$$

得

$$\frac{0.015}{0.2} l_{\max} = \frac{1 - 1.67 \times 0.0885^2}{1.67 \times 0.0885^2} + \ln(1.67 \times 0.0885^2)$$

$$l_{\max} = 948\text{m}$$

（5）如果 $l = l_{\max}$，则出口断面压强 $p_2 = p_{\min}$，由式（12.56）

$$p_{\min} = p_1 \sqrt{\gamma} M_1 = 1380 \times \sqrt{1.67} \times 0.0885 = 157.8\text{kPa}$$

$$v_2 = v_1 \frac{p_1}{p_2} = \frac{90 \times 1380}{157.8} = 787.1\text{m/s}$$

$$\rho_2 = \rho_1 \frac{p_2}{p_1} = \frac{2.23 \times 157.8}{1380} = 0.255\text{kg/m}^3$$

$$a_2 = \sqrt{\gamma \frac{p_2}{\rho_2}} = \sqrt{\frac{1.67 \times 157.8}{0.255 \times 10^{-3}}} = 1016.6\text{m/s}$$

$$M_2 = \frac{v_2}{a_2} = \frac{787.1}{1016.6} = 0.774$$

或者直接得到

$$M_2 = \frac{1}{\sqrt{\gamma}} = \frac{1}{\sqrt{1.67}} = 0.774$$

12.4.2 绝热流动

在实际工程中，有的管道用良好的绝热材料保温，几乎与外界不发生热交换；或者管内流速较大，管道又不太长，流体来不及与外界进行充分的热交换。这类管道皆可近似地按绝热流动计算。

（1）基本方程组　等截面管道绝热流动的基本方程组包括

连续性方程式（12.44）

$$\frac{\mathrm{d}\rho}{\rho} + \frac{\mathrm{d}v}{v} = 0$$

状态方程式（12.2b）

$$\frac{\mathrm{d}p}{p} = \frac{\mathrm{d}\rho}{\rho} + \frac{\mathrm{d}T}{T}$$

动量方程式（12.47）

$$v\mathrm{d}v + \frac{\mathrm{d}p}{\rho} + \lambda \frac{\mathrm{d}l}{D} \times \frac{v^2}{2} = 0$$

在能量方程式（12.5）中令 $\delta q = 0$，则

$$v\mathrm{d}v + \mathrm{d}i = 0 \tag{12.57}$$

（2）流动参数的沿程变化　因 $i = c_p T = \frac{\gamma}{\gamma - 1} R T = \frac{\gamma}{\gamma - 1} \times \frac{p}{\rho}$，故其微分方程为

$$\frac{\mathrm{d}p}{\rho} = \frac{p}{\rho} \times \frac{\mathrm{d}\rho}{\rho} + \frac{\gamma - 1}{\gamma} \mathrm{d}i$$

将式 (12.44) 和式 (12.57) 代入上式，得

$$\frac{\mathrm{d}p}{\rho} = \left(\frac{v^2}{\gamma} - \frac{p}{\rho}\right)\frac{\mathrm{d}v}{v} - v\,\mathrm{d}v \tag{12.58}$$

因 $v^2 = \gamma\dfrac{p}{\rho}M^2$，故式 (12.47) 与式 (12.58) 联立可得

$$\frac{\mathrm{d}v}{v} = \frac{\gamma M^2}{1-M^2} \times \frac{\lambda}{2D}\mathrm{d}l \tag{12.59}$$

考虑连续性方程式 (12.44) 得

$$\frac{\mathrm{d}\rho}{\rho} = -\frac{\gamma M^2}{1-M^2} \times \frac{\lambda}{2D}\mathrm{d}l \tag{12.60}$$

将 $v = M\sqrt{\gamma RT}$ 和 $\mathrm{d}i = c_p\mathrm{d}T = \dfrac{\gamma R\,\mathrm{d}T}{\gamma-1}$ 代入能量方程式 (12.57) 得

$$\frac{\mathrm{d}T}{T} = -(\gamma-1)M^2\frac{\mathrm{d}v}{v} \tag{12.61}$$

上式与式 (12.44) 和式 (12.2b) 联立得

$$\frac{\mathrm{d}p}{p} = -[1+(\gamma-1)M^2]\frac{\mathrm{d}v}{v} \tag{12.62}$$

以上四式可合并为

$$\frac{1}{1+(\gamma-1)M^2} \times \frac{\mathrm{d}p}{p} = \frac{1}{(\gamma-1)M^2} \times \frac{\mathrm{d}T}{T} = \frac{\mathrm{d}\rho}{\rho} = -\frac{\mathrm{d}v}{v} = -\frac{\gamma M^2}{1-M^2} \times \frac{\lambda}{2D}\mathrm{d}l \tag{12.63}$$

由式 (12.63) 可以看出等截面绝热管流中流动参数的变化规律。沿流动方向 $\mathrm{d}l$ 为正值，当 $M<1$ 时，速度沿程增大，压强、密度、温度沿程减小；当 $M>1$ 时，速度沿程减小，压强、密度、温度沿程增大。其变化趋势与等温流动一致，但临界断面是 $M=1$，与等温流动 $M=1/\sqrt{\gamma}$ 不同。

（3）极限管长　因 $v = M\sqrt{\gamma RT}$，其微分式为

$$2\frac{\mathrm{d}v}{v} = 2\frac{\mathrm{d}M}{M} + \frac{\mathrm{d}T}{T}$$

将式 (12.61) 代入上式得

$$\frac{\mathrm{d}v}{v} = \frac{1}{1+\dfrac{\gamma-1}{2}M^2} \times \frac{\mathrm{d}M}{M}$$

将上式代入式 (12.59) 中得

$$\frac{\lambda}{D}\mathrm{d}l = \frac{2(1-M^2)}{\gamma M^3\left(1+\dfrac{\gamma-1}{2}M^2\right)}\mathrm{d}M$$

在绝热流动中 λ 实际上是一个变量，但它的变化范围不大，可视为常数或取平均值计算。在亚声速气流中，λ 值可按不可压缩流体选取；在超声速气流中，有些文献指出 λ 值可能要小些。沿流向积分上式，即得进口、出口断面马赫数与管长之间的关系为

$$\frac{\lambda}{D}l = \frac{1}{\gamma}\left(\frac{1}{M_1^2} - \frac{1}{M_2^2}\right) + \frac{\gamma+1}{2\gamma}\ln\left[\left(\frac{M_1}{M_2}\right)^2 \times \frac{(\gamma-1)M_2^2+2}{(\gamma-1)M_1^2+2}\right] \tag{12.64}$$

与等温流动一样，流速在等截面管道中，只能单调地增大或减小，其极限值是 $M_2=1$。因此，当出口断面的马赫数 $M_2=1$ 时，相应的管长即为极限管长。在式 (12.64) 中，令 $M_2=1$，即得极限管长的计算公式

$$\frac{\lambda}{D}l_{\max} = \frac{1}{\gamma}\left(\frac{1}{M_1^2} - 1\right) + \frac{\gamma+1}{2\gamma}\ln\left[\frac{(\gamma+1)M_1^2}{(\gamma-1)M_1^2+2}\right] \tag{12.65}$$

【例 12.6】空气流经一直径 $D=100\mathrm{mm}$ 的绝热钢管，进口断面的压强 $p_1=9.81\times10^4\mathrm{Pa}$，温度 $T_1=289\mathrm{K}$，马赫数 $M_1=0.3$，出口断面的压强 $p_2=\dfrac{1}{3}p_1$。试求：

（1）流过管道的质量流量。

（2）管长。

（3）所给进口断面流动参数条件下的极限管长。

【解】（1）进口断面的密度由式（12.2a）得

$$\rho_1=\frac{p_1}{RT_1}=\frac{9.81\times10^4}{287\times289}=1.183\mathrm{kg/m^3}$$

速度 $\qquad v_1=M_1\sqrt{\gamma RT_1}=0.3\times\sqrt{1.4\times287\times289}=102.2\mathrm{m/s}$

质量流量 $\qquad G=\rho_1 v_1\dfrac{\pi D^2}{4}=1.183\times102.2\times\dfrac{\pi\times0.1^2}{4}=0.95\mathrm{kg/s}$

（2）由连续方程 $\qquad \rho_2=\dfrac{\rho_1 v_1}{v_2}=\dfrac{1.183\times102.2}{v_2}=\dfrac{120.9}{v_2}$

代入式（12.11） $\qquad \dfrac{\gamma}{\gamma-1}\times\dfrac{p_1}{\rho_1}+\dfrac{v_1^2}{2}=\dfrac{\gamma}{\gamma-1}\times\dfrac{p_2}{\rho_2}+\dfrac{v_2^2}{2}$

得 $\qquad \dfrac{1.4}{1.4-1}\times\dfrac{9.81\times10^4}{1.183}+\dfrac{102.2^2}{2}=\dfrac{1.4}{1.4-1}\times\dfrac{9.81\times10^4 v_2}{3\times120.9}+\dfrac{v_2^2}{2}$

整理后 $\qquad v_2^2+1893v_2-590918=0$

$$v_2=272.8\mathrm{m/s} \qquad v_2'=-2165.8\mathrm{m/s}（舍去）$$

$$\rho_2=\frac{120.9}{v_2}=\frac{120.9}{272.8}=0.443\mathrm{kg/m^3}$$

出口断面马赫数 $\quad M_2=\dfrac{v_2}{a_2}=\dfrac{v_2}{\sqrt{\gamma\dfrac{p_2}{\rho_2}}}=\dfrac{272.8}{\sqrt{1.4\times\dfrac{9.81\times10^4}{3\times0.443}}}=\dfrac{272.8}{321.5}=0.849$

出口断面温度 $\qquad T_2=\dfrac{p_2}{R\rho_2}=\dfrac{9.81\times10^4}{3\times287\times0.443}=257\mathrm{K}$

下面求沿程阻力系数 λ。由表 6.2 查得钢管的当量粗糙高度 $k=0.046\mathrm{mm}$，所以相对粗糙高度为 $\dfrac{k}{D}=\dfrac{0.046}{100}=0.00046$。雷诺数可采用平均速度 $\bar{v}$ 和平均温度 $\bar{T}$ 下对应的物性参数求得

$$\bar{v}=\frac{v_1+v_2}{2}=\frac{102.2+272.8}{2}=187.5\mathrm{m/s}$$

$$\bar{T}=\frac{T_1+T_2}{2}=\frac{289+257}{2}=273\mathrm{K}$$

查得 273K，即 0℃时空气的运动黏滞系数 $\nu=13.7\times10^{-6}\mathrm{m^2/s}$，则

$$Re=\frac{\bar{v}D}{\nu}=\frac{187.5\times0.1}{13.7\times10^{-6}}=1.37\times10^6$$

查莫迪图得 $\lambda=0.017$，将其代入式（12.64）

$$\frac{\lambda}{D}l=\frac{1}{\gamma}\left(\frac{1}{M_1^2}-\frac{1}{M_2^2}\right)+\frac{\gamma+1}{2\gamma}\ln\left[\left(\frac{M_1}{M_2}\right)^2\times\frac{(\gamma-1)M_2^2+2}{(\gamma-1)M_1^2+2}\right]$$

$$\frac{0.017}{0.1}l=\frac{1}{1.4}\left(\frac{1}{0.3^2}-\frac{1}{0.849^2}\right)+\frac{1.4+1}{2\times1.4}\ln\left[\left(\frac{0.3}{0.849}\right)^2\times\frac{(1.4-1)\times0.849^2+2}{(1.4-1)\times0.3^2+2}\right]$$

$$l = 30.96\text{m}$$

（3）求极限管长

由式（12.65）
$$\frac{\lambda}{D}l_{max} = \frac{1}{\gamma}\left(\frac{1}{M_1^2}-1\right)+\frac{\gamma+1}{2\gamma}\ln\left[\frac{(\gamma+1)M_1^2}{(\gamma-1)M_1^2+2}\right]$$

得
$$\frac{0.017}{0.1}l_{max} = \frac{1}{1.4}\left(\frac{1}{0.3^2}-1\right)+\frac{1.4+1}{2\times1.4}\ln\left[\frac{(1.4+1)\times0.3^2}{(1.4-1)\times0.3^2+2}\right]$$

$$l_{max} = 31.17\text{m}$$

因 $l<l_{max}$，故流动不会出现阻塞。

思 考 题

12.1 声速的定义是什么？如何计算声速？

12.2 何谓滞止参数？如何计算滞止参数？

12.3 气流按不可压缩流体处理引起的误差有多少？

12.4 为什么使用拉伐尔喷管？

12.5 何谓极限管长？为什么实际管长大于极限管长时流量不再增加？

12.6 试分析变截面喷管中等熵气流的声速、马赫数及焓的沿程变化趋势。

习 题

12.1 在海拔高度不超过11km的范围内，标准大气的温度随高程 H 的变化为 $T=T_0-cH$，$T_0=288\text{K}$，$c=0.0065\text{K/m}$。现有一飞机在10000m高空飞行，速度为240m/s，求它的飞行马赫数。如飞机在1000m高度以同样速度飞行，马赫数又为多少？

12.2 上题中飞行高度仍为10000m，而飞行马赫数为1.6，求飞机相对于地面的飞行速度及所形成的马赫角。

12.3 用声呐探测仪探测水下物体，如水温为10℃，体积模量为 $2.11\times10^9\text{Pa}$，密度为 999.1kg/m^3，今测得信号往返时间为6s，求该物体到声源距离。

12.4 空气作等熵流动，已知其滞止压强为 $5\times98100\text{Pa}$，滞止温度为20℃，某截面处马赫数为0.8，求滞止声速、当地声速、流速及压强。

12.5 氦气作绝热流动，已知截面1—1的参数为 $t_1=60℃$，$v_1=10\text{m/s}$，截面2—2处 $v_2=180\text{m/s}$，求 t_2 和 p_2/p_1（氦的气体常数为2077J/kg·K，绝热指数为1.67）。

12.6 氮气在等温变径管道中流动，温度为5℃。已知 $d_1=50\text{mm}$、$p_1=378\text{kPa}$，$d_2=25\text{mm}$，$p_2=253\text{kPa}$，不计阻力，求流速 v_1 和 v_2（氮的气体常数为296J/kg·K，绝热指数为1.4）。

12.7 氨气由大容器经一收缩喷管流出，外界环境压强为100kPa，容器内气体的温度为200℃，压强为180kPa。如通过的质量流量为2.04kg/s，求喷管直径（设流动为等熵，氨的气体常数为482J/kg·K，绝热指数为1.32）。

12.8 封闭容器中氮气的压强为392kPa，温度为25℃，收缩喷管出口直径为50mm，出口在大气中。求通过的质量流量和喷管出口流速。

12.9 直径200mm、长3000m的煤气管道，已知进口断面压强为980kPa、温度为300K，出口断面压强为490kPa，煤气的气体常数为490J/kg·K，绝热指数为1.3，管道的沿程阻力系数为0.012，按等温流动考虑。求通过的质量流量及出口断面的马赫数。

12.10 空气在直径300mm的管道中绝热流动，已知通过的质量流量为40.8kg/s，入口断面的参数 $p_1=980\text{kPa}$，$T_1=333\text{K}$。出口断面的密度为 $\rho_2=0.8\rho_1$。如沿程阻力系数为0.02，求管长。

12.11 空气在直径150mm的管道中绝热流动，流量为2.7kg/s，沿程阻力系数为0.018，起始断面压强为180kPa，温度为50℃。求不发生气流阻塞的最大管长及相应的出口断面温度和压强。

第 13 章　流动要素量测

流动要素的量测与分析是流体力学研究、发展与应用中的重要环节,也是工程实践中常常遇到的实际工作。量测的目的是获得被测流动要素的大小。量测是通过量测仪器来实现的,量测仪器的品质直接关系到量测结果的可信度。量测仪器的缺陷和操作、读数的偏差等,均会使被测量的真正大小和量测结果之间存在差别,即产生量测误差。因此,量测精度是衡量仪器品质和量测方法优劣的最重要因素。其次,仪器的量测范围、使用的方便性和造价是评价仪器实用性的重要指标。

本章主要介绍根据流体力学原理设计制作的压强、流速和流量的量测仪器的基本原理,同时简要介绍其他常用的量测仪器的使用方法和特点。

13.1　压强量测

压强的量测是流动要素量测的基础,因为流速和流量的量测常常需要通过压强的量测来实现。而静止流体的连通器原理是压强量测的基本原理。

13.1.1　连通器原理

对于重力场中的常密度流体,能够根据压强分布特性得到静止流体的连通器原理:在静

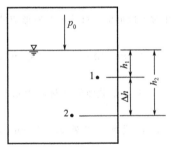

图 13.1　连通器内两点压强差

止、连通的同一种流体中,任意两点的压强差只与这两点的铅直高度有关,而与容器的形状无关。图 13.1 中液体内部任意两点 1、2 的压强差只与这两点的高差有关,满足下式

$$p_2 - p_1 = \rho g(h_2 - h_1) = \rho g \Delta h \qquad (13.1)$$

式中,ρg 为常数。

这样,在静止、连通的同一种流体中,水平面为等压面。

13.1.2　压强量测仪器

按工作原理、测量范围的不同,压强量测仪器分为若干种。按工作原理分成液体测压计、弹力测压计与电测计三种;按所测压强的高低分成压强计与真空计,压强计用于量测高于大气压的压强,真空计用于量测真空压强。此外,根据仪器的构造与尺寸、量测范围与灵敏度、测压液体的种类等,压强量测仪器又可分成若干种。本节主要介绍应用连通器原理制成的液体测压计,液体测压计一般用于实验室内压强的精确量测。

(1) 测压管　测压管是一端接测点,另一端开口竖直向上的玻璃管,如图 13.2 所示。量出测压管高度 h,便可根据液体静力学基本方程式确定测点的相对压强 $p = \rho g h$ 或 $p_0 = \rho g h_0$。

用测压管测压,测点的相对压强一般不宜过大,测压管高度不超过 2m,否则测读不便。此外,为避免毛细现象,测压管不能过细,一般采用较粗的玻璃管(直径不小于 10mm)。

(2) 水银测压计　水银测压计如图 13.2 所示,U 形玻璃管中以水银作为测压液体,一端与被测液体的 2 点相连通,另一端与大气相通。在 2 点压强 p_2 的作用下,U 形管的左、右侧水银液面形成高差。设 ρ_p 为水银密度,则

$$p_4 = \rho_p g h$$
$$p_3 = p_2 + \rho g h_2$$

由于 3、4 所在的面为等压面，则

$$p_3 = p_4$$

得到

$$p_2 = g(\rho_p h - \rho h_2) \tag{13.2}$$

所以，可以通过量测 h 与 h_2 来计算 2 点的压强 p_2 的大小。

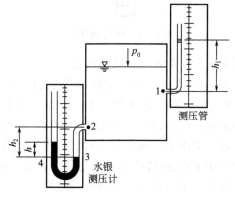 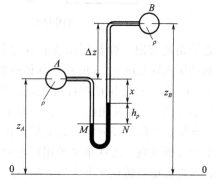

图 13.2　测压管、水银测压计　　　　图 13.3　压差计

（3）压差计　压差计用于测量两点的压强差或测压管水头差。常用的 U 形管水银压差计如图 13.3 所示。左右两支管分别与测点 A、B 连接，在两点压强差的作用下，压差计内的水银柱形成一定的高度差 h_p，h_p 就是压差计的读值。两侧点的高差 Δz 是已知量，设高度为 x，做等压面 MN，由 $p_M = p_N$ 得

$$p_A + \rho g(x + h_p) = p_B + \rho g(\Delta z + x) + \rho_p g h_p$$

A、B 两点的压强差

$$p_A - p_B = (\rho_p - \rho)g h_p + \rho g \Delta z \tag{13.3}$$

将 $\Delta z = z_B - z_A$ 代入上式，并以 ρg 除式中各项，整理得 A、B 两点的测压管水头差为

$$\left(z_A + \frac{p_A}{\rho g}\right) - \left(z_B + \frac{p_B}{\rho g}\right) = \left(\frac{\rho_p}{\rho} - 1\right)h_p \tag{13.4}$$

当测量液体是水、压差计的工作液体是水银时，上式化简为

$$\left(z_A + \frac{p_A}{\rho g}\right) - \left(z_B + \frac{p_B}{\rho g}\right) = 12.6 h_p \tag{13.5}$$

在压强差较大的情况下，用水银作为测压液体（称水银比压计）较方便；当压强差较小时，应当采用密度小的轻质流体（如煤油、空气等），以提高量测精度。

【例 13.1】　密闭容器，如图 13.4 所示，侧壁上方装有 U 形管水银测压计，读值 $h_p =$ 200mm。试求安装在水面下 3.5m 处的压力表读值。

【解】U 形管测压计的右支管开口通大气，液面相对压强 $p_N = 0$，容器内水面压强

$$p_0 = 0 - \rho_p g h_p = -13.6 \times 9.8 \times 0.2 = -26.66 \text{kPa}$$

压力表读值

$$p = p_0 + \rho g h = -26.66 + 1 \times 9.8 \times 3.5 = 7.64 \text{kPa}$$

（4）其他测压仪器　最常用的弹力测压计是金属测压表（见图 13.5）与弹簧测压表，它们均利用弹性材料随压强高低的变形幅度不同的原理，通过量测变形的大小达到压强量测的目的。其优点是携带方便、读数容易。金属测压表适合于量测较高的压强，在工业上普遍采用，

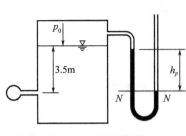

图 13.4　密闭容器　　　　　　　　　　　　图 13.5　弹力测压计

但是它的精度有限。弹簧测压表有各种类型，能够用于实验室内的精确测定。

脉动压强计如图 13.6 所示，其传感器如图 13.6（a）所示，采用敏感元件为电阻应变片。压力 P 通过传力杆作用在弹性梁上，使弹性梁弯曲变形，固定在弹性梁上、下侧的应变片将梁的变形转换成应变片电阻的变化。为了提高量测的敏感度，将应变片电阻作为桥式电路的一个臂，电桥输出信号经放大器放大后，在显示器上显示电阻值；或将放大后的信号存储到计算机中进行分析处理。近些年来采用压电材料作敏感元件的压强传感器应用也较为普遍。可见，电测仪器先将压强转化成电信号，然后通过对电信号的放大与量测来实现压强的量测。

电测仪器的优点在于压强读测的自动化，便于压强变化过程的跟踪与自动记录，因此被广泛用于随时间发生迅速变化的非恒定压强量测。由于电阻应变片或压电材料的性能受温度的影响较大，在电测仪器中需要采用一定的电路设计来减小温度影响，故常用的电测仪器一般较昂贵。电测仪器与弹力测压计一样，其精度取决于仪器的率定方法，且频繁的率定工作既费时又费力，这些缺点限制了电测方法的广泛应用。

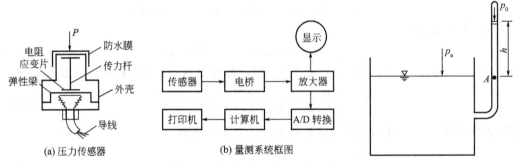

图 13.6　脉动压强计　　　　　　　　　　　图 13.7　真空压强计算

【例 13.2】　如图 13.7 所示，水箱自由面上为大气，玻璃管的下端与水箱连通、上端封闭。若用抽气机将玻璃管中抽成 $p_0 = 88.2\text{kPa}$ 的真空，当地的大气压强为 $p_a = 98\text{kPa}$，问此时玻璃管内水面将升到水箱水面以上的高度 h 为多少？

【解】　设玻璃管 A 点与水箱自由面同高程。因水箱和玻璃管中液体是相互连通的同种液体，故 A 点与水箱自由面处在同一等压面上，A 点的静压强等于大气压强。若按绝对压强来计算，有 $p_{Aabs} = p_a$。

从玻璃管内来考虑，$p_{Aabs} = p_0 + \rho g h$，故

$$h = \frac{p_{Aabs} - p_0}{\rho g} = \frac{p_a - p_0}{\rho g} = \frac{98000 - 88200}{1000 \times 9.8} = 1\text{m}$$

所以，把玻璃管内抽成真空后，管内的水面将比水箱水面高出 1m。

【例 13.3】 图 13.3 所示压差计中，若测得 $Z_B=2$m，$Z_A=0.6$m，$h_p=0.2$m，求 A、B 两点的压强差。

【解】 取水银的密度 $\rho_p=13600$kg/m³，水的密度 $\rho=1000$kg/m³，由式（13.3）得

$$p_A-p_B=\rho g(Z_B-Z_A)+(\rho_p-\rho)gh_p$$
$$=1000\times9.8\times(2-0.6)+(13600-1000)\times9.8\times0.2$$
$$=38416(\text{N/m}^2)=38.416\text{kPa}$$

13.2 流速量测

在涉及流体的科研生产中，流速量测是常见的且具有实际意义的量测工作。总压管与毕托管是根据元流机械能守恒原理而设计的最基本的流速量测仪器，它们通过压强测量来实现流速量测。

13.2.1 总压管

如图 13.8 所示，总压管是一根两端开口、中间弯曲的测压管，对准流动方向的探头为半球形，孔口（迎流孔）的直径较小。设均匀流中 A 点的流速为 u，若将探头对准 A 点下游的 B 点，此时 A、B 两点在同一流线上，则总压管中液面与液流液面形成高差 Δh。由于流体运动受阻，在 B 点形成流速为零的滞止点，应用理想流体的伯努利方程得到

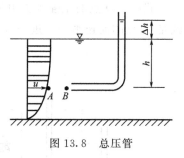

图 13.8 总压管

$$\frac{p_A}{\rho g}+\frac{u^2}{2g}=\frac{p_B}{\rho g} \tag{13.6}$$

即滞流点 B 的压强 p_B 等于 A 点的总压强 $p_A+\dfrac{\rho u^2}{2}$。根据测压管原理，能够得到关系 $\dfrac{p_B}{\rho g}=h+\Delta h$。由于均匀流过流断面上 $z+\dfrac{p}{\rho g}$ 为常数，可知 A 点的压强水头为 $\dfrac{p_A}{\rho g}=h$，将其代入式（13.6），得到

$$u=\sqrt{2g\Delta h}$$

这就是读数 Δh 和 A 点流速 u 之间的理论关系。由于设计、制造上的各种缺陷，读数 Δh 不恰好等于 A、B 点上的压强水头差。因此，实际应用时将上式修正成

$$u=\varphi\sqrt{2g\Delta h} \tag{13.7}$$

式中 $\quad\varphi$——总压管的流速系数，其值需要由实验来确定，理想情况下 $\varphi=1$，质量较好时 φ 接近于 1，一般情况下 $\varphi>1$。

由此可见，只要用一定的方法来确定 A 点的压强，就能够方便地用总压管来量测均匀流或渐变流中固定点上的流速大小。除图 13.8 中明渠流的量测外，总压管常常用于气流流速的量测，因为气流中各点的压强常常是已知的（如大气压强）。为了使用方便，同时提高量测精度，可以将总压管的探头作成各种形状。例如在实验室内，常常将几个注射器的针头改造后固定在支架上，来同时量测多个点上的流速。

将探头开口对准流动方向，对于保证总压管的量测精度十分重要。总压管的量测精度与测速范围取决于压强的量测精度。当存在较大的流速梯度时，如图 13.8 中的近壁区域，在测点附近流动是不对称的，这种不对称性可能引起一定的量测误差。一般来讲，总压管适合的水流流速范围为 $0.1\sim6.0$m/s。

13.2.2 应用毕托（Pitot）管量测点流速

设均匀管流，欲量测过流断面上某点 A 的流速，如图 13.9 所示。在该点放置一根两端开口、前端弯转 90°的细管，使前端管口正对来流方向，另一端垂直向上，此管称为测速管。来流在 A 点受测速管的阻滞速度为零，动能全部转化为压强势能，该点压强称为驻点压强或滞止压强 p'，测速管中液面升高为 $\dfrac{p'}{\rho g}$。另在 A 点上游的同一流线上取相距很近的 O 点，因这两点相距很近，O 点的压强 p、流速 u 实际上等于放置测速管以前 A 点的压强和流速，应用理想流体元流伯努利方程，有

$$\frac{p}{\rho g}+\frac{u^2}{2g}=\frac{p'}{\rho g}$$

$$\frac{u^2}{2g}=\frac{p'}{\rho g}-\frac{p}{\rho g}=h_u$$

式中，O 点的压强水头由另一根测压管量测。于是测速管和测压管中液面的高度差 h_u，就是 A 点的流速水头，进一步可求出该点的流速为

$$u=\sqrt{2g\frac{p'-p}{\rho g}}=\sqrt{2gh_u} \tag{13.8}$$

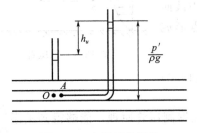

图 13.9　点流速的测量

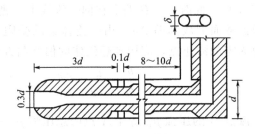

图 13.10　毕托管构造

根据上述原理，将测速管和测压管组合成测量点流速的仪器，称为毕托管（由亨利·毕托于 1730 年首创），其构造如图 13.10 所示。与迎流孔（测速孔）相通的是测速管，与侧面顺流孔（测压孔或环形窄缝）相通的是测压管。考虑到实际流体从迎流孔至顺流孔存在黏性效应，以及毕托管对原流场的干扰等影响，引入毕托管修正系数 C，则计算水流流速的公式为

$$u=C\sqrt{2g\frac{p'-p}{\rho g}}=C\sqrt{2gh_u} \tag{13.9}$$

式中，C 值一般在 1～1.04 之间，由实验测定。在要求不严格的情况下，可取 $C=1.0$。

用毕托管测量气体流速的计算公式为

$$u=C\sqrt{2g\frac{\rho}{\rho_0}h_u} \tag{13.10}$$

式中　ρ——液体压差计所用液体的密度；

ρ_0——流动气体本身的密度。

【例 13.4】　用毕托管分别测定风道中的空气流速和管道中的水流速，两种情况均测得水柱高 $h_u=4\mathrm{cm}$。空气的密度 $\rho=1.2\mathrm{kg/m^3}$，$C=1$，试分别求空气和水的流速。

【解】风道中的空气流速

$$u_1=C\sqrt{2g\frac{\rho}{\rho_0}h_u}=1\times\sqrt{2\times9.8\times\frac{1000}{1.2}\times0.04}=25.6\mathrm{m/s}$$

管道中水的流速
$$u_2 = C\sqrt{2gh_u} = 1 \times \sqrt{2 \times 9.8 \times 0.04} = 0.89\text{m/s}$$

13.2.3 圆柱体测速管

在工程实践中常遇流体绕经圆柱体的流动，例如各种冷却及加热设备中的绕流换热过程。在流体力学测试技术中使用的测速管，就是根据流体绕圆柱体的流动原理来测量流体运动速度和方向的。

【例 13.5】 图 13.11 为测定流速的装置，圆柱体上开三个相距为 30° 的压力孔 A、B、C，分别和测压管 a、b、c 相连通。将柱体置放于水流中，使 A 孔正对水流，其方法是旋转柱体使测压管 b、c 中水面同在一水平面为止。当 a 管水面高于 b、c 管水面 $\Delta h = 3\text{cm}$ 时，求流速 u。

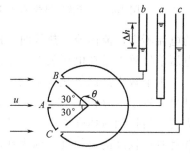

图 13.11　圆柱体测速管

【解】 根据柱体表面流速分布式（4.71）可知，A 点速度 $u_A = 0$，B、C 两点速度的绝对值 $|u_B| = |u_C| = 2u\sin30° = u$。列 A、B 两点元流伯努利方程

$$0 + \frac{p_A}{\rho g} + 0 = 0 + \frac{p_B}{\rho g} + \frac{u_B^2}{2g} = 0 + \frac{p_B}{\rho g} + \frac{u^2}{2g}$$

$$u = \sqrt{2g\frac{p_A - p_B}{\rho g}} = \sqrt{2g\Delta h} = \sqrt{2 \times 9.8 \times 0.03} = 0.767\text{m/s}$$

13.2.4 其他流速量测仪器

除了总压管和毕托管外，流速量测仪器还包括旋桨式流速仪、热线/热膜流速仪、激光流速仪以及示踪式流速计等。

（1）旋桨式流速仪　该类仪器是利用流体动量守恒原理设计的，可用于恒定流场中点流速的量测。因为水流作用下螺旋桨叶轮产生旋转，旋转运动产生的机械摩擦作用与水流作用相平衡，使螺旋桨能够以一定的转速转动；由于螺旋桨对准来流放置时，其转速与来流流速存在固定的关系，因此能够用测定螺旋桨转速的方法来确定流速的大小。目前可应用光电原理或电阻原理方便精确地得到一定时段内螺旋桨的转数，故螺旋桨流速仪被广泛用于室内和野外的流速量测。图 13.12 中旋桨探针采用光电原理，螺旋桨每旋转一周，贴在叶片边缘的反光片就将光导纤维中的入射光反射一次，反射光经另一束光导纤维传到液面上并照射到导光管

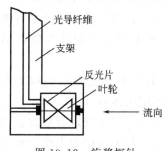

图 13.12　旋桨探针

上，经量测电路得到电脉冲，利用数字式频率计记下每秒钟螺旋桨的转数，查标定曲线就可得到流速值。

根据量测要求的不同，螺旋桨的尺寸也不同。常用的螺旋桨直径为 10mm，目前最小的直径约为 3mm，用于野外的直径在 50mm 以上。由于螺旋桨的转动需要一定的启动力矩，而且当流速较低时，转速与流速之间的线性关系度差，因此旋桨式流速仪不适合于小流速的量测。直径为 10mm 的螺旋桨测速范围为 0.05～0.6m/s。微型螺旋桨（直径小于 5mm）能测到的最小流速为 0.01～0.02m/s。此外，螺旋桨在使用过程中会产生磨损，需要经常率定才能保证测量精度。

（2）热线/热膜流速仪　热线/热膜流速仪（HWFA）是 20 世纪 50 年代以来发展起来的脉动流速量测的现代仪器。它利用具有一定温度的金属探针（称为热敏元件）在不同流速

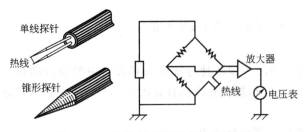

图 13.13　热线/热膜流速仪（恒流式）

的流场中散热率存在差别的原理，通过电测手段量测金属探针的散热率来确定流速的大小。热线/热膜流速仪的探针及量测原理如图 13.13 所示。热敏元件（热线或热膜）固定在支架上，支架由支杆固定，由热敏元件两端引出电极，接在电桥的一臂上。当流速为零时，电桥处于平衡状态。量测时保持热敏元件的电流不变，流体流过热线时，冷却作用使其电阻变小，引起电桥输出电压减小，放大器将电压信号放大后在电压表上显示或经采样输入计算机处理。

　　为了减小高温氧化等影响，一般采用铂金丝或钨丝等金属材料来制作热敏探针。由于探针尺寸较小（直径 $1\sim10\mu m$）、较脆弱，而且灰尘等杂质在探针上附着时会影响散热，一般需要严格控制流体介质中的杂质含量。通常，铂金丝探针的工作温度为 $300\sim800$℃，这时探针具有较高的灵敏度。因为在高温下液体会产生汽化，所以热线流速仪一般不能用于液流的流速量测。

　　20 世纪 70 年代以来用于液体量测的热膜探针发展迅速。各种形状的热膜探针大量出现，其中单线探针直径约 $50\mu m$，灵敏度较高，但较脆弱；圆锥探针与楔形探针等一般较坚固。此外，将两个热线/热膜元件按一定相对位置固定在同一支杆上，可以量测二维、三维流场，例如 X 形、V 形探针等。热膜探针在较低的工作温度条件下（如 $30\sim60$℃）具有较高的灵敏度，可用于液流与气流的流速量测。

　　热线热膜流速仪的最大优点是能够跟踪量测流速随时间的迅速变化，具有较高的时间分辨率。如热线探针的频率响应能达到 10kHz 以上、热膜探针能达到 1kHz 以上，该优点是其他测速仪器所无法比拟的。其次，热线热膜流速仪的测速范围较宽，特别是高速量测，例如热线探针适合于 $0.2\sim500.0$m/s 的气流流速，热膜探针适合于 $0.01\sim25.00$m/s 的水流流速。其缺点为仪器昂贵、探针消耗费用高、需要频繁率定、对流体杂质含量的要求较严格等。因此，一般在实验室内用于较精细的测量。

　　（3）激光流速仪　激光多普勒流速仪（LDV）利用跟随流体运动的固相颗粒的激光多普勒效应来量测流体的点流速，如图 13.14 所示。当光线照射到跟随流体运动的固相微粒上时，运动微粒的散射光产生多普勒频移，通过电测来测定频移的大小，就可确定微粒的运动速度。因此，需要在流体中散播适当尺寸与浓度的微粒即示踪粒子，如大气中的尘埃、水中的悬浮物、牛奶微粒等，这些微粒必须具有较好的跟随性。由于激光具有良好的单色性，在 LDV 中氦氖激光与氩激光常被用做产生信号的光源。

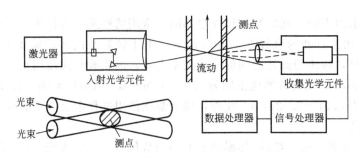

图 13.14　激光多普勒流速仪工作原理

激光多普勒流速仪是 20 世纪六七十年代随着激光技术的发展与推广而发展起来的现代测速仪器。它的最大优点是实现了无干扰的流速量测、测点的空间分辨率较高（测点体积约 0.001mm^3）、测速范围很宽（1mm/s～1000m/s），而且时均流速的量测精度较高、一般不需要率定、能够量测流速脉动的平均强度等。最近几年，相关技术的发展使 LDV 能够量测非恒定流、多相流等复杂情况下的流速。LDV 的缺点是仪器昂贵、探头较笨重、依赖于示踪粒子等，因此一般用于实验室测量。

（4）示踪式流速计　示踪式流速计通过量测示踪物质的速度来量测流速，故需要在释放点将跟随性好的示踪物质突然释放到流场中，并在一定距离的下游监测点上由探头来监测示踪物质的到达时间，根据示踪物质在释放点释放与到达监测点的时间差以及该两点之间的距离，来计算两点间的平均流速。根据量测要求，盐水、气泡等常被用做示踪物质，其释放与监测可由一定的电控手段来完成，从而使量测精度提高。示踪式流速计的优点是在气液、气固两相流或气液固多相流中能够克服悬浮体（如液流中的气泡或固体颗粒等）的干扰、有效地量测较小的流速等，缺点为量测精度一般较低，因此示踪式流速计一般用于特殊情况的流速量测。

13.3　流量量测

文丘里管、孔板流量计和喷嘴流量计等都是根据总流的机械能守恒原理而设计的最基本的、最常用的流量量测仪器，它们通过量测流体不同部位的压差来实现有压流与明渠流的流量量测，因此称为压差式流量计，其优点是结构简单、使用方便、可靠度高、应用范围广。本节将重点介绍文丘里管及孔口与喷嘴流量计的工作原理，并简单介绍电磁流量计、浓度法流量量测和超声波流量计的基本原理。

13.3.1　体积流量计

最原始的、最可靠的流量量测方法是直接测定一定时段内流出某一过流断面的流体体积或重量。根据这种方法制作的设备称为体积流量计或重量流量计。这类量测设备一般体积较大、较笨重，但因具有很高的可靠度，仍被用于实验室测量或其他流量计的率定与校准。

13.3.2　文丘里流量计

文丘里（Venturi）流量计是最常用的有压管道内流量的量测设备，由文丘里管与压差计组成。典型的文丘里流量计如图 13.15 所示，它由收缩段、喉管与扩散段三部分构成。在收缩段进口断面 1—1 与喉管断面 2—2 上开设测压孔与压差计连接。管道收缩将流体的一部分压能转化成动能，能够通过量测两断面的测管水头差 Δh（压差计）来确定管道内的流量。若忽略断面 1—1 与断面 2—2 之间的水头损失，并取动能修正系数 $\alpha_1 = \alpha_2 = 1.0$，以 0—0 为基准面，该两断面间总流的能量方程能够写成

$$z_1 + \frac{p_1}{\rho g} + \frac{v_1^2}{2g} = z_2 + \frac{p_2}{\rho g} + \frac{v_2^2}{2g}$$

则　　$$\frac{v_2^2}{2g} - \frac{v_1^2}{2g} = \left(z_1 + \frac{p_1}{\rho g}\right) - \left(z_2 + \frac{p_2}{\rho g}\right) \quad (13.11)$$

上式中有 v_1，v_2 两个未知量，补充连续性方程

$$v_1 A_1 = v_2 A_2$$

则　　$$v_2 = \left(\frac{A_1}{A_2}\right) v_1 = \left(\frac{d_1}{d_2}\right)^2 v_1$$

将上式代入式（13.11），整理得

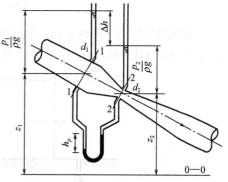

图 13.15　文丘里流量计

$$v_1 = \frac{1}{\sqrt{\left(\dfrac{d_1}{d_2}\right)^4 - 1}} \sqrt{2g} \sqrt{\left(z_1 + \frac{p_1}{\rho g}\right) - \left(z_2 + \frac{p_2}{\rho g}\right)}$$

引入仪器常数，其值取决于流量计的结构尺寸

$$K = \frac{\frac{1}{4}\pi d_1^2}{\sqrt{\left(\dfrac{d_1^2}{d_2^2}\right)^2 - 1}} \sqrt{2g}$$

当用测压管量测时，测压管水头差为

$$\left(z_1 + \frac{p_1}{\rho g}\right) - \left(z_2 + \frac{p_2}{\rho g}\right) = \Delta h$$

则文丘里流量计的理论流量计算公式为

$$Q_0 = K \sqrt{\left(z_1 + \frac{p_1}{\rho g}\right) - \left(z_2 + \frac{p_2}{\rho g}\right)} = K \sqrt{\Delta h}$$

由于推导过程中采用了理想流体的力学模型，求出的流量较实际值偏大。故考虑两断面间的水头损失而引入由实验确定的 μ 值进行修正，称为文丘里流量系数，其值在 $0.95 \sim 0.98$ 之间，则文丘里流量计的实测流量为

$$Q = \mu Q_0 = \mu K \sqrt{\Delta h} \tag{13.12}$$

【例 13.6】 文丘里（Venturi）流量计，如图 13.15 所示。进口直径 $d_1 = 100\text{mm}$，喉管直径 $d_2 = 50\text{mm}$，实测测压管水头差 $\Delta h = 0.6\text{m}$（或水银压差计的水银面高差 $h_p = 4.76\text{cm}$），流量计的流量系数 $\mu = 0.98$，试求管道的输水量。

【解】 由已知的流量计结构尺寸可算得 $K = 0.009 \text{m}^{2.5}/\text{s}$，则管道输水流量

$$Q = \mu K \sqrt{\Delta h} = 0.98 \times 0.009 \times \sqrt{0.6} = 6.83\text{L/s}$$

当用 U 形水银压差计量测时

$$\left(z_1 + \frac{p_1}{\rho g}\right) - \left(z_2 + \frac{p_2}{\rho g}\right) = \left(\frac{\rho_p}{\rho} - 1\right) h_p = 12.6 h_p = \Delta h$$

将上式代入式（13.12），则对应的管道输水流量

$$Q = \mu K \sqrt{12.6 h_p} = 0.98 \times 0.009 \times \sqrt{12.6 \times 0.0476} = 6.83\text{L/s}$$

13.3.3 孔板流量计与喷嘴流量计

在管路中装一有薄壁孔口的隔板，称为孔板。流动经过孔板产生收缩，与文丘里流量计类似，称为孔板流量计，如图 13.16 所示。测得孔板前后渐变流断面上的压差，由式（8.8）即可求得管道中流量

$$Q = \mu A \sqrt{\frac{2}{\rho}(p_1 - p_2)} \tag{13.13}$$

孔板流量计的流量系数 μ 值可通过实验测定，圆形薄壁孔板的流量系数曲线如图 13.18 所示，工程中的具体孔板可查相关孔板流量计手册。喷嘴流量计与孔板流量计结构类似，如图 13.17

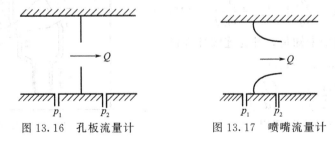

图 13.16　孔板流量计　　　　　图 13.17　喷嘴流量计

所示，原理相同。

孔板流量计与喷嘴流量计结构简单，但局部水头损失较文丘里流量计要大些。

【例 13.7】 有一孔板流量计，测得 $\Delta p = 50\text{mmH}_2\text{O}$，管道直径为 $D = 200\text{mm}$，孔板直径为 $d = 80\text{mm}$。若此孔板流量计分别安装在水管和气体管路上，试求水和气体的流量。

【解】 孔板流量计安装在水管上时为液体淹没出流，若认为流动处于紊流粗糙区，μ 值 Re 与无关，则由 $d/D = 0.4$ 在图 13.18 上查得 $\mu = 0.61$，由式（13.13）求得水的流量为

$$Q = \mu A \sqrt{2gH_0} = 0.61 \times \frac{\pi}{4} \times 0.08^2 \times \sqrt{2 \times 9.8 \times 0.05} = 0.00303\text{m}^3/\text{s}$$

若此孔板流量计安装在气体管路上时为气体淹没出流，由 $d/D = 0.4$ 查得 $\mu = 0.61$，根据式（13.13）求得气体流量

$$Q = \mu A \sqrt{\frac{2\Delta p_0}{\rho}} = 0.61 \times \frac{\pi}{4} \times 0.08^2 \times$$

$$\sqrt{\frac{2 \times 1000 \times 9.8 \times 0.05}{1.2}} = 0.0876\text{m}^3/\text{s}$$

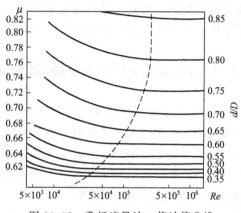

图 13.18　孔板流量计 μ 值计算曲线

13.3.4　非压差式流量量测仪器

常用的非压差式流量量测仪器包括涡轮流量计、电磁流量计、浓度法流量计等。

（1）涡轮流量计　涡轮流量计实际上是一种转轮式流速计，如图 13.19 所示。涡轮轴沿水流方向放置，涡轮旋转速度与流速成正比，当管道直径一定时转速也与流量成正比。在管壁上装有磁铁线圈，涡轮每转一转，带动叶片上的线圈切割磁力线，线圈中脉冲信号的频率与转速成正比，因此能够通过率定来建立流量与频率的关系，从而根据频率来确定管道中的流量。涡轮流量计的量测误差较小，一般小于 1%，但使用过程中会因产生机械磨损而影响精度。

（2）电磁流量计　在由绝缘材料制成的管道外壁上安装一对交变磁极，当导电流体通过两磁极间时，电磁感应产生电动势，如图 13.20 所示。电动势的大小与流体的速度、管径的大小以及磁通量有关，与管道的流量成正比。因此，通过测定电动势的大小能够确定流量。电磁流量计的优点是无磨损影响，而且能够迅速跟踪流量的变化，其缺点是量测精度受流体导电性能变化的影响，特别是对流体温度、流体内的杂质含量敏感，可靠度较差。

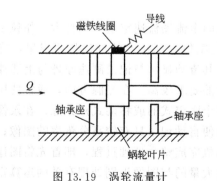

图 13.19　涡轮流量计

图 13.20　电磁流量计原理

（3）流量量测的浓度法　在流场中某固定点上按照一定的流量注入与被测流体不同且易与被测流体混合的物质，在一定距离的下游处注入物质已经与被测流体充分混合，因此通过测定充分混合的流体中注入物质的浓度含量，可确定被测流体的流量。一般注入流量较被测流体的流量小得多，因此注入物质的百分比浓度即是两者流量之比。浓度法可用于有压流与明渠流的量测。对于水流流量，习惯用盐水等容易确定其浓度的物质作为注入物质。采用浓度法能够量测很大的流量，这是其他方法所不可比拟的优点。但浓度法的精度取决于混合的充分性与浓度测定方法的精度。

（4）超声波流量计（用于有压流）　超声波流量计最常用的测量方法主要有两类：时差法（纯净单一液体）和多普勒效应法（混合液体）。时差法是通过测量超声波脉冲顺流传播和逆流传播的时间差来进行流量测定的。多普勒效应法是利用声学上的多普勒效应进行流量测定的，它要求被测介质中含有一定量的悬浮颗粒或气泡。

13.4　流动显示与全流场测速法

在 13.2 节中介绍的流速量测方法只适合于量测一个固定点上的流速。当需要同时观测全部流动区域内的流动情况时，可通过流动显示的方法来定性地显示瞬时流态，或采用全流场测速法来定量地量测某瞬时流速场内各点的流速大小。对于非恒定流动，流动显示与全流场测速法是观测流场变化过程的重要手段，是点流速量测方法所不能取代的。

13.4.1　流场显示的示踪法

对于具有自由面的液流，可通过在自由面上放置纸片与铝粉等反光示踪浮标，并按一定时间间隔记录或拍摄浮标的位置与轨迹，计算水流流速，其光源可利用昼间太阳光或夜间的各种灯光。观测尺度较大的流速场时，可采用自由面浮标示踪法，即在夜间将光源置于浮标上，进行记录或拍摄，该法所测得的流速误差较大，主要用于显示自由面的流态。

实验室可采用各种跟随性好的浮粒子（如固体颗粒或小液滴等）与被测流体混合的方法来显示或观测流速场。例如，在液流流场中的不同部位同时释放染料、气流流场中释放烟雾类固体颗粒，能够用于显示流动的形态。若进行定量量测可采用浮粒子示踪法，即对一定尺度大小与浓度含量的浮粒子，通过拍摄其轨迹来计算流速的大小。该法适合于流速较小的流场显示，常常用高速摄像机拍摄照片。

20 世纪 70 年代以来，广泛采用置于水流中的铂金丝电离后生成的氢气泡，作为示踪粒子进行流场显示，即将经过特殊处理的铂金丝同时置于多个过流断面上，并利用电脉冲来控制气泡的产生和数量，使用较方便，且能较好地显示并测算出断面的流速分布。

13.4.2　现代图像处理技术

现代图像处理技术是近十几年来迅速发展起来的全流场流速定量量测技术，如粒子成像速度场仪（PIV）。它综合使用了有关光源、录像与图像处理技术的近代科研成果，能够较精确地定量测定流速场中各点的流速大小与方向。其流动显示与记录测速原理与上述浮粒子示踪法类似，但对光源、摄像与图像处理技术方面的要求较高。在光源方面，通常使用特制的大功率激光器与光学元件，一般同时用一个或多个固定式的或移动式片光源；在录像技术上，用普通摄像机或特制的可控式高速录像机，以便自动记录具有较高分辨率的图像；在图像处理上，用现代微型计算机、工作站或超级计算机完成整个处理过程，即首先将图像信息离散化、滤去噪声得到有用的图像信息，然后经过大量的与图像识别处理有关的运算得到浮粒子的运动速度，最后需要根据浮粒子的速度来计算全流场的流速大小与方向，包括二维流动与三维流动的全流场的量测、具有旋涡运动等复杂流态的量测。但是，现代图像处理技术对示踪浮粒子的尺寸、反光性与浓度要求也较严格。

思 考 题

13.1 试分析影响毕托管量测精度的因素。

13.2 文丘里流量计分别用测压管和 U 形水银压差计测量进口和喉管断面压差时，其流量计算公式有何不同？

13.3 毕托管、热线热膜流速计、激光多普勒流速计和粒子成像速度场仪上述四种流速测量仪器，哪些为接触式单点测量？哪些为非接触式单点测量？对流场的干扰如何？

习 题

13.1 某气体管道安装了孔板流量计，如题 13.1 图所示 U 形管测压计的读值 $h=100\text{mmH}_2\text{O}$，流量系数为 0.62，管道直径 $d=10\text{cm}$，输送空气温度为 20℃，求此时的流量。

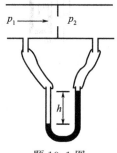

题 13.1 图

13.2 要求用毕托管一次测出半径为 r_0 的圆管层流的断面平均流速，如题 13.2 图所示，试求毕托管测口应放置的位置。

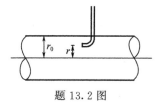

题 13.2 图

13.3 油在管中以 $v=1\text{m/s}$ 的速度流动（题 13.3 图），油的密度为 920kg/m^3，$l=3\text{m}$，直径 $d=25\text{mm}$，如图所示水银压差计测得 $h=9\text{cm}$，试求：

（1）油在管中的流态。

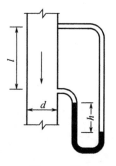

题 13.3 图

（2）油的运动黏滞系数。

（3）若保持相同的平均流速反向流动，压差计的读数有何变化？

13.4 如题 13.4 图所示，气体在一直立的突扩管内由下向上流动，已知 $d_1 = 50\text{mm}$，$d_2 = 100\text{mm}$，管内气体密度 $\rho = 0.8\text{kg/m}^3$，外部空气密度 $\rho_a = 1.2\text{kg/m}^3$，流速 $v_1 = 20\text{m/s}$，1 断面测压管读值 $h_1 = 100\text{mmH}_2\text{O}$，两断面间的高差 $H = 10\text{m}$，沿程水头损失不计，试求突扩管的局部压强损失和 2 断面测压管读值 h_2。

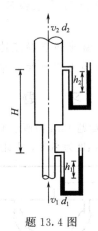

题 13.4 图

第14章 泵与风机的理论基础

汽轮机、水轮机、泵与风机均属流体机械。前两者是把流体的势能和动能转变为机械能的动力设备，而泵与风机则是把机械能转变为流体（液体、气体）的势能和动能的一种动力设备。

泵与风机是用途广泛的流体机械，其作用是将原动机的机械能转变为流体运动的机械能，克服流动阻力，达到输送流体的目的。用来输送液体的流体机械称为泵，输送气体的流体机械称为风机。泵与风机在供热、通风、空调、燃气、给排水、环境等工程中得到广泛的应用。

14.1 泵与风机的分类及应用

根据泵与风机的工作原理不同，泵与风机通常分为如下三大类。

14.1.1 叶片式泵与风机

通过高速旋转的叶轮对流体做功，使流体获得能量。根据流体流过叶轮时的方向不同，又分为如下三种。

（1）离心式泵与风机 离心式泵与风机的工作原理是利用叶轮旋转时产生的离心力使流体获得能量，使流体通过叶轮后的压能和动能都得到升高，从而能够将流体输送到高处或远处。离心泵的示意如图 14.1 所示，叶轮装在一个螺旋形机壳内，当叶轮 1 旋转时，流体通过吸水室 3 轴向流入，然后转 90°进入叶轮流道并径向流出，至压水室 2 经扩散管 4 排出。由于叶轮连续旋转，在叶轮入口处不断形成真空，从而流体将连续不断地由叶轮吸入和排出。离心式泵与风机在工程上广泛应用于小流量和较高压头的场合。

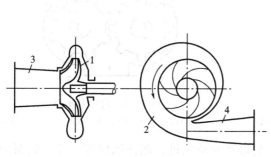

图 14.1 离心泵示意

1—叶轮；2—压水室；3—吸水室；4—扩散管

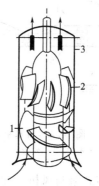

图 14.2 轴流式水泵示意

1—叶轮；2—导流器；3—泵壳

（2）轴流式泵与风机 轴流式泵与风机的工作原理是利用旋转叶片的挤压推进力使流体获得能量。轴流式水泵的示意如图 14.2 所示，叶轮 1 安装在圆筒形泵壳 3 内，当叶轮旋转时，流体轴向流入，在叶片流道内获得能量后，再经导流器 2 轴向流出。轴流式泵与风机在工程上广泛应用于大流量和较低压头的场合。

（3）混（斜）流式泵与风机 流体沿轴向流入叶轮，斜向流出，构造和性能上介于离心式与轴流式之间。

近年来，为适应空调工程中对小风量、低噪声、压头适当和安装方便的小型风机的需求，贯流式风机应运而生，如图 14.3 所示。贯流式风机叶轮的两个端面是封闭的，它不像离心式风机一样在机壳侧板上开口使气流轴向进入风机，而是将机壳部分地敞开使气流直接径向进入风机，气流横穿叶片两次。贯流式风机至今还存在许多问题有待解决，因此它的使用远没有离心式风机和轴流式风机普遍。

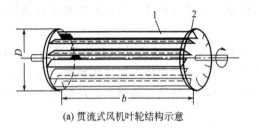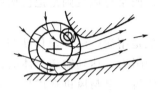

(a) 贯流式风机叶轮结构示意　　　　　　(b) 贯流式风机中的气流

图 14.3　贯流式风机示意

1—叶片；2—封闭端面

叶片式泵与风机构造简单，效率高而且易于调节，因此得到普遍应用。本书将重点介绍离心式以及轴流式泵与风机。

14.1.2　容积式泵与风机

通过工作室容积的改变对流体做功，使流体获得能量。根据工作室容积改变的方式不同，又分为以下两种。

（1）往复式泵与风机　以活塞泵为例，如图 14.4 所示，曲柄连杆机构带动活塞 1 在泵缸 5 内往复运动。当活塞由左向右运动时，工作室 4 容积扩大，压强降低，液体顶开吸水阀 3 进入泵缸，此为吸水过程。当活塞由右向左运动时，工作室容积减小，压强增大，液体顶开压水阀 2 而排出，此为排水过程。活塞不断往复运动，吸水与压水过程就不断交替进行。

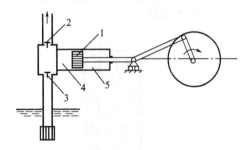　　　　　　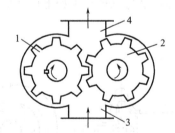

图 14.4　活塞泵示意　　　　　　　　　　图 14.5　齿轮泵示意

1—活塞；2—压水阀；3—吸水阀；4—工作室；5—泵缸　　1—主动轮；2—从动轮；3—吸液口；4—排液口

（2）回转式泵与风机　如齿轮泵、螺杆泵以及罗茨风机、螺杆风机等。以齿轮泵为例，如图 14.5 所示，齿轮泵有一对互相啮合的齿轮。主动轮 1 由原动机带动旋转，并带动从动轮 2 反向旋转。液体由吸液口 3 进入，在齿的挤压下分左右沿泵壳流向排液口 4。

与离心式泵、离心式风机相比，容积式泵、容积式风机效率较低，且结构和调节复杂，因而应用受到一定限制。但由于构造上各有特点，仍可用于特定场合，例如蒸汽活塞泵可作为停电时锅炉的补给水泵；齿轮泵常用做输送润滑油的油泵。

14.1.3　其他类型的泵与风机

其他类型的泵与风机有射流泵、真空泵等。

射流泵如图 14.6 所示，高压的工作流体 A 从喷嘴 1 高速射出，此时因喷嘴出口形成高速使吸入室 2 造成真空，从而不断抽吸流体 B 与工作流体 A 在混合室 3 混合，然后通过扩散室 4 使部分动能转化为压能，然后输送出去。由于工作流体连续喷射、吸入室继续保持真空，于是不断地抽吸和排出流体，输出的是混合流体 C。射流泵的工作流体可以为高压气体也可为高压水，被抽吸的流体可以是水、药液、空气等。射流泵可以用做水处理工艺中的投药装置以及水泵启动前的排气设备等。

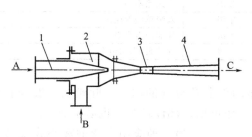

图 14.6　射流泵示意

1—喷嘴；2—吸入室；3—混合室；4—扩散室

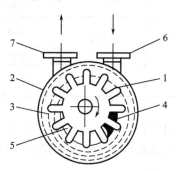

图 14.7　水环式真空泵示意

1—叶轮；2—泵壳；3—水环；4—进气腔；
5—排气腔；6—进气管；7—排气管

水环式真空泵如图 14.7 所示，由泵体和泵盖组成圆形工作室，在工作室内偏心地装置着一个由多个呈放射状均匀分布的叶片和轮毂组成的叶轮。泵启动前，先往工作室内注水。当电动机带动叶轮 1 旋转时，由于离心力的作用，将水甩到工作室四壁而形成一个旋转的水环 3，水环内表面与叶轮轮毂相切。由于泵壳 2 与叶轮不同心，当叶轮沿图式箭头方向旋转时，右半轮毂与水环间的进气腔 4 逐渐扩大，压强下降而形成真空，气体则自进气管 6 被吸入进气腔。当气体随着旋转的叶轮进入左半空腔时，因轮毂与水环间的空腔被压缩而逐渐缩小，压强增大，从而使气体自排气腔 5 经排气管 7 而排出泵外。叶轮每转一周，吸气一次、排气一次。连续不断地旋转就可将其他容器内的气体抽出，形成真空。水环式真空泵常用于矿山、化工、轻工业和食品工业等的真空蒸发、真空除气、真空过滤和真空封罐等。

此外，根据泵与风机产生的压力大小，泵可分为低压泵（扬程小于 $200mH_2O$）、中压泵（扬程 $200\sim600mH_2O$）和高压泵（扬程大于 $600mH_2O$）；风机可分为通风机（风压约小于 $1500mmH_2O$）、鼓风机（风压 $1500mmH_2O\sim3.4\times10^3mmH_2O$）和压气机（风压约大于 3.4×10^3mmH_2O），其中通风机可进一步分为低压通风机（小于 $100mmH_2O$，用于普通通风和空气调节系统）、中压通风机（$100\sim300mmH_2O$，用于除尘系统或阻力较大的通风系统）和高压通风机（$300\sim1500mmH_2O$，用于气力输送系统）。

14.2　离心式泵与风机的构造特点及性能参数

14.2.1　离心式泵的基本构造

（1）离心式泵的类型　离心式泵属叶片式。根据泵转轴的位置不同可以分为卧式和立式泵两类，根据机壳形式、吸入方式、叶轮级数等又可分成若干类型（见表 14.1）。

最常遇见的离心式泵是单吸单级泵。这种泵广泛用于工程实际中。所能提供的流量范围为 $4.5\sim300m^3/h$，扬程为 $8\sim150m$。图 14.8 所示为典型的单吸单级泵结构图。这种泵的泵轴水平地支承在托架 7 内的轴承 9 上，泵轴 6 的一端悬出为悬臂端，端部装有叶轮 2，10

251

表 14.1　离心式泵的类型

泵轴位置	机壳形式	吸入方式	叶轮级数	泵 类 举 例
卧式	涡壳式	单吸	单级	单极单吸泵、屏蔽泵、自吸泵、水轮泵
			多级	涡壳式多级泵、两极悬臂泵
		双吸	单级	双吸单级泵
			多级	高速大型多级泵（第一级双吸）
	导叶式	单吸	多级	分段多级泵
		双吸	多级	高速大型多级泵（第一级双吸）
立式	涡壳式	单吸	单级	屏蔽泵、水轮泵、大型立式泵
			多级	立式船用泵
		双吸	单级	双吸单级涡轮泵
	导叶式	单吸	单级	作业面潜水泵
			多级	深井泵、潜水电泵

为填料密封机构，其作用是减少泵内高压液体的外泄及空气的渗入。叶轮上一般开有平衡孔，以平衡轴向推力。这种泵的结构较简单，工作可靠，部件较少，也易于加工。

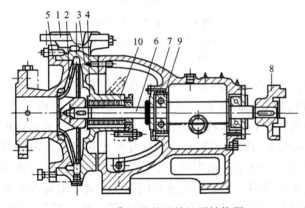

图 14.8　典型的单吸单级泵结构图

1—泵体；2—叶轮；3—密封环；4—轴套；5—泵盖；6—泵轴；
7—托架；8—联轴器；9—轴承；10—填料密封机构

另一种应用广泛的离心式泵是双吸单级泵。这种泵实际上等于两个相同的叶轮背靠背地同装在一根转轴上并联工作。液体是从两侧轴向地流入两个叶轮，然后转为径向进入叶片间的流道，最后在机壳内汇合流向出口。这种泵的流量较大，能自动平衡轴向推力。我国生产的双吸单级泵的流量范围为 $120 \sim 20000 m^3/h$，扬程约为 $10 \sim 110m$。

分段式多级泵具有较高的扬程。这类泵在结构上是将几个叶轮装在同一根转轴上，每个叶轮叫做一级，一台泵可以有两级到十余级。每级叶轮之间设有固定的导叶。流体进入第一级叶轮加压后经导叶依次进入第二级、第三级叶轮。第一级一般为单吸式，也可以制成双吸式的。为了平衡轴向推力，泵内通常装有平衡盘。我国生产的分段式多级泵，中压泵的流量在 $5 \sim 720 m^3/h$ 之间，扬程约为 $100 \sim 650m$，高压泵的扬程可达 2800m 左右。多级泵通常用于高扬程提升液体和锅炉给水。

表 14.1 中所列其他类型的离心式泵大多具有特殊用途，可以参看其他专门著作。

离心式泵还可以按用途进行分类。例如农用水泵、污水泵、污泥泵、泥浆泵、锅炉给水泵、冷凝水泵、水力采煤泵、氨水泵等，不再一一列举介绍。

（2）离心式泵的主要部件　尽管离心式泵的种类繁多，由于作用原理基本相同，它们的主要部件大体类同。

① 叶轮　叶轮是离心式泵的最主要部件，一般由两个圆形盖板以及盖板之间若干弯曲的叶片和轮毂组成，叶片固定在轮毂上，轮毂中间有穿轴孔与泵轴相连接，如图 14.9 所示。

按其盖板情况，叶轮有开式、半开式及闭式三种，如图 14.10 所示。开式叶轮没有前盖板和后盖板，只有叶片；半开式叶轮只有后盖板没有前盖板；闭式叶轮既有前盖板又有后盖板。开式和半开式叶轮多用于输送含有杂质的液体，如污水泵中；闭式叶轮多用于离心式清水泵中。

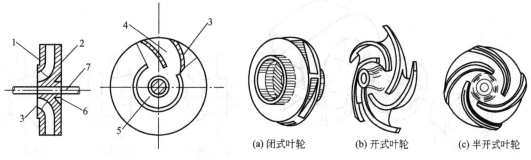

图 14.9　叶轮结构简图

1—前盖板；2—后盖板；3—叶片；4—流道；
5—吸水口；6—轮毂；7—泵轴

图 14.10　叶轮形式

(a) 闭式叶轮　　(b) 开式叶轮　　(c) 半开式叶轮

② 吸入室　泵吸入室的作用主要是使液体进入泵体的流动损失最小。吸入室的结构形状对泵的吸入性能影响很大。通常采用的吸入室形式有锥体管式和圆环形式，前者应用最普遍。

③ 泵壳　泵壳的作用是收集来自叶轮的液体，并使部分流体的动能转换为压力势能，最后将流体均匀地导向次级叶轮或排出口。单级离心式泵的泵壳大都为螺旋形蜗式机壳，如图 14.11 所示。泵壳顶上设有冲水和放气的螺孔，以便在水泵启动前用来充水和排走泵壳内的空气。

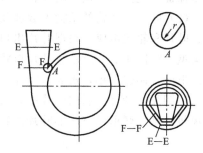

图 14.11　离心式泵的螺旋形蜗式机壳

④ 密封环　密封环用来减小高速转动的叶轮和固定的泵壳之间的缝隙，从而减少泵壳内高压区泄漏到低压区的液体量，通常在泵壳和叶轮上分别设置密封环，密封环又称减漏装置。图 14.12 所示为三种不同形式的密封环。由于动环与定环之间的间隙较小，所以容易磨损。磨损后将使泵的效率降低，但密封环可以更换。

图 14.12　泵内密封环的几种形式

⑤ 轴封　泵轴伸出泵体处，在旋转的泵轴和固定的泵体之间设置轴封，用来减少泵内压强较高的液体流向泵外，或防止空气侵入泵内。常用的轴封有填料轴封、骨架橡胶轴封、机械轴封和浮动环轴封数种。

⑥ 轴向力平衡装置　单吸单级泵和某些多级泵的叶轮有轴向推力存在。产生轴向推力的原因主要是作用在叶轮两侧的流体压强不平衡。如果不消除这种轴向推力，将导致泵轴及叶轮的窜动和受力引起的相互研磨，进而损伤部件。消除轴向力有几种措施，对于单级单吸式离心泵而言，一般采取在叶轮的后盖板上钻平衡孔，并在后盖板上加装密封环的办法来实现。

离心式泵除以上介绍的主要部件外，尚有泵轴、托架、联轴器、轴承等其他部件。

14.2.2　离心式风机的基本构造

离心式风机的主要结构分解示意如图 14.13 所示。

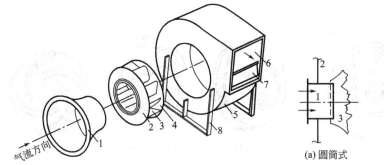
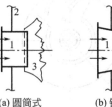
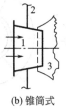
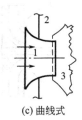

图 14.13 离心式风机主要结构分解示意图
1—吸入口；2—叶轮前盘；3—叶片；4—叶轮后盘；
5—机壳；6—出口；7—截流板（风舌）；8—支架

图 14.14 离心式风机的吸入口
1—吸入口；2—机壳；3—叶轮

（1）吸入口 吸入口可分圆筒式、锥筒式和曲线式数种，如图 14.14 所示。吸入口的作用是保证气流能均匀地充满叶轮进口截面，降低流动损失。

（2）叶轮 叶轮的结构参数和几何形状对风机的性能有重大影响。叶轮主要由前盘、后盘、叶片和轮毂组成。根据叶片出口安装角 β_2 的不同，叶片又可分为前向、径向和后向三种类型，如图 14.15 所示。叶片形状主要有弧形、直线形和机翼形三种，如图 14.16 所示。直线形叶片制造简单，机翼形叶片强度高且具有优良的空气动力特性。目前，前向叶片一般多采用圆弧形叶片；后向叶片中，大型离心式风机多采用机翼形叶片，而对于中、小型离心式风机，则以弧形和直线形叶片为宜。

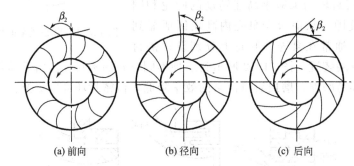

图 14.15 前向、径向和后向叶轮示意

图 14.16 叶片形状

（3）机壳 风机的机壳与泵壳相似，呈螺旋线形。它的作用是收集来自叶轮的增压气体，并将部分动压转换为静压，最后将气体导向出口。机壳的旋转方向按叶轮旋转方向分为左旋和右旋。规定如下：人站在电机一侧，风机机壳顺时针伸展，称为右转式风机；风机机壳逆时针伸展，称为左转式风机。一般出口位置如图 14.17 所示。

（4）支承与传动方式 我国离心式风机的支承与传动方式共 A、B、C、D、E、F 六种形式，见图 14.18 及表 14.2。A 型风机的叶轮直接固装在风机的轴上；B、C 与 E 型均为带

254

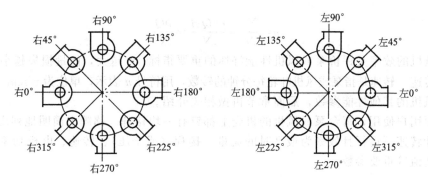

图 14.17　离心式通风机机壳出口位置

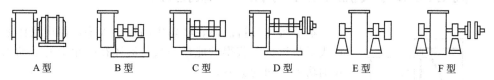

图 14.18　离心式风机的支承与传动方式示意

表 14.2　离心式风机的六种支承与传动方式及其代号

代　号	A　型	B　型	C　型	D　型	E　型	F　型
传动方式	无轴承,电机直联传动	悬臂支承,皮带轮在轴承中间	悬臂支承,皮带轮在轴承外侧	悬臂支承,联轴器传动	双支承,皮带轮在外测	双支承,联轴器传动

传动,这种传动方式便于改变风机的转速,有利于调节;D 型与 F 型为联轴器传动;E 型和
F 型的轴承分布于叶轮两侧,运转比较平稳,大都用于较大型的风机。

14.2.3　离心式泵与风机的性能参数

(1) 流量　单位时间内泵或风机所输送的流体体积称为流量,用 Q 表示,常用单位为
L/s、m^3/s 或 m^3/h。

(2) 泵的扬程与风机的全压　泵的扬程是指单位重量液体从泵进口断面至出口断面所获
得的能量增值。常以符号 H 表示,单位为 m。

风机全压是指单位体积气体从风机进口断面至出口断面所获得的能量增值。常以符号 p
($p = \rho g H$) 表示,单位为 Pa、kPa 或 mmH_2O。

(3) 功率　泵或风机的输入功率,即原动机传到泵轴上的功率,称轴功率。用符号 N
表示,单位为 W 或 kW。

泵或风机的输出功率,即单位时间内流体从泵或风机中所获得的实际能量,称为有效功
率。用符号 N_e 表示,单位为 W 或 kW。

$$N_e = \rho g Q H = pQ \tag{14.1}$$

由于流体通过泵或风机时要产生一系列损失,如流动损失、轮阻损失、泄漏损失和机械
传动损失等,有效功率必然小于轴功率。

考虑轴传动损失,原动机(或称电动机)的输入功率 N_M 应在轴功率的基础上留有一定
的功率储备。

$$N_M = KN \tag{14.2}$$

式中　K——电动机的容量储备系数,$K = 1.1 \sim 1.5$。

(4) 效率　泵或风机输出的有效功率与输入的轴功率之比,称为泵或风机的效率,用符
号 η 表示。

$$\eta = \frac{N_e}{N} = \frac{\rho g Q H}{N} = \frac{p Q}{N} \tag{14.3}$$

泵或风机的效率是评价泵或风机性能好坏的重要指标。η 越大，能量损失越小。

（5）转速　转速是指泵或风机叶轮每分钟的转数，用符号 n 表示，单位为 r/min（转/分）。

泵或风机的其他性能参数，后面章节再做相关介绍。

为方便用户使用，每台泵或风机的机壳上都钉有一块铭牌。铭牌上简明地列出了该泵或风机在设计转速下运行且效率为最高时的流量、扬程（或全压）、转速、电机功率及允许吸上真空高度值等重要参数。

14.3　离心式泵与风机的基本方程——欧拉方程

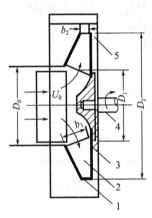

图 14.19　叶轮流道的几何形状

1—叶轮前盘；2—叶片；3—叶轮
后盘；4—轴；5—机壳

本节将从分析流体在叶轮中的运动入手，得出流体通过离心式泵与风机所获得的能量增量与流体在叶轮中的运动以及输入轴功率之间的关系。

14.3.1　流体在叶轮中的运动

叶轮流道的几何形状如图 14.19 所示。其中 D_0 为叶轮进口直径，D_1、D_2 为叶片的进出口直径，b_1、b_2 为叶片的进出口宽度。

流体在叶轮的运动可分解为随叶轮旋转所做的圆周牵连运动和沿叶片切向的相对运动，牵连运动和相对运动合成了流体在叶轮中的绝对运动。图 14.20 所示为叶片进口、出口处流体的运动情况。

绝对运动的速度向量 v 等于牵连运动的速度向量 u 与相对运动的速度向量 w 之矢量和，即

$$v = u + w \tag{14.4}$$

为便于分析，常将绝对速度 v 分解为与流量有关的径向分速度 v_r 和与压头有关的切向分速度 v_u。流体质点的速度三角形如图 14.21 所示。速度三角形清楚地表达了流体在叶轮

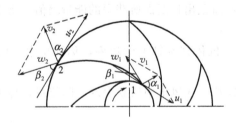

图 14.20　叶片进、出口处的流体运动情况

1—进口；2—出口

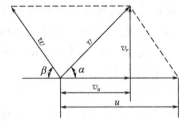

图 14.21　流体质点在叶轮中运动的速度三角形

注：u_1，u_2——叶片进出口的圆周速度；

　　w_1，w_2——叶片进出口的相对速度；

　　v_1，v_2——叶片进出口的绝对速度；

　　β_1，β_2——叶片的进出口安装角（叶片进出口处的切线与圆周速度反方向线之间的夹角，表明叶片的弯曲方向）；

　　α_1，α_2——叶片的进出口工作角（绝对速度和圆周速度间的夹角，表示流体运动的方向）

流道中的流动情况，是研究泵或风机性能的重要手段。泵与风机的性能主要取决于叶轮进口及出口处流体的运动情况。

当叶轮流道的几何形状和尺寸确定后（安装角 β、叶片直径 D 或半径 R、叶片宽度 b 确定），如果已知叶轮转速 n 和流经叶轮的流量 Q_T，则可求得叶轮内任何半径 R 上某点的速度三角形。

该点的圆周速度 u 为

$$u = \omega R = \frac{\pi D n}{60} \tag{14.5}$$

由于流经叶轮的流量 Q_T 等于该点径向分速度 v_r 乘以垂直于 v_r 的过流断面积 F，即

$$Q_T = v_r F = v_r 2\pi R b \varepsilon \tag{14.6}$$

式中 ε——叶片排挤系数，它反映了叶片厚度对流道过流面积的遮挡程度。

求得 u、v_r 后，又已知 β，则该点速度三角形不难绘出。

14.3.2　欧拉方程

实际上，流体在叶轮流道内的运动十分复杂。为简化研究问题，应用一元流动理论分析其流动规律，欧拉提出以下基本假设以建立流动模型。

（1）叶轮中的流体流动是恒定流。

（2）叶轮中的叶片数目为无穷多个，叶片厚度无限薄。流体在叶片间作相对流动时，其流线与叶片形状一致，在同一圆周上流速的分布是均匀的。

（3）通过叶轮的流体为理想不可压缩流体，流动过程中没有能量损失。

欧拉方程的推导以质点系动量矩定理为理论基础，即质点系对任意固定点或任意固定转轴的动量矩随时间的变化率等于作用于该质点系的所有外力对同一固定点或固定转轴的合力矩。

取叶轮内壁和叶片进出口过流断面为控制面。由于是恒定流动，控制体内流体动量矩的增量为零，外力矩则等于单位时间内通过控制面流出与流入的动量矩差值。若设 $Q_{T\infty}$ 为流经叶轮的体积流量（下角 "T" 表示理想流体，"∞" 表示叶片无穷多），$v_{u1T\infty}$ 和 $v_{u2T\infty}$ 分别为叶片进出口处流体绝对速度的切向分量，R_1 和 R_2 分别为叶片的进出口半径，M 为作用于叶轮内流体上的外力矩，则有

$$M = \rho Q_{T\infty} v_{u2T\infty} R_2 - \rho Q_{T\infty} v_{u1T\infty} R_1 = \rho Q_{T\infty} (v_{u2T\infty} R_2 - v_{u1T\infty} R_1)$$

上式两端各乘以角速度 ω，而 $M\omega = N$。N 是施加在转轴上的外加功率，根据理想化假设，$N = \rho g Q_{T\infty} H_{T\infty}$。又考虑到 $R\omega = u$，则有

$$N = \rho g Q_{T\infty} H_{T\infty} = \rho Q_{T\infty} (v_{u2T\infty} u_{2T\infty} - v_{u1T\infty} u_{1T\infty})$$

整理上式后，得到理想化条件下单位重量流体的能量增量与流体在叶轮中运动的关系即

$$H_{T\infty} = \frac{1}{g} (u_{2T\infty} v_{u2T\infty} - u_{1T\infty} v_{u1T\infty}) \tag{14.7}$$

这就是离心式泵与风机的基本方程，于 1754 年首先由欧拉提出，又称为欧拉方程。

从欧拉方程可以得出如下结论。

（1）流体所获得的理论扬程 $H_{T\infty}$，仅与流体在叶片进口和出口的速度有关，而与流体在叶轮内部的流动过程无关。

（2）流体所获得的理论扬程 $H_{T\infty}$，与被输送流体的种类无关。无论输送何种流体（液体或气体），只要叶片进出口处速度三角形相同，都可以得到相同的液柱或气柱高度。

14.3.3　叶片片数有限对欧拉方程的修正

欧拉方程是在叶片无限多和不计流动损失等条件下得出的。此时，流道中任何点的相对

流速 w 均沿着叶片的切线方向。然而，实际叶轮中叶片数目只有几片或几十片，叶片间的流道具有一定的宽度。当叶轮旋转时，由于惯性，叶轮中的流体产生与叶轮转动方向相反的轴向相对涡流运动，如图 14.22 所示。

此涡流运动与原来沿叶片的均匀相对流动叠加之后，在顺叶轮转动方向的流道前部，相对涡流助长了原有的相对流速；而在流道后部，则抑制了原有的相对流速。结果相对流速 w 在同一半径的圆周上分布不均匀，如图 14.22 所示。它一方面使叶片两面形成压力差，成为作用于轮轴上的阻力矩，原动机需克服此力矩而耗能；另一方面，在叶片出口处，相对速度将朝叶轮旋转的反方向偏离于切线，由 $w_{2T\infty}$ 变为 w_{2T}。由于流量与转速不变，即出口圆周速度 u_2 和出口绝对速度的径向分量 v_{r2} 不变，出口相对速度的偏移使绝对速度的切向分量 $v_{u2T\infty}$ 减小为 v_{u1T}，如图 14.23 所示。同样的分析，叶片进口处，相对速度将朝叶轮旋转的方向偏离于切线，进口相对速度的偏移将使绝对速度的切向分量 $v_{u1T\infty}$ 增加为 v_{u1T}。由式 (14.7) 可以看出，叶片无穷多的扬程 $H_{T\infty}$ 将降低为叶片有限多的 H_T 值。二者可通过小于 1 的涡流修正系数 k 来联系，即

$$H_T = kH_{T\infty} = \frac{k}{g}(u_{2T\infty}v_{u2T\infty} - u_{1T\infty}v_{u1T\infty}) = \frac{1}{g}(u_{2T}v_{u2T} - u_{1T}v_{u1T}) \qquad (14.8)$$

对于离心式泵与风机来说，涡流修正系数 k 值一般在 $0.78 \sim 0.85$ 之间。为简明起见，将流体运动储量中表示理想条件的下标"T"取消，则有

$$H_T = \frac{1}{g}(u_2v_{u2} - u_1v_{u1}) \qquad (14.9)$$

此式表达了实际叶轮（有限多叶片）工作时，在理想条件（不计流动损失）下，流体从外加能量所获得的理论扬程值。该式也叫做理论扬程方程式。

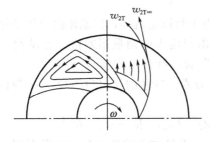

图 14.22 相对涡流

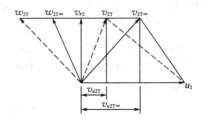

图 14.23 出口速度图的变化

14.3.4 理论扬程 H_T 的组成

为了说明与理论扬程有关的运动要素以及总扬程中动压水头和静压水头所占的比例，将图 14.20 中的叶片进出口速度三角形按余弦定理展开

$$w_2^2 = u_2^2 + v_2^2 - 2u_2v_2\cos\alpha_2 = u_2^2 + v_2^2 - 2u_2v_{u2}$$
$$w_1^2 = u_1^2 + v_1^2 - 2u_1v_1\cos\alpha_1 = u_1^2 + v_1^2 - 2u_1v_{u1}$$

两式移项后代入式 (14.9)，整理得

$$H_T = \frac{v_2^2 - v_1^2}{2g} + \frac{u_2^2 - u_1^2}{2g} + \frac{w_1^2 - w_2^2}{2g} \qquad (14.10)$$

为说明上式的物理意义，列叶轮进、出口断面能量方程

$$Z_1 + \frac{p_1}{\gamma} + \frac{v_1^2}{2g} + H_T = Z_2 + \frac{p_2}{\gamma} + \frac{v_2^2}{2g}$$

因叶轮进、出口断面是同轴的圆筒面，$Z_1 = Z_2$，则有

$$H_T = \frac{v_2^2 - v_1^2}{2g} + \frac{p_2 - p_1}{\gamma} \qquad (14.11)$$

式（14.10）中第一项是单位重量流体的动能增量，也称动压水头增量，记为 H_{Td}。

$$H_{Td} = \frac{v_2^2 - v_1^2}{2g} \qquad (14.12)$$

式（14.10）中其余两项和是单位重量流体的压力势能增量，也叫静压水头增量，记为 H_{Tj}。

$$H_{Tj} = \frac{p_2 - p_1}{\gamma} = \frac{u_2^2 - u_1^2}{2g} + \frac{w_1^2 - w_2^2}{2g} \qquad (14.13)$$

通常在总扬程相同的条件下，动压水头增量 H_{Td} 不宜过大。人们利用导流器及蜗壳的扩压作用，可以使一部分动压水头转化为静压水头，但流动的水力损失也会增大。

14.4 叶型对离心式泵与风机性能的影响

离心式泵与风机设计时，为使理论扬程达到最大值，总是使进口工作角 $\alpha_1 = 90°$，于是 $v_{u1} = v_1 \cos\alpha_1 = 0$，由式（14.9）得，理论扬程方程式可简化为

$$H_T = \frac{1}{g} u_2 v_{u2} \qquad (14.14)$$

要使流体径向流入叶片间的流道，可以适当设计叶片的进口方向来保证。当叶片进口安装角 β_1 在设计流量下可以保证流体径向流入通道后，剩下的问题就是看理论扬程 H_T 与叶片出口安装角 β_2 的关系。

14.4.1 叶型对理论扬程 H_T 大小的影响

图 14.24 所示叶片出口速度三角形有

$$v_{u2} = u_2 - v_{r2} \cot\beta_2$$

代入式（14.14）有

$$H_T = \frac{1}{g}(u_2^2 - u_2 v_{r2} \cot\beta_2) \qquad (14.15)$$

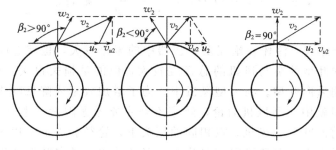

图 14.24 β_2 不同时叶片出口速度比较

上式表明，外径、转速相同（u_2 相同）、流量相同（v_{r2} 相同）的叶轮，流体所获理论扬程的大小与叶片出口安装角 β_2 有关。按照 β_2 的不同，叶轮叶片有三种形式：$\beta_2 < 90°$ 为后向式，叶片出口与叶轮旋转方向相反；$\beta_2 = 0°$ 为径向式，叶片出口沿叶轮的半径方向；$\beta_2 > 90°$ 为前向式，叶片出口与叶轮旋转方向一致，如图 14.24 所示。由式（14.15）得

后向式 $\beta_2 < 90°$，$\cot\beta_2 > 0$，则 $H_T < \dfrac{u_2^2}{g}$；

径向式 $\beta_2 = 90°$，$\cot\beta_2 = 0$，则 $H_T = \dfrac{u_2^2}{g}$；

前向式 $\beta_2 > 90°$，$\cot\beta_2 < 0$，则 $H_T > \dfrac{u_2^2}{g}$。

根据以上分析，可以得出如下结论：其他条件相同时，具有前向叶型的叶轮所获得的扬程最大，其次为径向叶型，而后向叶型的叶轮所获得的扬程最小，因此似乎具有前向叶型的泵或风机的效果最好。实际上这种结论并不全面，因为在全部的理论扬程中，还存在着动压水头和静压水头分配的问题。

14.4.2　叶型对理论扬程 H_T 组成的影响

通常在离心式泵与风机的设计中，除使流体径向进入流道外（$v_1 = v_{r1}$），常令叶片进口截面积 A_1 等于出口截面积 A_2（即 $\pi D_1 b_1 = \pi D_2 b_2$）。根据连续性方程，有

$$v_1 A_1 = v_{r1} A_1 = v_{r2} A_2$$

则

$$v_1 = v_{r1} = v_{r2}$$

将此式代入式（14.12），并按速度三角形，可得到动压水头 H_{Td} 与叶片出口切向分速度之间的关系

$$H_{Td} = \frac{v_2^2 - v_1^2}{2g} = \frac{v_2^2 - v_{r2}^2}{2g} = \frac{v_{u2}^2}{2g} \tag{14.16}$$

由此可见，理论扬程 H_T 中的动压水头成分 H_{Td} 与叶片出口速度的切向分速度 v_{u2} 的平方成正比。

由图 14.24 所示叶片出口速度三角形有

$$v_{u2} = u_2 - v_{r2}\cot\beta_2$$

后向叶片 $\beta_2 < 90°$，$v_{u2} < u_2$，所以 $H_T = \dfrac{u_2 v_{u2}}{g} > \dfrac{v_{u2}^2}{g}$，则 $H_{Td} < \dfrac{H_T}{2}$，动压水头小于理论扬程的一半；

径向叶片 $\beta_2 = 90°$，$v_{u2} = u_2$，所以 $H_T = \dfrac{u_2 v_{u2}}{g} = \dfrac{v_{u2}^2}{g}$，则 $H_{Td} = \dfrac{H_T}{2}$，动压水头等于理论扬程的一半；

前向叶片 $\beta_2 > 90°$，$v_{u2} > u_2$，所以 $H_T = \dfrac{u_2 v_{u2}}{g} < \dfrac{v_{u2}^2}{g}$，则 $H_{Td} > \dfrac{H_T}{2}$，动压水头大于理论扬程的一半。

动压水头成分越大，流体在蜗壳及扩压器中的流速越大，也就意味着损失越大。实践证明，尽管前向叶型的泵与风机的总扬程较大，但能量损失也大，效率较低。因此，离心式泵全都采用后向叶型。在大型风机中，为了增加效率或降低噪声水平，也几乎都采用后向叶型。但就中小型风机而论，效率不是主要考虑因素，也有采用前向叶型的，这是因为叶轮是前向叶型的风机，在相同的压头下，轮径和外形可以做得较小。根据这个原理，在微型风机中，大都采用前向叶型的多叶叶轮。径向叶型叶轮的泵与风机的性能，显然介于两者之间。

14.5　离心式泵与风机的理论和实际特性曲线

泵与风机的性能是由流量 Q、扬程 H（或风压 p）、轴功率 N、效率 η 和转速 n 等参数表示的，这些参数之间存在一定的函数关系，这种函数关系用曲线表示，就是泵与风机的特性曲线。特性曲线通常是在转速一定的情况下，以流量为自变量，讨论其他性能参数的变化，主要有以下三种。

（1）泵或风机所提供的流量与扬程之间的关系，用 $H = f_1(Q)$ 来表示。

（2）泵或风机所提供的流量与轴功率之间的关系，用 $N = f_2(Q)$ 来表示。

（3）泵或风机所提供的流量与设备本身效率之间的关系，用 $\eta = f_3(Q)$ 来表示。

上述三种关系常以曲线的形式绘在以流量 Q 为横坐标的图上，称为特性曲线。

前面在推导欧拉方程时，曾引入了无穷多且无限薄叶片和不计流动损失的理想条件。对叶片数有限的叶轮，已采用涡流修正系数 k 加以修正。剩下的问题，就是如何从理论扬程 H_T 中扣除流动损失了。由于目前对设备内部流动损失的计算仍停留在半理论半经验阶段，尚难通过精确计算来决定泵或风机的实际扬程，故其实际性能曲线只能通过实验获取。

14.5.1 泵与风机的理论特性曲线

首先从欧拉方程出发，研究理想条件下的理论特性曲线。若流体沿径向流入叶片，欧拉方程为

$$H_T = \frac{1}{g} u_2 v_{u2}$$

其中

$$u_2 = \frac{\pi D_2 n}{60}$$

$$v_{u2} = u_2 - v_{r2} \cot \beta_2$$

若设叶片出口处前盘与后盘之间的轮宽为 b_2，由式（14.6）可知叶轮在工作时排出的理论流量应为

$$Q_T = \varepsilon \pi D_2 b_2 v_{r2} \tag{14.17}$$

将上式变换后代入式（14.15），得

$$H_T = \frac{u_2^2}{g} - \frac{u_2}{g} \times \frac{Q_T}{\varepsilon \pi D_2 b_2} \cot \beta_2$$

对于大小一定的泵与风机，转速不变时，上式中的 u_2、ε、D_2、b_2 和 β_2 均为定值，故上式可简化为

$$H_T = A - B Q_T \tag{14.18}$$

$$A = \frac{u_2^2}{g}$$

$$B = \frac{u_2}{g} \times \frac{\cot \beta_2}{\varepsilon \pi D_2 b_2}$$

式中　A，B——常数。

式（14.18）说明在固定转速下，不论叶型如何，泵或风机的理论扬程与理论流量呈线性关系。图 14.25 绘出了三种不同叶型泵或风机理论上的 H_T-Q_T 曲线。

后向式叶片 $\beta_2 < 90°$，$\cot \beta_2 > 0$，$B > 0$，H_T 随 Q_T 增大而减小，$H_T = f_1(Q_T)$ 线向下倾斜；

径向式叶片 $\beta_2 = 90°$，$\cot \beta_2 = 0$，$B = 0$，H_T 不随 Q_T 而变，$H_T = f_1(Q_T)$ 线水平；

前向式叶片 $\beta_2 > 90°$，$\cot \beta_2 < 0$，$B < 0$，H_T 随 Q_T 增大而增大，$H_T = f_1(Q_T)$ 线向上倾斜。

在无流动损失条件下，理论上的有效功率就等于轴功率，即

$$N_T = N_{eT} = \rho g Q_T H_T$$

将式（14.18）代入，得

$$N_T = \rho g (A Q_T - B Q_T^2) \tag{14.19}$$

可见对于不同的 β_2 值具有不同形状的曲线，如图 14.26 所示。但当 $Q_T = 0$ 时，三种叶型的

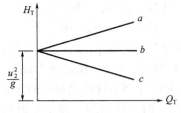

图 14.25　三种叶型的 H_T-Q_T 曲线

a—前向式；b—径向式；c—后向式

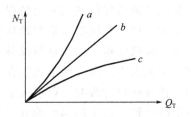

图 14.26　三种叶型的 N_T-Q_T 曲线

a—前向式；b—径向式；c—后向式

理论轴功率都等于零，三条曲线同交于原点。

对于具有径向叶型的叶轮来说，$\beta_2=90°$，$\cot\beta_2=0$，$B=0$，$N_T=f_2(Q_T)$ 曲线为一条直线。

当叶轮为前向叶型时，$\beta_2>90°$，$\cot\beta_2<0$，$B<0$，$N_T=f_2(Q_T)$ 曲线为向上凸的二次曲线。

当叶轮为后向叶型时，$\beta_2<90°$，$\cot\beta_2>0$，$B>0$，$N_T=f_2(Q_T)$ 曲线为向下凹的二次曲线。

因为理想条件下（无能量损失），理论上的有效功率就等于轴功率，所以 $\eta_T=f_3(Q_T)=1$，为一条直线。

根据以上分析，可以定性地说明不同叶型的理论特性曲线变化趋势。这对于后面研究泵或风机的实际特性曲线是很有意义的。同时从三种叶型的 N_T-Q_T 曲线可以看出，前向叶型风机所需的轴功率随流量的增加而迅速增大，因此这种风机在运行中增加流量时，原动机超载的可能性要比径向叶型风机大得多，而后向叶型的风机几乎不会发生原动机超载的现象。

14.5.2　泵与风机的损失与效率

泵与风机内流体的实际流动并非理想过程，即运行中存在损失，按其产生原因分为三类：水力损失、容积损失和机械损失。研究机内损失问题，可以进一步将上述泵或风机的理论特性曲线过渡到实际的特性曲线。由于流动情况十分复杂，现在还不能精确计算这些损失，但从理论上分析这些损失，指出其产生的原因和影响因素，可以找出减少损失的途径，提高工作效率。

（1）水力损失　流体流经泵或风机时，必然产生水力损失。这种损失同样也包括局部水头损失和沿程水头损失。水力损失的大小与过流部件的几何形状、壁面粗糙以及流体的黏性密切相关。主要由以下几部分组成。

① 进口损失 ΔH_1　流体经泵或风机入口进入叶片进口之前，发生摩擦及 90°转弯所引起的水力损失。此项损失，因流速不高而不致太大。

② 撞击损失 ΔH_2　当机器实际运行流量与设计额定流量不同时，相对速度的方向就不再同叶片进口安装角的切线相一致，从而发生撞击损失，其大小与实际流量和设计流量之差的平方成正比。

③ 叶轮中的水力损失 ΔH_3　包括叶轮中的摩擦损失和流道中因流体速度大小、方向变化及离开叶片出口等因素产生的局部水头损失。

于是，总水力损失 $\Delta H=\Delta H_1+\Delta H_2+\Delta H_3$。撞击损失和其他水力损失与流量的关系以及总水力损失与流量的关系如图 14.27 所示，图中 Q_d 表示设计流量。

水力损失常以水力效率 η_H 来衡量，则

$$\eta_H=\frac{H_T-\Delta H}{H_T}-\frac{H}{H_T} \tag{14.20}$$

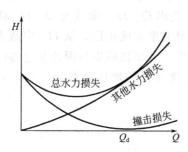

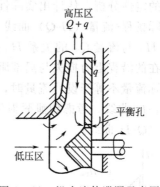

图 14.27　水力损失与流量的关系　　　　图 14.28　机内流体泄漏示意图

$$H = H_T - \Delta H$$

式中　H——泵或风机的实际扬程。

（2）容积损失（或泄漏损失）　由于运动部件和固定部件之间存在着间隙，因此叶轮工作时，间隙两侧的压力差会使流体从高压区通过缝隙泄漏到低压区。这部分回流到低压区的流体流经叶轮时，显然也获得了能量，但未能有效利用。回流量的多少取决于叶轮增压大小，取决于固定部件与运动部件间的密封性能和缝隙的几何形状。对于离心泵来说，还有流过为平衡轴向推力而设置的平衡孔的泄漏回流量等，如图 14.28 所示。此外，流体通过泵与风机转轴与蜗壳之间间隙处的外泄漏损失很小，一般可略去不计。

通常用容积效率 η_v 来表示容积损失的大小。如以 q 表示泄漏的总回流量，则

$$\eta_v = \frac{Q_T - q}{Q_T} = \frac{Q}{Q_T} \tag{14.21}$$

$$Q = Q_T - q$$

式中　Q——泵或风机的实际流量。

（3）机械损失　泵与风机的机械损失包括轴承和轴封的摩擦损失，还包括叶轮转动时其外表与机壳内流体之间发生的所谓圆盘摩擦损失。泵的机械损失中圆盘摩擦损失常占主要部分，圆盘损失与叶轮外径、转速以及圆盘外侧与机壳内侧的粗糙度等因素有关。叶轮外径越大，转速越大，则圆盘损失越大。

泵或风机的机械损失常用机械效率 η_m 来表示

$$\eta_m = \frac{N_{eT}}{N_{eT} + \Delta N_m} = \frac{N_{eT}}{N} \tag{14.22}$$

式中　ΔN_m——包括轴承、轴封和圆盘摩擦在内的机械损失功率；

　　　　N_{eT}——理论有效功率。

（4）泵与风机的总效率　泵与风机的总效率等于实际有效功率与轴功率之比，即

$$\eta = \frac{N_e}{N} = \frac{\rho g Q H}{\dfrac{\rho g Q_T H_T}{\eta_m}} = \eta_m \eta_V \eta_H \tag{14.23}$$

由此可见泵与风机的总效率等于机械效率，容积效率与水力效率三者的乘积。通常情况下，离心式泵的总效率约为 $60\% \sim 90\%$，离心式风机的总效率约为 $50\% \sim 90\%$。

14.5.3　泵与风机的实际特性曲线

由于离心式泵与风机在实际运行时存在机械损失、容积损失和水力损失，实际特性曲线将不同于理论特性曲线。由于无法准确计算上述各种损失，故只能在理论曲线的基础上，根

据各项损失的定性分析，估计出实际性能曲线的大致形状，最后通过实验进行测定。

（1）实际扬程-流量（H-Q）曲线 以后向叶型的叶轮为例，如图 14.29 所示，首先根据理论扬程 H_T 与流量 Q_T 的关系 $H_T = A - BQ_T$，绘出 Q_T-$H_{T\infty}$ 曲线与 Q_T-H_T 曲线。考虑到叶轮中存在的沿程阻力损失与局部阻力损失与流量的平方成正比，从 H_T 中减去上述水力损失。当实际流量不等于设计流量时，出现撞击损失，考虑该损失与两流量之差的平方成正比，绘出 Q_T-H 曲线。考虑到泄漏损失，泄漏量 q 随扬程的增加而增加，绘出实际的扬程与流量曲线（Q-H 曲线）。

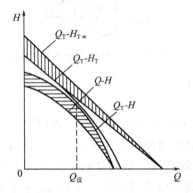

图 14.29 离心式泵与风机实际 H-Q 曲线分析

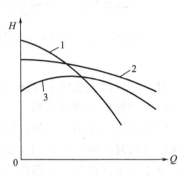

图 14.30 三种不同的 H-Q 曲线
1—陡降型；2—缓降型；3—驼峰型

常用的离心式泵与风机的 H-Q 曲线有三种类型：陡降型、缓降型和驼峰型，如图 14.30 所示。陡降型离心式泵与风机适用于流量变化较小的场合；缓降型则适用于流量变化大而扬程或压头变化不大的场合；而驼峰型在一定条件下可能出现不稳定运行，一般应避免。

（2）实际功率-流量（N-Q）曲线 由于存在机械损失，实际轴功率大于理论有效功率，即

$$N = N_{eT} + \Delta N_m = \rho g Q_T H_T + \Delta N_m$$

如图 14.31 所示，当 $Q = 0$ 时，实际功率并不为零。因为空载运转时，机械摩擦损失仍然存在。一般离心式泵与风机的实际功率随流量增大而增大，空载时功率最小。所以离心式泵与风机应空载启动，以免电机超载。

（3）实际效率（η-Q）曲线 离心式泵与风机的实际效率曲线可由扬程-流量曲线和功率-流量曲线计算出来，即

$$\eta = \frac{\rho g Q H}{N}$$

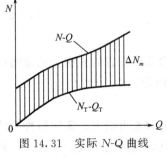

图 14.31 实际 N-Q 曲线

从式中可以看出，无论 $Q = 0$ 还是 $H = 0$，η 都等于零。因此一定存在一个最高效率点，$\eta = \eta_{max}$，又称最佳工况点或额定工况点。泵与风机在该工况下工作能量损失最小、最经济。通常以 $\eta \geqslant 0.9\eta_{max}$ 作为高效区，只要泵与风机在此范围内工作，就认为是经济的。

H-Q、N-Q 和 η-Q 三条曲线是泵或风机在一定转速下的基本性能曲线，其中最重要的是 H-Q 曲线，因为它揭示了泵或风机的两个最重要、最有实用意义的性能参数之间的关系。通常将三条曲线绘制在同一张图上，如图 14.32 所示，表示一台离心式泵的性能曲线。

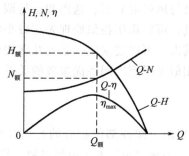

图 14.32 离心式泵的性能曲线

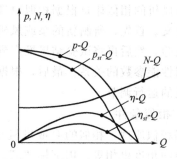

图 14.33 离心式风机的性能曲线

（4）风机的性能曲线　风机常用风压 p 代替扬程 H，p 称为全压。

除 $p\text{-}Q$、$N\text{-}Q$ 和 $\eta\text{-}Q$ 三条曲线外，离心式风机的特性曲线中有时还包括静压曲线 $p_{st}\text{-}Q$ 和静压效率曲线 $\eta_{st}\text{-}Q$，如图 14.33 所示。离心式风机在最佳工况附近工作时，风机出口动压约占风机全压的 10%～20% 左右，出口动压越大，损失越大，因此在衡量离心式风机性能时，除考虑全压效率 η 外，往往还引入静压效率 η_{st}，表征其使用的经济性程度。

静压
$$p_{st}=p-\frac{\rho v^2}{2} \tag{14.24}$$

静压效率
$$\eta_{st}=\frac{p_{st}Q}{N} \tag{14.25}$$

14.5.4　泵与风机实际特性曲线的试验测定

前面仅从理论上对泵与风机的实际特性曲线进行了定性分析，由于泵与风机内部流体运动的复杂性，泵与风机的实际工作特性曲线都是制造厂通过标准试验得到的。试验的目的在于确定泵与风机的实际工作特性曲线，从而确定它的工作范围，为用户使用和选择提供可靠的数据；此外试验还可用来检验设备是否达到设计技术指标，便于厂家改进设计。风机性能试验的标准方法可参见 GB/T 1236—2000《工业通风机用标准化风道进行性能试验》，泵性能试验的标准方法可参见 GB 3216—89《离心泵、测流泵、轴流泵和旋流泵试验方法》，本书不再详述。作为示例，图 14.34 给出了 $1\frac{1}{2}$BA-6 型离心式水泵的性能曲线。此图是在转

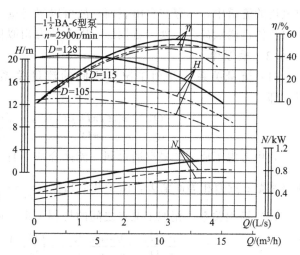

图 14.34　$1\frac{1}{2}$BA-6 型离心式水泵性能曲线

速 $n=2900\text{r/min}$、叶轮出口直径 $D_2=128\text{mm}$ 条件下得到的。制造厂还通常提供叶轮经过切削的泵性能曲线，图 14.34 中的直径分别为 115mm 和 105mm。有关叶轮切削问题，详见 15.3 节。

14.6　相似律和比转数

泵与风机的设计制造通常是按"系列"进行的。泵与风机的相似律就是研究几何相似的同一系列泵或风机在相似工况点之间性能参数的关系。

泵与风机的相似律是根据相似原理导出的，在泵与风机的研制、选用和运行调节等方面有重要意义。首先，研制新的泵或风机尤其是大型机，可以运用相似原理先在较小的模型机上进行试验，然后再将试验结果推广到实型机器。其次，可以建立同一系列几何相似的泵或风机之间性能参数的关系。最后，根据泵或风机在相似工况点之间性能参数的关系，可用于泵或风机的运行调节。

14.6.1 相似条件

根据相似原理，相似的泵或风机首先必须几何相似，即各部件相应的几何长度比值相等，相应的角度也相等。用下标"p"表示原型参数，下标"m"表示模型参数，则有

$$\frac{D_{1p}}{D_{1m}}=\frac{D_{2p}}{D_{2m}}=\frac{b_{1p}}{b_{1m}}=\frac{b_{2p}}{b_{2m}}=\cdots=\lambda_l \tag{14.26}$$

$$\beta_{1p}=\beta_{1m} \qquad\qquad \beta_{2p}=\beta_{2m} \tag{14.27}$$

式中　λ_l——长度比尺。

相似的泵或风机还要求运动相似，即各对应点的同名速度大小比值相等、方向相同，即流体在各对应点的速度三角形相似，则有

$$\frac{v_{1p}}{v_{1m}}=\frac{v_{2p}}{v_{2m}}=\frac{u_{1p}}{u_{1m}}=\frac{u_{2p}}{u_{2m}}=\frac{w_{1p}}{w_{1m}}=\frac{w_{2p}}{w_{2m}}=\cdots=\lambda_v \tag{14.28}$$

$$\alpha_{1p}=\alpha_{1m} \qquad\qquad \alpha_{2p}=\alpha_{2m} \tag{14.29}$$

式中　λ_v——速度比尺。

原型与模型各对应点速度三角形相似的工况，称为相似工况。

动力相似是指各对应点受同名力作用，同名力方向相同、力的大小比值相等。由于在泵或风机的流道中，不存在自由表面，故可以忽略重力影响。黏性力起主要作用，又因泵或风机内流体雷诺数甚大，处于自模区。因此动力相似自动满足。

14.6.2 相似律

（1）流量关系　相似工况点之间的流量关系，可根据式（14.6）及式（14.21）求得，即

$$\frac{Q_p}{Q_m}=\frac{\eta_{vp}\varepsilon_p\pi D_{2p}b_{2p}v_{r2p}}{\eta_{vm}\varepsilon_m\pi D_{2m}b_{2m}v_{r2m}}=\left(\frac{D_{2p}}{D_{2m}}\right)^3\frac{n_p}{n_m}=\lambda_l^3\frac{n_p}{n_m} \tag{14.30}$$

式中考虑了原型和模型通过同一流体介质，且尺寸相差不太悬殊时，因容积效率 η_v 及排挤系数 ε 近似相等而消去，由于几何相似有 $\dfrac{b_{2p}}{b_{2m}}=\dfrac{D_{2p}}{D_{2m}}$，运动相似有 $\dfrac{v_{r2p}}{v_{r2m}}=\dfrac{u_{2p}}{u_{2m}}=\dfrac{D_{2p}n_p}{D_{2m}n_m}$。

（2）扬程关系　相似工况点之间的扬程关系，可由式（14.14）及式（14.20）求得

$$\frac{g_pH_p}{g_mH_m}=\frac{\eta_{Hp}u_{2p}v_{u2p}}{\eta_{Hm}u_{2m}v_{u2m}}=\left(\frac{D_{2p}}{D_{2m}}\right)^2\times\left(\frac{n_p}{n_m}\right)^2=\lambda_l^2\left(\frac{n_p}{n_m}\right)^2 \tag{14.31}$$

式中考虑了原型和模型的水力效率近似相等以及 $\dfrac{u_{2p}}{u_{2m}}=\dfrac{v_{u2p}}{v_{u2m}}=\dfrac{n_pD_{2p}}{n_mD_{2m}}$。

如将上式的扬程 H（液柱或气柱高度）改换成压头 p（以压强来表示），则有

$$\frac{p_p}{p_m}=\frac{\rho_pg_pH_p}{\rho_mg_mH_m}=\left(\frac{\rho_p}{\rho_m}\right)\times\left(\frac{D_{2p}}{D_{2m}}\right)^2\times\left(\frac{n_p}{n_m}\right)^2=\lambda_l^2\left(\frac{\rho_p}{\rho_m}\right)\times\left(\frac{n_p}{n_m}\right)^2 \tag{14.32}$$

（3）轴功率关系　两相似工况点之间的轴功率关系，可由式（14.3）求得，即

$$\frac{N_p}{N_m}=\frac{\rho_pg_pQ_pH_p/\eta_p}{\rho_mg_mQ_mH_m/\eta_m}=\left(\frac{\rho_p}{\rho_m}\right)\times\left(\frac{D_{2p}}{D_{2m}}\right)^5\times\left(\frac{n_p}{n_m}\right)^3=\lambda_l^5\left(\frac{\rho_p}{\rho_m}\right)\times\left(\frac{n_p}{n_m}\right)^3 \tag{14.33}$$

式中考虑了原型和模型的总效率近似相等。

$$\eta_p = \eta_m \tag{14.34}$$

式（14.30）、式（14.31）或式（14.32）与式（14.33）、式（14.34）为离心式泵与风机的相似律表达式，即同一系列泵或风机在相似工况下流量、扬程或压头及轴功率的关系式。

将上述公式中同一泵或风机的参数合并在一起，还可变换为另一种形式来表示相似的泵或风机相似工况点性能参数之间的关系，即

$$\frac{Q_p}{D_{2p}^3 n_p} = \frac{Q_m}{D_{2m}^3 n_m} = \frac{Q}{D_2^3 n} = \lambda_Q \tag{14.35}$$

$$\frac{g_p H_p}{D_{2p}^2 n_p^2} = \frac{g_m H_m}{D_{2m}^2 n_m^2} = \frac{g H}{D_2^2 n^2} = \lambda_H \tag{14.36}$$

$$\frac{p_p}{\rho_p D_{2p}^2 n_p^2} = \frac{p_m}{\rho_m D_{2m}^2 n_m^2} = \frac{p}{\rho D_2^2 n^2} = \lambda_p \tag{14.37}$$

$$\frac{N_p}{\rho_p D_{2p}^5 n_p^3} = \frac{N_m}{\rho_m D_{2m}^5 n_m^3} = \frac{N}{\rho D_2^5 n^3} = \lambda_N \tag{14.38}$$

λ_Q、λ_H、λ_p 及 λ_N 四个比例常数因相似工况点而异。

14.6.3 相似律的应用

（1）被输送流体的密度改变时性能参数的换算 同一台泵或风机，大小尺寸未变，转速也未变，当输送流体的密度发生变化时，相似律可简化为

$$Q = Q_m$$

$$H = H_m \quad 或 \quad \frac{p}{p_m} = \frac{\rho}{\rho_m}$$

$$\frac{N}{N_m} = \frac{\rho}{\rho_m} \tag{14.39}$$

【例 14.1】锅炉引风机铭牌上的参数为转速 $n=960\text{r/min}$，风压 $p=1600\text{Pa}$，流量 $Q=20000\text{m}^3/\text{h}$，效率 $\eta=66\%$，配用电机功率 22kW。若用此风机输送温度为 20℃的清洁空气，求转速不变时新条件下的性能参数。原有电机是否匹配？

【解】锅炉引风机铭牌参数是在大气压为 101325Pa 和介质温度 200℃条件下给出的，此条件下空气的密度为 0.745kg/m³。

当改送 20℃的空气时，其密度为 1.2kg/m³。故该风机的性能参数应为

$$Q_{20} = Q = 20000\text{m}^3/\text{h}$$

$$p_{20} = p\frac{\rho_{20}}{\rho} = 1600 \times \frac{1.2}{0.745} = 2577\text{Pa}$$

$$N_{20} = \frac{p_{20}Q_{20}}{\eta} = \frac{2577 \times 20000}{0.6 \times 3600} = 23.9\text{kW}$$

在轴功率 23.9kW 基础上预留一定的功率储备，则原有电机 22kW 不能满足要求，必须改用更大功率电机。

（2）转速改变时性能参数的换算 同一台泵或风机，输送同种流体，当转速 n 改变时，性能参数随之变化。此时相似律可简化为

$$\left. \begin{array}{l} \dfrac{Q}{Q_m} = \dfrac{n}{n_m} \\[2mm] \dfrac{H}{H_m} = \dfrac{p}{p_m} = \left(\dfrac{n}{n_m}\right)^2 \\[2mm] \dfrac{N}{N_m} = \left(\dfrac{n}{n_m}\right)^3 \end{array} \right\} \tag{14.40}$$

以上三式又可写成下列更实用的综合形式

$$\frac{n}{n_m}=\frac{Q}{Q_m}=\sqrt{\frac{H}{H_m}}=\sqrt{\frac{p}{p_m}}=\sqrt[3]{\frac{N}{N_m}} \qquad (14.41)$$

这个综合式的重要性在于，这些关系式一定是同时成立。也就是说，用增大转速 n 来提高流量的同时，原动机所需功率也随之加大了。

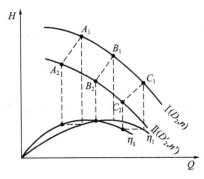

图 14.35　性能曲线换算

（3）同一系列泵或风机性能曲线的换算　已知泵或风机为 D_2、转速为 n 时的性能曲线 I，可按相似律换算出同一系列相似泵或风机，在叶轮出直径 $D_2{}'$ 及转速 n' 下的性能曲线 II。具体换算方法如图 14.35 所示。

首先，在曲线 I 上取工况点 A_1，查出该工况点的流量 Q_{A1} 和扬程 H_{A1} 值。利用式（14.30）和式（14.31）求得新条件下（直径 $D_2{}'$，转速 n'）的流量 Q_{A2} 及扬程 H_{A2} 值。根据此工况，在图上就可标出与 A_1 点相对应的相似工况点 A_2。用同样的方法，在曲线 I 上另取工况点 B_1、$C_1\cdots$，求出其对应的相似工况点 B_2、$C_2\cdots$，最后，将 A_2、B_2、$C_2\cdots$各点用光滑曲线连接起来，便得出相似泵或风机在直径 $D_2{}'$ 及转速 n' 条件下的曲线 II。

同理，可进行相似泵或风机的功率以及效率曲线换算。

（4）风机的无因次性能曲线　前面曾提到"系列"这一名词，在同一系列中尽管有各种大小尺寸的诸多风机，但它们皆属于相似的一类（在几何上是相似的）。可根据相似律找出其共性，来代表某一"类"（系列）的特征。于是，就引出了无因次性能曲线的概念。

无因次性能曲线的优点在于只需用一条曲线，就可以代替某一系列全部风机在各种转速下的性能曲线，大大简化了性能曲线图或性能表。

首先定义三个无量纲性能系数

流量系数

$$\overline{Q}=\frac{Q}{\dfrac{\pi}{4}D_2^2 u_2} \qquad (14.42)$$

全压系数

$$\overline{p}=\frac{p}{\rho u_2^2} \qquad (14.43)$$

功率系数

$$\overline{N}=\frac{N}{\rho\dfrac{\pi}{4}D_2^2 u_2^3} \qquad (14.44)$$

风机的效率也可用无量纲系数计算

$$\eta=\frac{\overline{pQ}}{\overline{N}}=\frac{pQ}{N} \qquad (14.45)$$

绘制无量纲性能曲线时，首先在一个系列中选一台模型机，在一定的转速下，测得不同工况下的 Q_1、$Q_2\cdots$，p_1、$p_2\cdots$，N_1、$N_2\cdots$，然后根据式（14.42）～式（14.45）计算不同工况的 $\overline{Q}$、$\overline{p}$、$\overline{N}$ 及 η，则可绘出该系列风机的无量纲性能曲线。图 14.36 所示为我国设计生产的 4-72-11 型风机的无因次性能曲线。图中实线以 №5 为模型机，代表同系列 №5、

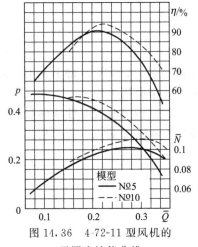

图 14.36　4-72-11 型风机的
无因次性能曲线

No5.5、No6、No8性能曲线，虚线以No10为模型机，代表同系列No10、No12、No16、No20性能曲线。可以利用无因次性能曲线选择风机，但需要反复换算，比较麻烦，因此工程中较少采用。具体的选择方法可详见有关书籍。

14.6.4 比转数

以上采用了无量纲性能曲线来代表整个系列风机的特性。现在进一步采用一个"特征数"来代表整个系列的泵或风机的综合性能，并根据此"特征数"比较不同系列泵或风机的性能特点，这一"特征数"称为比转数。

在相似律的表达式中，包含了定性尺寸 D_2。作为整个系列的综合性能参数，比转数的大小就应与定性尺寸无关。为消去 D_2，将式（14.31）改写为

$$\frac{D_{2p}}{D_{2m}} = \frac{n_m}{n_p} \times \sqrt{\frac{g_p H_p}{g_m H_m}}$$

并代入式（14.30），经整理化简后得

$$n_p \frac{(Q_p)^{\frac{1}{2}}}{(g_p H_p)^{\frac{3}{4}}} = n_m \frac{(Q_m)^{\frac{1}{2}}}{(g_m H_m)^{\frac{3}{4}}} = n \frac{(Q)^{\frac{1}{2}}}{(gH)^{\frac{3}{4}}} \tag{14.46}$$

对于同一系列的泵或风机而言，有无穷多组相似工况满足式（14.46），而我们定义效率最高点（$\eta = \eta_{max}$）时的 $n \frac{Q^{\frac{1}{2}}}{(gH)^{\frac{3}{4}}} = n_s$，即为比转数，为无因次量。

工程中，由于 g 是常量，通常将比转数定义为

$$n_s = \frac{nQ^{\frac{1}{2}}}{H^{\frac{3}{4}}} \tag{14.47}$$

此时，比转数就成为有因次量了，它的数值大小与所取单位有关，不同的国家由于采用的单位不同比转数大小也不同。但由于比转数只是用来评价泵与风机综合性能的共同指标，自身单位没有多大用处，一般均略去不写。例如，风机型号 4-72-11 No5E 中的 72 代表 $n_s = 72$。

我国规定泵的比转数按下式计算

$$n_s = 3.65 \times \frac{nQ^{\frac{1}{2}}}{H^{\frac{3}{4}}} \tag{14.48}$$

式中　n——转速，r/min；

　　　Q——流量，m³/s；

　　　H——扬程，m；

　　3.65——换算系数。

风机的比转数按下式计算

$$n_s = \frac{nQ^{\frac{1}{2}}}{p_0^{\frac{3}{4}}} \tag{14.49}$$

式中　n——转速，r/min；

　　　Q——流量，m³/s；

　　　p_0——输送密度为 $\rho_0 = 1.2 \text{kg/m}^3$ 空气时的风压，mmH₂O。

由于比转数是按单级、单吸叶轮为标准计算的。如果实际为双吸式，流量应按总流量的一半计算；如果实际为多级式，扬程应取为总扬程的 $1/n$（这里 n 为级数）。

14.6.5 比转数的意义

（1）比转数反映了某系列泵或风机性能上的特点。比转数大，表明其流量大而扬程小；反之比转数小，表明流量小而扬程大。

（2）比转数可以反映该系列泵或风机在结构上的特点。比转数大的泵或风机流量大而扬

程小，故叶轮进口直径 D_0 与叶片出口宽度 b_2 较大，而叶片出口直径 D_2 则较小，因此叶轮形状厚而小；反之比转数小的泵或风机流量小而扬程大，叶轮的 D_0 与 b_2 小而 D_2 较大，故叶轮形状相对地薄而大。

当比转数由小不断增大时，叶轮的 D_2/D_0 不断减小，而 b_2/D_2 则不断增加。从整个叶轮结构来看，将由最初的径向流出的离心式最后变成轴向流出的轴流式。这种变化也必然涉及机壳的结构形式。叶轮形状随比转数的增加而变化的过程如图 14.37 所示。

泵的类型	离 心 泵			混 流 泵	轴 流 泵
	低 比 转 数	中 比 转 数	高 比 转 数		
比转数	30～80	80～150	150～300	300～500	500～1000
叶轮形状	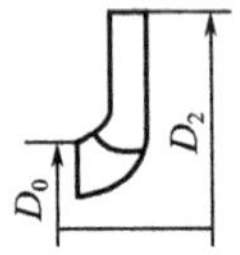	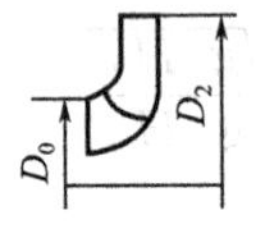	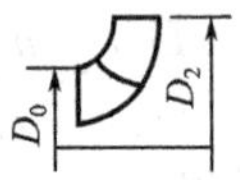	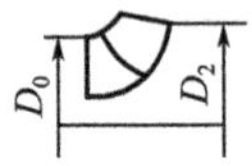	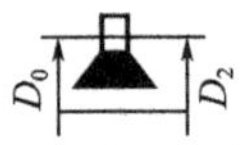
D_2/D_0	≈3	≈2.3	≈1.8～1.4	≈1.2～1.1	≈1
叶片形状	圆柱形	入口处扭曲 出口处圆柱形	扭 曲	扭 曲	机 翼 形
性能曲线大致的形状	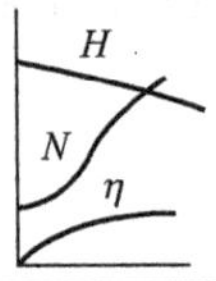	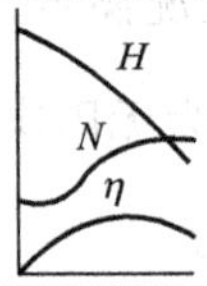	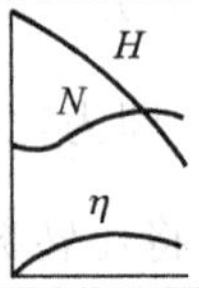	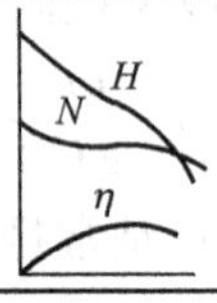	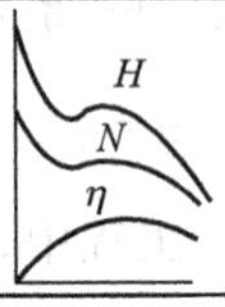

图 14.37　泵的比转数、叶轮形状和性能曲线形状

（3）比转数可以反映性能曲线变化的趋势。取叶片出口直径、流量和转速相同而比转数不同的两台泵或风机进行比较。对于叶片出口直径 D_2 相同的叶轮来说，低比转数的泵与风机由于扬程较大，故流道一般较长，比值 D_2/D_0 和出口安装角 β_2 也较大，如图 14.38 所示。当流量的变化 ΔQ 相同时，β_2 大的泵与风机具有较小的切向分速度变化 Δv_{u2}，根据欧拉方程式推知相应的扬程变化 ΔH 较小。如以 $\Delta H/\Delta Q$ 来表示这些变化，就能清楚地看到 β_2 大的泵与风机，相对扬程变化率 $\Delta H/\Delta Q$ 较小。这说明低比转数的泵或风机（它们的 β_2 较大）H-Q 曲线较平坦，或者说扬程的变化较缓慢。至于 N-Q 曲线则由于流量增加而扬程下降缓慢，设备的轴功率上升较快，曲线较陡，如图 14.37 所示。

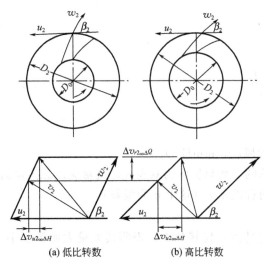

(a) 低比转数　　(b) 高比转数

图 14.38　比转数对速度图的影响

高比转数的泵或风机则相反，H-Q 曲线较陡，下降较快；N-Q 曲线上升较缓，且比转数越大，上升越缓慢。当比转数高达一定程度时，H-Q 曲线会出现 S 形状，N-Q 曲线甚至会随流量的增加而下降，如图 14.37 所示。

根据以上分析，可以按照比转数的大小，大体上了解泵或风机的性能和结构状况。比转数反映了泵和风机的性能、结构形式和使用上的一系列特点，常用来作为泵和风机的分类依据。这一点通常在泵或风机的型号上有所反映，例如 4-79 型离心风机的比转数为 79（只取整数值）。在选用泵或风机时，也可以利用比转数。当已知设计流量、扬程后，可以结合原动机（如电机）的转速先计算出需要的比转

数，从而初步定出可以采用的泵或风机的型号。总之，比转数在泵与风机的设计选型中起着极其重要的作用，对于编制系列和安排型谱有重大影响，详见有关专门著作。

14.7 泵与风机的选择性能曲线图和性能参数表

14.7.1 泵或风机的通用性能曲线图

由式（14.40）可知，同一台泵或风机，输送同种流体，当转速 n 改变时，性能参数随之变化。如图 14.39 所示，我们把同一台泵或风机在各种不同转速（如 n_1、n_2、n_3）时的 H-Q 性能曲线绘制在同一张图上，该图称为通用性能曲线图。在各种不同转速的 H-Q 曲线上，各相似工况点（如 1、1′、1″）连接起来的曲线，由于相似工况点效率相等，又称等效率线。可以证明等效率线理论上是一条通过原点的二次抛物线，如图 14.39 中虚线所示。需要指出，由试验做出的通用性能曲线图中的等效率线，当转速较大时，与理论等效率线一致；当转速较小时，与理论等效率线有差

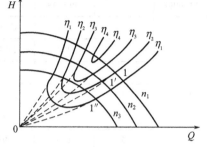

图 14.39 通用性能曲线图

异，向效率较高的方向偏移。因而实际等效率线不通过坐标原点而连成椭圆形状，如图 14.39 中实线所示。图 14.39 中，$\eta_4 > \eta_3 > \eta_2 > \eta_1$。

14.7.2 风机的选择性能曲线图和性能参数表

上述通用性能曲线图只能表示某系列中一种机号的泵或风机在不同转速时的性能曲线，范围较窄。若将通用性能曲线图中的纵横坐标取为对数坐标，则可将某一系列中大小不同机号（叶轮出口直径 D_2 不同）的风机在若干不同转速下的高效区（$\eta \geqslant 0.9\eta_{max}$）的 p-Q 曲线绘制在同一张坐标图上，便于使用者选择风机，该图称为风机的选择性能曲线图或称组合性能曲线图，如图 14.40 所示。这样通过该图可直接查得某一系列不同机号风机的风压、风量、转速和轴功率，使用方法见该图右下角。

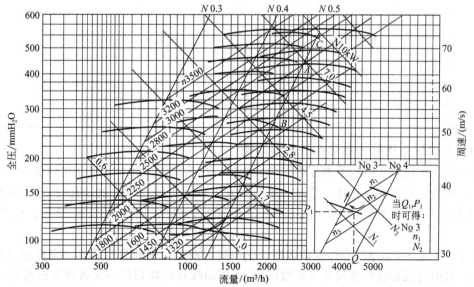

图 14.40　8-23-11 No3～No5 风机选择性能曲线图

图中标有机号的直线就是该机号最高效率的等效率线（对数坐标下等效率线是直线），此线与各 p-Q 曲线的交点表明了该机号风机在不同转速下效率相等的相似工况点。为便于查找，图中还绘有等转速线、等轴功率线，图的右侧还标有叶轮外径的圆周速度尺度。

在选择性能曲线图中高效区的 p-Q 曲线上，均匀地选取 6～8 个工况点，将这些点的数据编成风机性能参数表，可更加方便设计者选择风机（见表 14.3）。

表 14.3　KT4-68-22 №6.3E 型风机性能参数表

主轴转数 /(r/min)	序　号	全压 /mmHg	流量 /(m³/h)	所需功率 /kW	电动机		主轴皮带轮	
					型　号	功率/kW	代　号	规　格
1800	1	214	17650	15.18	Y180L-4	22		200×48×C₄
	2	209	20320	16.66				
	3	201	22980	17.91				
	4	192	25650	19.10				
	5	179	28310	19.88				
	6	166	30980	20.42				
	7	144	33640	20.73				
1600	1	169	15690	10.66	Y160L-4	15		200×48×C₄
	2	165	18060	11.69				
	3	158	20430	12.51				
	4	152	22730	13.39				
	5	141	25160	13.92				
	6	131	27530	14.32				
	7	114	29900	14.59				
1400	1	129	13730	7.12	Y160M-1	11		200×48×B₄
	2	127	15800	7.87				
	3	121	17870	8.38				
	4	116	19950	8.97				
	5	108	22020	9.33				
	6	100	24090	9.56				
	7	87	26170	9.71				

14.7.3　泵的综合性能曲线图和性能参数表

泵的综合性能曲线图的绘制原理同风机选择性能曲线图一样，也将通用性能曲线图中的纵横坐标取为对数坐标，这样可将某一系列中大小不同机号（叶轮出口直径 D_2 不同）的泵在不同转速下高效区（$\eta \geqslant 0.9\eta_{max}$）的 H-Q 曲线绘制在同一张坐标图上，以供选泵之用。

图 14.41 是 Sh 型泵综合性能曲线图。图中的方框是一种规格的泵在一定转速下的高效工作区。其内包括标准叶轮尺寸下高效区的 H-Q 曲线和叶轮切削一次或两次的高效区 H-Q 曲线，两侧边为等效率线。有关水泵叶轮切削问题，详见 15.3 节。同样，根据泵综合性能曲线图可以编制泵的性能参数表，方便设计人员使用（见表 14.4）。

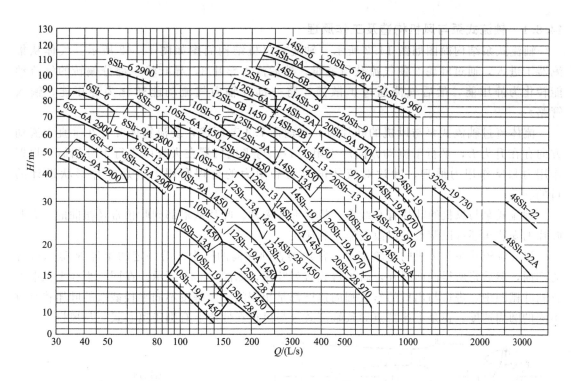

图 14.41 Sh 型泵综合性能曲线图

表 14.4 BL 型水泵性能参数表（摘录）

型 号	流 量 /(m³/h)	扬 程 /m	转 数 /(r/min)	功 率/kW		效 率 /%	吸上真空度 /m	叶轮直径 /mm
				轴功率	电机功率			
2BL-9A	10	16.8	2900	0.85	1.5	54	8.1	117
	17	15		1.07		65	7.3	
	22	13		1.23		63	6.5	
3BL-6	30	62	2900	9.3	17	54.4	7.7	218
	45	57		11.0		63.5	6.7	
	60	50		12.3		66.3	5.6	
	70	44.5		13.3		64	4.7	
3BL-6A	30	45	2900	6.65	13	55	7.5	192
	40	41.5		7.30		62	7.1	
	50	37.5		7.98		64	6.4	
	60	30		8.30		59		
3BL-9	30	35.5	2900	4.64	7.5	62.5	7.0	168
	45	32.6		5.56		71.5	5.0	
	55	28.8		6.32		68.2	3.0	

14.8 轴流式泵与风机

轴流式泵与风机和离心式的相同，都是通过高速旋转的叶轮对流体做功，使流体获得能量。它的特点是流体轴向流入、轴向流出，由于其比转数较大（轴流式泵约为 500～1000 r/min，轴流式风机约为 100～500r/min），在工程上广泛应用于大流量和较低扬程或压头的场合。

14.8.1 轴流式泵与风机构造及工作原理

轴流式泵结构简图如图 14.2 所示，轴流式风机结构简图如图 14.42 所示。气体从集流器 1 进入，通过叶轮 2 使气流获得能量，然后流入导叶 3，导叶将一部分偏转的气流动能转化为静压能，最后气流通过扩散筒 4 将一部分轴向气流动能转化为静压能，输入管路。

流体流过轴流式泵与风机的叶片时，如前面 7.4 节所述，绕流物体叶片在垂直于流动方向存在升力 L，平行于流动方向产生阻力 D，与飞机机翼在大气中飞行十分相似。根据作用力和反作用力原理，叶片对流体的升力和阻力的合理利用，就是叶片形状设计的目的。

轴流式泵与风机的叶片有直线形、机翼形等多种。叶片从根部到叶梢常是扭曲的。有些叶片的安装角还可以调整，以改变流量和压头。

研究轴流式泵与风机的叶轮理论，常用到直列叶栅的概念。沿一定的半径 R 截取叶片的剖面，然后将所得剖面展开，就可得到直列叶栅，如图 14.43 所示。在同一半径上截取的直列叶栅图中，进口与出口的气流圆周速度都是相同的。但是按不同半径截取的叶栅将具有不同的圆周速度。正是上述特点导致轴流式泵与风机在性能上有别于离心式泵与风机。

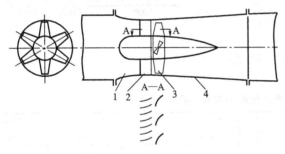

图 14.42　轴流式风机结构简图
1—集流器；2—叶轮；3—导叶；4—扩散筒

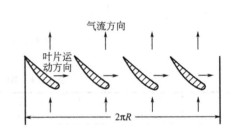

图 14.43　直列叶栅简图

讨论气流通过轴流风机叶栅的运动和所获得的能量时，通常认为叶片之间有足够的间距，因而叶片间的气流不致相互影响；同时，因为叶片是装在圆筒内的，叶梢与筒壁之间的缝隙极小，所以不考虑气流的径向运动。按照上述假设，就可以将问题简化为孤立叶片两向流的问题来研究。

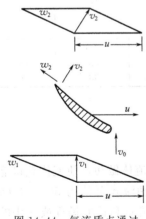

图 14.44　气流质点通过
叶栅的运动情况

当气流以速度 v_0 流向叶片时，气流质点除获得圆周速度 u 外，还有沿叶片滑动的相对速度 w。用下标 1 和 2 分别表示气流进入叶片与离开叶片的参数，同样可以用速度三角形来描述气流的运动情况，如图 14.44 所示。离开叶片的气流由于叶片的旋转而偏离原来的 v_0 方向，如图中的 v_2。当叶轮下游侧设有整流叶片时，可以使气流重新恢复到原来的 v_0 方向。

轴流式泵与风机与离心式具有同样的理论扬程方程式

$$H_T = \frac{1}{g}(u_2 v_{u2} - u_1 v_{u1})$$

由于叶栅是按同一半径截取的，所以进出口具有同样的圆周速度，即 $u_2 = u_1 = u$，故上式可改写成

$$H_T = \frac{u}{g}(v_{u2} - v_{u1}) \tag{14.50}$$

设计工况下，$v_{u1}=0$，则有

$$H_T = \frac{u}{g}v_{u2} \tag{14.51}$$

前面提到，按不同半径截取的叶栅具有不同的圆周速度 u。结合式（14.51）可以看出，由于不同半径处的压头各异而有可能发生径向流动，从而增加损失，效率下降。为了避免这种情况发生，常将叶片制成扭曲形状，使之在不同半径处具有不同的安装角。采用这种方法的目的是使叶片不同半径处具有不同的 v_{u2} 值，从而使不同半径处乘积 uv_{u2} 接近于不变，尽可能消除径向流动。

尽管如此，只有在设计工况下才能基本消除径向流动现象。进一步分析表明，当流量小于设计值时，流体将发生径向流动，严重时部分流体将发生二次回流，由叶轮流出的流体，一部分又重新回到叶轮中被二次加压，使扬程或压头增加。此时水力损失很大，致使效率急剧下降。

14.8.2 轴流式泵与风机性能曲线的特点

基于上述工作原理，轴流式泵与风机在性能曲线方面的特点归纳如下。

（1）由于比转数很大，H-Q 曲线大都属于陡降型曲线。

（2）N-Q 曲线随流量增加呈下降趋势，因此轴流式泵与风机在零流量下启动时轴功率最大，轴流式泵与风机应当在管路畅通（阀门全开）下启动，这一点与离心式泵与风机空载启动正好相反。尽管如此，启动和停机时总会经过最低流量，所以为轴流式泵与风机选配的电机要有足够的余量。

（3）η-Q 曲线在最高效率点附近迅速下降，原因是当流量不在设计工况时气流情况迅速变坏，导致效率下降很快。所以轴流式泵与风机高效区工作范围较窄，一般不设置调节阀门来调节流量。大型轴流风机常用调节叶片安装角或改变转速的方法来达到调节流量的目的。

图 14.45 所示为 30E-11 №36½ 型轴流风机性能曲线，图中给出了四种不同叶片安装角时的性能曲线。

轴流式泵与风机具有构造简单，可输送含有杂质的流体，占地面积小，效率高等优点，在采暖、通风、给排水和农田灌溉等工程中得到广泛应用。

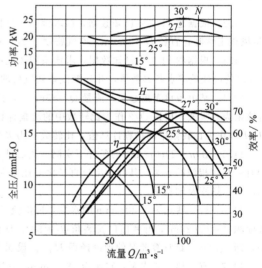

图 14.45 30E-11 №36½ 型轴流风机性能曲线

思 考 题

14.1 为什么离心式泵与风机的 η-Q 曲线有一个最高效率点？

14.2 影响泵与风机性能的能量损失有哪几种？简单地讨论造成这些损失的原因。试证明全效率等于各分效率之乘积。

14.3 试简单论述相似律与比转数的含义和用途，指出两者的区别。

14.4 试述不同叶型对风机性能的影响，并说明前向叶型的风机为何容易超载？

14.5 利用电机拖动的离心式泵或风机，常在零流量下启动，试说明其理由。

14.6　关闭节流设备使泵或风机在零流量下运行，这时轴功率并不等于零，为什么？是否可以使风机或泵长时期在零流量下工作？原因何在？

14.7　说明相似律综合式 $\dfrac{n}{n_m}=\dfrac{Q}{Q_m}=\sqrt{\dfrac{H}{H_m}}=\sqrt[3]{\dfrac{N}{N_m}}$ 的使用价值。

14.8　同一系列的诸多泵或风机遵守相似律，那么同一台泵或风机在同一转速下运转，其各工况（一条性能曲线上的诸多点）当然更要遵守相似律。上述说法是否正确？

14.9　什么是有效功率、轴功率和电机功率？它们之间有什么关系？

14.10　离心式与轴流式泵与风机在性能上有什么主要区别？

习　题

14.1　已知 4-72-11 №6C 在转速为 1250r/min 的实测参数如下表所列，试求：

(1) 各测点的全效率。

(2) 绘制风机特性曲线图。

(3) 写出该风机的铭牌参数。

测 点 编 号	1	2	3	4	5	6	7	8
p/Pa	843	824	814	794	755	696	637	579
$Q/(\mathrm{m}^3/\mathrm{h})$	5920	6640	7360	8100	8800	9500	10250	11000
N/kW	1.69	1.77	1.86	1.96	2.03	2.08	2.12	2.15

14.2　根据题 14.1 中已知数据，试求该系列风机的无因次量，从而绘制该系列风机的无因次性能曲线（该风机定性叶轮直径 $D_2=0.6\mathrm{m}$，空气密度 $1.2\mathrm{kg}/\mathrm{m}^3$）。

14.3　根据题 14.1 中已知数据，求该系列风机中 4-72-11 №5A（$D_2=0.5\mathrm{m}$）机号的风机在 $n=2900\mathrm{r}/\mathrm{min}$ 时的最佳效率点各参数值，并计算该系列风机的比转数 n_s 值。

14.4　某单吸单级离心泵，流量 $Q=45\mathrm{m}^3/\mathrm{h}$，扬程 $H=33\mathrm{m}$，转速 $n=2900\mathrm{r}/\mathrm{min}$，试求其比转数 n_s？若该泵为双吸式，应以 $Q/2$ 作为比转数中的流量计算值，则其比转数应为多少？若该泵设计成三级泵，应以 $H/3$ 作为比转数中的扬程计算值，比转数又为多少？

14.5　在 $n=2900\mathrm{r}/\mathrm{min}$ 的条件下实测一离心式泵的参数为：$Q=0.18\mathrm{m}^3/\mathrm{s}$，$H=104\mathrm{m}$，$N=184\mathrm{kW}$。如有一几何相似的水泵，其叶轮出口直径比上述泵大一倍，在 1450r/min 下运行，试求在效率相同工况点的流量、扬程及轴功率。

14.6　有一转速为 1480r/min 的水泵，理论流量 $Q=0.0833\mathrm{m}^3/\mathrm{s}$，叶轮外径 $D_2=0.36\mathrm{m}$，叶轮出口有效面积 $A=0.023\mathrm{m}^2$，叶片出口安装角 $\beta_2=30°$，试做出口速度三角形。假设流体进入叶片前没有预旋运动，即 $v_{u1}=0$。试计算此泵的理论扬程 $H_{\mathrm{T}\infty}$。设涡流修正系数 $k=0.77$，理论扬程 H_{T} 为多少？

14.7　有一离心式水泵，转速为 480r/min，总扬程为 136m 时，流量为 5.7m³/s，轴功率是 9860kW，容积效率、机械效率均为 92%，求水力效率（输送常温水 $t=20℃$）。

第15章 泵与风机的工作分析

15.1 管路特性曲线和工作点

由泵与风机的性能曲线可以知道某台泵或风机在一定转速下，所提供的扬程或风压和流量有无数组对应值 (H_1, Q_1)、(H_2, Q_2)……泵或风机实际运行时究竟在哪一点工作，并非任意，而取决于它所连接的管路特性。

15.1.1 管路特性方程和特性曲线

管路特性曲线是管路中通过的流量与水头损失之间的关系曲线。图 15.1 为管路系统与泵的装置示意，列吸入容器液面 1—1 及压出容器液面 2—2 的伯努利方程

$$Z_1 + \frac{p_1}{\rho g} + H = Z_2 + \frac{p_2}{\rho g} + h_l$$

则有
$$H = \left[\left(Z_2 + \frac{p_2}{\rho g}\right) - \left(Z_1 + \frac{p_1}{\rho g}\right)\right] + h_l \tag{15.1}$$
$$= H_{st} + h_l = H_{st} + SQ^2$$

式中　H——管路中对应某一流量所需水泵的扬程，m；

h_l——水泵吸入管路及压出管路的水头损失（包括沿程损失和局部损失），m；

H_{st}——静压头，即压出容器液面测压管水头与吸入容器液面测压管水头之差，m；

S——综合反映管路阻力特性的系数，见式 (8.16)，即管路阻抗，s^2/m^5；

Q——管路流量，m^3/s。

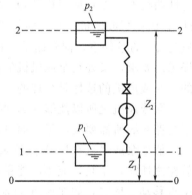

图 15.1　管路系统与泵的装置示意

式 (15.1) 反映了液体管路系统所需能量与流量的关系，称之为液体管路特性方程。

如果开式液体管网的两端分别与大气相通，则有 $H_{st} = Z_2 - Z_1$，此时静压头等于管网两端点的位置高差；如果液体管网为闭式（如室内供热管网），$H_{st} = 0$，则有 $H = S_H Q^2$。

对于气体管网，式 (15.1) 形式变为
$$p = \rho_{\text{气}} g H = \rho_{\text{气}} g H_{st} + S_p Q^2$$
考虑气体容重较小，忽略 $\rho_{\text{气}} g (Z_2 - Z_1)$ 项大小，则有
$$p = (p_2 - p_1) + S_p Q^2 \tag{15.2}$$
式 (15.2) 反映了气体管路系统所需能量与流量的关系，称之为气体管路特性方程。若气体管网两端分别与大气相通（如通风管网），则有 $p = S_p Q^2$。

式 (15.1) 和式 (15.2) 反映了管网系统所需能量与流量的关系，将其在横坐标为流量 Q，纵坐标为扬程 H 或风压 p 的坐标系中绘制曲线，即管路特性曲线。图 15.2 为有截距的管路特性曲线，图 15.3 为前述某些特殊情况下通过坐标原点的管路特性曲线。

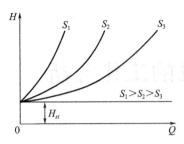

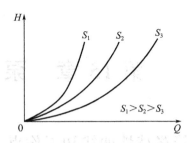

图 15.2　有截距的管路特性曲线　　　　图 15.3　通过原点的管路特性曲线

　　管路特性曲线是二次抛物线，管路阻抗 S 越大，曲线越陡。由式（8.16）和式（8.18）可知，影响管路阻抗的主要因素有：$\lambda(K)$、d、l、$\sum\zeta$、ρ。对于确定的管路系统，管路阻抗可认为是定值。上述任一因素变化，S 就改变，从而达到调整管路水力特性的效果。

15.1.2　泵或风机的工作点

　　前述可知，管路系统的特性是由工程实际管网决定的，与泵或风机本身的特性无关。当泵或风机接入管路系统，作为管路系统的动力源工作时，泵或风机所提供的扬程或风压总是与管路系统所需要的扬程或风压达到自动平衡，此时泵或风机的流量即为管路流量。泵或风机在某一时刻或某一时段内，只能按照其实际特性曲线上的某一点工作。泵或风机与管路系统的合理匹配是保证管网系统正常运行的前提。

　　将泵或风机的特性曲线和管路系统的特性曲线用相同的比例尺、相同的单位绘在同一个直角坐标图上，如图 15.4 所示。两条曲线的交点 A 就是泵或风机的工作点。在管路系统的特性曲线上，A 点所对应 Q_A 和 H_A 表明管路系统中通过的流量为 Q_A 时所需要的能量为 H_A；而在泵或风机的特性曲线上，A 点所对应的 Q_A 和 H_A 表明选定的泵或风机可以在流量为 Q_A 的条件下，向管路系统提供的能量为 H_A。如果 A 点所表明的参数既能满足工程上提出的要求，又处在泵或风机的高效率区域范围内，则说明此时泵或风机与管路系统是匹配的，泵或风机的选择是合理的、经济的。

　　泵或风机之所以能够在 A 点稳定运行，是因为 A 点表示的泵或风机的输出流量刚好等于管路系统所需要的流量。而且，泵或风机所提供的扬程恰好满足管路在该流量下之所需。

　　假如泵或风机在比 A 点流量大的 C 点运行，显然，此时泵或风机所提供的扬程就小于管路之所需。于是，流体因能量不足而减速，流量减小，工作点 C 沿泵或风机特性曲线向 A 点移动。反之，如在比 A 点流量小的 B 点运行，则泵或风机所提供的扬程就大于管路所需，造成流体能量过盈而加速，于是流量增大，B 点向 A 点靠近。可见 A 点是稳定工作点，如图 15.4 所示。

　　有些低比转数的泵或风机的特性曲线为驼峰形，如图 15.5 所示。这样的泵或风机特性曲线可能与管路特性曲线有两个交点，如 D 和 E。D 点如上所述为稳定工作点，而 E 点则

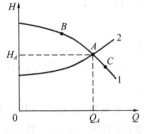

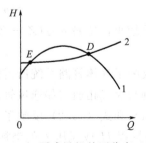

图 15.4　泵或风机的工作点　　　　　图 15.5　泵或风机的不稳定工况

为不稳定工作点。

当泵或风机的工况（指流量、扬程等）受设备振动和电压波动等干扰时，就会离开 E 点。如 E 点向流量增大方向偏离，则泵或风机所提供的扬程就大于管道所需要消耗的水头，于是管路中流速加大，流量增加，则工况点沿泵或风机性能曲线继续向流量增大的方向移动，直至 D 点为止。同理分析，当 E 点向流量减小方向偏离时，工况点就会继续向流量减小的方向移动，直至流量等于零为止。由此可见，工况点在 E 处只是暂时平衡，一旦离开 E 点，便难于再返回，故称 E 点为不稳定工作点。

大多数泵或风机 $H\text{-}Q$ 曲线呈下降趋势，这种情况下运行工况是稳定的。泵或风机具有驼峰形特性曲线是可能产生不稳定运行的原因。对于这类泵或风机应使工作点位于 $H\text{-}Q$ 曲线的下降段，保证其运行的稳定性。

15.2 泵或风机的联合工作

实际工程中为增加系统中的流量或压头，有时需将两台或者多台泵或风机并联或者串联在同一管路系统中联合工作。例如在扩建工程中要求增加流量时，采用加装设备与原有设备并联工作的方案，有可能比用一台大型设备替换原设备更为经济合理；又如在需要大幅度改变流量的系统中，用增开或停开部分并联设备的方法代替用调节阀来调节流量更加可取。

15.2.1 并联工作

并联工作的特点是各台设备扬程相同，而总流量等于各台设备流量之和。图 15.6 中（a）和（b）分别表示两台泵和两台风机并联工作示意。

并联工作一般应用于以下场合。

① 用户需要的流量大，而大流量的泵或风机制造困难或造价太高。

② 用户对流量的需求变化幅度较大，通过改变设备运行台数来调节流量更经济合理。

③ 用户有可靠性要求，当一台设备出现事故时仍要保证供气或供水，作为检修和事故备用。

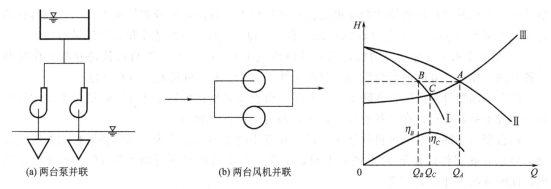

(a) 两台泵并联	(b) 两台风机并联
图 15.6 并联工作	图 15.7 相同设备并联的工况分析

（1）两台型号相同的泵或风机并联工作 已知单机运行的特性曲线 I，在相同的扬程下使流量加倍，便可得到两台并联工作的总特性曲线 II。与管路特性曲线 III 交于 A 点。A 点就是并联机组的工作点。Q_A 与 H_A 分别是并联后的流量与扬程，如图 15.7 所示。

过 A 作水平线与单机特性曲线 I 交于 B 点，B 点是并联机组中单机的工作点。从图中可以看出，并联机组中的单机扬程 H_B 与机组扬程 H_A 相同，流量 Q_B 是机组流量 Q_A 的一半。B 点所对应 $\eta\text{-}Q$ 曲线上的 η_B 就是并联工作时单机的效率，应在高效区范围内。

管路特性曲线Ⅲ与单机特性曲线Ⅰ的交点 C 是只开一台设备时的工作点。C 点所对应的流量 Q_C 是只开一机时的流量。显然，只开一机时的流量 Q_C 大于并联机组中的单机流量 Q_B。这是因为并联后，管路系统内总流量增加，水头损失相应增加，所需扬程加大，根据泵或风机的性能曲线，并联后的单机流量就减小了。

$Q_A > Q_C$ 说明并联后的机组流量大于并联前的单机流量，而并联后的流量增量 $Q_A - Q_C < Q_C$ 说明两台型号相同的泵或风机并联后流量并没有增加一倍。

并联机组的相对流量增量 $\dfrac{Q_A - Q_C}{Q_C}$ 与单台泵或风机特性曲线的形状和管路性能曲线形状有关。泵或风机特性曲线越陡降（比转数越大），并联机组的相对流量增量越大，越适合并联工作；管路系统的阻抗 S 越小，管路特性曲线越平缓，并联机组的相对流量增量越大。

（2）多台相同型号泵或风机并联工作　多台相同的泵或风机并联工作时，如图 15.8 所示，随着并联台数的增加，每并联一台泵或风机所得到的流量增量随之减小。因此并联机组的单机台数不宜过多，否则起不到明显的并联效果。

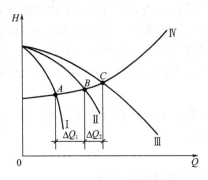 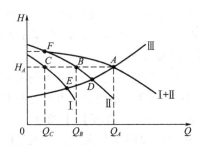

图 15.8　多台相同设备并联工作　　　　　图 15.9　不同设备并联的工况分析

（3）两台不同型号泵或风机并联工作　图 15.9 中的Ⅰ、Ⅱ分别是两台型号不同的泵或风机的特性曲线。Ⅰ+Ⅱ则是并联机组的特性曲线，Ⅲ是管路性能曲线。与前面一样，不同型号泵或风机并联机组的特性曲线也是在相同扬程下，将两机流量相加而得到的，并与管路特性曲线交于 A 点。A 点是并联机组的工作点，Q_A 与 H_A 分别是并联后的流量与扬程。

由 A 点作水平线分别交两机各自的特性曲线于 B、C 两点，该两点就是并联工作时两机各自的工作点。并联前每台设备各自的工作点是 D、E，可见 $Q_A < Q_D + Q_E$。

两台不同型号泵或风机并联工作，其中一台设备必须在扬程小于 H_F 的情况下，才能与另一台设备并联运行，在某种程度上，大设备受小设备的制约。

两台型号不同的泵或风机并联工作时，扬程小的输出的流量少。当管路特性曲线阻抗增加，导致并联工作点移至 F 点或以上时，由于设备Ⅰ的扬程不可能大于 H_F，而无流量输出，此时并联工作没有意义。

15. 2. 2　串联工作

串联工作的特点是各台设备流量相同，而总压头等于各台设备压头之和。图 15.10 中（a）和（b）分别表示两台泵和两台风机串联工作示意图。

串联工作一般应用于以下场合。

① 用户需要的压头大，而大压头的泵或风机制造困难或造价太高。

② 改建或扩建管网系统时，管路阻力加大，而需要增大压头。

两台相同的泵或风机串联工作时，工况分析如图 15.11 所示。图中曲线Ⅰ是一台设备的

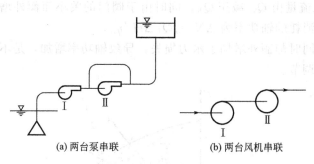

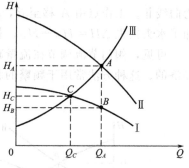

图 15.10　串联工作　　　　　　　　　图 15.11　串联机组的工况分析

特性曲线，曲线Ⅱ是串联机组工作的特性曲线。曲线Ⅲ是管路性能曲线，与串联机组特性曲线交于 A 点。A 点是串联机组的工作点，流量 Q_A，扬程 H_A。

由 A 点作垂线与单机特性曲线Ⅰ交于 B 点，B 点就是串联机组中单机的工作点。

管路特性曲线Ⅲ与单机特性曲线Ⅰ的交点 C 是只开一台设备时的工作点。C 点所对应的扬程 H_C 是只开一机时的扬程。$H_A > H_C$，但 $H_A < 2H_C$，说明两台型号相同的泵或风机串联后压头并没有增加一倍。

串联机组的相对压头增量 $\dfrac{H_A - H_C}{H_C}$ 与单台泵或风机特性曲线的形状和管路性能曲线形状有关。泵或风机特性曲线越平缓（比转数越小），串联机组的相对压头增量越大，越适合串联工作；管路系统的阻抗 S 越大，管路特性曲线越陡，串联机组的相对压头增量越大。

有关型号不同的泵或风机串联工作的工况分析方法与上述情况类似，本书不再详细讨论。应该指出，风机串联工作时操作可靠性差，因此不推荐采用。水泵串联工作时，后一台泵比前一台泵承受的压力更高，选择此泵时要注意泵的承压能力是否满足要求。

总之，泵或风机联合运行时的单机工作点要比单机运行时的工作点效果差，联合运行时的工况分析也比较复杂。因此，在可能的情况下，应尽量采用单机运行。即便采用联合运行方式，设备台数也不宜过多。

15.3　泵与风机的工况调节

近年来面临全世界范围内的能源危机，暖通空调事业的发展对能耗提出了更高要求。各种单户计量采暖系统、空调变水量和变风量系统大量涌现，都要求工作点随负荷的变化而变化。在工程中，为适应具体需要和经济运行的要求，泵或风机都需要经常进行工况调节。

前已述及，泵或风机在管路系统中的工作点是泵或风机的特性曲线与管路特性曲线的交点。要改变这个工作点，就应从改变泵或风机的特性曲线或改变管路特性曲线这两个途径着手。

15.3.1　改变管路特性曲线的调节方法

改变管路特性曲线，最常用的方法是阀门调节。此方法是通过改变阀门开度达到改变管路阻抗 S 的目的，从而使管路特性曲线改变，借以达到改变工作点或调节流量的目的。这种调节方法十分简单，故应用甚广。

图 15.12 中，曲线 Ⅰ 是未调节的管路特性曲线，阀门关小，阻力增大，管路特性曲线变为曲线 Ⅱ。工作点由 A 移至 B，相应地流量由 Q_A 减至 Q_B。同时由于阀门的关小而额外增加了水头损失 $\Delta H = H_B - H_C$，相应多消耗的轴功率为 $\Delta N = \gamma Q_B \Delta H / \eta_B$。

可见，阀门节流调节在流量减小的同时却额外增加了水力损失，导致轴功率增加，是不经济的。这种方法常用于频繁的临时性调节。

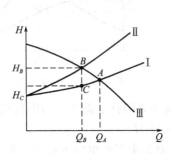 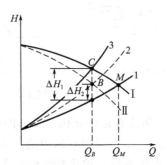

图 15.12　阀门调节的工况分析　　　　　图 15.13　压出管和吸入管上阀门调节分析

理论上，阀门可以安装在泵或风机的进、出口管路上，因而有压出管上阀门节流调节和吸入管上阀门节流调节两种具体调节方法。如图 15.13 所示，阀门调节前工作点 M，欲通过阀门调节使流量由 Q_M 减少到 Q_B。若使用压出管上阀门节流调节方法，管路特性曲线由 1 变为 3，工作点由 M 变为 C，增加了水头损失 ΔH_1；若使用吸入管上阀门节流调节方法，则不仅改变管路特性曲线，还会改变泵或风机特性曲线，则管路特性曲线由 1 变为 2，同时泵或风机特性曲线由 Ⅰ 变为 Ⅱ，工作点由 M 变为 B，增加了水头损失 ΔH_2。由图可以看出，$\Delta H_2 < \Delta H_1$，因此吸入管阀门节流调节比压出管阀门节流调节更经济。需要特别指出的是，为防止水泵汽蚀现象的发生（有关水泵汽蚀问题详见第 15.4 节），吸入管阀门节流调节方法不能在水泵系统上使用，只能在风机上使用。

15.3.2　改变泵或风机特性曲线的调节方法

（1）改变泵或风机的转速　由相似律可知，改变泵或风机的转速，可使其特性曲线升高或降低，从而使其特性曲线与管路特性曲线交点的位置发生改变，达到调节流量的目的。

变转速调节泵或风机性能的基本依据是

$$\frac{Q}{Q'} = \frac{n}{n'}$$

$$\frac{H}{H'} = \frac{p}{p'} = \left(\frac{n}{n'}\right)^2$$

$$\frac{N}{N'} = \left(\frac{n}{n'}\right)^3$$

按此公式可将泵或风机在某一转速下的特性曲线换算成另一转速下新的特性曲线。

如图 15.14 所示，曲线 Ⅰ 是转速为 n 时泵或风机的特性曲线，曲线 Ⅱ 是管路系统的特性曲线，两线的交点 A 是工作点。

改变泵或风机的转速，则泵或风机的特性曲线由转速 n 时的曲线 Ⅰ 变为转速 n' 时的曲线 Ⅲ。因管路及阀门都没有任何改变，所以管路特性曲线 Ⅱ 不变，则工作点由 A 点变至 B 点。

需要指出，图 15.14 中 A 点和 B 点并不是相似工况点。由 14.7 节等效率线的概念可以知道，过 B 点作通过原点的二次抛物线 Ⅳ 与曲线 Ⅰ 交于 C 点，则 B 点和 C 点才是相似工况点。

若管路特性曲线Ⅱ是通过原点的二次抛物线（如闭式液体管网），则图中A点和C点重合。

通常可以用如下方法来改变泵或风机的转速。

① 改变电机转数　用异步电动机驱动的泵或风机可以在电机的转子电路中串接变阻器来改变电机的转数，这种方法的缺点是必须增加附属设备，且在变速时要增加额外的电能消耗，变速范围不大。还可以采用可变极对数的电机，但这种电机较贵，调速是跳跃式的，调速范围也有所限制，一般只有两种转速。此外，采用可控硅调压可以实现电机多级调速。变频调速是目前最常用的方法，它通过改变电机输入电流的频率来改变电机转数，实现无级调速，该法调速范围宽、效率高且变频装置体积小。

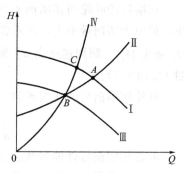

图 15.14　变速调节工况分析

② 调换皮带轮　改变风机或电机带轮的大小，即改变电机与泵或风机的传动比，可以在一定范围内调节转速。这种方法的缺点是调速范围有限，并且要停机换轮。

③ 采用液力联轴器　所谓液力联轴器是指在电机和泵或风机之间安装的通过液体来传递转矩的传动设备。改变设备中的进液量（如油）就可改变转矩，从而在电机转数恒定的情况下达到改变泵或风机转速的目的。该法可实现无级调速，但因增加一套附属设备而成本较高。

上述通过改变泵或风机转速来调节工况的方法，通常没有附加能量损失，也不致十分降低效率，因此经济性高。但调速的措施比较复杂麻烦，若采用变频调速或液力联轴器还会增加投资，因此在中小型设备中应用并不普遍。

在理论上可以用增加泵或风机转速的办法来提高流量，但是当转速增加以后，叶轮圆周速度增加，因而可能会增大振动和噪声，且可能发生机械强度和电机超载等问题，所以一般不采用增速方法来调节工况。

（2）进口导流器调节　某些大型风机的进风口处设有供调节用的导流叶片。当改变导流叶片的转角时，能使风机本身的性能发生变化。这是因为导流叶片的预旋作用使进入叶轮叶片的气流方向有所改变。常用的导流器有轴向导流器和径向导流器。导流叶片全开时转角为0°，这时叶片进口方向与气流方向平行，叶片进口切向分速度为0，根据欧拉方程，此时风机风压最大；随导流叶片转角逐渐增大，叶片进口切向分速度增大，风机风压逐渐降低。直至导流叶片的方向与气流方向垂直。

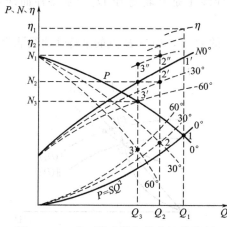

图 15.15　进口导流器调节特性曲线图

（图中没有1″点）

由于进口导流叶片既是风机的组成部分，又属于整个管路系统，因此它的转动既改变了风机特性曲线，也使管路系统特性发生变化。如图 15.15 所示，当风机导流叶片角度分别为0°、30°、60°时，风机特性曲线和管路特性曲线分别有三条，其工作点分别为1、2、3。

风机进口导流器调节，增加了进口的撞击损失，从节能角度看，不如变速调节，但比阀门调节消耗的功率小，因此也是一种比较经济的调节方法。此外，导流器结构简单，可用装在外壳上的操作手柄进行调节，可以不停机操作，方便灵活，这是比变速调节优越之处。

（3）切削叶轮外径以调节泵的性能　切削叶轮外径是离心泵特有的调节方法。泵的叶轮经过切削，外径改变，性能也随之改变，达到调节流量和扬程的目的。

切削后的叶轮与切削前不再符合几何相似，因此切削前后性能参数的关系不满足相似律。但由于切削量不大，可近似认为切削前后的叶片出口安装角 β_2 不变。叶片出口直径由 D_2 变为 D_2'，圆周速度由 u_2 变为 u_2'。由于 β_2 不变，速度图相似，满足运动相似条件，如图 15.16 所示。

叶轮切削前后的速度比为

$$\frac{u_2}{u_2'}=\frac{w_2}{w_2'}=\frac{v_{r2}}{v_{r2}'}=\frac{v_{u2}}{v_{u2}'}=\cdots=\frac{D_2}{D_2'}$$

叶轮切削前后性能参数的关系如下（近似认为切削前后容积效率相等，叶片排挤系数相等，水力效率相等，涡流系数相等）。

① 低比转数的泵（$n_s \leqslant 150$） 叶片出口宽度 b_2 小，近似认为叶轮切削前后 $b_2 = b_2'$。

流量比
$$\frac{Q}{Q'}=\frac{v_{r2}\pi D_2 b_2}{v_{r2}'\pi D_2'b_2'}=\left(\frac{D_2}{D_2'}\right)^2 \tag{15.3}$$

扬程比
$$\frac{H}{H'}=\frac{u_2 v_{u2}/g}{u_2' v_{u2}'/g}=\left(\frac{D_2}{D_2'}\right)^2 \tag{15.4}$$

轴功率比
$$\frac{N}{N'}=\left(\frac{D_2}{D_2'}\right)^4 \tag{15.5}$$

上述三个关系式称为第一切削定律。

② 中、高比转数的泵（$n_s > 150$） 近似认为切削前后叶轮出口面积不变 $\pi D_2 b_2 = \pi D_2'b_2'$。

流量比
$$\frac{Q}{Q'}=\frac{v_{r2}\pi D_2 b_2}{v_{r2}'\pi D_2'b_2'}=\left(\frac{D_2}{D_2'}\right) \tag{15.6}$$

扬程比
$$\frac{H}{H'}=\frac{u_2 v_{u2}/g}{u_2' v_{u2}'/g}=\left(\frac{D_2}{D_2'}\right)^2 \tag{15.7}$$

轴功率比
$$\frac{N}{N'}=\left(\frac{D_2}{D_2'}\right)^3 \tag{15.8}$$

上述三个关系式称为第二切削定律。

切削叶轮调节的工况分析如图 15.17 所示。图中曲线 Ⅰ 是叶轮直径 D_2 的泵特性曲线，曲线 Ⅱ 是管路特性曲线，两条曲线交点是工作点 A。

现欲通过切削叶轮将工作点 A 调至管路特性曲线上的 B 点，通过 B 点的泵特性曲线Ⅲ求

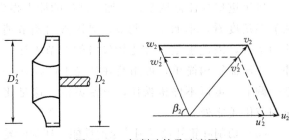

图 15.16 切削叶轮及速度图

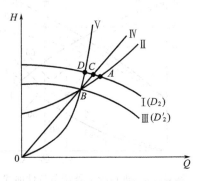

图 15.17 切削叶轮调节工况分析

其叶轮直径 D_2'。为了求出 D_2'，则需要找出曲线 I 上与 B 点运动相似的工况点。根据第一切削定律，可以推导得出其切削曲线是一条过原点的直线；根据第二切削定律，可以推导得出其切削曲线是一条过原点的二次抛物线。因此，图 15.17 中 B 点和 C 点是满足第一切削定律的工况点，B 点和 D 点是满足第二切削定律的工况点。

切削叶轮的调节方法，其切削量不能太大，否则效率明显下降。泵的叶轮最大切削量与比转数有关，见表 15.1。

表 15.1　叶轮最大切削量

泵的比转数 n_s	60	120	200	300	350	350 以上
允许最大切削率 $[(D_2-D_2')/D_2]/\%$	20	15	11	9	7	0
效率下降值	每切削 10% 下降 1%		每切削 4% 下降 1%			

制造厂通常对同一型号的泵，除提供标准叶轮外，还提供几种经过切削的叶轮方便用户使用。切削后的叶轮仍装于原机壳内，调节时只需更换叶轮即可。

切削叶轮的调节方法，不增加额外的能量损失，设备效率下降少，是一种节能的调节方法，但需要停机换轮，因此常用于水泵的季节性调节。

（4）改变并联泵台数的调节方法　在大型排灌站或冷、热水系统中，可用改变并联泵运行台数的方法进行流量调节，这是一种很简单、经济的调节方式。因为泵并联台数不同，其特性曲线各异。

15.3.3　轴流式泵与风机的调节

轴流式泵与风机一般不采用阀门调节，因为关小阀门使轴功率增大，效率降低，容易引起电机超载。

轴流式泵与风机通常采用变速调节或改变叶片安装角的调节方法。变速调节与前述内容相同。轴流式泵与风机叶片的安装角有几种角度，可以根据流量大小，选择不同安装角。安装角不同时，设备的特性曲线发生改变。

改变叶片安装角的方法有半调式和全调式两种。半调式的叶片用螺母栓紧在轮毂上，轮毂上刻有几个安装角的位置线，调节时将螺母松开，转动叶片，然后拧紧即可。全调式可以在停机或不停机的情况下，通过一套液压调节机构改变叶片安装角，调节机构比较复杂，一般应用于大型轴流泵与轴流风机。

【例 15.1】已知某水泵性能 $H\text{-}Q$ 曲线、$\eta\text{-}Q$ 曲线（见图 15.18），转速 $n=2900\text{r/min}$。管路阻抗 $S_H=76000\text{s}^2/\text{m}^5$，静压头 $H_{st}=19\text{m}$。试求：

（1）水泵的流量 Q、扬程 H、效率及轴功率 N。

（2）用阀门调节的方法使流量减少 25%，求此时水泵的流量、扬程、轴功率以及阀门消耗的功率？

（3）用变速调节的方法使流量减少 25%，求调节后的转速？

【解】（1）由已知，管路特性方程为 $H=H_{st}+S_HQ^2=19+76000Q^2$，得到如下数据表。

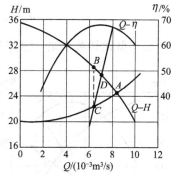

图 15.18　【例 15.1】图

$Q/(10^{-3}\text{m}^3/\text{s})$	0	2	4	6	8	10
H/m	19	19.30	20.22	21.74	23.86	26.60

根据表中数据，描绘出管路特性曲线Ⅰ如图 15.18 所示，与水泵 H-Q 曲线交于点 A。

查图 $Q_A=8.5\times10^{-3}\,\mathrm{m^3/s}$ $H_A=24.5\mathrm{m}$，$\eta_A=65\%$

$$N_A=\frac{\gamma Q_A H_A}{\eta_A}=\frac{9807\times0.0085\times24.5}{0.65}=3.14\mathrm{kW}$$

（2）阀门调节使流量减少 25%，新的工作点为 B

$$Q_B=(1-0.25)\times Q_A=0.75\times0.0085=6.38\times10^{-3}\,\mathrm{m^3/s}$$

在水泵的特性曲线上查得 $H_B=28.8\mathrm{m}$，$\eta_B=65\%$

$$N_B=\frac{\gamma Q_B H_B}{\eta_B}=\frac{9807\times0.00638\times28.8}{0.65}=2.77\mathrm{kW}$$

过 B 点作垂线与管路特性曲线交于点 C

$$H_C=19+76000\times0.00638^2=22.09\mathrm{m}$$

采用阀门调节，增加的水头损失为

$$\Delta H=H_B-H_C=28.8-22.09=6.71\mathrm{m}$$

阀门消耗的功率为

$$\Delta N=\frac{\gamma Q_B \Delta H}{\eta_B}=\frac{9807\times0.00638\times6.71}{0.65}=0.65\mathrm{kW}$$

（3）变速调节使流量减少 25%，新的工作点为 C 与点 C 相似的工况点应为过点 C 且经过原点的二次抛物线和泵的 H-Q 曲线的交点 D。

因为 $Q_C=6.38\times10^{-3}\,\mathrm{m^3/s}$ $H_C=22.09\mathrm{m}$，则可得到过点 C 且经过原点的二次抛物线方程为

$$H=\left(\frac{H_C}{Q_C^2}\right)Q^2=\frac{22.09}{0.00638^2}Q^2=542693Q^2$$

在图中描绘出该方程曲线与泵的 H-Q 曲线交于点 D，查得 $Q_D=7.2\times10^{-3}\,\mathrm{m^3/s}$。
则根据相似律，新的转速 $n'=nQ_C/Q_D=2900\times0.00638/0.0072=2570\mathrm{r/min}$。

【例 15.2】【例 15.1】中的水泵叶片出口直径 $D_2=200\mathrm{mm}$，如果采用切削叶轮的方法使流量减少 25%，问切削量是多少？

【解】 如图 15.19 所示，先根据效率最高点 F 计算泵的比转数，查图 $Q_F=7\times10^{-3}\,\mathrm{m^3/s}$，$H_F=28\mathrm{m}$

$$n_s=3.65\frac{nQ^{1/2}}{H^{3/4}}=3.65\times\frac{2900\times0.007^{1/2}}{28^{3/4}}=73$$

属于低比转数水泵，采用第一切削定律，其切削曲线是一条过原点的直线

$$H=\frac{H_C}{Q_C}Q=\frac{22.09}{6.38}Q=3.46Q$$

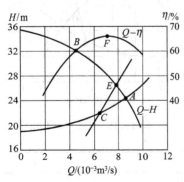

图 15.19 【例 15.2】图

过 C 点作切削曲线与泵的 H-Q 曲线交于点 E，C 点和 E 点为相似工况点，查图得 $Q_E=7.7\times10^{-3}\,\mathrm{m^3/s}$，则根据第一切削定律有

$$\frac{D_2}{D_2'}=\sqrt{\frac{Q_E}{Q_C}}=\sqrt{\frac{7.7}{6.38}}=1.1$$

$$D_2'=\frac{D_2}{1.1}=\frac{200}{1.1}=182\mathrm{mm}$$

切削率 $\Delta=\dfrac{D_2-D_2'}{D_2}=\dfrac{200-182}{200}=9\%$

在允许范围内。

15.4 泵与风机的选择、安装和运行

15.4.1 泵的汽蚀与安装高度

（1）汽蚀现象 根据离心泵的工作原理，离心式泵在管网中工作时，其入口处的压强降低（低于吸入管中任何点的压强），有时会低于大气压。

由物理学知道，当液面压强降低时，相应的汽化温度也随之降低。例如，水在一个标准大气压（101325Pa）下的汽化温度为100℃，当液面压强降至0.024at时（2430Pa），水在20℃就开始沸腾。开始汽化的压强叫做汽化压强。

如果泵内某处的压强降至该处液体温度下的汽化压强，部分液体就开始汽化，形成气泡；与此同时，由于压强降低，原来溶解于液体中的某些活泼气体（如水中的氧）也会逸出而成为气泡。这些气泡随液流进入泵内高压区，由于该处压强较高，气泡迅速破灭。于是在局部地区产生对叶片表面高频率、高冲击力的打击，以致金属表面逐渐剥落，最终形成蜂窝状或海绵状，这种现象称为汽蚀。

当气泡不太多、汽蚀不严重时，对泵的运行和性能还不致产生明显的影响。如汽蚀持续发展，气泡大量产生，就会影响正常流动，使噪声和振动剧增，甚至造成断流现象。此时，泵的扬程、流量和效率都显著下降，最后必将缩短泵的寿命。因此，泵在运行中应当严格防止汽蚀。

（2）泵的安装高度 正确决定泵吸入口的压强（或真空度），是控制泵运行时不发生汽蚀从而保证正常工作的关键，它的数值与泵的吸水管路系统及吸液池液面压强等因素密切相关。

图15.20所示为离心泵吸水装置示意。列吸水池液面0—0和泵入口断面1—1之间的伯努利方程，并取吸水池液面为基准面，考虑液面速度较小，忽略不计，于是

$$\frac{p_0}{\rho g} = H_g + \frac{p_1}{\rho g} + \frac{v_1^2}{2g} + h_{l吸}$$

则有

$$\frac{p_0 - p_1}{\rho g} = H_g + \frac{v_1^2}{2g} + h_{l吸} \tag{15.9}$$

式中 p_0，p_1——吸水池液面和泵吸入口处的绝对压强，Pa；

H_g——泵的安装高度，即泵吸入口轴线与吸水池液面的高差，m；

v_1——泵吸入口处的断面平均流速，m/s；

$h_{l吸}$——泵吸水管路的总水头损失，m。

若吸水池液面压强 p_0 等于大气压强 p_a，则

$$\frac{p_0 - p_1}{\rho g} = \frac{p_a - p_1}{\rho g} = H_s = H_g + \frac{v_1^2}{2g} + h_{l吸} \tag{15.10}$$

式中 H_s——泵吸入口的真空高度。

由式（15.10）可知，泵的吸液管段上不能设置调节阀门，因为吸水管段水头损失增加，在泵安装高度不变的情况下会导致泵吸入口真空高度增大，以致提前发生汽蚀。通常泵是在一定流量下运行的，$\frac{v_1^2}{2g}$ 及 $h_{l吸}$ 都应是定值，所以泵吸入口真空高

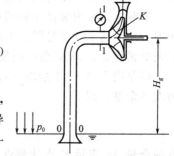

图15.20 离心泵吸水装置示意

度 H_s 将随泵的安装高度 H_g 的增加而增加。如果吸入口真空高度增加至某一最大值 $H_{s\,max}$ 时，即泵的吸入口处压强接近液体的汽化压强时，泵内就会开始出现汽蚀。通常，开始汽蚀的极限吸入口真空高度 $H_{s\,max}$ 值是由制造厂用实验方法确定的。显然，为避免发生汽蚀，由式（15.10）确定的实际 H_s 值应小于 $H_{s\,max}$ 值，为确保泵的正常运行，制造厂又在 $H_{s\,max}$ 值的基础上规定了一个"允许"的泵吸入口真空高度，用 $[H_s]$ 表示，并令

$$[H_s]=H_{s\,max}-0.3 \tag{15.11}$$

在已知泵的允许吸入口真空高度 $[H_s]$ 条件下，用式（15.10）可计算出"允许"水泵安装高度 $[H_g]$，而实际的泵安装高度 H_g 应为

$$H_g<[H_g]=[H_s]-\frac{v_1^2}{2g}-h_{l吸} \tag{15.12}$$

在应用式（15.12）时应注意以下两点。

① 当泵的流量增加时，吸水管水头损失和泵吸入口速度水头都随之增加，导致 $[H_g]$ 随流量增加而有所降低。因此，用式（15.12）确定泵的安装高度时，必须以泵在运行中可能出现的最大流量为准。

② $[H_s]$ 值是制造厂在大气压为 101325Pa 和 20℃ 的清水条件下通过实验得出的，当泵的实际使用条件与上述条件不符时，应对产品样本上规定的 $[H_s]$ 值按下式进行修正。

$$[H_s{'}]=[H_s]-(10.33-h_A)+(0.24-h_v) \tag{15.13}$$

式中　h_A ——当地大气压强，mH₂O，见表 15.2；

　　　h_v ——实际水温下的汽化压强，mH₂O，见表 15.3。

表 15.2　不同海拔高度下的大气压

海拔高度/m	0	200	400	600	800	1000	1500	2000	3000	4000	5000
大气压/mH₂O	10.33	10.1	9.8	9.6	6.4	9.2	8.6	8.1	7.2	6.3	5.5

表 15.3　不同水温下的汽化压强

水温/℃	5	10	20	30	40	50	60	70	80	90	100
汽化压强/mH₂O	0.07	0.12	0.24	0.43	0.75	1.25	2.02	3.17	4.82	7.14	10.33

通过上述分析可以看出，产生汽蚀的主要原因有：

a. 泵的安装位置高出吸液面太大，即泵的安装高度 H_g 过大；

b. 泵安装地点的当地大气压较低，例如在高海拔地区；

c. 泵所输送的液体温度过高等。

（3）汽蚀余量　目前对泵内流体空泡现象的理论研究或计算，大多数还是以液体汽化压强 p_v 作为初生空泡的临界压力。所以为避免发生空泡现象，至少应该使泵内液体的最低压强大于液体在该温度时的汽化压强。

实际上，泵内液体压强的最低点并不在泵的吸入口，而是在叶片进口的背部 K 点附近，如图 15.20 所示。这是因为液体进入水泵尚未增压之前，由于流速增大及流动能量损失，使压强继续降低。如 K 点的压强 p_K 等于该处液体温度下的汽化压强 p_v 时，就会引起汽蚀。

将泵吸入口 1—1 断面具有的总水头与泵内压强最低点 K 发生汽化的水头的差值，定义为汽蚀余量，即

$$\Delta h=\left(\frac{p_1}{\rho g}+\frac{v_1^2}{2g}\right)-\frac{p_v}{\rho g} \tag{15.14}$$

汽蚀余量 Δh 表示 K 点达到汽化压强时，泵吸入口所具有的能量余量。

汽蚀余量 Δh 大小取决于泵的吸入室与叶轮进口的几何形状和流速。Δh 的数值无法精

确计算，通常由制造厂通过实验确定。开始发生汽蚀的汽蚀余量称为临界汽蚀余量 $\Delta h_{\min}$。为确保安全，规定必须汽蚀余量为

$$[\Delta h] = \Delta h_{\min} + 0.3 \tag{15.15}$$

式中各项单位为 m。

与允许吸入口真空高度 $[H_s]$ 相同，必须汽蚀余量 $[\Delta h]$ 也是泵抗汽蚀性能的指标。$[H_s]$ 越大，抗汽蚀性能越好；$[\Delta h]$ 越小，抗汽蚀性能越好。有的制造厂给出 $[H_s]$，有的制造厂给出 $[\Delta h]$。

泵的安装高度 H_g，也可由汽蚀余量 Δh 确定，根据式（15.10）和式（15.14）有

$$H_g < [H_g] = \frac{p_0 - p_v}{\rho g} - [\Delta h] - h_{l吸} \tag{15.16}$$

式（15.12）和式（15.16）都可用来确定泵的安装高度，区别在于式（15.16）不需要进行大气压和水温修正，只要把使用条件下的 p_0 和 p_v 直接代入式中计算即可。

前述泵的安装高度 H_g 均大于零，即泵安装在吸水池液面以上一定距离，此时称该泵为吸入式泵。由式（15.16）可以看出，当管网系统中泵输送的流体温度较高时（如供热管网），或者吸水池液面压强低于当地大气压（如蒸汽凝结水管网），都可能导致 H_g 为负值，这说明此时泵必须安装在吸水池液面以下一定距离，才能保证不发生汽蚀，此时称该泵为灌注式泵。因此实际工程中泵的安装高度一定要具体问题具体分析，确保泵的安全运行。

【例 15.3】12Sh-19A 型离心泵，泵进水口直径 300mm，泵的允许吸入口真空高度 $[H_s] = 4.5m$，流量 0.24m³/s，泵吸入管段的水头损失为 1.0m。试求：

（1）若泵的几何安装高度为 3m 时，输送常温清水，该泵能否正常工作？

（2）若该泵安装在海拔 1000m 的地区，输送 40℃ 的清水，问泵的最大安装高度 $[H_g]$ 为多少？

【解】（1）计算泵的吸入口流速

$$v_1 = \frac{Q}{A} = \frac{0.24}{\frac{\pi}{4} \times 0.3^2} = 3.4 \text{m/s}$$

$$[H_g] = [H_s] - \frac{v_1^2}{2g} - h_{l吸} = 4.5 - \frac{3.4^2}{2 \times 9.8} - 1 = 2.91 \text{m}$$

因为泵的几何安装高度为 3m > 2.91m，所以此时泵不能正常工作。

（2）查表 15.2 和表 15.3，海拔 1000m 处的大气压为 9.2m，40℃ 水的汽化压强为 0.75m，则修正后的泵允许吸入口真空高度 $[H_s']$ 为

$$[H_s'] = [H_s] - (10.33 - h_A) + (0.24 - h_v) = 4.5 - (10.33 - 9.2) + (0.24 - 0.75) = 2.86 \text{m}$$

$$[H_g] = [H_s'] - \frac{v_1^2}{2g} - h_{l吸} = 2.86 - \frac{3.4^2}{2 \times 9.8} - 1 = 1.27 \text{m}$$

【例 15.4】某单级单吸离心泵，流量 $Q = 70\text{m}^3/\text{h}$，必须汽蚀余量 $[\Delta h] = 2.3\text{m}$，从封闭容器抽送 40℃ 的清水，封闭容器液面绝对压强为 8.8kPa，泵吸入管段水头损失为 0.5m，试求：该泵的允许安装高度（40℃ 水的密度为 992kg/m³）？

【解】查表 15.3 得 40℃ 水的汽化压强 $\frac{p_v}{\rho g} = 0.75\text{m}$，由式（15.16）得

$$[H_g] = \frac{p_0 - p_v}{\rho g} - [\Delta h] - h_{l吸} = \frac{8800}{992 \times 9.8} - 0.75 - 2.3 - 0.5 = -2.64 \text{m}$$

泵的允许安装高度为负值，说明此时泵必须安装在封闭容器液面以下一定距离，才能保证不发生汽蚀。

15.4.2 泵与风机的选择

由于泵或风机装置的用途和使用条件千变万化，而泵和风机的种类也十分繁多，正确选择泵和风机的类型与大小来满足各种不同的工程使用要求是非常必要的。

泵或风机的选用工作主要包括选定泵或风机的种类或形式以及决定它们的大小。选用的程序和方法概括如下。

(1) 充分了解泵或风机整个装置的用途、管路布置、地形条件、被输送流体状况、水位以及运输条件等原始资料。

(2) 根据工程要求，合理确定最大流量与最高扬程或风机的最高风压。然后分别加10%～20%不可预计（如计算误差、漏耗等）的安全量作为选用泵或风机的依据，即

$$Q=1.1Q_{max}$$
$$H=(1.1～1.2)H_{max}$$

(3) 根据已知条件选用适当的设备类型。制造厂给出的产品样本中通常都列有该类型泵或风机的适用范围。例如输送有爆炸危险气体时应选用防爆型风机；空气中含有木屑、纤维或尘土时就应当采用排尘风机；锅炉给水、输送蒸汽凝结水和输送氨水等都有专用泵等。

(4) 泵或风机类型确定以后，要根据已知的流量、扬程或压头选定具体设备型号。应使工作点处在高效率区域。还要注意泵和风机的工作稳定性，也就是应使工作点位于 H-Q 曲线最高点的右侧下降段。产品样本中提供的泵或风机性能参数表以及泵或风机综合选择性能曲线图上的数据点，都是处在上述高效率区域而又稳定工作的工况点，可以直接选用。

(5) 应当结合具体情况，考虑是否采用并联或串联工作方式，是否应有备用设备。

(6) 确定泵或风机型号时，同时还要确定其转速、原动机型号和功率、传动方式、皮带轮大小等。性能参数表上若附有所配用的电机型号和配用件型号可以直接套用，若使用综合选择性能曲线图则需另选。泵或风机进出口方向应注意与管路系统相配合。对于泵，还应查明允许吸入口真空高度或允许汽蚀余量，并核算其安装高度是否满足要求。

(7) 应当指出，产品样本提供的数据是在规定条件下得出的。例如，对于风机来说，一般是按空气温度为20℃、大气压为101325Pa下进行实验得出的资料，而锅炉引风机的样本数据是按气体温度为200℃、大气压为101325Pa得出的。当实际使用条件与样本规定条件不同时，应按式（14.39）对性能参数加以修正。

$$\frac{\rho}{\rho_m}=\frac{B}{101325}\times\frac{273+t_m}{273+t}$$

式中，下标 m 代表样本条件。

(8) 必要时还要进行初投资、运行管理费用的综合技术经济比较。

【例 15.5】某空气调节系统需要从冷水箱向空气处理机组的喷水室供水，最低水温10℃，要求供水量36m³/h，冷水箱到喷水室的几何高度为10m，喷水室喷嘴前应预留15m的压头，供水管路总水头损失12mH₂O。为使系统随时启动，将水泵安装在冷水箱的下面。试为该系统选择合适的水泵。

【解】本题泵输送的水温不高，且将泵安装在冷水箱的下面，可忽略汽蚀问题。可选用占地较少、价格低廉的 BL 型直联式离心泵。

$$Q=1.1\times36=39.6m^3/h$$
$$H=1.1\times(10+15+12)=40.7m$$

查 BL 型水泵性能参数表 14.4，选用 3BL-6A 型水泵一台，$n=2900r/min$，泵的效率 $\eta=62\%$。

【例 15.6】某地大气压为 98.07kPa，输送 50℃的空气，风量 18000m³/h，风道阻力

900Pa，试选用风机、应配电机及其他配件。

【解】设计条件下风机的选用参数

$$Q = 1.1 \times 18000 = 19800 \mathrm{m^3/h}$$

$$p = 1.1 \times 900 = 990 \mathrm{Pa}$$

由于当地大气压和输送气体温度与样本条件不一致，应进行换算。

$$\frac{p}{p_m} = \frac{\rho}{\rho_m} = \frac{98.07}{101.325} \times \frac{273+20}{273+50} = 0.878$$

所以

$$p_m = \frac{990}{0.878} = 1128 \mathrm{Pa} = 115 \mathrm{mmH_2O} \qquad Q_m = 19800 \mathrm{m^3/h}$$

查表 14.3，选用 KT4-68-22 №6.3E 型离心风机，$n = 1400 \mathrm{r/min}$，满足上述要求。配用电机型号 Y160M-1，电机功率 11kW，主轴带轮规格 $200 \times 48 \times B_4$。

15.4.3 泵与风机和管路系统的连接

（1）泵与管路系统的连接　对于泵吸入管路的安装要求主要有如下几条。

① 不漏气　泵吸入管路不允许漏气，一旦进入空气，会使泵吸水量减少，甚至吸不上水，导致水泵工作发生严重故障。

② 不积气　泵吸水管内真空度达到一定值时，水中溶解的气体会不断逸出。如果吸水管路的连接欠妥，就可能导致吸水管内出现积气，形成气囊，影响过水能力。因此，吸水管应有沿水流方向上升的坡度 i（一般大于 0.005），而且吸入管断面尺寸一般应大于泵吸入口断面尺寸，并在泵内最高点设置放气阀，以免形成气囊。

③ 不吸气　当泵吸入管的吸水进口在水中的淹没深度不够时，吸水进口处水流产生旋涡，导致吸水时带进大量空气，从而破坏水泵正常吸水。因此，泵吸入管的吸水进口在水中的淹没深度不应小于 0.5～1.0m，吸水进口一般应装有底阀，它的作用是保证水只能吸入水泵而不能从底阀流出，用于泵启动前灌水时阻止漏水。

对于泵压出管路的要求主要有如下几条。

① 泵的压出管路承受的压力较高，应耐压而不漏水。

② 为减少泵运转产生的振动和噪声沿管路的传播，泵的吸水管路和压出管路上均应设置伸缩节或橡胶接头。

③ 在不允许液体倒流的管路中，泵的压出管路上应设置止回阀。止回阀通常安装在泵与压出闸阀之间，便于检修。

（2）风机与管路系统的连接　通风机与进、出口风管系统的连接是否合理，直接影响通风机的工作状态和效率。

通风机进口应尽量保证气流均匀地进入叶轮，并充满叶轮进口截面。因此，通风机入口管段以平直管段为最佳。对于变径入口管，应尽量采用角度较小的渐扩管而避免采用突扩管和突缩管，以避免气流速度和方向的突然变化。图 15.21 和图 15.22 分别是推荐和避免使用的几种通风机进口风管形式。

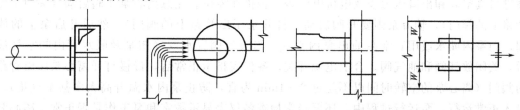

(a) 进口敞开或等直径风管进口　(b) 均匀布置导流叶片，进口无旋涡　(c) 风管进口损失小　(d) 双吸入通风机两侧应有距离 $W \geqslant 1.25D$ (叶轮直径)

图 15.21　推荐使用的通风机进口风管形式

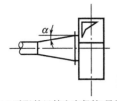
(a) 受阻的风管和变径管(最好
$\alpha \leqslant 7°$，一般 $\alpha \leqslant 30°$，$\alpha \ngeqslant 45°$)

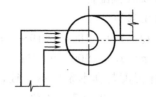
(b) 无导流叶片，当气流与叶轮旋转一致时，
降低风量和风压，当旋转相反时，增加所需功率

(c) 风管进口损失大

图 15.22　避免使用的通风机进口风管形式

气流通过叶轮的旋转，在通风机的出口是有方向的，因此通风机出口与风管系统的连接必须适应气流的方向。图 15.23 和图 15.24 分别是推荐和避免使用的几种通风机出口风管形式。为减小出口气流的动压损失，通风机出口管一般加大管道截面，采用单侧变径管。通风机出口管路上若有其他管件，应尽量在距通风机出口 3～5 倍管径以外安装。总之，好的通风机出口管路连接应尽量避免过分的扩大、突然扩大、限制或束缚气流的断面、突然转弯或曲率半径很小的弯头等出现，以减少压力损失。

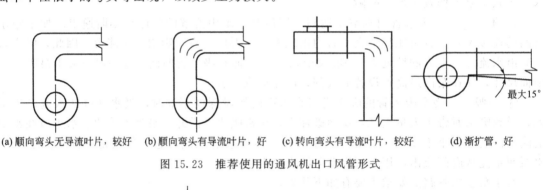
(a) 顺向弯头无导流叶片，较好　(b) 顺向弯头有导流叶片，好　(c) 转向弯头有导流叶片，较好　(d) 渐扩管，好

图 15.23　推荐使用的通风机出口风管形式

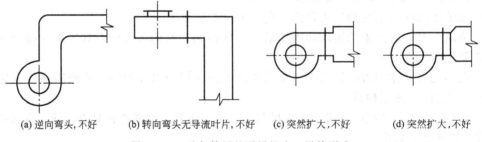
(a) 逆向弯头，不好　(b) 转向弯头无导流叶片，不好　(c) 突然扩大，不好　(d) 突然扩大，不好

图 15.24　避免使用的通风机出口风管形式

15.4.4　泵与风机的启动和运行

泵启动前应首先检查相关配电设备接线是否正确、螺丝是否拧紧、轴承润滑是否充分、泵进口真空表和出口压力表及电机电流表是否指在零位。注意离心泵闭阀启动（关闭泵压出管路上的阀门），轴流泵则要开阀启动（打开泵压出管路上的阀门）。然后开启泵上的放气阀，向泵内灌水或用真空泵抽出泵内空气，当放气阀冒水或确知泵及吸水管内的空气抽尽后，关闭放气阀和抽气阀。合上电源开关，各仪表指示正常后，慢慢打开离心泵压出管路上的阀门（离心泵的空转时间以不超过 2～4min 为宜，防止泵内水温升高太多甚至汽化），泵投入正常运行。泵运行过程中，还要经常检查各仪表显示数字和泵工作是否正常。离心泵停车前，应先关闭出水阀门，然后停车，以减少振动。冬季较长时间不用水泵时，应将泵内存水放净，以免冻坏水泵。

风机启动前的检查与泵类似，但较泵简单，无需放气。运行过程中，要经常检查风机轴承润滑油、冷却水是否通畅，轴瓦温度、轴承振动是否正常，有无异常声音等。

有关泵与风机在运行过程中产生的振动、磨损、窜动和噪声等及其防治方面的问题，本书不再详细讨论，可详见其他相关书籍。

15.5 管道内的压力分布

第6章关于管路内流体流动损失的计算，只能确定管网系统中各管段的水头损失，但不能确定管网系统中各点的压力大小。而在实际运行中，研究管网系统中流体的压力分布，对于研究管网中流体的流动规律，判断管网系统是否能够可靠、合理、安全的运行等都具有重要意义。

15.5.1 液体管道内的压力分布

（1）泵的扬程计算

离心泵管路系统典型的工作装置示意如图15.25所示。从吸水池内的底阀到泵的吸入口法兰为吸入管。泵的吸入口处装有真空计，以便观察吸入口处的真空值。吸入管的水头损失应尽可能降低，其上一般不设置阀门，以防汽蚀。泵出口以上的管段为压出管。泵的出口装有压力表，以观察出口压强。应当注意使压出管段的重量支承在适当的支座上，而不直接作用在泵体上。

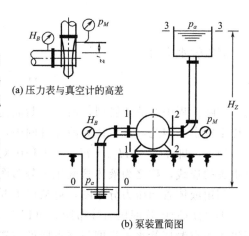

(a) 压力表与真空计的高差

(b) 泵装置简图

图 15.25 离心泵管路典型装置示意

① 根据压力表和真空计读数确定泵的扬程。

根据图 15.25，以吸水池液面为基准，列断面 1—1 与断面 2—2 的伯努利方程（通常泵吸入口与出口流速相差不大），可得出泵的扬程为

$$H=\frac{p_2-p_1}{\rho g}=\frac{p_M+p_v}{\rho g}=\frac{p_M}{\rho g}+H_B \tag{15.17}$$

式中　p_M——泵出口处压力表的读值，Pa；

p_v——泵吸入口处真空计读值，Pa。

当压力表与真空计的安装位置存在高差 z' 时，则应按下式计算泵的扬程

$$H=z'+\frac{p_M+p_v}{\rho g} \tag{15.18}$$

② 泵在管路系统中所需扬程

a. 泵向开式（通大气）水池供水　列图 15.25 中断面 0—0 与断面 3—3 的伯努利方程，则有泵的扬程

$$H=H_z+h_l \tag{15.19}$$

式中　H_z——上、下两水池液面的高差，也称几何扬水高度，m；

h_l——整个泵装置管路系统的水头损失，即泵吸入管路和压出管路水头损失之和，m。

b. 泵向压力容器供水　显然，当上部水池不是开式，而是将液体压入压力容器时，例如，锅炉补水泵需将水由开式补水池压入相对压强为 p 的锅炉内，则在计算时应考虑附加

扬程 $H_p = \dfrac{p}{\rho g}$，于是泵的扬程

$$H = H_z + H_p + h_l \tag{15.20}$$

c. 泵在闭合环路管网中工作　泵在闭合环路管网中工作时，此时断面 0—0 与断面 3—3 重合，所需泵的扬程仅仅是等于该环路的水头损失。

$$H = h_l \tag{15.21}$$

(2) 液体管网压力分布图　本书 6.9 节介绍了液体管流的总水头线和测压管水头线的概念和绘制方法。由于水头损失的存在，总水头线沿流动方向必然沿程下降，任意两断面间总水头的差值即是两断面间管流的水头损失，即 $h_{l1-2} = H_1 - H_2$。测压管水头线是总水头线减去速度水头后得到的，可能沿程上升或下降。

总水头为

$$H = z + \frac{p}{\gamma} + \frac{v^2}{2g}$$

测压管水头为

$$H_p = z + \frac{p}{\gamma}$$

实际工程中的液体管网，由于各断面速度水头相差不大，且速度水头的差值占总水头损失比重较小，因此，近似认为液体管网中任意两点的测压管水头之差就等于液体流过两点的水头损失，即 $h_{l1-2} = H_{P1} - H_{P2}$。工程中对于液体管网，通常只画出沿流动方向的各点测压管水头的连线，称之为液体管网压力分布图。

利用液体管网压力分布图，可从以下几方面分析液体管路的水力工况。

① 利用液体管网压力分布图，可以确定管道中任何一点的压强值。管道中任意点的压强等于该点测压管水头高度与该点所处位置高度之间的差值。

② 利用液体管网压力分布图，可以确定各管段的压力损失值。任意两点的测压管水头高度之差就等于液体流过两点的水头损失。

③ 根据液体管网压力分布图的曲线坡度，可以确定单位管长平均压降的大小。某段管线的压力分布曲线越陡，则该管段的单位管长平均压降越大。

④ 无论开式液体管网还是闭式液体管网，只要已知或固定管路上任意一点的压强，则管路中其他各点的压强就可以确定了。

下面先以开式液体管网为例分析，其压力分布图的定性绘制如图 15.26 所示。吸水池、压水池液面压强已知为大气压强 p_a，图中 $A'B'$ 为水由吸液池液面经吸入管进口及流经垂直管段 AB 的水头损失，$B'C'$ 为由 B 点到水泵进口 C 的水头损失，$E'F'$ 为水流经 EF 段的水头损失，$D'E'$ 为由水泵出口 D 点到 E 点的水头损失，$C'D'$ 为该管路系统所需水泵的扬程（即几何高度与管路总水头损失之和）。管路系统中任意一点的压强可由压力分布图得出，如泵吸入口 C 点的压强最低且为真空，而泵出口 D 点的压强最大。

再以一室内热水供暖闭式管网为例分析，如图 15.27 所示。基准面 0—0，纵坐标代表系统高度和测压管水头高度，横坐标代表管路水平干线的计算长度。膨胀水箱连接在循环水泵的进口 O 点处，作为系统的定压点。水泵停止运行时，系统的测压管水头线维持在膨胀水箱的水位线 j—j 位置上（连通器），是一条水平线，称为静水压曲线。循环水泵运行时，膨胀水箱的水位是不变的，则定压点 O 的测压管水头为 H_{jo}，得到 O' 点。由于循环水泵驱动水在系统中循环流动，A 点的测压管水头必然高于 O 点的测压管水头，其差值 $H_{A'O'}$

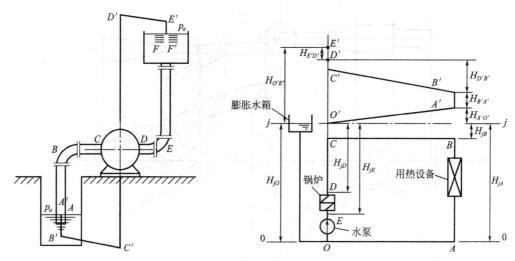

图 15.26　开式液体管网压力分布图　　图 15.27　闭式液体管网压力分布图

为管段 AO 的水头损失，得到 A' 点。同理根据各段水头损失的大小，可以确定 B、C、D、E 各点的测压管水头得到 B'、C'、D'、E'各点位置。$H_{O'E'}$ 为循环水泵的扬程。$O'E'D'C'B'A'$ O'组成了该系统的动水压曲线。根据动水压曲线，可以清晰地分析出系统运行时各点压强的大小。由于膨胀水箱的安装高度超过用户系统的充水高度，且定压点在循环水泵进口处，则可保证整个系统无论是在运行还是在停止运行时，各点的压强均超过大气压强。这样系统中不会出现负压而引起液体汽化或吸入空气，从而保证系统安全、可靠运行。

15.5.2　气体管道内的压力分布

　　气体在管道内流动时，由于管道内的压力和流速发生变化，研究各点的全压、静压和动压相对于室外大气压的变化，有助于我们更好地解决通风系统的设计和运行管理问题。

　　前面 4.3 节介绍了气流能量方程以及静压、动压、位压和全压等概念。实际工程中的通风、空调、燃气等管路系统中，通常忽略位压的影响，气流能量方程简化为

$$p_1 + \frac{\rho v_1^2}{2} = p_2 + \frac{\rho v_2^2}{2} + p_{l1-2}$$

式中　　p_1，p_2——断面 1—1、2—2 的相对压强，或称静压，也可表达为 p_{j1}，p_{j2}；

　　　　$\dfrac{\rho v_1^2}{2}$，$\dfrac{\rho v_2^2}{2}$——断面 1—1、2—2 的动压，也可表达为 p_{d1}，p_{d2}；

$p_1 + \dfrac{\rho v_1^2}{2}$，$p_2 + \dfrac{\rho v_2^2}{2}$——断面 1—1、2—2 的全压，也可表达为 p_{q1}，p_{q2}。

　　气体管网内，将各节点处的全压和静压沿流动方向顺次连接，分别得到全压分布曲线和静压分布曲线，称为气体管网压力分布图。图 15.28 所示为一通风管路系统的压力分布图。绘制方法和步骤如下。

　　（1）以当地大气压为基准，画基准线 0—0。

　　（2）分别计算各节点（流量或断面尺寸发生变化的点）的全压值、动压值和静压值。

　　（3）将各节点的全压在纵轴上以相同比例标在图上，0—0 线以上为正值，0—0 线以下为负值。顺次连接各个全压点，得到全压分布曲线。

　　（4）将各节点的全压减去该点的动压，得到各节点的静压。顺次连接各个静压点，得到静压分布曲线。

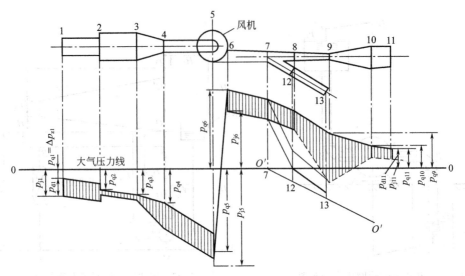

图 15.28　通风管路系统压力分布图

从图 15.28 可以看出：

（1）全压沿程下降，静压有升有降，取决于管路流通截面的大小。

（2）风机吸入段全压和静压均为负值，且静压的绝对值大于全压的绝对值，这一点与风机压出段正好相反。风机压出段全压为正值，而静压的正负取决于动压的大小。如断面 9 处，由于该处截面小动压大，导致该处静压出现负值。若在断面 9 处管壁开孔，将会吸入空气，而不是压出空气。有些压出式气力输送系统的受料器和诱导式通风的工作就是这一原理的应用。

（3）风机进、出口附近管段的静压绝对值较大，如果接口不严密，渗漏严重，会造成气体污染或降低输送能力。

（4）风机的全压（或风压）等于风机进、出口断面的全压差（$p_{q6} - p_{q5}$），或者等于系统全部进、出风管的阻力与管道出口动压损失之和。

思　考　题

15.1　试简述泵产生汽蚀的原因和产生汽蚀的具体条件。

15.2　为什么要考虑水泵的安装高度？什么情况下，必须使泵装设在吸水池水面以下？

15.3　试分析为什么必须汽蚀余量 $[\Delta h]$ 随 Q 增大而增大，而泵允许吸入口真空高度 $[H_s]$ 随 Q 增大而减小？

15.4　实际工程中通常是在需要的流量下计算出管路阻力，即已知 Q 和 $\sum h_l$，此时如何确定管路系统的特性曲线？

15.5　泵与风机并联工作的目的是什么？并联后流量和扬程（或全压）如何变化？并联后为什么扬程（或全压）会有所增加？

15.6　泵与风机串联工作的目的是什么？串联后流量和扬程（或全压）如何变化？串联后为什么流量会有所增加？

15.7　泵与风机运行时有哪几种调节方式？各有何优缺点？

习　　题

15.1　如题 15.1 图所示的泵装置从低位水箱抽送密度为 1000kg/m^3 的液体，已知条件如下：$x =$

0.1m, $y=0.35\text{m}$, $z=0.1\text{m}$, M_1 读数为 $1.24\times10^5\text{Pa}$, M_2 读数为 $1.024\times10^6\text{Pa}$, $Q=0.025\text{m}^3/\text{s}$, $\eta=0.80$。试问此泵所需的轴功率为多少？

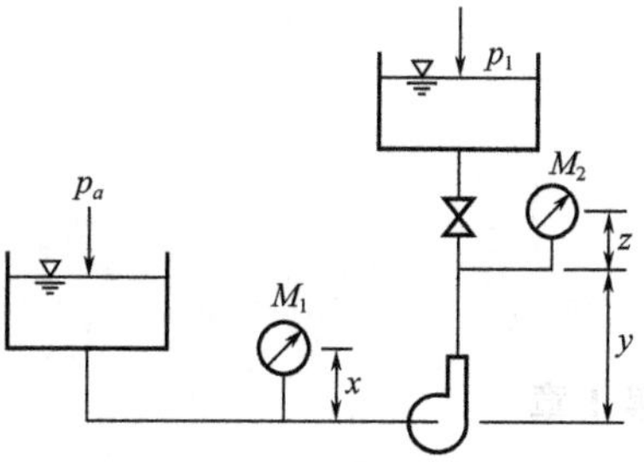

15.2　有一泵装置的已知条件如下：流量 $Q=0.12\text{m}^3/\text{s}$，吸入管直径 $D=0.25\text{m}$，$[H_s]=5\text{m}$，露天吸水池水面标高102m，吸入管段阻力为0.8m，水温为40℃（密度 $\rho=992\text{kg/m}^3$）。试求：

(1) 泵轴的标高最高为多少？

(2) 如海拔高度为2000m，泵的安装位置标高应为多少？

题 15.1 图

15.3　试分别确定下列情况下水泵的扬程及风机所需的风压，两种情况下管路能量损失均为 $h_l=5\text{m}$ 流体柱。试求：

(1) 如题15.3图 (a) 水泵从真空压强 $p_v=0.3\text{at}$ 的密闭水箱中抽水，压水管从高层又下降5m。

(2) 如题15.3图 (b) 通风机在海拔2000m处（当地大气压为 $8\text{mH}_2\text{O}$），抽送空气到 $100\text{mmH}_2\text{O}$ 的压力箱。

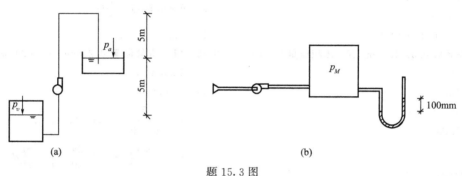

题 15.3 图

15.4　某水泵流量 $0.025\text{m}^3/\text{s}$，压水管压力表读数为323730Pa，吸水管真空表读数为39240Pa，表位差为0.8m，吸水管和压水管直径分别为100cm和75cm，电动机功率表读数为12.5kW，电动机效率是0.95，求水泵轴功率、有效功率、泵的总效率（泵与电动机直连）。

15.5　某通风系统，在风机吸入口测得静压为 -367.88Pa，动压为63.77Pa，风机出口静压为186.4Pa，动压为122.6Pa，求该送风机的全压和静压各为多少？

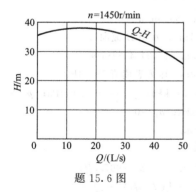

题 15.6 图

15.6　水泵在 $n=1450\text{r/min}$ 时的性能曲线绘于题15.6图中，问转速为多少时水泵供给管路的流量为 $Q=30\text{L/s}$？已知管路特性曲线方程 $H=10+8000Q^2$（式中 Q 的单位以 m^3/s 计算）。

15.7　某水泵性能参数如下表所示，管路特性曲线方程为 $H=20+0.078Q^2$（式中流量 Q 单位为 L/s），试求：

(1) 工作点流量及水泵轴功率？

(2) 水泵工作叶轮直径 $D_2=162\text{mm}$，现系统所需最大流量 $Q=6\text{L/s}$，欲采用切割叶轮的办法调节工况，求切割后的叶轮直径为多大？（假定切削曲线为直线）

(3) 比较阀门节流调节和切割叶轮调节哪种更经济？节省水泵轴功率大小？（不考虑切削叶轮对水泵效率的影响）

$Q/(\text{L/s})$	0	1	2	3	4	5	6	7	8	9	10	11
H/m	33.8	34.7	35	34.6	33.4	31.7	29.8	27.4	24.8	21.8	18.5	15
$\eta/\%$	0	27.5	43	52.5	58.5	62.4	64.5	65	64.5	63	59	53

习题答案

第1章

1.1 2kg，19.6N

1.2 900kg/m³

1.3 增加 3.5%

1.4 1.0048N

1.5 0.05Pa·s

1.6 0.043×10⁻³N

1.7 39.5N·m

1.8 $d\rho/\rho = 26.46 \times 10^{-5}$

1.9 压缩系数 0.5×10^{-9} m²/N；体积模量 2×10^9 N/m²

1.10 0.2m³

1.11 5.33×10^7 Pa

1.12 435kPa

第2章

2.1 14994Pa

2.2 −5880Pa

2.3 352.8kN；274.4kN

2.4 37.7kPa；29.6kN

2.5 264.8kPa

2.6 22.7kPa

2.7 处处为 P_0

2.8 1.63m/s²

2.9 18.67r/s

2.10 (1) −2462N 向下；(2) 3977N 向上

2.12 30989N

2.13 (1) 88.2kN；(2) 距底 1.5m

2.14 0.44m

2.15 $y_1 = 1.414$m；$y_2 = 2.586$m

2.16 总压力 23.45kN；$\theta = 19.92°$

2.18 (1) 半球螺栓总拉力 153.86kN；(2) 垂直柱上的水平力、竖向力皆为 0

2.19 水平分力 30.8kN；铅垂分力 2.56kN

2.20 21∶184

第3章

3.1 35.86m/s²

3.2 (1) 13.06m/s²；(2) 三元流动；(3) 恒定流；(4) 非均匀流

3.3 $y = \dfrac{b}{a}x + C$

3.4 $x^2 + y^2 = C$

3.5 $3x - 2y = C$

3.6 $y = 0.242r_0$

3.7 (1) 不连续；(2) 连续；(3) 不连续

3.8 $u_x = -(2yx + 2x) + f(y)$

3.9 单宽流量 $Q = \dfrac{4}{3} bu_{max}$

3.10 4m/s

3.12 (1) 质量流量 0.228kg/s；(2) 流入流速 12.5m/s

3.14 56mm

3.15 $r_i = \dfrac{\sqrt{i}}{2\sqrt{10}} d$ ($i = 1, 3, 5, 7, 9$)

$Q_m = \sum \left(\rho \cdot u_i \times \dfrac{2\pi}{40} d^2 \right) = \dfrac{\pi \rho}{20} d^2 \cdot \sum_{i=1}^{5} u_i$

3.19 $Q_1/Q_2 = 0.28$

3.20 4.77m/s

3.21 (1) 有旋，无角变形；(2) 无旋，有角变形

第4章

4.1 10.77L/s

4.2 1.87m

4.3 细管直径 235.5mm

4.4 $h_{lAB} = 0.79$m，水由 B 流向 A

4.5 (1) 3.85m/s；(2) 4.34m/s

4.6 $H = 11.8$m；压力表读值 78.54kPa

4.7 $p_A = 68.12$kPa；$p_B = -0.48$kPa；$p_C = -20.1$kPa；$p_D = 0$

4.8 $H = 1.23$m

4.9 1.5m³/s

4.10 $p_1 = -64.5$Pa $p_2 = 967.5$Pa

4.11 $p_0 \geqslant \rho_{水} gh / [(d_2/d_1)^4 - 1]$

4.12 $h = 0.045$m

4.13 压强损失 178.6Pa

4.14 喷口风速 31.2m/s

4.15 142.86kN

4.16 $Q_2 = 25.05$L/s；$Q_3 = 8.35$L/s；作用力 1.97kN

4.17 不计水头损失 3.26kN；计及水头损失 5.25kN

4.18　(1) 流量 8.46m³/s；(2) 推力 22.46kN

4.19　1405N・m/s

4.21　$u_r = 0.0285$m/s；$u_\theta = 0.142$m/s

4.22　无势流动

第 5 章

5.1　$S = Kgt^2$

5.2　$N = KM\omega$

5.6　(1) 模型管道长度 5m，模型流量 0.034L/s；
　　　(2) 1.296m

5.7　2.26m³/s

5.8　1m；14kN

5.9　74.67Pa；－35.56Pa

5.10　150min

5.11　8320kN

5.12　(1) 0.0179m³/s；(2) 3.6m

第 6 章

6.1　层流

6.2　7.08L/s；紊流

6.3　直径不超过 14mm

6.4　19.2cm³/s

6.5　1.94cm

6.6　0.113mm

6.7　163Pa

6.8　29m

6.9　0.0175

6.11　(1) 0.785，0.886；(2) 圆管大，大 8%

6.12　0.022

6.13　12.82

6.14　0.322

6.15　0.762

6.16　$v_2 = v_1/2$；$d_2 = \sqrt{2}\,d_1$；$h_{\max} = v_1{}^2/4g$

6.17　$v = (v_1 + v_2)/2$ 时局部水头损失最小；此
　　　时局部水头损失 $(v_1 - v_2)^2/4g$；一次扩大
　　　时局部水头损失 $(v_1 - v_2)^2/2g$

6.19　局部阻力系数最小值 19.498；流量 24.25L/s

6.21　43.9m

6.22　2.39L/s

6.23　324.3m；6.87m

第 7 章

7.1　6.44m；5m

7.2　0.06mm

7.4　烟气能够带走 $d = 0.18$mm 以下的颗粒

7.5　$d = 0.543$mm

7.6　2972N

7.7　老车 15kW；新车 5.25kW

第 8 章

8.1　(1) 1.22m³/s；(2) 1.61m³/s；(3) 1.5m

8.2　(1) 0.707；(2) 102405Pa

8.3　218 个孔口

8.4　(2) $h_1 = 1.07$m，$h_2 = 1.43$m；(3) 3.57L/s

8.5　(1) 0.0373m³/s；(2) 0.0215m³/s；
　　　(3) 0.0236m³/s

8.6　8.96kg/s

8.7　394s

8.8　7.89h

8.10　43.2m

8.11　14.13L/s；真空高度 3.11m

8.12　0.05067m³/s

8.13　2.14L/s

8.14　324s

8.15　58L/s

8.16　(1) 0.044m³/s；(2) 原来的 3.5 倍

8.17　0.02m³/s

8.18　(1) 118.56s²/m⁵，2106.25s²/m⁵；(2) 3.56m

8.19　14.45mH₂O

8.20　24.17m

8.21　$Q_1 = 0.0206$m³/s；$Q_2 = 0.0044$m³/s；6.15m

8.23　$Q_2/Q_1 = 1.26$

8.26　$Q_粗/Q_细 = 5.675$

8.27　256.2kPa

8.28　40.6m

8.29　是原来的 3.64 倍

8.30　钢管 1609kPa；铸铁管 1507kPa

第 9 章

9.1　3.09m³/s

9.2　$b = 3.4$m；$h = 1.7$m

9.3　$b = 2$m；$h = 0.5$m

9.5　$R_0 = 1.335$m；16.2%

第 10 章

10.1　0.0106cm/s

10.2　14.2L/s

10.3　0.146cm/s；54m³/s

10.4　4.8mL/s

10.5　9.67m³/d

10.6　0.016m³/s

第 11 章

11.2　0.665m³/s

11.7　5.57m³/s

11.8　295K；293.7K

11.9　0.827m/s；289.6K；3.45m

11.10　4.37m；喷口直径 0.564m，流速 6m/s；
　　　　−0.135m

第 12 章

12.1　0.802；0.714

12.2　479m/s；马赫角 38.7

12.3　4360m

12.4　滞止声速 343.2m/s；当地声速 323.1m/s；
　　　流速 258.5m/s；压强 321890Pa

12.5　56.9℃；0.9785

12.6　$v_1 = 43.6$m/s；$v_2 = 260.7$m/s

12.7　喷管直径 0.101m

12.8　1.77kg/s；320m/s

12.9　5.18kg/s；0.113

12.10　管长 157m

12.11　最大管长 98.3m；271.7K；36.06kPa

第 13 章

13.1　0.2m^3/s

13.3　（1）层流；（2）0.13cm^2/s

13.4　33.42Pa　$h_2 = 86$mmH$_2$O

附录 本书各章主要专业术语中、英文对照

第1章 绪论

流体力学 fluid mechanics 连续介质 continuum medium
表面力 surface force 质量力 mass force
流体质点 fluid particle 牛顿流体 Newtonian fluid
惯性 inertia 压缩性 compressibility
黏滞性 viscosity 热胀性 expansibility
表面张力 surface tension 汽化压强 vaporization pressure
内摩擦力 internal frictional force 剪切变形 shear strain
压应力 compressive pressure 切应力 shear stress
牛顿内摩擦定律 Newton's law of viscosity 黏滞系数 coefficient of viscosity
理想流体 ideal fluid 黏性流体 viscous fluid

第2章 流体静力学

大气压强 atmospheric pressure 水头 head
水头线 head line 总水头 total head
测压管水头 piezometric head 位置水头 elevation head
压强水头 pressure head 流速水头 velocity head
等压面 isobaric surface (equipressure surface) 静水压强 hydrostatic pressure
压力体 pressure prism 压力表 pressure gauge
相对压强 relative pressure 绝对压强 absolute pressure
真空压强 vacuum pressure 压强分布图 pressure distribution diagram
静水总压力 total hydrostatic force 相对平衡 relative equilibrium
潜体 submerged body 浮体 floating body

第3章 流体运动学

当地加速度（时变加速度） local acceleration 拉格朗日法 Lagrangian method
迁移加速度（位变加速度） convective acceleration 欧拉法 Eulerian method
流场 flow field 流量 discharge (rate of flow)
总流 integral flow (total flow) 元流 stream filament
连续性方程 continuity equation 恒定流 steady flow
流线 streamline 迹线 path line
过流断面 cross section 断面平均流速 mean velocity
均匀流 uniform flow 非均匀流 non-uniform flow
急变流 rapidly varied flow 渐变流 gradually varied flow
平移运动 motion of translation 旋转运动 motion of rotation
变形运动 motion of deformation 环量 circulation
线变形 linear deformation 角变形 angular deformation
涡线 vortex line 涡量 vorticity
有旋流动 rotational flow 无旋流动 irrotational flow
亥姆霍兹速度分解定理 Helmholtz velocity decomposing theorem

第 4 章　流体动力学基础

水泵　hydraulic pump

水轮机　hydraulic turbine

扬程　pump head

水力坡度　energy gradient

动量方程　momentum equation

动量矩方程　moment of momentum equation

能量方程（伯努利方程）　energy equation（Bernoulli equation）

动能修正系数　kinetic energy correction factor

动量修正系数　momentum correction factor

平面势流　two-dimensional potential flow

驻点（滞止点）　stagnation point

流函数　stream function

势函数　potential function

圆柱绕流　flow around a cylinder

应力张量　stress tensor

势流叠加原理　superposition principle of potential flow

第 5 章　量纲分析和相似原理

量纲　dimension

单位　unit

无量纲数　dimensionless number

量纲分析　dimensional analysis

基本量纲　fundamental dimension

导出量纲　derived dimension

量纲和谐原理　theory of dimensional homogeneity

相似定理　similarity principle

相似条件　similarity condition

相似准则　similarity criterion

几何相似　geometric similarity

动力相似　dynamic similarity

运动相似　kinematic similarity

模型试验　model experiment

π定理　the π theorem

瑞利法　Rayleigh's method

原型　prototype

模型　model

长度比尺　length scale

速度比尺　velocity scale

第 6 章　流动阻力和能量损失

沿程水头损失　frictional head loss

局部水头损失　local head loss

沿程阻力系数　frictional loss factor

局部阻力系数　local loss coefficient

层流　laminar flow

紊流　turbulent flow

紊流光滑区　hydraulically smooth region of turbulent flow

紊流过渡区　transition region of turbulent flow

紊流粗糙区　completely rough region of turbulent flow

脉动值　fluctuating value

时均值　time-average value

临界流速　critical velocity

临界雷诺数　critical Reynolds number

水力半径　hydraulic radius

湿周　wetted perimeter

黏滞切应力　viscous shear stress

紊流附加切应力　Reynolds stress

黏性底层　viscous sublayer

当量直径　equivalent diameter

谢才公式　Chezy formula

达西公式　Darcy formula

第 7 章　边界层和绕流运动

边界层　boundary layer

边界层分离　separation of boundary layer

升力　lift

阻力　drag

摩擦阻力　frictional drag

卡门涡街　Karman vortex street

压强阻力（或形状阻力）　pressure drag（form drag）

边界层动量积分方程式　momentum integral equation of boundary layer

第 8 章　不可压缩流体的管道流动

作用水头　acting head

孔口出流　orifice flow

自由出流　free discharge

淹没出流　submerged discharge

管嘴出流　nozzle efflux

沿程均匀泄流管道　pipe with uniform

短管　short tube

长管　long pipe

比摩阻　specific frictional resistance

枝状管网　branching pipes

串联管道　pipes in series

管网　pipe network

直接水击　rapid closure

环状管网　looping pipes

并联管道　pipes in parallel

水击　water-hammer

间接水击　slow closure

第9章　明渠均匀流

明渠流动　open channel flow

底坡　slope of channel bed

不冲流速　nonscouring velocity

水力最优断面　best hydraulic cross section

明渠均匀流　uniform flow in open channel

宽深比　ratio of width to depth

不淤流速　nonsilting velocity

第10章　渗流

渗流　seepage flow

孔隙度　porosity

渗透系数　coefficient of permeability

裘布依公式　Dupuit formula

井　well

完全井　completely penetrating well

多孔介质　porous medium

地下水　groundwater

影响半径　influence radius

达西定律　Darcy law

井群　multiple-well

自流井　artesian well

第11章　气体紊流射流

自由射流　free jet

紊流射流　turbulent jet

射流主体段　fully established zone of jet flow

射流核心区　jet kernel region

圆断面射流　round jet

射流边界层　jet boundary layer

射流起始段　initial zone of flow

第12章　一元气体动力学基础

声速　speed of sound

等温过程　isothermal process

等温管流　isothermal pipe flow

亚声速流动　subsonic flow

拉伐尔喷管　Laval nozzle

绝热过程　adiabatic process

等熵过程　isentropic process

绝热管流　adiabatic pipe flow

超声速流动　supersonic flow

第13章　流动要素量测

毕托管　Pitot tube

孔板流量计　orifice meter

热线流速计　hot-wire anemometer

压差计　differential gauge

文丘里管　Venturi meter

激光多普勒流速仪　laser doppler anemometer

热膜流速计　hot-film anemometer

第14章　泵与风机的理论基础

离心泵　centrifugal pump

相对速度　relative velocity

牵连速度　carrier velocity（velocity of following）

相似律　similarity laws

轴流泵　axial-flow pump

绝对速度　absolute velocity

转速　speed of rotation

比转数　specific speed

第15章　泵与风机的工作分析

泵特性曲线　pump characteristic curve

风机　fan

并联泵　pumps in parallel

空化　cavitation

变频调速　variable-frequency speed control

管路特性曲线　pipe line characteristic curve

风机特性曲线　fan performance curve

串联泵　pumps in series

汽蚀　cavitation damage

主要参考文献

[1]　刘鹤年．流体力学．第 3 版．北京：中国建筑工业出版社．2016.

[2]　张维佳．水力学．第 2 版．北京：中国建筑工业出版社．2015.

[3]　胡敏良，吴雪茹．流体力学．第 4 版．武汉：武汉理工大学出版社．2011.

[4]　蔡增基，龙天渝．流体力学泵与风机．第 5 版．北京：中国建筑工业出版社．2009.

[5]　闻德苏．工程流体力学（水力学）(上、下册)．第 3 版．北京：高等教育出版社．2010.

[6]　付祥钊，肖益民．流体输配管网．第 3 版．北京：中国建筑工业出版社．2010.

[7]　李玉柱．工程流体力学（上、下册）．北京：清华大学出版社．2006.

[8]　E·约翰芬纳莫尔．流体力学及其工程应用．第 10 版．钱翼稷，周玉文等译．北京：机械工业出版社．2006.

[9]　章梓雄，董曾南．粘性流体力学．北京：清华大学出版社．1998.

[10]　董曾南．水力学（上册）．第 4 版．北京：高等教育出版社．1995.

[11]　余常昭．水力学（下册）．第 4 版．北京：高等教育出版社．1996.

[12]　屠大燕．流体力学与流体机械．北京：中国建筑工业出版社．1994.